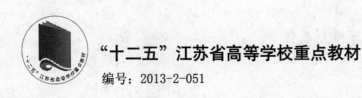

"十二五"江苏省高等学校重点教材

编号：2013-2-051

化学与社会

总主编　姚天扬　孙尔康

主　编　陈景文　唐亚文

副主编　卞国庆　李玉明　丁建飞

参　编　（按姓氏笔画为序）

　　　　王丹丹　吕景春　刘　琴　李　䂮

　　　　邵　荣　吴升德　钱晓荣　凌　岗

　　　　章建东　董　锐　薛茹君

主　审　周益明

南京大学出版社

编委会

总 主 编 姚天扬（南京大学）　　　　　孙尔康（南京大学）

副总主编 （按姓氏笔画排序）

王　杰（南京大学）　　　　　左晓兵（常熟理工学院）

石玉军（南通大学）　　　　　许兴友（淮阴工学院）

邵　荣（盐城工学院）　　　　周诗彪（湖南文理学院）

郎建平（苏州大学）　　　　　钟　秦（南京理工大学）

赵宜江（淮阴师范学院）　　　赵　鑫（苏州科技学院）

姚　成（南京工业大学）　　　姚开安（南京大学金陵学院）

柳闽生（南京晓庄学院）　　　唐亚文（南京师范大学）

曹　健（盐城师范学院）

编　　委 （按姓氏笔画排序）

马宏佳	王济奎	王龙胜	王南平
许　伟	朱平华	华万森	华　平
李　琳	李心爱	李巧云	李荣清
李玉明	沈玉堂	吴　勇	汪学英
陈国松	陈景文	陆　云	张莉莉
张　进	张贤珍	罗士治	周益明
赵朴素	赵登山	宣　婕	夏昊云
陶建清	缪震元		

序

　　教材建设是高等学校教学改革的重要内容,也是衡量教学质量提高的关键指标。高校化学化工基础理论课教材在近几年教学改革中取得了丰硕成果,编写了不少有特色的教材或讲义,但就其内容而言基本上大同小异,在编写形式和介绍方法以及内容的取舍等方面不尽相同,充分体现了各校化学基础理论课的改革特色,但大多数限于本校自己使用,面不广、量不大。由于各校化学基础课教师相互交流、相互讨论、相互学习、相互取长补短的机会少,各校教材建设的特色得不到有效推广,不能实施优质资源共享;又由于近几年教学经验丰富的老师纷纷退休,年轻教师走上教学第一线,特别是江苏高校广大教师迫切希望联合编写有特色的化学化工理论课教材,同时希望在编写教材的过程中,实现教师之间相互教学探讨,既能实现优质资源共享,又能加快对年轻教师的培养。

　　为此,由南京大学化学化工学院姚天扬、孙尔康两位教授牵头,以地方院校为主,自愿参加为原则,组织了南京大学、南京理工大学、苏州大学、南京师范大学、南京工业大学、南京邮电大学、南通大学、苏州科技学院、南京晓庄学院、淮阴师范学院、盐城工学院、盐城师范学院、常熟理工学院、淮海工学院、淮阴工学院、江苏第二师范学院、南京大学金陵学院、南理工泰州科技学院等18所江苏省高等院校,同时吸收了解放军第二军医大学、湖北工业大学、华东交通大学、湖南文理学院、衡阳师范学院、九江学院等6所省外院校,共计24所高等学校的化学专业、应用化学专业、化工专业基础理论课一线主讲教师,共同联合编写"高等院校化学化工教学改革规划教材"一套,该系列教材包括《无机化学(上、下册)》、《无机化学简明教程》、《有机化学(上、下册)》、《有机化学简明教程》、《分析化学》、《物理化学(上、下册)》、《物理化学简明教程》、《化工原理(上、下册)》、《化工原理简明教程》、《仪器分析》、《无机及分析化学》、《大学化学(上、下册)》、

《普通化学》、《高分子导论》、《化学与社会》、《化学教学论》、《生物化学简明教程》、《化工导论》等 18 部。

该系列教材适合于不同层次院校的化学基础理论课教学任务需求,同时适应不同教学体系改革的需求。

该系列教材体现如下几个特点:

1. 系统介绍各门基础理论课的知识点,突出重点,突出应用,删除陈旧内容,增加学科前沿内容。

2. 该系列教材将基础理论、学科前沿、学科应用有机融合,体现教材的时代性、先进性、应用性和前瞻性。

3. 教材中充分吸取各校改革特色,实现教材优质资源共享。

4. 每门教材都引入近几年相关的文献资料,特别是有关应用方面的文献资料,便于学有余力的学生自主学习。

该系列教材的编写得到了江苏省教育厅高教处、江苏省高等教育学会、相关高校化学化工系以及南京大学出版社的大力支持和帮助,在此表示感谢!

该系列教材已被评为"十二五"江苏省高等学校重点教材。

该系列教材是由高校联合编写的分层次、多元化的化学基础理论课教材,是我们工作的一项尝试。尽管经过多次讨论,在编写形式、编写大纲、内容的取舍等方面提出了统一的要求,但参编教师众多,水平不一,在教材中难免会出现一些疏漏或错误,敬请读者和专家提出批评和指正,以便我们今后修改和订正。

编委会
2014 年 5 月于南京

编写说明

化学是一门既古老又现代的科学,它的发展历史映射了人类文明进步的历史。千百年来,化学为人类创造了不计其数的物质财富,为科学技术的发展提供了各种原材料以及实验和检测手段,在与许多学科的不断交融中既发展了自己,又极大地促进了相关学科的发展,化学已渗透到社会生活的方方面面,在推动人类社会发展和进步的进程中发挥了极为重要的作用。但是,化学在给人们带来实实在在的幸福的同时,近年来却不断地遭受着诟病,人们抱怨水体变浊、空气变差,抱怨食品、药品不安全等等,并将这些社会问题大都归咎于化学及其工业。尽管化学并非产生这些社会问题的根源,但这些问题毕竟与化学物质有关,因此,普及化学知识,使广大公众能够全面、客观、理性地认识化学,同时引导公众运用化学的观点来观察和思考这些社会问题,运用化学的知识来分析和解决这些问题,是广大化学工作者不可推诿的责任。

本书以当今社会广泛关注的能源、资源、材料、食品、环境和药物等专题为经线,以化学基本概念为纬线,通过引用可靠的数据和实例,体现化学在影响人们日常生活及推动社会发展和进步中的实用性和创造性,以加深读者对科学技术是第一生产力的理解,同时,促使人们关注环境污染对人体健康的危害,重视资源和能源日趋枯竭对社会可持续性发展的影响,以提高读者的社会责任感。

本书以现行高中必修的化学和物理知识为基础,由浅入深,循序渐进,使读者的化学基础知识有所充实和提高。各章列出了主要参考书目,可供学生进一步拓展相关知识。

本书由陈景文承担了各章的修改、插图绘制及统稿工作。全书共 11 章,其中第 1 章绪论由陈景文、邵荣(盐城工学院)执笔;第 2 章化学与能源由丁建飞(盐城工学院)、唐亚文(南京师范大学)执笔;第 3 章化学与资源利用由薛茹君(安徽理工大学)执笔;第 4 章化学与新材料由李酽(中国民航大学)执笔;第 5 章化学与军事由卞国庆、章建东(苏州大学)执笔;第 6 章化学与环境由钱晓荣、董锐(盐城工学院)执笔;第 7 章化学与药物由王丹丹(盐城工学院)、吴升德(盐城市产品质量监督检验所)执笔;第 8 章化学肥料和化学农药由凌岗(盐城工学院)执笔;第 9 章化学与食品安全由刘琴(南京财经大学)执笔;第 10 章化学与消防由李玉明(衡阳师范学院)执笔;第 11 章化学与染料由吕景春(盐城工学院)执笔。在近一年多的编写工作中,盐城工学院曹淑红副教授给予了大力支持,为各章提出了许多宝贵的修改意见,南京师范大学周益明教授审阅了全书,在此一并表示衷心感谢。

由于化学知识体系十分庞大,本书各章的内容又涉及到化学学科的不同分支,在科学知识大爆炸的今天,编者的水平显得十分有限,书中一定还存在不少缺点甚至错误,欢迎担任这门课的教师和选修这门课的学生批评指正,使本书不断完善。

编　者
2014 年 11 月

目　录

第1章　绪论 ·· 1

　§1.1　古代和近代化学的产生与发展 ·· 1

　§1.2　现代化学的兴起与发展 ·· 7

　§1.3　化学是一门实用的、创造性的科学 ······································· 13

　思考题 ··· 15

第2章　化学与能源 ·· 16

　§2.1　能源概述 ·· 16

　§2.2　化石能源的高效利用 ·· 22

　§2.3　新型能源的开发利用 ·· 25

　§2.4　化学电源 ·· 33

　§2.5　能量储存技术 ·· 39

　§2.6　能源使用对环境的影响 ·· 41

　思考题 ··· 41

第3章　化学与资源利用 ··· 42

　§3.1　资源概述 ·· 42

　§3.2　化学在矿产资源开发中的应用 ·· 44

　§3.3　化学在海洋资源开发中的应用 ·· 63

　§3.4　化学在再生资源开发中的应用 ·· 65

　§3.5　粉煤灰的开发利用 ·· 67

　思考题 ··· 71

第4章　化学与新材料 ··· 72

　§4.1　快速发展中的材料科学 ··· 72

　§4.2　高分子材料 ··· 74

　§4.3　无机功能材料 ·· 80

思考题 ·· 91

第5章 化学与军事 ·· 92

§5.1 古代兵器与化学 ··· 92

§5.2 现代军事与化学 ··· 96

§5.3、化学毒剂的巨大威胁 ··· 105

思考题 ·· 109

第6章 化学与环境 ··· 110

§6.1 环境与环境问题 ··· 110

§6.2 有害化学品的环境污染 ··· 119

§6.3 大气污染 ··· 122

§6.4 水体污染 ··· 125

§6.5 固体废弃物对环境的影响 ·· 128

§6.6 环境保护与社会可持续发展 ····································· 130

思考题 ·· 132

第7章 化学与药物 ··· 133

§7.1 中草药 ·· 133

§7.2 化学药物 ··· 137

§7.3 药物滥用与药物依赖 ··· 149

思考题 ·· 153

第8章 化学肥料和化学农药 ··· 154

§8.1 化学肥料 ··· 154

§8.2 化学农药 ··· 166

思考题 ·· 182

第9章 化学与食品安全 ·· 183

§9.1 食品安全及其危害因素 ·· 183

§9.2 食品原料中的安全危害物质及其控制 ························· 185

§9.3 食品添加剂与食品安全 ·· 191

§9.4 农药和兽药残留与食品安全 ····································· 197

§9.5 有毒元素污染与食品安全 ·· 204

§9.6　食品加工与食品安全 ……………………………………… 210
§9.7　食品储藏与食品安全 ……………………………………… 213
　思考题 ………………………………………………………………… 219

第10章　化学与消防 ……………………………………………… 220
§10.1　物质的燃烧 …………………………………………………… 220
§10.2　常用化学灭火剂及灭火器 ………………………………… 234
　思考题 ………………………………………………………………… 240

第11章　化学与染料 ……………………………………………… 241
§11.1　染料的发展 …………………………………………………… 241
§11.2　染料的颜色 …………………………………………………… 244
§11.3　化学染料的分类和命名 …………………………………… 250
§11.4　禁用的化学染料 ……………………………………………… 260
§11.5　环保染料 ……………………………………………………… 262
　思考题 ………………………………………………………………… 269

第1章 绪 论

化学伴随着人类的生产与生活而产生,并随着人类社会的进步而发展,经历了古代实用化学时期(公元3世纪~18世纪)、近代化学时期(18世纪~19世纪末)和现代化学时期(20世纪以来)三个发展阶段。作为一门重要的基础科学,同时又是一门实用的、富有创造性的科学,在人类科学技术进步和社会发展的方方面面发挥着极为重要的作用。

§1.1 古代和近代化学的产生与发展

1.1.1 什么是化学?

日出日落、江河奔腾、冰雪消融、草木燃烧、铁器生锈、食物腐败等等,世界万物无时无处不在发生着变化。按照物质变化的特点,变化大致可以分为两种类型,一类变化只改变了物质的聚集状态,而不产生新的物质,例如,水降温结冰或升温汽化,固态卫生球(萘)升华变成蒸气,这类变化称为物理变化。另一类则是一种物质转化为性质不同的另一种物质,例如镁条燃烧,单质镁(Mg)变成了氧化镁(MgO);铁器生锈,单质铁(Fe)变成了氧化铁(Fe_2O_3),这类变化称为化学变化。在化学变化过程中,物质的组成和原子的结合方式均发生了改变,生成了化学性质完全不同的新物质。具体地讲,化学就是在原子、分子层次上研究物质的组成、结构、性质及其变化规律的一门科学。

1.1.2 古代化学的产生

其实,人类发展伊始便与化学结下了不解之缘。在人类生活的地球上,存在着千千万万种物质和各种各样的自然现象,人类一开始就想知道这些物质从哪里来? 它们是什么? 这些现象如何发生? 为什么发生? 等等。当原始人开始使用"火"的时候,化学就已经走进了人类的生活。"火"能够发出热量,通过加热能使许多物质发生化学变化,利用这种作用,"火"很快成为人类发明劳动工具和创造财富的武器,人类开始了制陶、冶金和酿造,以及炼丹(金)、制造火药和玻璃等,化学知识和化学技术在人类逐步走向文明的历史进程中得到了广泛应用,极大地促进了社会生产力的发展,丰富了人类生活。

在这里,特别值得一提的是曾对化学的产生和发展产生过重大影响的炼丹(金)术。炼丹(金)术兴起于约公元前 2 世纪,跨时约 2 000 多年,遍布于古代中国及世界其他许多国家和地区。当时的帝王和显贵们期望用铜、铅、铁等贱金属或金属矿物为原料,通过简单的处理得到金、银等贵金属,以获取更多的财富,同时想获得能使人长生不死的药物。我国古代炼丹术发源于古代神话传说中的长生不老的观念,如后羿从西王母处得到了不死之药,嫦娥偷吃后便飞奔到月宫,成为月中仙子。自周秦开始,历代帝王大都深信长生不老之说,几乎个个喜欢炼丹术,留下了许多珍贵的史料。西汉淮南王刘安就是著名的炼丹家,著有《淮南子》,书中提到汞、丹砂、雄黄等药物。东汉著名炼丹家葛洪所撰的《抱朴子·内篇》,对炼丹术进行了较详尽的总结,记录了许多"长生不老药"及其制炼方法。唐代是我国炼丹术发展的全盛时期,于公元 9~10 世纪传入阿拉伯,大约 12 世纪又从阿拉伯传入了欧洲。最早的炼金术可追溯到古埃及和古巴比伦时期,其目的与中国的炼丹术大致相同。西方古代先哲亚里士多德(Aristotle,公元前 684~公元前 622)一生研究的领域极广,著作颇丰,他的元素论就是炼金术的基础理论之一。公元 8 世纪,阿拉伯炼金术的鼻祖扎比尔(Geber,?~780)曾著过一本名为《东方的水银》的炼丹书,书中记载用绿矾($FeSO_4 \cdot 7H_2O$)、硝石(主要成分KNO_3)与明矾($KAl(SO_4)_2 \cdot 12H_2O$)蒸馏制备硝酸(HNO_3),这对于后来在欧洲因研究溶液而发展的化学产生了极大的影响。伟大的物理学家和数学家牛顿(I. Newton,1643~1727)在幼年时期就对亚里士多德的元素论感兴趣。他曾逐字逐句誊写和翻译过许多炼金术著作,还编辑过一份详细的炼金术词汇表。在进入剑桥学习的时候,他的第一位导师莫尔(H. More,1614~1687)就是一名炼金术士,著有《灵魂不朽》一书。牛顿还曾进行过大量的炼金术实验,其中包括参照古罗马圣教徒瓦伦丁所著《锑之凯旋车》中的方法,成功制备出了一种被称为"星锑"的美丽晶体。

尽管古代炼丹(金)的目的并未达到,但炼丹(金)实践对化学、冶金和药学等科学的发展影响深远。在炼丹(金)过程中,炼丹(金)家们有目的地将各类物质搭配烧炼,发现了铅、汞、硫、砷等许多化学物质间的转化,了解了许多无机物的性质及分离与提纯的方法,分类研究了许多物质的性质,特别是相互反应的性能,制造出了很多化学药剂、有用的合金及治病的药物,其中很多就是今天我们常用的酸、碱和盐,甚至总结出了一些化学反应规律,大大丰富了化学知识。例如,我国炼丹家葛洪曾总结炼丹实践后提出:"丹砂烧之成水银,积变又还成丹砂。"这是一种化学变化规律的总结,即"物质之间可以用人工的方法互相转变"。火药的发明就源于我国西汉时期的炼丹,因以硫磺、硝石和木炭为原料,在用火炼制的过程中频频发生着火和爆炸现象,经不断总结后获得了火药的配制方法,我国也因此成为世界上最早发明火药的国家。与此同时,炼丹(金)家们还发明了诸如蒸馏器、熔化炉、升华器、研钵、烧杯及过滤器等许多化学实验器具和装置,也创造了各种实验方法,如研磨、混合、溶解、灼烧、熔融、升华等,所使用的许多器具和方法经改进后,仍然在今天的化学实验中沿用。"chemistry"(化学)一词即起源于"alchemy",即炼金术。"chemist"也至今仍保留着"化学师"和"药剂师"的含义。那些每日饱受烟熏火燎的虔诚的炼丹(金)家们就是最早的"化学家"，成为开创化学工艺的先驱，他们的辛勤劳动为近代化学的产生奠定了基础。

我国是世界古代化学的发源地之一，除了冶金、制陶、造纸和酿造等对古代化学发展的贡献外，古人们的许多其他生产和生活实践同样为化学的产生、形成和发展做出了卓越贡献。据马王堆汉墓医书《五十二病方》记载，用水银能治疗臃肿和皮肤病。可见，中国是水银疗法的最早发明者，比西方早 8 个世纪。《后汉记·华佗传》中记载，在公元 200 年时，我国外科鼻祖华佗（约 145～208）就能用全身麻醉来施行外科手术，这是世界上最早在临床上使用麻醉药物的人。西晋著名政治家和哲学家张华（232～300 年）于公元 290 年所著的《博物志》一书中就记载了"自燃"现象，这是世界上最早记录"自燃"现象的文字史料。该书还记载有"烧白石作白灰有气体发生"，这里的白石即石灰石，白灰即石灰，所产生的气体就是二氧化碳。17 世纪后，比利时人才对碳酸气（即二氧化碳）进行了专门研究。我国南朝著名科学家陶弘景（454～536）在实践中发现，硝石（硝酸钾）"以火烧之，紫青烟起"，从而找到了鉴别外表极为相似的硝石与朴硝（硫酸钠）的简便方法。该方法其实就是我们今天所知的"焰色反应"，陶弘景发现"焰色反应"并应用于物质的鉴别，比欧洲最早发现者德国化学家马格拉夫（A. S. Marggraf，1709～1782）早 1 200 多年。明代杰出科学家李时珍（1518～1593）的巨著《本草纲目》，也是一部化学百科全书，该书 52 卷，记载了 1 892 种药物，其中无机化学药物占 6 卷，收载了砒石、石黄、砒霜等含砷元素的物质，以及赤铜、自然铜、铜矿石、铜青等含铜元素的物质等达 276 种。

1.1.3 近代化学理论的创立和发展

世界是由物质构成的，这是古代人类在长期的生产与生活实践中建立起来的基本概念，那么，物质又是由什么组成的呢？古代哲学家最早提出了这一命题，并做出了不同回答。最早尝试解答这个问题的是我国商朝末年的西伯昌（约公元前 1140 年），他认为："易有太极，易生两仪，两仪生四象，四象生八卦。"他以阴阳八卦来解释物质的组成。我国古代汉族人民源于对星辰的自然崇拜，曾创造了"五行说"，即"水、木、金、火、土"五种元素是构成宇宙万物及各种自然现象变化的基础（图 1-1）。亚里士多德在《发生和消灭》一书中则把世间万物的本源归结为四种基本原始性质，即"冷、

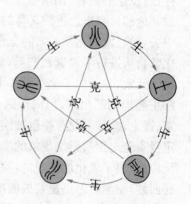

图 1-1 五行说

热、干、湿"，这些物性若成对结合便形成了四种元素，即"土、水、气、火"，这四种元素再按照不同的比例结合就构成了各种各样的物质。古希腊另一伟大科学家和哲学家泰勒斯（Thales，公元前 624 年～公元前 546 年）则认为水生万物，万物统一于水。古印度的哲学家认为，世界万物是由"地、水、风（气）、以太"所构成。古埃及则把空气、水和土看成是世界的主要组成元素。以上无论哪一种观点，都反映了古人们对世界万物

的组成"本原"的探索,虽然都只是主观臆测,未触及物质结构的本质,但这些物质观对近代化学的产生和发展却产生了深远的影响。

17 世纪中叶,英国实验化学家和实验物理学家波义耳(R. Boyle,1627~1691)继承了古代元素思想,将天平用于化学实验,依靠化学实验研究了组成物质的元素。他认为,元素并不是水、火、土等复杂物质或现象,更不是亚里士多德所说的冷、热、干、湿等性质,或古希腊哲学家柏拉图(Plato,约公元前 427~公元前 347)所强调的理念等非物质的精神。波义耳于 1661 年出版了《怀疑派化学家》,在本书中第一次对组成物质的"本原"——"元素"进行了定义。他提出:"只有那些不能用化学方法再分解的简单物质才是元素。元素是构成物质的基本,它可以与其他元素相结合,形成化合物,但是,如果把元素从化合物中分离出来后,它便不能再被分解为任何比它更简单的东西了。"波义耳提出的"元素"概念尽管仅仅是建立在怀疑前提下的定义,但为化学的发展指明了方向,拉开了近代化学发展的序幕。波义耳还提出:"化学,为了完成其光荣而又庄严的使命,必须抛弃古代传统的思辨方法,而像物理学那样,立足于严密的实验基础之上。"他的观点完全摒弃了炼金术中的神秘学思想,将自然哲学思想独立出来成为一门新的学科——近代化学,波义耳也因此被誉为"近代化学之父"。他还主张,不应单纯把化学看作是一种制造金属、药物等从事工艺的经验性技艺,而应看成一门科学。因此,波义耳被马克思和恩格斯誉称为"把化学确立为科学"的人。

但是,由于当时化学实验水平的限制,波义耳的元素概念只是一种缺乏具体内容的抽象概念,还有待充实。法国化学家拉瓦锡(A. L. Lavoisier,1743~1794)坚信化学元素的客观存在,在他的名著《化学概论》中提出:"元素就是用任何方法都不能再加以分解的一切物质。"他的元素概念把波义耳的抽象元素概念加以具体化,有力地推动了化学家到具体物质中去寻找、发现化学元素的工作。18 世纪中叶,在实验分析的基础上,拉瓦锡对当时已知的化学物质进行了筛选和归类,确定了 Au、Ag、Cu、Fe、Sn、O、H、S、P、C 等 33 种简单物质为化学元素,并列出了化学发展史上的第一个元素系统分类表。他把当时已发现的所有单质都正确地列了出来,但同样因受到实验技术和理论认识的局限,分类表中的许多物质如石灰、镁土、盐酸等化合物也被误当成了元素。18 世纪后期,氧气被发现之后,拉瓦锡还通过定量实验对物质燃烧现象的实质进行了研究,证实燃烧是物质与空气中的氧气发生的化合反应,提出了氧化燃烧理论,取代了长达 100 年之久的燃素说,揭开了蒙在燃烧现象上的神秘面纱,使当时因迅速发展的冶金和化学工业需要解释火及燃烧本质的谜底终于有了科学答案,同时还揭示了现今众所周知的质量守恒定律。因此,拉瓦锡被公认为"化学之父"和化学科学奠基人。

我们可以看出,波义耳和拉瓦锡均把元素与单质这两个化学基本概念等同了起来,直到19 世纪初期,英国化学家、物理学家道尔顿(J. Dalton,1766~1844)创立原子学说,将元素和原子的概念联系了起来。1841 年,瑞典物理化学家阿伦尼乌斯(S. A. Arrhenius,1859~1927)创立了同素异形体的概念后,使元素和单质才开始有所区别。19 世纪中叶,俄罗斯化学家门捷列夫(D. I. Mendeleev,1834~1907)在英国分析化学家和工业化学家纽兰兹(J. A. R. Newlands,1837~1898)的研究基础上,把当时已知的看似互不相干的 63 种元素依照原子相对质量(简称原子量)的变化联系起来,并深入研究了各元素的物理和化学性能随原子量递变的关系,于 1869 年发现了元素性质按原子量从小到大的顺序周而复始地递变的周期关系——化学元素周期律,并将其表达成元素周期表的形式。元素周期律是自然界最重要的基本规律之一,该规律的发现结束了长达 200 多年关于元素概念与分类的混乱观念,至此,元素和单质两个概念被真正区分了开来。同时,元素周期律的发现在理论上对发现新元素具有极为重要的指导意义,对化学的发展,尤其对无机化学的系统化,发挥了决定性的作用。到了 20 世纪 40 年代,人们已经发现了自然界存在的 92 种化学元素。

物质是由元素构成的,那么,元素又是由什么构成的呢?19 世纪初,随着化学知识的积累和化学实验从定性到定量的发展,关于化合物的组成已初步得出了一些规律。道尔顿继承了古希腊朴素原子论和牛顿微粒说,在实验的基础上,于 1803 年创立的原子论解答了这个问题。道尔顿原子论的主要内容可归纳为三点:① 一切元素都是由不可能再分割和不能毁灭的微粒所构成,它是一切化学变化中的最小单位,这种微粒称为"原子";② 同一种元素的原子的性质和质量相同,不同元素的原子的性质和质量不同,原子质量是元素的基本特征之一;③ 一定数目的两种不同元素化合以后,便形成了化合物。不同元素化合时,原子以简单整数比结合(即道尔顿倍比定律)。

道尔顿的原子论合理地解释了当时已知的一些化学定律,揭示出了一切化学现象的本质都是原子运动,明确了化学的研究对象。道尔顿也是开展相对原子质量测定工作的拓荒者,得到了第一张相对原子质量表,他的这些成就为化学真正发展成为一门学科发挥了开创性的作用。在哲学思想上,原子论揭示了化学反应现象与本质的关系,继天体演化学说之后,又一次冲击了当时僵化的自然观,为科学方法论的发展、辩证自然观的形成及整个哲学认识论的发展发挥了重要作用。但由于受当时科技水平的限制,同时受机械论、形而上学自然观的影响,道尔顿的原子不可分割的论点明显需要进行修正。此外,他未能区分原子和分子,因此,道尔顿原子论与有些实验事实之间存在着一些矛盾。

1808 年,法国化学家和物理学家盖-吕萨克(J. L. Gay-Lussac,1778~1850)通过气体反应实验提出了气体化合体积定律:在同温同压下,气体反应中各气体体积互成简单的整数比。利用道尔顿原子论加以解释,很自然地得出了"半个原子"的结论,例如由一体积 Cl_2 和一体积 H_2 生成了两体积 HCl,每个 HCl 分子都只能是半个氯原子和半个氢原子所组成,这与原子不可分割的观点完全对立。随后,意大利化学家阿伏伽德罗(A. Avogadro,1776~1856)对盖-吕萨克的气体化合体积定律加以发展,于 1811 年提出了分子学说,完善和发展了道尔顿原子论。阿伏伽德罗认为,许多物质如 H_2、O_2、Cl_2、N_2 等往往不是以原子而是以分子的形式存在,并指出:"同体积的气体,在相同的温度和压力下,含有相同数目的分子。"这样,原子学说和气体化合体积定律就统一起来了。

阿伏伽德罗的分子学说在长达半个世纪的时期里一直不被重视,直到 1860 年,意大利化学家坎尼扎罗(S. Cannizzaro,1826~1910)在德国召开的第一次国际化学会议上,用充分的证据阐明了什么是原子、分子、原子量和分子量,使原子-分子论得以确立。原子-分子论指明了不同元素代表不同的原子,原子按照一定方式或结构组合成分子,分子进一步组成物质,分子的结构直接决定其物质的性能。从此以后,化学由宏观进入了微观层次,使化学研究建立在原子和分子水平的基础上。

1.1.4 中国近代化学的发展

古代中国在炼丹、酿造和造纸等实践中早已产生了化学科学的萌芽,而且发展的水平远超出当时世界其他国家,但因缺少科学的实验发现和符合逻辑推理的理论求索,一直未能形成完整的化学理论体系。同样起源于炼金实践的欧洲化学,在近代工业革命浪潮的推动下,以波义耳、拉瓦锡、道尔顿、阿伏伽德罗等为代表的科学家们逐步将其发展成为一门科学。欧洲的经验化学从 16世纪开始逐步传入我国,如徐光启的著作中就有制造"镪水"(硝酸或硫酸)的方法。19世纪 30 年代,近代化学知识随着南方沿海

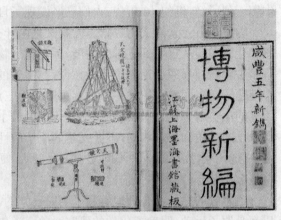

图 1-2 近代化学著作

地区中外贸易的发展开始传入我国。1835 年,晚清进士丁守存(1812~1883)所著《造化究原》和《新火器说》两书,都涉及到了一些近代化学知识。鸦片战争以后,欧美列强的坚船利炮打破了清政府的闭关锁国政策,抱有改良主义幻想的一批中国知识分子在"师夷长技以制夷"的思想指导下,将近代化学从欧美引入中国。据史料记载,19 世纪 50 年代,英国传教士、医生合信(B. Hobson,1816~1873)编译出版了《博物新编》,共分三集,内容包括天文、气象、物理、化学、动物等各种西方近代科学知识,是迄今所知的最早向我国介绍西方近代化学知识的著作。此书第一集中介绍说"天下之物,元质(即元素)五十有六,万类皆由之而生"。书中还介绍了氢气、氧气、氮气、一氧化碳和各种强酸的制备方法。该书推动了近代科学知识在中国的传播,成为中国近代科技史上最具影响的著作之一。

第二次鸦片战争后,面对西方列强的不断侵略,清政府在上海设立了江南制造局,于 1867 年在该局内又设立了"翻译馆"。英国传教士傅兰雅(J. Fryer,1839~1928)在该馆工作了 28 年,他以传教士传教布道的热忱和献身精神,向中国人介绍、宣传科技知识,期间翻译或与他人合译了包括化学、军事、航海、采矿、冶金、机械、天文、地理、动植物、农业、医学等 100 多部西学著作。其中,由江南制造局出版的绝大部分化学书籍是由傅兰雅口译,我国学

者徐寿(1818～1884)执笔合作而成。他们共同编译的《化学鉴原》(无机化学)、《化学鉴原续编》(有机化学)、《化学鉴原补编》(无机化学)、《物体遇热改易记》(物理化学初步)、《化学考质》(定性分析化学)、《化学求数》(定量分析化学)、《化学分析》,以及傅兰雅与徐寿的儿子徐建寅合译的《化学分原》(分析化学)、与汪振声合译的《化学工艺》(酸碱工业)等八部化学著作,囊括了近代化学各分科的基础理论和19世纪中后期的化学成就,成为中国第一批化学教材,标志着近代化学理论已全面输入我国。其中,《化学鉴原》一书是中国历史上第一部无机化学教材,书中介绍了化学的基本原理,如定比定律、倍比定律、物质守恒定律、道尔顿原子论等,详述了当时已知的64种元素的存在、性质、用途及其重要化合物的制备方法和发现史等,还首次对已知化学元素及许多化学物质进行了中文化学命名。徐寿的工作对中国近代化学的形成与发展起到了极大的推动作用,被誉为我国近代化学的启蒙人。

化学家虞和钦(1879～1944)是另一位中国近代化学传播的开拓者。他最早向国人介绍了元素周期律,也是我国制定有机化合物系统名称的第一人,著有《有机化学命名草》一书,译著《化学三字经》、《化学讲义实验书》、《中等化学教科书》、《生物之过去未来》等。1901年,虞和钦还与虞辉祖、钟观光等人在上海创办了科学仪器馆,该馆的创立在当时对我国科学仪器的介绍、应用和制作具有开拓作用。1903年,虞和钦创办了我国最早的综合性自然科学杂志——《科学世界》,介绍各种自然科学知识和新工艺、新技术,他和钟观光在该馆亲自讲授理化博物知识,培养理科人才,对促进我国科学教育事业和民族工业的发展发挥了重要作用。1930年,虞和钦创建了我国最早制造硫酸的企业之一——开成造酸公司(后改为上海化工研究院实验厂),成为促进我国民族工业发展的开拓者。

除了徐寿和虞和钦之外,赵承嘏、张子高、任鸿隽、吴宪、杨石先、黄鸣龙等许多杰出人物为中国近代化学发展以及化学教育做出了不可磨灭的功绩,在此不再一一介绍。

§1.2 现代化学的兴起与发展

1.2.1 现代化学理论的创立和发展

19世纪末,物理学得到了前所未有的发展,产生了一系列重大的发现,为化学在20世纪的重大进展创造了条件,尤其是X射线、放射性和电子的发现,揭示了原子的内部结构和微观世界波粒二象性的普遍性,使经典力学上升为量子力学,为化学提供了分析原子和分子的电子结构的理论方法,使人类逐步认识了化学键(分子中相邻原子之间的结合力)的本质,对原子结合成分子的方式和规律的研究日趋深入和系统,价键理论、分子轨道理论和配位场理论等化学键理论相继产生。这些发现和研究成果打开了探索原子和原子核内部结构的大门,吸引了许多科学家去探索物质微观世界更深层次的奥秘。热力学等物理学理论引入化学以后,利用化学平衡和反应速度的概念,可以判断化学反应中物质转化的方向和条件,从而建立了物理化学,化学在理论上又提高到了一个新的水平。在近代化学走向现代化学的进程中,近代物理学无论在理论上还是在实验上都提供了巨大的支持和有力的手段,极大地推动了化学学科的发展。化学不仅形成了完整的理论体系,而且在理论的指导下,为人类创造了丰富的物质,使化学科学进入了一个全新的发展阶段。

1. 放射性和铀裂变的重大发现

法国物理学家皮埃尔·居里(P. Curie,1859～1906)和法国波兰裔物理学家、化学家玛丽·居里(M. Skłodowska-Curie,1867～1934)夫妇(简称居里夫妇)从 19 世纪末到 20 世纪初先后发现了放射性元素钋和镭,打开了 20 世纪原子物理学的大门。20 世纪初,著名新西兰物理学家卢瑟福(E. Rutherford,1871～1937)首先提出了放射性半衰期的概念,成功证实了原子核的存在,创建了卢瑟福原子模型,并最先成功地在氮与 α 粒子的核反应中将原子分裂,又在同一实验中发现了质子。居里夫妇的女儿 I·居里(I. Joliot-Curie,1897～1956)和女婿 F·居里(F. Joliot-Curie,1900～1958)夫妇(简称约里奥·居里夫妇)用钋的 α 射线轰击硼、铝、镁时发现了带有放射性的原子核,首次用人工方法创造出了放射性元素,同时证明了裂变产生的中子能够引起链式反应。核裂变和链式反应的发现,是实际利用原子能的依据,为人类开发新的能源开辟了广阔的前景。在约里奥·居里夫妇的研究基础上,美国物理学家费米(E. Fermi,1901～1954)用中子轰击各种元素获得了 60 种新放射性元素,并发现中子轰击原子核后被原子核捕获得到一个不稳定的新原子核,核中的一个中子将放出一次 β 衰变,生成了原子序数增加 1 的元素,这一发现使人工放射性元素的研究迅速成为当时的热点。1939 年德国化学家哈恩(O. Hahn,1879～1968)发现了核裂变现象,震撼了当时的科学界,成为原子能利用的基础。同年,科学家们在裂变现象中发现伴随着碎片有巨大的能量,同时约里奥·居里夫妇和费米均测定了铀裂变时还放出中子,这使链式反应成为可能。1942 年,在费米领导下成功地建造了世界上第一座原子反应堆。核裂变和原子能的利用是 20 世纪初至中叶物理和化学界具有里程碑意义的重大突破。

2. 化学键理论

著名德国物理学家,量子力学重要创始人普朗克(M. Planck,1858～1947)于 1900 年在德国物理学年会上发表了题为《正常光谱辐射能的分布理论》的报告,标志着量子理论的诞生。奥地利物理学家,量子力学奠基人之一薛定谔(E. Schrödinger,1887～1961)在法国著名理论物理学家、波动力学的创始人德布罗意(L. V. de Broglie,1892～1987)物质波理论的基础上,于 1926 年提出了著名的薛定谔方程,成为量子力学中描述微观粒子运动状态的基本定律,其地位大致相似于牛顿运动定律在经典力学中的地位。量子理论应用于化学领域后,使化学不再只是一门实验科学,为理解化学键提供了一种有力的工具。1927 年,德国物理学家海特勒(W. H. Heitler,1904～1981)与伦敦(F. W. London,1900～1954)首先利用量子力学处理氢分子,解释了氢分子中共价键的实质,为价键理论提供了理论基础,开创了量子化学学科。美国化学家、量子化学和结构生物学的先驱者之一鲍林(L. C. Pauling,1901～1994)对此加以发展,引入了杂化轨道概念,建立了以量子力学为基础的价键理论,成功地应用于双原子和多原子分子的结构。鲍林还创造性地提出了共价半径、金属半径、电负性标度等许多新概念,如今已成为化学领域最基础和最广泛使用的概念,对现代化学的发展具有重大意义。他撰写的《化学键的本质》被认为是化学史上最重要的著作之一,鲍林被认为是 20 世纪对化学科学影响最大的科学家之一。

此后,美国化学家、物理学家马利肯(R. S. Mulliken,1896～1986)运用量子力学方法,提出将分子看成一个整体,于 1928 年创立了分子轨道理论,阐明了分子的共价键本质和电子结构。1952 年又用量子力学理论阐明了原子结合成分子时的电子轨道,发展了分子轨道理论,成功处理了多原子 π 键体系,圆满解释了离域效应和诱导效应等方面的问题。1952年,日本理论化学家福井谦一(F. Kenichi,1918～1998)提出了前线轨道理论,将复杂、抽象的量子化学理论转化为简单直观的近似理论,打开了理论化学神秘的大门。美国化学家伍德沃德(R. B. Woodward,1917～1979)和霍夫曼(R. Hoffmann,1937～)于 1959 年首先发现了这一理论的价值,用来研究周环反应的立体化学选择定则,进一步将其发展成为分子轨道对称守恒原理,用于解释和预测一系列反应的难易程度和产物的立体构型。这些理论不仅解释了以前化学反应中的一些不能解释的现象,而且能够预测许多化学反应能否进行,被认为是认识化学反应发展史上的里程碑。维生素 B_{12} 的合成就是在前线轨道理论和分子轨道对称守恒原理指导下获得成功的典型例子。1998 年,美国理论物理学家科恩(W. Kohn,1923～)创立了电子密度泛函理论,已得到了广泛应用。科学家们经过半个世纪的探索,使化学理论日臻完善,对分子的本质及其相互作用的基本原理的认识逐渐深入,为各种功能分子的理性设计提供了理论依据,极大地促进了药物和材料等科学的发展。

3. 化学反应理论

研究化学反应如何进行,揭示化学反应的历程、反应过程中的能量变化及物质的结构与其反应能力之间的关系,是控制化学反应过程的理论基础。随着人们对分子结构和化学键认识的不断深入,化学反应理论也不断得到了深化。

1840 年,瑞士裔俄国化学家盖斯(G. H. Hess,1802～1850)在总结大量实验事实的基础上,提出了盖斯定律,即"定压或定容条件下的任意化学反应,在不做其他功时,不论一步完成还是多步完成,该化学反应的反应热总值相等"。在生产和科学研究中,可以借助已知反应热的反应获得几乎任一化学反应的反应热,这就是盖斯定律的应用价值。基于热力学第一定律(即宏观体系的能量守恒与转化定律)和热力学第二定律,结合热化学数据,采用数学方法加以演绎推论,研究宏观平衡体系在各种条件下发生物理或化学变化过程中所伴随的能量变化,从而对物理或化学变化的方向和进行的程度作出判断,这是经典热力学对化学发展的重大贡献。事实上,很多化学反应是远离平衡态的不可逆反应,美国物理化学家昂萨格(L. Onsager,1903~1976)运用统计力学,发现了非平衡态热力学的一般关系,于 1931 年创立了不可逆过程热力学。比利时物理化学家普里戈金(I. R. Prigogine,1917~2003)对此进行了发展,于 1945 年提出了最小熵产生原理,为不可逆过程热力学的定量理论及其应用奠定了基础。

在化学反应动力学方面,阿伦尼乌斯于 1883 年创立了电离理论,解释了溶液的许多性质,在物理和化学之间架起了一座桥梁。1889 年他又提出活化分子和活化热的概念,推导出了著名的化学反应速率经验公式。1918 年,美国化学家路易斯(G. N. Lewis,1875~1946)运用气体分子运动论的成果,提出了反应速率的碰撞理论,认为反应物分子之间的相互碰撞是化学反应进行的先决条件,反应物分子碰撞的频率越高,反应速率越大。荷兰化学家范特霍夫(J. H. van't Hoff,1852~1911)通过研究气体化学势与温度的关系,建立了范特霍夫等温方程。1935 年,美国化学家艾林(H. Eyring,1901~1982)和珀兰尼(M. Polanyi,1891~1976)对分子碰撞理论作了重要修正和补充,提出了过渡态理论,认为反应物分子并不只是通过简单碰撞直接形成产物,而是必须经过一个活化络合物形成的过渡状态。在研究分子的光化学反应过程中,德国物理化学家博登斯坦(M. Bodenstein,1871~1942)于 1913 年提出了链反应的概念。前苏联化学家谢苗诺夫(N. N. Semenov,1896~1986)和英国化学家欣谢尔伍德(C. N. Hinshelwood,1897~1967)分别于 20 世纪 30 年代末发展了链反应理论。化学反应理论逐渐向微观发展,化学家们还运用已创立的分子轨道理论研究微观的反应机理,逐渐建立了分子轨道对称守恒定律和前线轨道理论。

总之,20 世纪以来,化学由宏观向微观、由定性向定量、由稳定态向亚稳定态发展,由经验逐渐上升到理论,再用于指导设计和开创新的研究。一方面,为人类社会的发展提供了尽可能多的新物质、新材料;另一方面,在与其他自然科学相互渗透的进程中不断产生新学科,并向探索生命科学和宇宙起源的方向发展。

1.2.2　化学学科形成的主要分支

化学的研究范围极为广泛,按其研究对象及研究手段、目的和任务的不同,在 20 世纪 20 年代前,化学就已逐渐派生出了无机化学、分析化学、物理化学和有机化学等四大分支学科。20 年代以后,电子和计算机技术迅速兴起,化学研究在理论和实验技术上获得了新的手段,从 30 年代开始化学科学飞跃发展,陆续又派生出了核化学、高分子化学和生物化学三大分支学科。同时,化学与材料、医学、地学、数学、天文学等许多其他学科互相渗透,还形成了许多跨学科的新的研究领域,化学的研究内容获得了极大丰富。

1. 无机化学

无机化学是除碳氢化合物及其衍生物外,对所有元素及其化合物的性质及其反应进行实验研究和理论解释的科学,是化学学科中发展最早的分支学科之一。古代东西方的炼丹(金)、冶金、陶瓷制造等就是最早的无机化学的探索和应用。元素周期律的发现对无机化学的系统化起了决定性作用。目前,无机化学已形成了普通元素化学、稀有元素化学、配位化学、金属间化合物化学、无机高分子化学、无机合成化学、同位素化学等许多分支。无机化学与其他学科结合而形成的新兴研究领域很多,如有机金属化合物化学、无机固体化学、物理无机化学、生物无机化学和无机生物化学。无机化学发展的总趋势基本是:从描述性的科学向推理性的科学过渡,从定性向定量过渡,从宏观向微观深入,力图建立一个比较完整的、理论化的、定量化和微观化的现代无机化学新体系。

2. 分析化学

分析化学是关于研究物质的化学组成、含量、结构和存在形态及其与物质性质之间的关系等化学信息的分析方法及理论的一门科学,是化学最早形成的分支之一。分析化学的名称创自于波义耳,但分析化学的实践与古代冶金、酿造等化学工艺同样古老。经典化学分析方法的建立和完善对于原子量的准确测定、元素及元素周期律的发现发挥了基础性的作用,期间,天平的发明对定量分析化学的发展至关重要。1841 年,瑞典化学家、现代化学命名体系的建立者贝采里乌斯(J. J. Berzelius,1779~1848)的《化学教程》,1846 年德国化学家弗雷泽纽斯(C. R. Fresenius,1818~1897)的《定量分析教程》和 1855 年德国分析化学家莫尔(K. F. Mohr,1806~1879)的《化学分析滴定法教程》等专著相继出版,已初具今日化学分析的端倪。进入 20 世纪,分析化学经历了三大变革:第一次在世纪初,物理化学溶液理论的发展,建立了四大溶液平衡理论,分析化学由一种技术发展为一门科学;在二战前后,物理学和电子学的发展促使了各种仪器分析方法的大发展;20 世纪 70 年代以来,以计算机应用为主要标志的信息时代的到来,促使分析化学发展为分析科学。如今,分析化学包括化学分析和仪器分析两部分,前者是根据物质的化学性质来测定物质的组成及相对含量,是分析化学的基础,包括滴定分析和重量分析;后者是根据物质的物理性质或物理化学性质来测定其组成及相对含量,是分析化学发展的重点。

3. 有机化学

有机化学是研究有机化合物的组成、结构、性质、制备方法与应用的科学,是化学的重要分支。被誉为"有机化学之父"的贝采里乌斯于 1806 年首次提出了"有机化学"名称。在过去的很长时期里,由于科学条件限制,有机化学研究的对象是从天然动植物有机体中提取的有机物。1828 年,德国化学家维勒(F. Wöhler,1800~1882)在实验室中首次成功合成了尿素,有机化学才脱离了传统定义的范围,扩大为含碳物质的化学。尿素的合成、原子价概念的产生、苯的六环结构和碳价键四面体等学说的创立、酒石酸旋光异构体的拆分,以及分子的不对称性等的发现,促使有机化学结构理论的建立,使人们对分子本质的认识更加深入,并奠定了有机化学的基础。化学家们不仅能够在实验室中分离和提取天然物质,而且合成了一系列自然界里未曾发现的有机化合物,并逐步兴起了有机合成化学工业。目前,有机化学已经形成了普通有机化学、有机合成化学、组合化学、金属和非金属有机化学、物理有机化学、生物有机化学、有机分析化学等多个分支。

4. 物理化学

物理化学是利用物理学的理论和实验技术,探索和研究化学的基本规律和理论的科学,是化学的另一个重要分支学科。一般认为,物理化学作为一门学科的正式形成是以德国化学家奥斯特瓦尔德(F. W. Ostwald,1853～1932)和范特霍夫于1877年共同创办的《物理化学杂志》为标志。自19世纪中叶开始,运用物理学的定律研究化学体系,阐明化学反应进行的方向、程度和速率等基本问题,取得了可喜的成果,逐步形成了物理化学分支学科。物理化学采用热力学、统计力学和量子力学等方法,主要对化学体系的宏观平衡性质、化学体系的微观结构和性质、化学系统的微观与宏观相结合的性质及化学体系的动态性质等四个方面开展研究。经典物理化学主要包括结构化学、热化学、化学热力学、化学动力学、电化学、溶液理论、流体界面化学、催化作用及其理论等多个分支。随着各学科间的相互渗透,又不断产生新的分支学科,如物理有机化学、生物物理化学、化学物理、金属物理化学等。

5. 高分子化学

高分子化学是研究高分子化合物的合成、化学反应、物理化学、加工成型、应用等的一门新兴的综合性学科,属于高分子科学的三大研究领域之一。人类从一开始就与高分子有密切关系,自然界的棉、麻、丝、木材、淀粉等都是以天然高分子为主要成分而构成的,甚至连人本身也是一个复杂的高分子体系。1920年,德国化学家施陶丁格(H. Staudinger,1881～1965)提出了高分子概念,创立了高分子链型学说,成为高分子科学的奠基人。1953年,德国有机化学家齐格勒(K. W. Ziegler,1898～1973)制备了乙烯聚合物,提出了定向聚合的概念,开创了立体定向聚合的崭新领域。1954年,意大利化学家纳塔(G. Natta,1903～1979)首先使用催化体系合成了各种立体规整结构的聚合物和共聚物,标志着人类第一次可以人工合成过去只有生物体才能合成的高分子。高分子科学的研究内容不断扩大,相关理论日益成熟,还建立了大规模的高分子合成工业,生产出了五彩缤纷的塑料、美观耐用的合成纤维、性能优异的合成橡胶,高分子合成材料已与金属材料、无机非金属材料并列构成材料世界的三大支柱。高分子化学现已派生出了天然高分子化学、高分子合成化学、高分子物理化学等多个分支学科。

6. 核化学

核化学是用化学方法或化学与物理相结合的方法研究原子核的性质、结构、分离、鉴定、转变规律、核反应及其应用的学科,其主要分支学科有核化学、放射化学和核物理,在内容上既有区别又紧密联系。核化学始于1898年居里夫妇对钋和镭的分离和鉴定,此后发展速度极快。1942年,在费米领导下成功建造了世界上第一座原子反应堆。目前,核化学已经形成了放射性元素化学、放射分析化学、辐射化学、同位素化学、核化学等多个分支学科。除了可控性核反应堆为人类提供巨大的能源外,核化学研究成果还广泛应用于材料辐射加工、辐射育种、昆虫防治、食品辐照保鲜、核医学诊断与癌症放射性治疗、放射性药物、放射性示踪分析等许多领域。

7. 生物化学

生物化学是运用化学的理论和方法研究生命物质的一门重要的化学分支学科,其任务主要是研究生物分子的化学组成、结构与功能及生命过程中的各种化学变化。"生物化学"的名称大约产生于 19 世纪末、20 世纪初,经过 100 多年的发展,已经形成了分子生物学、细胞生物学、微生物学、生物物理学、人体生物学、发育生物学、进化生物学、遗传学、基因组学、酶类、海洋生物学、系统生物学、生物地理学等多个分支学科。

其他与化学有关的边缘学科还有:地球化学、海洋化学、大气化学、环境化学、宇宙化学、星际化学等等。

§1.3　化学是一门实用的、创造性的科学

1.3.1　化学对社会发展和人类日常生活的贡献

化学科学既是一门传统的基础科学,又是一门实用的、富有创造性的应用科学,已经渗透到社会发展和人民物质文化生活的每一个角落,涉及到加强综合国力和提高人民生活质量的方方面面。只要你留心观察就会发现,生活中处处都有化学产品,处处都有化学知识。人类的生活离不开衣、食、住、行、医,而这些无不与化学所涉及的成百化学元素及其所组成的千万种物质有关。在这些物质中,有的是天然物质(如水、空气等),有的是由天然物质改造而成(粮油、纸张、家具等),而更多的则是用化学方法由人工合成所得,如农业生产所需的化肥和农药,抑制细菌病毒和医治各种疾病所用的医药,加工美味食品所用的各种食品添加剂,加工遮体御寒的衣料所需的合成纤维,梳妆打扮所用的洗涤化妆品,现代交通工具所用的合成橡胶、塑料和燃油添加剂、润滑剂等,现代建筑所用的水泥、石灰、油漆、玻璃和塑料,等等。它们形形色色、无所不在,使人类的物质生活丰富多彩。可以说,没有化学创造的物质文明,就不可能有人类的现代生活。

作为一门庞大的知识体系,化学是人类认识世界、改造世界的武器,它不仅能用来解决人类的生活需要,还能为人类社会的发展做出巨大贡献。利用化学反应和过程来制造产品的化学工业在世界各国的国民经济中所占有的份额越来越大,已成为各国的支柱产业。在经济越发达的国家里,化学化工科技人员在所有从事研究与开发的科技人员中所占的比例越高,世界专利发明中约有 20% 以上与化学有关。化学无论对于农业、工业还是国防和科学技术的发展都发挥着极为重要的作用。目前国际上最关心的几个重大问题——环境保护、新能源开发、功能材料研制、生命过程的探索,都与化学密切相关,化学研究的成果已成为社会文明的标志,深刻地影响着人类社会的发展。

同时,人类目前所面临的许多社会可持续性发展问题更离不开化学。随着工农业生产的发展,生态环境恶化、能源枯竭、资源匮乏、食品安全及健康问题等许多社会问题日显突出,若得不到合理解决,必然会影响社会的可持续发展。例如,环境污染、全球气温变暖、臭氧层破坏和酸雨等生态环境问题日益凸显,正在危及着人类的生存和社会的可持续发展。改善矿物燃料的燃烧并消除对大气的污染、科学治理和利用"三废"、探索环境净化的方法和污染监测的手段,化学一直发挥着主导角色。尽管化学和化工本身并非污染源,环境问题也决非源于化学化工的发展,但由于化工工艺技术及管理水平的滞后,不少化学和化工产品在制造过程中会带来污染。毫无疑问,对于所有污染问题的分析、监测和治理,离开了化学将寸步难行。又如,在能源开发和利用方面,化学在传统能源的利用中已做出了重大贡献,如今对太阳能、氢能、页岩气、可燃冰等新能源的研究和开发,依然是化学科学的前沿课题。粮食问题、健康问题及资源问题等也都离不开化学,化学与社会的关系日益密切。

1.3.2 化学对人类健康的贡献

化学是生命存在的基础,它不仅为保障人类生活、提高人类生活质量提供了物质基础,还为提高人类健康水平做出了巨大贡献。

生命体中支撑着生命的是无数的有机化合物,重要的有糖类、蛋白质、氨基酸、酶、核酸等。人体内的某些物质代谢平衡一旦失调,就会导致某些危害人类健康的疾病。人类在与各种疾病作斗争的历史中,很早就认识到自然界中很多天然植物或矿物中含有某些具有药效作用的化学成分,从而发现了很多天然药物,中(草)药就是中国人对世界药物化学的一大贡献。利用化学合成药物来抑制细菌和病毒、治疗各种疾病,以保障人体健康,是人类文明的重要标志之一。20 世纪初,由于人类对物质结构和药理作用的深入研究,药物化学迅速发展,并成为化学学科的一个重要领域。德国医学家、近代化学疗法的奠基人之一埃尔利希(P. Ehrlich,1854~1915)于 1908 年和日本细菌学者秦佐八郎(1873~1938)一起发明了治疗梅毒的砷制剂——胂凡纳明,开创了化学治疗的先河。20 世纪 30 年代以来化学家从染料出发,研制出了一系列磺胺药物,使许多细菌性传染病特别是肺炎、流行性脑炎、细菌性痢疾等长期危害人类健康和生命的疾病得到了控制。青霉素、链霉素、金霉素、氯霉素、头孢菌素等抗生素的发明,拯救了无数人的生命。

据不完全统计,20 世纪化学家通过合成、半合成或从动植物、微生物中提取得到的临床有效的化学药物超过 2 万种,常用的约 1 000 种,正是有了这些药物,才使各种传染病得以有效控制,癌症、心脑血管等各种疾病得以缓解,使人类的寿命得到了延长。

1.3.3 化学推动了其他学科的发展

化学一方面不断借助其他学科,特别是物理学、电子学和计算机科学的发展而快速发展;另一方面,化学本身也日益渗透到生命科学、环境科学、材料科学、能源科学、信息科学等基础和应用科学中,为这些科学的发展提供了理论基础、工艺途径和测试手段,促进了这些科学的不断发展,还产生了生物化学、环境化学、材料化学、海洋化学等多门新兴交叉学科。作为自然科学中的一门重要基础学科,化学成为一门承上启下的中心科学。例如,研究生命现象和生命过程、揭示生命的起源和本质是当代自然科学的重大研究课题之一。20世纪生命化学的崛起给古老的生物学注入了新的活力,化学不仅为生物学研究提供了技术和方法,还提供了理论,使人们在分子水平上向生命的奥秘打开了一个又一个通道,产生了一系列在分子层次上研究生命问题的新学科,如分子生物学、生物有机化学、生物无机化学、生物分析化学等。化学更是材料科学的基础,与材料科学的相互渗透和交叉促进了材料科学的迅猛发展。20世纪30年代后陆续研究成功的合成橡胶、合成塑料和合成纤维等高分子材料是化学发展史上最具突破性的成就,也是化学与材料科学成功结合的典范,成为20世纪人类文明的标志之一。

化学的作用远非上述介绍的几个方面,哥伦比亚大学教授布雷斯洛(R. Breslow)所著《化学的今天和明天》一书的副标题(The Central, Useful and Creative Science)很好地诠释了化学学科的功能。从化学的发展史可以清楚地看出,化学是人类认识自然界,改造自然界,改善人民生活质量,推动社会发展的锐利武器。

参考文献

1. [英]J. R. Partington 著,胡作玄译. 化学简史[M]. 北京:中国人民大学出版社,2010.
2. 张胜义,陈祥迎,杨捷. 化学与社会发展[M]. 合肥:中国科学技术大学出版社,2009.
3. [美]L. P. Eubanks,C. H. Middlecamp 著,段连运等译. 化学与社会(Chemisrty in Context——Applying Chemistry to Society)(第五版)[M]. 北京:化学工业出版社,2008.
4. 刘旦初. 化学与人类[M]. 上海:复旦大学出版社,2002.
5. [美]Ronald Breslow 著,华彤文,宋心琦,张德和,吴国庆译. 化学的今天和明天——一门中心的、实用的和创造性的科学[M]. 北京:科学出版社,1998.

思考题

1. 请列举化学发展史上的几个重大发现或发明及其对人类社会进步的贡献。
2. 古代兴起于东西方的炼丹(金)术对化学的发展有什么贡献?
3. 化学对你的生活有什么影响?请列举几个你在生活中所必需的人工合成化学品。
4. 请谈谈你对化学促进材料科学发展方面的认识。
5. 你认为环境污染产生的根源是什么?为什么有很多人认为环境污染源于化学和化工的发展?
6. 面对环境污染、能源危机和资源枯竭等社会发展的重大问题,你认为化学有何作为?

第2章 化学与能源

人类的一切活动都离不开能源,而能源的开发与利用、储存与转换、能源使用对环境的影响等,都与化学有密切关系。能源开发在很大程度上依赖于化学技术,如何高效利用能源、开发利用可再生能源、最大限度地减少环境污染,是化学学科面临的重大课题。

§2.1 能源概述

能源又称能源资源,通常是指可以产生各种能量的物质资源或可做功的物质的统称。通俗地讲,能源是指能够直接取得或通过加工、转换后取得有用能量的各种资源。能源是人类生存和发展的重要物质基础,是国民经济发展的动力。一种新能源的出现和能源科技的每次重大突破,都会带来世界性的产业革命或经济腾飞,极大地推动社会的进步。

2.1.1 能源种类

根据不同的分类标准,能源可分为不同类型。对能源主要有以下七种分类方法:

(1) 按照来源,可分为:① 来自地球外部天体的能源。主要是太阳能,除直接辐射外,还为风能、水能、生物质能等能源的产生提供了基础。人类所需能量的绝大部分是直接或间接地来自太阳,各种植物通过光合作用把太阳能转变成化学能,并贮存于植物体内。煤、石油、天然气等化石燃料是由埋在地下的古代动植物经过漫长的地质年代而形成的,实质上就是古生物所固定下来的太阳能。② 地球本身蕴藏的能量。通常指与地球内部的热能有关的能源,如地热能等。温泉和火山喷发就是地热能的表现。③ 地球和其他天体相互作用所产生的能量,如潮汐能。

(2) 按照性质,可分为燃料型能源和非燃料型能源(如水能、海洋能等)两大类。人类最早生火所用的薪柴及现在所用的煤、石油、天然气、泥炭等化石燃料就是燃料型能源。当前化石燃料的消耗量很大,而地球储量却有限,现正在开发利用太阳能、地热能、风能等新能源,这些能源就属于非燃料型能源。

不可再生能源

图 2-1 燃烧型能源

（3）按能源的转换过程，可分为一次能源和二次能源两大类。前者直接来自于自然界，是可以不改变其基本形式就能直接利用的天然能源，如各种化石燃料及水能、太阳能、风能等；后者指由一次能源直接或间接转换而成的能源产品，如电力（火电、水电、核电、太阳能发电、潮汐发电等）、煤气、蒸汽、各种石油制品（汽油、柴油等）、焦炭和沼气等。一次能源又分为可再生能源和不可再生能源，其中煤炭、石油和天然气三种能源是一次能源的核心，是目前全球能源的基础。

（4）按能源的形态特征或转换与应用的层次分类。世界能源委员会（WEC）据此推荐的能源类型分为：固体燃料、液体燃料、气体燃料、水能、电能、太阳能、生物质能、风能、核能、海洋能和地热能。

（5）按照循环利用方式，一次能源进一步可分为可再生能源和不可再生能源。凡是可以不断得到补充或通过天然作用或人工活动在较短周期内再生和更新，从而为人类反复利用的能源称为再生能源，反之称为不可再生能源。从能源角度讲，可再生能源是取之不尽、用之不竭的，是解决人类未来能源问题的根本途径。

风能　　水能

绿色能源
可再生能源

地热能

生物质能　　太阳能

潮汐能

图 2-2 绿色能源

（6）根据能源利用技术的成熟程度，可分为常规能源和新型能源。前者是指在利用技术上成熟、使用比较普遍的能源，包括一次能源中可再生的水力能源和不可再生的化石能源等。目前尚未被大规模利用、正在积极开发或有待于推广的各种形式能源则称为新型能源，又称非常规能源，包括太阳能、风能、地热能、海洋能、生物质能、氢能、页岩气和可燃冰等。在不同的历史时期和科技水平下，新型能源往往具有不同的内容。

（7）根据能源消耗后是否造成环境污染，将能源分为污染型能源和清洁型能源（俗称绿色能源），前者如煤炭、石油等，后者如水力、电力、太阳能、风能以及核能等。

2.1.2 能源开发与利用现状

1. 国际能源现状

（1）化石能源的开发与利用现状

世界经济是建立在化石能源基础之上的一种经济，能源已成为几乎所有国家的经济命脉。然而，地球上的能源是有限的，这一经济的资源载体将在 21 世纪上半叶接近枯竭。自 19 世纪 70 年代的产业革命以来，化石能源的消费量急剧增加，尤其是进入 20 世纪以后，全球化石能源的开采和消费量持续增长，目前人类所需能源中近 78% 为化石能源。据综合估算，地球上可支配的石油储量约为 1 180 亿～1 510 亿吨，以当今的消耗速度计算，到 2050 年前后，全球的石油资源将消耗殆尽。美国是目前全球石油消费量最高的国家，约占消费总量的 60%。随着全球经济发展格局的变化，亚太地区的石油资源消费迎头赶上，已成为世界第二大石油消费中心；天然气储备估计在 131 800 兆～152 900 兆 m^3，年开采量约为 2 300 兆 m^3，将在 57～65 年内枯竭；煤的储量约为 8 690 亿吨，2012 年全球开采量约为 78.645 亿吨，可以供应 110 年左右；铀的年开采量约 6 万吨，据世界能源委员会估计可维持到 21 世纪 30 年代中期，而核聚变到 2050 年还没有实现的希望。地球上的化石能源已经无法满足人类未来发展的需求，一旦能源原料链条中断，必将导致世界冲突的加剧甚至经济危机，最终葬送现代经济，能源危机迫在眉睫！事实上，从 1973～1974 年出现的石油危机开始，几十年来，无论是发生在中东、海湾地区或非洲的冲突及战争，还是发生于 2006 年的俄乌油气之争，以及 2014 年的苏格兰独立公投，都与化石能源的争夺有关。这些冲突或战争，今后将会更频繁、更猛烈。因此，各种新型能源的开发与利用，已不再是一个未来的话题，而是关系到人类的可持续发展，关系到人类子孙后代命运的刻不容缓的大事。与此同时，能源开发和利用在给人类生活带来各种幸福的同时，对地球的生态环境也产生了相当大的负面影响。为此，全世界的人们应携起手来，把节约能源与提高能效放在首位，建立能源和资源节约型社会，积极探索、研发和利用可再生能源，呵护人类赖以生存的地球生态，以共同应对即将到来的化石能源危机。

（2）可再生能源的开发与利用现状

可再生能源是可以永续利用的能源资源，如水能、风能、太阳能、生物质能和海洋能等，由于其清洁、无污染、可再生,符合可持续发展的要求而受到世界各国的青睐。目前,许多国家都制定并实施了一系列宏大的可再生能源开发利用计划,可再生能源的生产规模和使用范围正在不断扩大。截止 2007 年,至少有 60 多个国家制订了促进可持续能源发展的相关政策,其中美国一直把能源问题与国家发展战略并列,不断加大可再生能源的研发投入;欧盟更为关注可再生能源的开发和利用,是世界上可再生能源发展最快的地区,已确定到 2020 年实现可再生能源占所有能源的 20％,2050 年达到 50％的雄伟目标;我国也制定了到 2020 年使可再生能源占总能源的比重达到 15％的目标。2007 年,全球可再生能源发电能力达到了 24 万兆瓦,比 2004 年增加了 50％,其中并网太阳能发电能力提高了 52％,风能发电能力提高了 28％,全球有超过 5 000 万个家庭使用安放在屋顶的太阳能热水器获取热水,250 多万个家庭使用太阳能照明,2 500 多万个家庭利用沼气做饭或照明。核能的新发展将使核燃料循环具有增殖的性质,核聚变技术正在加紧研究之中,一旦掌握了该技术,人类将会获得无尽的能源。可再生能源是大自然赋予人类的慷慨礼物,能够帮助人类摆脱因化石能源使用所带来的种种环境困扰。

2. 我国能源现状及能源危机应对措施

(1) 我国化石能源的开发与利用现状

自新中国成立以来,坚持自力更生,不断加大能源资源的开发力度,快速摆脱了能源困境。先后建成了一批千万吨级的特大型煤矿及大庆、胜利、辽河、塔里木等若干个大型石油生产基地,天然气产量不断提高,电力发展迅速,可再生能源量在一次能源结构中的比例逐步提高。经过几十年的努力,我国已初步形成了以煤炭为主体,电力为中心,石油、天然气和可再生能源全面发展的能源供应格局,基本建立了较为完善的能源供应体系。

我国能源资源总体呈现四个特点:总量较丰,人均量较低,分布不均,开发较难。

① 能源资源总量较丰富。我国拥有较丰富的化石能源资源,其中,煤炭占主导地位,列世界第三位。已探明的石油、天然气资源储量相对不足,页岩气、煤层气等非常规能源储量潜力较大。水力资源量占世界的 12％,列世界首位。拥有较丰富的可再生能源资源。

② 人均能源资源拥有量较低。煤炭和水力资源人均拥有量相当于世界平均水平的 50％,石油、天然气人均资源量仅为世界平均水平的 6.7％左右。耕地资源不足世界人均水平的 30％,制约了生物质能源的开发。

③ 能源资源赋存分布不均衡。我国能源资源分布广泛但不均衡,其中煤炭资源主要分布在华北、西北地区;水力资源主要分布在西南地区;石油、天然气资源主要赋存在东、中、西部地区和海域。目前我国主要的能源消费集中在东南沿海地区,资源赋存与消费地域存在明显的差别。

④ 能源资源开发难度较大。与世界许多国家相比,我国煤炭资源地质开采条件较差,大部分储量需要井工开采;石油天然气资源地质条件复杂,埋藏深,勘探开发技术要求较高;未开发的水力资源多集中在西南部的高山深谷,开发难度和成本较大;非常规能源资源勘探

程度低,经济性较差,缺乏竞争力。

我国是当今世界上最大的发展中国家,为了摆脱贫困,只有不断发展经济,但能源需求也随之不断增长。据统计,2009~2012 年我国能源消费总量从 30.66 亿吨标煤增长到 34.8 亿吨标煤,年均增长 2.1 亿吨标煤。2013 全年能源消费总量为 36.2 亿吨标准煤,比 2012 年增长 3.9%;全国全口径发电量 49 774 亿度,比 2012 年增长 5.22%。我国一次能源的供应更多的是依靠外部“输血”,从 1993 年起,已从石油输出国转变为净进口国。据海关总署统计,2007 年石油净进口量 1.63 亿吨,2012 年增至 2.71 亿吨。我国石油消费量已仅次于美国,位居世界第二,预计到 2020 年,石油净进口率将达到 59.7%,超过了石油安全的极限;煤炭方面,从 2009 年起,我国从一个煤炭净出口国变成净进口国。2012 年,累计进口煤炭 2.9 亿吨,进口量达到历史最高水平,居世界第一,超第二名的日本近亿吨;我国天然气的消费量年均增长率接近 10%,据咨询机构 A. T. Keamey 的预计,到 2020 年,我国天然气缺口将突破 1 350 亿 m^3,对外依存度将达到 42%(见图 2-3)。此外,我国的核电建设举世瞩目,但装机容量不到发电装机容量的 2%,远低于世界 17% 的平均水平,技术路线、投资体制、燃料保障等问题是我国核电发展亟须解决的问题。

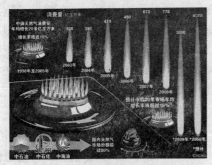
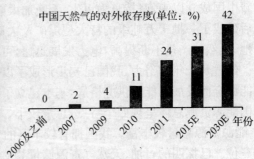

图 2-3 我国天然气的年消费量及对外依存度

(2) 我国可再生能源的开发与利用现状

我国人口众多,能源需求增长压力大,能源供应与经济发展的矛盾十分突出,要从根本上解决我国的能源问题,实现可持续发展,除大力提高能源效率外,加快开发、利用可再生能源是重要的战略选择。除了水能的可开发装机容量和年发电量居世界首位外,我国太阳能、风能和生物质能等各种可再生能源资源也都非常丰富。我国太阳能较丰富的区域占国土面积的 2/3 以上,年辐射量超过 6 000 MJ/m^2,每年辐射到地球上的太阳能为 17.8 亿 kW,其中可开发利用 500 亿~1 000 亿度;我国风能资源丰富,若按德国、西班牙、丹麦等风电发达国家的经验进行类比分析,我国可供开发的风能资源量可能超过 30 亿 kW;技术上可利用的海洋能资源量约为 4 亿~5 亿 kW;地热资源的远景储量约为 1 353 亿吨标煤,探明储量为 31.6 亿吨标煤;现有生物质能源包括秸秆、薪柴、有机垃圾和工业有机废物等的资源总量达 7 亿吨标煤。通过品种改良和扩大种植,生物质能的资源量可在此水平上再翻一番。总之,我国可再生能源资源丰富,具有大规模开发的资源条件和技术潜力。

截止 2006 年年底,我国可再生能源年利用总量达 2 亿吨标准煤(不包括传统方式利用的生物质能),约占一次能源消费总量的 8%,2010 年达到了 10%。根据我国中长期能源规划,将可再生能源确定为我国能源优先发展的领域,大力推进水、风、太阳能、核能等多种发电形式,积极利用生物质能,并将其作为能源安全战略的重要组成部分,加快发展。逐步降低对化石能源的过度依赖,最大限度地提高能源供给能力,改善能源结构,实现能源多样化,保障能源供应的安全。我国于 2006 年开始实施《可再生能源法》,2007 年发布了《可再生能源中长期发展规划》,提出加快推进风力发电、生物质发电、太阳能发电的产业化发展,力争到 2020 年使可再生能源消费量达到能源消费总量的 15%。

(3)我国应对能源危机的措施

面对巨大的能源需求,为了维护国民经济持续稳定发展和国家安全,构建稳定、经济、清洁、安全的能源供应体系,我国采取了许多应对措施,主要包括以下几方面:

① 根据国家经济发展总体规划,合理规划和布局能源供应体系。从 20 世纪 90 年代起,我国能源供需形势发生了根本改变,基本摆脱了长期困扰我国经济社会发展的能源"瓶颈"制约。进入 2010 年以来,我国统筹规划,建设了北煤南运、西煤东运的铁路专线及港口,形成了北油南运管网,建成了西气东输大干线,实现了西电东送和区域电网互联,已经形成了大规模、长距离的能源综合运输体系。

② 不断提升能源技术装备水平和管理水平,提高能源的利用效率。几十年来,我国煤炭工业已建成了一批具有国际先进水平的大型矿井,先进发电技术和大容量高参数机组得到普遍应用。水电站设计、工程技术和设备制造技术不断进步,核电初步具备了百万 kW 级压水堆自主设计和工程建设能力,高温气冷堆、快中子增殖堆技术研发也取得了重大突破。但是,能源开发和利用方式粗放的情形仍较普遍,管理水平仍相对落后,导致单位国内生产总值能耗和主要耗能产品的能耗高于主要能源消费国家的平均水平。

③ 加强前沿技术研究,推进关键技术创新,为能源的可持续供应提供支持。我国重点研究化石能源、生物质能源和可再生能源、燃料电池基础关键部件制备及电堆集成、燃料电池发电及车用动力系统集成技术,以及化石能源微小型燃气轮机等终端能源转换、储能及热电冷三联产技术等。鼓励发展洁净煤技术,推进煤炭气化及加工转化等先进技术的研发,推广整体煤气化联合循环、大型循环流化床等先进发电技术,发展以煤气化为基础的多联产技术。积极发展复杂地质油气资源勘探开发和低品位油气资源高效开发技术。加快研发气冷快堆设计及核心技术,优先发展可再生能源规模化利用技术。

④ 调整能源消费结构,保护生态环境。在我国一次能源消费结构中,煤炭比例偏高,煤

炭开采会造成水资源及地表结构破坏,产生废水、废气和废渣以及导致矽肺病等。同时,煤炭消费是造成煤烟型大气污染的主要原因,也是温室气体排放的主要来源。能源结构调整已成为我国能源发展面临的重要任务之一,也成为保证我国能源安全的重要组成部分。我国制定了《中国 21 世纪议程》,把减少和有效治理能源开发利用过程中引起的环境破坏、环境污染作为其主要工作内容。

⑤ 大力发展可再生能源。如前述,我国可再生能源资源非常丰富,开发和利用可再生资源大有可为,但是,目前我国的可再生能源利用率远低于主要发达国家,开发和利用可再生能源的技术大多还处于研究阶段,所以只能因地制宜,循序渐进。

⑥ 完善能源市场体系,加强应急能力。近年来,我国稳步推进能源工业改革,健全及时灵活的应急响应机制,以避免因遭受意外灾害而带来的能源供应中断现象,提高我国能源应急反应能力。

⑦ 协同保障,形成国际能源外援的多元化供应体系。我国化石能源增加有限,必须建立煤、水、石油、天然气等多种能源并举的应用体系。着眼全球,坚持与世界各国互利合作、多元发展、协同保障的能源安全观,统筹国际、国内两个市场,加快建立现代能源市场体系,在开放的格局中维护国家能源安全。

⑧ 不断推进能源节约。节约能源,是我国缓解资源约束的现实选择。我国人口众多,资源相对不足,要实现经济社会的可持续发展,必须走节约资源的道路。我国制定并实施了《节能中长期专项规划》,坚持节约资源和保护环境的基本国策,坚持以提高能源效率为核心,以转变经济发展方式、调整经济结构、加快技术进步为根本,构建能源资源节约型的产业结构、发展方式和消费模式。

§2.2　化石能源的高效利用

化石能源将在相当长的时间内依然是世界各国经济赖以发展的主导能源,面对化石能源的日益枯竭,如何高效利用化石能源,并加快开发可再生能源成为世界各国亟待解决的问题。在我国一次能源构成中,煤炭长期占据主要地位,可以预计,在未来几十年内,我国能源以煤为主的格局难以改变。因此,加强煤炭为核心的化石能源的高效利用,既是国家能源安全的必然要求,也是实现经济、能源、环境协调发展的必然要求。

2.2.1　煤的转化利用

1. 煤的干馏

将煤隔绝空气加热,随着温度的升高,煤中的有机质逐渐分解,其中挥发性物质呈气态逸出,残留的不挥发性产物转化成焦炭或半焦,这种加工方法称为煤的干馏。按照加热温度的不同,可分为三种:900～1 100℃为高温干馏,即焦化;700～900℃为中温干馏;500～600℃为低温干馏。

煤在干馏过程中会发生许多变化,当温度高于100℃时,煤中的水分被蒸发逸出;当升温到200℃以上时,煤中的结晶水被释放出来;在350℃以上时,黏结性煤开始软化,并进一步形成黏稠的胶质体(泥煤、褐煤等不发生此现象);至400～500℃时,大部分煤气和焦油析出,产生一次热分解产物;在450～550℃时,热分解继续进行,残留物逐渐变稠并固化形成半焦;当高于550℃时,半焦继续分解,析出余下的挥发物(主要成分是氢气),半焦失重同时进行收缩,形成裂纹,当温度高于800℃时,体积缩小变硬形成多孔焦炭。当干馏在室式干馏炉内进行时,一次热分解产物与赤热焦炭及高温炉壁相接触,发生二次热分解,形成二次热分解产物,如焦炉煤气和其他炼焦化学产品。

煤干馏产物的产率和组成取决于原料煤质、炉结构和加工条件(主要是干馏温度和时间)。低温干馏的固体产物为结构疏松的黑色半焦,煤气产率低,焦油产率高;高温干馏的固体产物则为结构致密的银灰色焦炭,煤气产率高而焦油产率低。中温干馏产物的收率则介于低温干馏和高温干馏之间。煤干馏过程中所生成的煤气的主要成分为 H_2 和甲烷(CH_4),可用作燃料或化工原料。高温干馏主要用于生产焦炭,所得的焦油为芳香烃、杂环化合物的混合物,是工业用芳香烃的重要来源。低温干馏所得到的煤焦油比高温焦油含有较多的烷烃,是人造石油的重要来源之一。

2. 煤的气化

指将煤在高温下与空气和水蒸气反应,获得一氧化碳(CO)、二氧化碳(CO_2)和 H_2 等混合气体的过程,包括以下几个主要化学反应:

$$C + 1/2O_2 \longrightarrow CO\uparrow$$
$$C + O_2 \longrightarrow CO_2\uparrow$$
$$C + 2H_2O \longrightarrow 2H_2\uparrow + CO_2\uparrow$$

煤的气化技术包括地面气化和地下气化技术两种,前者已实现了工业化生产燃料气和化工中间体,后者用于地下煤层原位气化,可避免许多环境和安全问题,尚处于研发阶段。

3. 煤的液化

煤的液化主要包括直接液化和间接液化两种方法。直接液化是指在催化剂作用下,通过加氢裂化,将煤转变为液体燃料的过程。这里的裂化是指使烃类分子分裂为若干较小分子的反应;煤的间接液化是先汽化制成合成气,再在催化剂作用下将合成气转化为烃类和醇类燃料及化学品的过程。

2.2.2 石油的高效利用

石油主要由碳氢化合物组成,在岩层孔隙内常以液体或气态存在,有时部分凝结成固态。石油是一种非再生能源,如何提高石油资源的利用效率备受全球关注。

石油的组成复杂,除了含有各种烃类化合物外,还含有少量含氮、硫和氧元素的化合物。根据烃类成分的不同,可分为烷基石油(石蜡基石油)、环烷基石油(沥青基石油)和中间基石油。石油中所含硫化物有硫化氢、硫醇类、硫醚类和双硫醚类及含硫杂环类化合物等,含硫总量多数小于1%。硫化物对炼制设备有腐蚀性,毒化催化剂,燃烧时污染空气等,所以,脱硫是石油加工过程中的重要环节。石油中所含氮化物有吡咯、吡啶、喹啉、胺类等,总量在千分之几至万分之几。石油中所含的氧化物主要是环烷酸和酚类,总量在千分之几至1%,有腐蚀性。

原油须经加工制成各类油品后才能使用,通常先对原油进行脱盐、脱水处理,再采用常压及减压蒸馏工艺,根据沸程可制得轻油($50\sim140$℃)、汽油($140\sim200$℃)、航空煤油($145\sim230$℃)、煤油($180\sim310$℃)、柴油($260\sim350$℃)、润滑油($350\sim520$℃)、重油(渣油)(>520℃)等石油制品。轻油是催化重整制芳烃的原料,也是生产乙烯的原料,重油可用于生产石油焦或石油沥青。在蒸馏中所产生的拔顶气(含2%~4%乙烷、30%丙烷和40%~50%丁烷及C_5及以上组分)一般用作燃料,也是生产乙烯的原料。

2.2.3 天然气的高效利用

天然气是埋藏在地下的古生物经亿万年的高温和高压等作用而形成的可燃性气体,是一种无色无味、热值高、燃烧稳定、洁净环保的优质化石能源。天然气的主要成分为甲烷,天然气燃烧要比煤产生的CO_2少得多。近年来,我国探明天然气储量增长快速,产量不断增加。目前,我国天然气工业正在加快步伐,向世界产气大国目标迈进。天然气除了比石油有更好的环境效益外,还可作为工业原料代替或部分代替石油,减缓经济发展和人民生活对石油需求日益增长的压力。天然气化工利用的主要途径如下:

(1)转化为合成气($CO+H_2$),再进一步加工制成氨、甲醇等。

(2)在$930\sim1\,230$℃裂解成乙炔、炭黑等。以乙炔为原料,可合成多种化工产品,如氯乙烯、乙醛、醋酸、醋酸乙烯酯、氯化丁二烯等。炭黑可作橡胶补强剂、填料,是油墨、涂料、炸药、电极和电阻器等产品的原料。

(3)通过氯化、氧化、硫化、氨化等反应转化成各种化工产品,如氯甲烷、甲醛、二硫化碳、氢氰酸等。

湿天然气经热裂解、氧化、氧化脱氢或异构化脱氢等反应,可加工生产乙烯、丙烯、丙烯酸、顺酐、异丁烯等多种极有价值的化工产品,如图2-4所示。

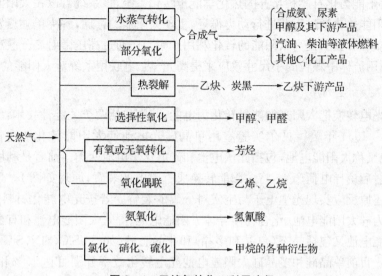

图 2-4 天然气的化工利用途径

§2.3 新型能源的开发利用

为应对化石能源的危机,世界各国积极寻找替代能源,探索新型能源的开发和利用途径,目前已经取得了显著的效果。

2.3.1 太阳能

太阳能一般指太阳光的辐射能量,是一种可再生的绿色能源,取之不尽,用之不竭。但是,太阳能到达地球表面的总量虽然很大,能流密度却很低,而且受昼夜、季节、地理纬度和海拔高度等自然条件的限制及气候变化的影响,所以,到达某一地面的太阳辐照度既是间断的又是极不稳定的,这给太阳能的大规模利用增加了难度,如何有效利用太阳能是科研工作者亟待研究的问题。目前,太阳能的主要利用方式包括光-热转换、光-电转换以及光化学转换、光生物利用等,其中规模化利用的主要是光-热转换和光-电转换。

1. 太阳能光-热利用

直接利用太阳能的光能和热能是目前太阳能利用的主要途径之一。人类应用现代科技制备了多种太阳能吸收材料来收集太阳能,利用其能量产生热水、蒸汽和电力。此外,在建筑物设计时配备适合的装备,以充分利用太阳的光和热。

目前,科学家们正在研究利用热化学反应过程,将所收集的太阳能转化为碳氢燃料的化学能,开发太阳能与化石燃料互补的热化学能量转化系统,该系统可以在太阳能资源丰富的地方进行太阳能热化学过程并进行动力循环,实现太阳能的存储,解决单独热发电系统发电不稳定、不连续的问题,提高太阳能的转化利用效率。还通过高压微射流分散法制备稳定的纳米流体,利用流体中颗粒的小尺寸效应来提高光-热-电联用系统对太阳能的利用率。

2. 太阳能光-电利用

即通过光电转换把太阳光的能量转化为电能,其中包括两个关键性技术:① 转化技术;② 储电技术。1954 年美国贝尔实验室用单晶硅光电池使太阳能转化为电能,效率约为 6%。光电池又称太阳能电池,包括光伏电池和光电化学电池两类。前者是利用半导体材料吸收太阳辐射后诱导电荷产生,将太阳能转换成直流电的装置,原理如图 2-5 所示。后者是利用氧化还原反应实现光生电子与空穴对分离的装置。若按光电转化材料来分,太阳能电池又可分为硅太阳能电池、化合物半导体太阳能电池、湿式太阳能电池和有机太阳能电池等。硅太阳能电池又包括晶态(单晶和多晶)和非晶态硅(如 Si、SiC、SiN、SiGe 和 SiSn 等)太阳能电池。目前单晶硅和多晶硅太阳能电池光电转化效率分别可达 15% 和 18%。化合物半导体太阳能电池包括 GaAs、AlGaAs、InP、CdS、CdTe、Cu_2S、$CuInSe_2$、$CuInS_2$ 等,其中 GaAs、$CuInSe_2$、CdTe 等半导体太阳能电池的光电转化效率可达 15%～30%。湿式太阳能电池有 TiO_2、GaAs、InP 和 Si 等,如纳米 TiO_2 太阳能电池光电转化效率在 10% 以上。有机太阳能电池有酞菁、羧基角鲨烯和聚乙炔等类型,如微晶染料敏化太阳能电池的光电转化效率也超过了 10%。目前,所有太阳能光电转化发电的成本均为常规发电的 2～5 倍,影响了其推广普及。

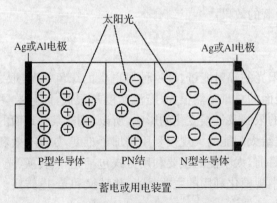

图 2-5 太阳能电池产生电流的原理示意图
(⊕和⊖分别表示空穴和电子)

3. 光化学反应制备氢气

燃料电池和镍氢电池的广泛应用均涉及到如何解决氢源的问题。利用太阳能提供能源实现水分解产生氢气和氧气是目前能源研究的课题之一。液态水的标准摩尔生成焓为 285.8 kJ/mol，如果不考虑动力学因素，要使 1 mol 水分解必须吸收 285.8 kJ 以上的热量。人们尝试利用太阳能，借助多种方法使水分解制取 H_2，例如：

(1) TiO_2/Pt 光电结合分解水

负极：TiO_2（电极）$\xrightarrow{h\nu}$ $(TiO_2)^{2-}$ + $2(TiO_2)P^+$（空穴）

$$H_2O + 2(TiO_2)P^+（空穴）\xrightarrow{h\nu} 2TiO_2 + 2H^+ + 1/2O_2\uparrow$$

正极（Pt）：$2H^+ + 2e^- \longrightarrow H_2\uparrow$

总反应：$H_2O(l) \xrightarrow{h\nu} H_2\uparrow + 1/2O_2\uparrow$

(2) 化学催化光分解水

$$2FeSO_4 + I_2 + H_2SO_4 \xrightarrow{h\nu} Fe_2(SO_4)_3 + 2HI$$

$$2HI \longrightarrow H_2\uparrow + I_2$$

$$Fe_2(SO_4)_3 + H_2O \longrightarrow 2FeSO_4 + H_2SO_4 + 1/2O_2\uparrow$$

总反应：$H_2O(l) \xrightarrow{h\nu} H_2\uparrow + 1/2O_2\uparrow$

2.3.2 生物质能

生物质能是太阳能以化学能形式贮存在生物质中的能量形式。广义的生物质包括所有植物、微生物以及以植物、微生物为食物的动物及其产生的废弃物。

生物质能直接或间接地来源于绿色植物的光合作用，可转化为常规的固态、液态和气态燃料，是一种取之不尽、用之不竭的可再生能源，也是唯一一种可再生的碳源。生物质能一直是人类赖以生存的重要能源，仅次于煤炭、石油、天然气而居于世界能源消费总量的第四位。地球每年经光合作用产生的各种生物质约有 1 730 亿吨，其中陆地年产 1 000 亿～1 250 亿吨，海洋年产约 500 亿吨，所蕴含的能量相当于全球能源消耗总量的 10～20 倍，但目前的利用率不足 3%，开发潜力巨大，很多国家都在积极研发生物质能的利用技术。

生物质能具有许多特点，如：① 可再生性；② 低污染性；③ 分布广泛；④ 总量丰富；⑤ 与其他非传统能源相比，开发和利用的技术较多，且技术难度相对较低；⑥ 应用广泛。可因地制宜，利用多种技术将各种生物质开发成各种能源，如制成沼气、压缩成固体燃料、汽化生产燃气、汽化发电、生产燃料酒精、热解生产生物柴油等，也可作为原料生产各种有机化工产品。

目前，生物质能利用技术较为成熟的是制沼气。此外，我国已开发了多种固定床和流化床气化炉，以秸秆、稻壳、树枝等为原料生产燃气。

含纤维素、半纤维素、淀粉、糖类等的生物质还可通过生物化工技术生产丙酮、丁醇、乙醇等重要基础化工产品。其中,乙醇作为可再生能源的代表产品之一,已成为我国新型能源研发的重点。截止2011年,我国燃料乙醇产销量达193.76万吨,成为世界上第三大燃料乙醇生产国。燃料乙醇可以用粮食作物或非粮食作物通过生物发酵方式生产,也可以利用植物纤维经过预处理、无机酸或纤维素酶水解、再通过生物发酵方式生产,所涉及到的主要化学反应如下:

$$淀粉 \xrightarrow{\text{水解}} \xrightarrow{\text{发酵}} 乙醇$$

$$淀粉 \xrightarrow{\text{丙酮-丁醇酶/发酵}} 丙酮、丁醇、乙醇$$

$$糖 \xrightarrow{\text{发酵}} 乙醇$$

$$纤维素(多缩己糖) \xrightarrow{\text{水解}} \xrightarrow{\text{发酵}} 乙醇$$

目前,用含多缩戊糖的农副产品水解制取糠醛是工业生产糠醛的唯一方法。糠醛,即2-呋喃甲醛,是有机化工的重要原料,可生产糠醛树脂、糠醇树脂、呋喃、顺酐、糠酸等。

$$半纤维素(多缩戊糖) \xrightarrow{H^+, \Delta/\text{水解}} \xrightarrow{H^+, \Delta/-H_2O} 糠醛$$

但是,生物质能的开发和利用也面临许多局限性,如最普遍的生物质——植物仅能转化极少量的太阳能,其总量虽然十分丰富,但单位土地面积的生物质能量偏低,开发效益偏低。另外,绝大多数生物质含水量偏高(50%~95%),为高效利用生物质能提出了技术难题。尽管如此,开发利用生物质能依然是世界新能源发展的趋势之一。

2.3.3 煤层气

煤层气,俗称"瓦斯",是一种储存在煤层中的烃类气体,以吸附在煤基质颗粒表面为主,部分游离于煤孔隙中或溶解于煤层水中,是煤层本身自生自储式的非常规天然气。煤层气中甲烷占比高达96%,热值与天然气相当,高于普通煤和汽油数倍,可与天然气混输混用,燃烧后几乎不产生任何废气,是极好的清洁燃料。

当煤层气中空气的浓度占5%~16%时,遇明火就会爆炸,这就是煤矿瓦斯爆炸事故的根源所在。煤层气若直接排放到大气中,对臭氧层的破坏能力是CO_2的7倍以上,造成温室效应的能力是CO_2的21倍,对生态环境破坏性极大。在采煤之前若能先开采煤层气,既利用了能源,又能使煤矿瓦斯爆炸率大大降低(约降70%~85%),所以,开发利用煤层气既具有经济价值,又具有极大的社会效益(环保和安全),是一举多得的好事。

根据《中国煤层气勘查资源市场前瞻与投资前景分析报告前瞻》介绍,全球埋深2 000

米的煤层气资源约 240 万亿 m³,是常规天然气探明储量的 2 倍多,美、英、德、俄罗斯等主要产煤国已成功开发利用煤层气。为此,我国高度重视,已将煤层气开发作为国家能源战略之一,在"十二五"期间,将建成沁水盆地和鄂尔多斯盆地东缘煤层气产业化基地,再用5～10年时间,新建 3～5 个产业化基地。

2.3.4 氢能

氢是宇宙中最常见的元素,在地球上以化合态形式存在。氢的单质(H_2)是一种密度最小的高挥发性气体,无色无味、极易燃烧,燃烧过程及其产物无任何污染,在工业中用途极广。氢能就是 H_2 发生燃烧所产生的能量,每摩尔 H_2 完全燃烧生成水可产生 286 千焦热量。自 20 世纪 70 年代以来,以美国为首的许多国家就已开展了氢能的开发与应用研究,已在航天器发射、氢燃料电池和氢能车辆、氢能发电、氢能取暖等多个领域取得了可喜的成果,氢能被视为 21 世纪最具发展潜力的清洁能源之一。氢能在我国的应用研究始于 20 世纪 60 年代初,液氢作为火箭燃料为我国航天事业的发展做出了巨大贡献。

目前,氢能的大规模商业应用还有多个亟待解决的关键问题,如:① 廉价的制氢技术。氢能属于二次能源,制取氢气需消耗大量能量,目前制氢技术效率很低,因此开发廉价的规模化制氢技术是各国共同关心的问题;② 安全贮氢和输氢方法。H_2 易燃、易爆,如何妥善解决 H_2 的贮存和运输问题对开发氢能至关重要。

在自然界中,水是地球上含氢最丰富的原料,用水制 H_2 通常采用电解的方法,若用煤、石油和天然气等燃料通过燃烧所产生的热转换成电能再去制取 H_2,显然是不经济的。众所周知,太阳能是用之不竭的一次能源,如果能够经济高效地利用太阳能来制氢,那将是能源开发史上最具里程碑意义的一次革命。科研人员一直在努力探索利用太阳能分解水制氢的技术,目前实验的方法有:太阳能热分解水制氢、太阳能发电电解水制氢、太阳光催化光解水制氢、太阳能生物制氢等,利用太阳能制氢技术尚有大量的理论问题和工程技术问题需要解决。

此外,H_2 在通常条件下以气态形式存在,贮存和运输很困难。传统的方法是采用高压气态和低温液态贮氢,危险且成本高。近年来,科研人员研发了各种贮氢材料,如高容量的金属氢化物材料、纳米级石墨纤维、特种活性炭等。为提高贮氢量,目前正在研究一种微孔结构的微型球床储氢装置,微型球可用塑料、玻璃和陶瓷或金属制备。

2.3.5 天然气水合物

天然气水合物,是指冰冻层中和海底所沉积的古生物遗体分解产生的甲烷等气体分子在一定条件下被包入由水分子通过氢键紧密缔合而成的三维网状体中,形成的一种非化学计量的笼形结晶水合物。这种结晶水合物外观似冰(图 2-6),遇火即燃,所以又被称为可燃冰。可燃冰广泛分布于大陆和岛屿的斜坡地带、活动大陆边缘的隆起处、极地大陆架以及海洋和一些内陆湖的深水环境中。可燃冰的形成与海底石油、天然气的形成过程相仿,而且密切相关。埋于海底地层深处约300～500 m的大量有机质在缺氧环境中被厌氧性细菌分解,形成石油和天然气(石油气),在低温(0～10℃)和高压(30个大气压以上)条件下,其中大部分天然气分子被包进水分子所形成的笼形网体中,结晶成可燃冰,可用 m·xH_2O 来表示,m代表水合物中的气体分子,x 为水分子数。天然气的组成成分有甲烷、乙烷、丙烷和丁烷等烃类气体以及 CO_2、N_2、H_2S 等,以甲烷为主。在标准状况下,分解一单位体积的可燃冰可产生164单位体积的甲烷,燃烧值高、使用方便、无污染,被公认为地球上储量最大的新型能源。

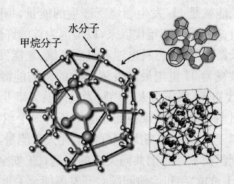

图 2-6　天然气水合物及其笼形结构

前苏联于1960年在西伯利亚首先发现了可燃冰气藏,并于1969年投入开发,采气14年,总采气量50.17亿m^3。美国于1969年开始勘察,于1998年将可燃冰开发列入国家能源发展长远规划。据探查,美国东南海岸的可燃冰储量达180亿吨,计划到2016年进行商业性试开采,可满足美国消费105年。日本于1992年开始关注可燃冰,目前已基本完成了其周边海域的调查与评价,成功取得了可燃冰样本。据估算,藏于日本海及其周围海域的可燃冰资源可供日本使用100年。迄今,全球至少有30多个国家在进行可燃冰的调查勘探,先后在150多处发现有可燃冰资源,在其中的15个地区获得了实物。据国际地质勘探组织估算,地球深海中可燃冰的蕴藏量超过 $2.84×10^{21}$ m^3,是常规气体能源储量的1 000倍,且在这些可燃冰层下还可能蕴藏有 $1.135×10^{20}$ m^3 天然气,可满足人类使用1 000年。为开发这种储量巨大、被"关"在笼子里的理想新能源,世界各国争相研究、勘探,目前已成立了由19个国家参与的地层深处海洋地质取样研究联合机构。

我国自2002年启动了可燃冰的勘探工作,于2007年在南海北部钻获了可燃冰实物样品,在西沙海槽已初步圈出可燃冰分布面积约5 242 km^2,估算达4.1万亿m^3。2008年和2009年又先后在青海省祁连山南缘和青藏高原永久冻土区发现并成功钻获了可燃冰样品,成为继加拿大、美国之后世界上第三个在陆域上发现可燃冰的国家。据估算,深藏于青藏高原冻土区的可燃冰的远景资源量至少有350亿吨油当量。我国对可燃冰的调查及技术开发已纳入了国土资源部的"十二五"规划,计划在 2020~2030 年开发试生产,2030~2050 年进入商业生产阶段。可燃冰的开发,对于石油、天然气供应对外依存度逐年提高的中国来说具有非常重要的战略意义。

储量巨大的可燃冰的发现,极大地开拓了人类寻找新能源的视野,使陷入能源危机的人类看到了新希望。但是,目前人类对这一能源的认识还相当肤浅,开采技术又十分复杂,估计尚需 10~30 年才能实现规模化开采。同时,目前对这一充满诱惑的理想能源的开发还饱受争议,有专家指出,陆缘海边可燃冰的开发利用难度极大,若开采不当,会破坏地壳稳定平衡,造成大陆架边缘动荡,引发海底地质灾害,一旦发生井喷事故,就会造成海底土层坍塌和滑坡,诱发海啸、海水毒化等不可想象的灾害。8 000 年前在北欧造成浩劫的大海啸,极有可能就是由于这种气体大量释放所致。更重要的是,可燃冰矿藏哪怕受到最小的破坏,都足以导致甲烷气体的大量泄漏,对全球气温造成灾难性影响。可见,可燃冰的开发利用就像一柄"双刃剑",只有合理、科学地开发和利用,才会真正造福人类。

2.3.6 其他新型能源

1. 风能

风能是利用地表空气流做功而提供给人类的一种洁净的可再生能源。风能的利用包括很多途径,目前最主要的是风力发电。自 1996 年以来,全球风电装机年均增长率保持在 25% 以上,成为世界上增长最快的清洁能源。风电装机超过 100 万 kW 的国家已由 2005 年的 11 个增加到 13 个,其中有 8 个欧洲国家(德国、西班牙、意大利、丹麦、英国、荷兰、葡萄牙、法国)、3 个亚洲国家(印度、中国、日本)和 2 个美洲国家(美国、加拿大)。亚洲正成为全球风电产业发展的新生力量,风电装机约 1 167 万 kW,占世界的比重由 2005 年的 13.3% 上升到 15.7%,印度和中国是亚洲风电发展的主要推动者,两国占亚太地区风电装机量的 84.1%,预计将来还有更大的增长。

我国风力资源十分丰富,根据国家气象局的资料,我国离地 10 m 高的风能资源总储量约 32.26 亿 kW,其中可开发和利用的陆地风能储量有 2.53 亿 kW,50 m 高的风能资源约 5 亿多 kW,近海可开发和利用的风能储量有 7.5 亿 kW。我国从 1986 年开始建设小型示范风电场,到 2003 年开始规模化及国产化生产。随着 2006 年《可再生能源法》的实施,风电产业高速发展,共建成了 91 个风电场,累计达 260 万 kW,世界排名第 6 位,规划到 2020 年将建成 3 000 万 kW 风电机组。目前,我国风能转换设备的核心制造技术还不成熟,国家正在开展技术攻关,相信我国的风能产业将会蓬勃发展。

2. 页岩气和页岩油

页岩气是一种以游离或吸附状态深藏于 200~3 000 m 盆地内的页岩层或泥岩层中的天然气,以甲烷为主。页岩气与煤层气、致密砂岩气一起,被称为非常规三大油气资源品种。

页岩气藏于几乎所有的盆地中,据预测,全球页岩气资源量约为 456 万亿 m^3,与常规天然气储量相当,其中技术可采资源量约 187 万亿 m^3,主要分布在北美、中亚、中国、中东、北非、拉丁美洲和前苏联等地区。美国是世界上第一个对页岩气资源进行研究、勘探并实现大规模商业开采的国家。据报道,2007~2010 年美国页岩气产量占天然气总产量的 8.07%、11.09%、15.19%、21.69%。2011 年产量达到了 1 800 亿 m^3,占其天然气总产量的 29.85%。据国际能源署预计,到 2015 年美国将超越俄罗斯成为全球最大天然气生产国。这个悄然降临的美国"页岩气革命"不仅改变了美国一些高能耗重化工业的命运,还对全球天然气的供需关系和价格走势产生了重大影响。页岩气的成功开发,成为低碳经济战略发展的推动力,也成为世界油气地缘政治格局发生结构性调整的催化剂。受此鼓舞,包括加拿大、中国、日本、南非等许多国家相继开始了页岩气的勘探及开发。页岩油也广泛分布于世界各地。据英国石油公司 2013 年初发布的《能源展望 2030》报告称,全球页岩油资源量最大的地区是北美,约 100 亿吨,其次是亚太地区,约 90 亿吨。预计到 2030 年,全球石油产量中有近一半来自页岩油,其中北美地区的产量将接近 3 亿吨。

据美国能源情报署发布的《2011 年全球页岩气资源初步评估》称,我国页岩气可采储量约 36.1 万亿 m^3,超过美国的 23.4 万亿 m^3 储量,位居世界第一。另据资料显示,我国南方海相页岩地层可能是页岩气的主要富集地区,此外,松辽、鄂尔多斯、吐哈、准噶尔等陆相沉积盆地的页岩地层也有页岩气富集的基础和条件。重庆綦江、万盛、南川、武隆、彭水、秀山和巫溪等区县是页岩气资源最有利的成矿区带。国土资源部于 2009 年在重庆市綦江启动了我国首个页岩气资源勘查项目,正式开始了这一新能源的勘探开发。2011 年由国土资源部油气资源战略研究中心组织施工的第一口井深超千米的战略调查井——岑页 1 井,在贵州省岑巩县羊桥乡顺利开钻。四川富顺永川的页岩气项目于 2012 年底实现了页岩气商业化运营,成为我国开始利用页岩气的标志。截至 2012 年,我国共确定了 33 个页岩气有利区,页岩气完井 58 口。据我国《页岩气发展规划(2011~2015 年)》,在"十二五"期间,我国将完成探明页岩气地质储量 6 000 亿 m^3,可采储量 2 000 亿 m^3,实现 2015 年页岩气产量 65 亿 m^3,2020 年力争达到年开采量 600 亿~1 000 亿 m^3,如果这一目标得以实现,我国天然气自给率有望提升到 60%~70%,这将有助于扭转我国过度依赖煤炭的能源结构,并减少能源对外依存度。

但页岩气的开发和利用可能会带来一系列潜在的问题,包括:① 目前页岩气开采所使用的人工水压破裂技术需消耗大量水资源,且难以回收。在拥有全球最大页岩气/油资源的国家中,40%面临严重的水资源短缺;② 压裂液中含有大量致癌物质,会造成地表和地下水系污染;③ 可能导致地震频发;④ 开采过程中若甲烷溢出,会造成严重的温室效应。这些问题受到了全球的关注,英、法等国为此已禁止了页岩气的开采。我国页岩气的开发除了面临这些问题外,还面临包括技术准备、资源储量评价及开发模式等许多亟待解决的问题。我国页岩气的开发还处于"年轻"阶段,应冷静对待"页岩气革命",不能急于求成。

§2.4　化学电源

　　目前,人类利用的能量有多种形式,如机械能、热能、电能、辐射能、化学能和核能等,借助各种技术进行相互转换、输送或储存,以满足人类的需要。图 2-7 为常见能量之间相互转化示意图。目前人类生产、生活所利用的主要能源仍是化石燃料,这些燃料所蕴含的能量在本质上就是自然界中储存的一种化学能。从图中不难看出,化学能在能量相互转化关系中处于源头地位,正是燃料中的化学能经燃烧过程变成了热能,再转化为机械能。由于热功转换的不可逆性,制约了能量利用的效率。利用电化学原理由化学能直接转化为电能,其理论转换效率可高达 100%。科研工作者们针对化学能的转化开展深入研究,已取得了许多应用性成果。

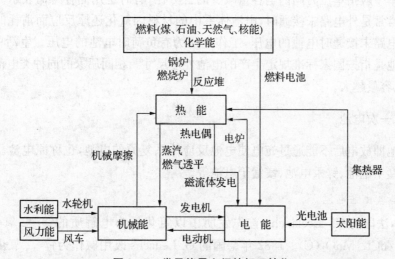

图 2-7　常见能量之间的相互转化

2.4.1　化学电源概述

　　化学电源俗称电池,是一种将物质的化学能直接转变为电能的装置。所有化学反应都涉及到能量,但只有氧化还原反应所产生的能量才可通过构成化学电源转化成电能。电池一般可分为一次电池、二次电池和燃料电池三种。通常所称的"干电池"是利用明胶等吸收剂将电解液固定起来,使之不发生流动而外溢的一种化学电池,如氢镍、镉镍电池。相反,具有可流动电解质的电池就是湿电池,如碱性锌锰电池、铅酸蓄电池。自 1800 年意大利物理学家伏特(A. Volta)发明了锌银电池后,各种各样的电池开始走进千家万户。

通常任一电池都是由正极、负极、电解质、隔膜及容器等部件构成。外电路为电子导电,电解质溶液中为离子导电。习惯上,将一个电池体系书写为:负极|电解液|正极,如铜锌电池:（一）$Zn|ZnSO_4\|CuSO_4|Cu$（+）,表示锌为负极、硫酸锌和硫酸铜为电解质溶液、铜为正极(图 2-8)。商品电池为防止正负极短路,需用隔膜将它们分开,但又要使电解液畅通导电。实验研究中多用盐桥将正负极连通或适当控制距离直接把它们插入电解液中。

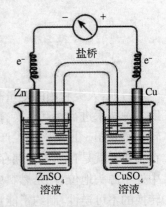

图 2-8 铜锌原电池图

从应用角度,常用电容量、功率、自放电率、开路和工作电压等技术指标来评价化学电源。化学电源的理论电容量可通过氧化还原反应中转移的电量进行计算。

自放电率一般指单位时间内电容量减少的百分比,有时也用储存寿命表示。自放电率实际反映的常常是外电路未接通时,电池体系中的材料因氧化还原反应而消耗的速度。开路电压是外电路未接通时电池的电压,工作电压为有负荷时电池的电压。生活中常用的 1 号或 5 号电池是指按国家标准规定生产的电池外形尺寸。相同厂家的同种类电池一般号数越小,额定电容量越大。

2.4.1 一次电池

一次电池即放电后不能通过充电使电池反应体系复原的电池,也称原电池。常用的一次电池有锌锰干电池、锌汞电池、镁锰干电池等。

1. 锌-二氧化锰电池

1868 年,法国的 G. Leclanche 首先发明了以氯化铵为电解质的锌-二氧化锰电池:$Zn|NH_4Cl,ZnCl_2|MnO_2(C)$。1882 年德国的 G. Leucchs 改用碱作为锌-二氧化锰电池的电解质。目前,我国年产锌-二氧化锰电池约 150 亿只,约占该种电池世界总产量的 1/3。传统的锌-二氧化锰电池以锌皮作负极和外壳,以粉末状二氧化锰为正极,依靠碳棒辅助导电,开路电压为 1.6V,理论电容量为 224A·h/kg。电极反应如下:

正极反应:$MnO_2 + H^+ + e^- \longrightarrow MnOOH$

负极反应:$Zn + 2NH_4Cl \longrightarrow Zn(NH_3)_2Cl_2 \downarrow + 2H^+ + 2e^-$

电池反应:$Zn + 2MnO_2 + 2NH_4Cl \longrightarrow 2MnOOH + Zn(NH_3)_2Cl_2 \downarrow$

碱性锌-氧化锰电池的电池符号为:（一）$Zn|KOH|MnO_2(C)$（+）。电极反应如下:

正极反应:$MnO_2 + H_2O + e^- \longrightarrow MnOOH + OH^-$

负极反应:$Zn + 2OH^- \longrightarrow ZnO \downarrow + H_2O + 2e^-$

电池反应:$Zn + 2MnO_2 + H_2O \longrightarrow 2MnOOH + ZnO\downarrow$

两种锌-氧化锰电池由于正、负极材料及反应过程中的电子得失数相同,所以理论电容量和开路电压不变,但因碱比糊状的氯化铵导电速度快,锌皮比锌粉的导电面积大,因此,碱性锌-二氧化锰电池可连续大电流放电。

2. 锌银电池

伏特于 1800 年发明了锌银电池,Clarke 于 1883 年对其进行了改进,推出了碱性锌银电池,1941 年法国 H. Andre 采用玻璃纸隔膜、海绵状多孔锌极及 40%~50% KOH 做电解液,使该电池体系步入了商业化。

锌银电池的电池符号为:$(-) Zn|KOH|Ag_2O(AgO) (+)$,电极反应如下:

正极反应:$Ag_2O + H_2O + 2e^- \longrightarrow Ag\downarrow + 2OH^-$

负极反应:$Zn + 2OH^- \longrightarrow ZnO\downarrow + H_2O + 2e^-$

电池反应:$Zn + Ag_2O \longrightarrow Ag + ZnO\downarrow$

锌银电池的开路电压为 1.6 V,理论电容量为 180 A·h/kg,能承受大电流放电。例如 lC 和 3C 倍率放电时,额定电容量保留率分别达 90% 和 70%。0.05~0.2C 倍率放电时,电压稳定在 1.50~1.54 V。20℃储存时,锌银电池一年内自放电约 5%。用作二次电池时,循环次数约 150 次,但锌银电池价格昂贵,高温和低温性能均不佳,主要用于对电池体积和质量要求较高的军事领域和小电流用电器,如计算器、石英手表、助听器等。

2.4.2 二次电池

二次电池是指放电后通过充电能使电池反应体系恢复的电池(实际应用中不能 100% 恢复),也称可充电电池或蓄电池。组成二次电池的氧化还原反应体系与一次电池的区别在于可逆性程度高。常见的二次电池有镍氢电池、镍镉电池、铅蓄电池、锂离子电池等。

1. 铅蓄电池

法国人 Plante 于 1859 年发明了铅蓄电池,后经不断改进,现已开发出了多种规格型号的产品。铅蓄电池已占世界电池市场总额的 50% 以上,占二次电池市场总额的 70% 以上。全球铅总产量的 80% 以上被用来制造铅蓄电池。铅蓄电池的电池符号为:$(-) Pb|H_2SO_4|PbO_2(+)$,其电极反应如下:

正极反应:$PbO_2 + HSO_4^- + 3H^+ + 2e^- \underset{充电}{\overset{放电}{\rightleftharpoons}} PbSO_4\downarrow + H_2O$

负极反应:$Pb + HSO_4^- \underset{充电}{\overset{放电}{\rightleftharpoons}} PbSO_4\downarrow + H^+ + 2e^-$

电池反应:$PbO_2 + Pb + 2H_2SO_4 \underset{充电}{\overset{放电}{\rightleftharpoons}} 2PbSO_4\downarrow + 2H_2O$

铅蓄电池采用微孔橡胶隔板做隔膜,电池中的硫酸浓度一般为 $1.200\sim1.280$ kg/L。单个铅蓄电池的开路电压为 2.1 V,理论电容量为 120A·h/kg,充放电次数达 300 次以上。在实际使用中,常根据用户需要,设计成由数个单电池的串联和并联组合。铅蓄电池的价格便宜、性能可靠,能承受较大电流密度的充放电,但重量大,造成的环境污染严重,世界各国都在尽量减少其使用量。

2. 镍镉电池

瑞典 W. Junger 于 1895 年发明了镍镉电池,其电池符号为:(一) $Cd\mid KOH/NaOH\mid$ NiOOH(羟基氧化镍)(十)。其电极反应如下:

正极反应:$NiOOH + H_2O + e^- \underset{充电}{\overset{放电}{\rightleftharpoons}} Ni(OH)_2\downarrow + OH^-$

负极反应:$Cd + 2OH^- \underset{充电}{\overset{放电}{\rightleftharpoons}} Cd(OH)_2\downarrow + 2e^-$

电池反应:$2NiOOH + Cd + 2H_2O \underset{充电}{\overset{放电}{\rightleftharpoons}} 2Ni(OH)_2\downarrow + Cd(OH)_2\downarrow$

镍镉电池的开路电压为 1.4 V,理论电容量为 181 A·h/kg,充放电寿命约 1 000 次以上,常温下自放电小,$-40℃$ 低温性能好。镍镉电池占有二次电池市场总份额约 10%,但在小型电池市场的占有率约达 70%。镍镉电池在长期浅充浅放电循环后会产生记忆效应,使电池自动锁定前期的电容量。同时,镉为重金属,对人体健康有危害,已有部分国家开始限制该电池的生产。

3. 镍氢电池

镍氢电池是在综合燃料电池和镍镉电池的基础上发展起来的一种二次电池,其正极是羟基氧化镍,负极为氢电极,电解液是浓度为 1.3 g/cm^3 的氢氧化钾水溶液。镍氢电池的电池符号为:(一) $H_2\mid KOH\mid NiOOH$ (十)。其电极反应如下:

图 2-9 镍氢电池

正极反应:$NiOOH + H_2O + e^- \underset{充电}{\overset{放电}{\rightleftharpoons}} Ni(OH)_2\downarrow + OH^-$

负极反应:$1/2H_2 + OH^- \underset{充电}{\overset{放电}{\rightleftharpoons}} H_2O + e^-$

电池反应:$NiOOH + 1/2H_2 \underset{充电}{\overset{放电}{\rightleftharpoons}} Ni(OH)_2\downarrow$

在正常情况下,镍氢电池的开路电压为 1.5 V,理论电动势为 1.3 V,理论电容量为 289 A·h/kg,充放电循环寿命可达 500 次以上,承受过充和过放电能力强。同时,该电池低温性能稳定,如在 $-20℃$ 以 1C 放电,电容量能保留 70% 以上,但该电池的内压高达 3~

40 atm,尤其是大容量电池,有潜在爆炸的可能性。同时,电池自放电严重,储存温度越高电容量损耗越大。目前该电池在二次电池市场上占有率约 10%。

4. 锂离子电池

锂的标准电极电位为 -3.045 V,选择适当的正极便可获得较高的电动势和最高的重量/体积比能量。早期人们尝试用 F、Cl 等 ⅦA 元素为正极,但氟(F_2)的腐蚀性太强,制取和储存都十分困难,而且无法获得适于此体系的稳定的电解液。在以 Cl_2 等为正极的研究中,人们发现 $SOCl_2$ 和 SO_2Cl_2 不仅是优良的电解液,而且只要有辅助电极(集电体),自身就能作正极材料,可获得 3.6~3.9V 的高电压和 2A·h/kg 以上电容量(按电极材料重量计算),而无需 Cl_2。该电池的电池符号为:$(-)\ Li\,|\,LiAlCl_4\,|\,SOCl_2\,(+)$,其电极反应如下:

正极反应:$2SOCl_2 + 4e^- \longrightarrow SO_2\uparrow + S\downarrow + 4Cl^-$

负极反应:$Li \longrightarrow Li^+ + e^-$

电池反应:$2SOCl_2 + 4Li \longrightarrow SO_2\uparrow + S\downarrow + 4LiCl$

因锂电极反应可逆性好,所以锂电池既有一次电池,也有二次电池产品。因二次锂电池利用 Li^+ 在正负极材料中反复嵌入和脱嵌来实现充放电,所以又称为锂离子电池。常见的一次锂电池的正极材料有 MnO_2、$SOCl_2$ 和 I_2 等,如照相机闪光灯用日本产 3V 锂电池的正极材料即为 MnO_2。二次锂电池的正极材料有 $LiCoO_2$、$LiNiO_2$、$LiMn_2O_4$ 及层状聚合物等,用这些正极材料的锂离子电池可充电至 4~5 V,理论电容量分别为 274 A·h/kg、274 A·h/kg 和 148 A·h/kg。

锂离子电池的突出优点是适用温度范围较宽,工作电压平稳,但由于锂遇水发生剧烈反应,所以需要非水电解液,电池装配也需在无水无氧条件下进行,使产品的成本增加。此外,锂离子电池在过充过放电和高温储存时易发生爆炸。目前,二次锂电池用碳材料来代替金属锂,以避免可能的爆炸危险。其电极反应如下:

正极反应:$LiCoO_2 \underset{充电}{\overset{放电}{\rightleftharpoons}} Li_{(1-x)}CoO_2 + xLi^+ + xe^-$

负极反应:$C + xLi^+ + xe^- \underset{充电}{\overset{放电}{\rightleftharpoons}} CLi_x$

电池反应:$LiCoO_2 + C \underset{充电}{\overset{放电}{\rightleftharpoons}} Li_{(1-x)}CoO_2 + CLi_x$

商品锂离子电池的充放电循环寿命约 200~1 000 次,二次电池市场的占有率约 10%~20%。目前,设法提高电极材料的电化学性能,拓宽电解液的耐氧化还原能力,是锂离子电池的重要研究内容。

2.4.3 燃料电池

燃料电池是一种将储存在燃料（H_2、天然气、煤气、生物质气、烃类、醇类等含氢燃料）和氧化剂中的化学能直接转换成电能的电化学装置。当源源不断地从外部供给燃料和氧化剂时，燃料电池就可以连续发电。因没有任何机械和热的中间媒介，燃料电池的效率不受卡诺循环限制，转化效率可达 $40\%\sim60\%$，甚至可达 90% 以上。此外，燃料电池比功率高，洁净，既可以集中供电，也适合分散供电，是一种很有发展潜力的能源。

从严格意义上讲，燃料电池属于一次电池，与一般电池的组成相同，也是由正负电极（负极为燃料电极，正极为氧化剂电极）及电解质组成，但不同的是一般电池的活性物质贮存于电池内部，用完后不能补充，限制了电池的容量，而燃料电池的活性物质是在电池外贮存的气体或液体，可源源不断地输入电池中。燃料电池的正、负极本身不包含活性物质，仅是催化转换元件，因此，燃料电池是将化学能转化为电能的能量转换装置。原则上只要反应物不断输入，反应产物不断排出，燃料电池就能连续发电。依据电解质的不同，燃料电池分为碱性燃料电池、磷酸燃料电池、熔融碳酸盐燃料电池、固体氧化物燃料电池及质子交换膜燃料电池等。除了传统的 H_2 用作燃料外，还可使用多种气体作为燃料电池的燃料，如表 2-1 所示。

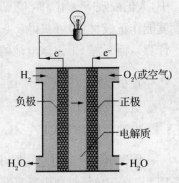

图 2-10 燃料电池

表 2-1 燃料电池类型

简称	电池类型	电解质	工作温度（℃）	电化学效率	燃料、氧化剂	功率输出
AFC	碱性燃料电池	氢氧化钾溶液	室温~90	$60\%\sim70\%$	氢气、氧气	$0.30\sim5$ kW
PEMFC	质子交换膜燃料电池	氢氧化钾溶液	室温~80	$40\%\sim60\%$	氢气、氧气（或空气）	1 kW
DMFC	甲醇燃料电池	质子交换膜	室温~130	$20\%\sim30\%$	甲烷、氧气（或空气）	1 kW
PAFC	磷酸燃料电池	磷酸	160~220	55%	天然气、沼气、双氧水、空气	200 kW
MCFC	熔融碳酸盐燃料电池	碱金属碳酸盐熔融混合物	620~660	65%	天然气、沼气、煤气、双氧水、空气	$2\sim10$ MW
SOFC	固体氧化物燃料电池	氧离子导电陶瓷	800~1 000	$60\%\sim65\%$	天然气、沼气、煤气、双氧水、空气	100 kW

§2.5　能量储存技术

目前,储能技术主要有化学储能(如电池和超级电容器等)、物理储能(如抽水蓄能、压缩空气储能、飞轮储能等)和电磁储能(如超导电磁储能等)三大类,其中技术进步最快的是化学储能,其中钠硫、液流及锂离子电池技术在安全性、能量转换效率和经济性等方面均取得了重大进展,产业化应用的条件日趋成熟。

2.5.1　电池储能

电池储能是运用电化学原理,将电能转变为化学能,然后通过逆反应将化学能转化为电能的一种技术。常用的储能电池就是我们熟悉的蓄电池。蓄电池的储能容量通常都比较小,要形成较大的蓄能电站则需要较多数量的电池单元。此外,蓄电池放出的是直流电,须进行 DC/AC 转换后才可投入使用。

(1)钠硫电池:美国福特公司于 1967 年首先发明了钠硫电池,同其他二次电池不同的是,钠硫电池由熔融液态电极和固体电解质构成。负极是熔融金属钠,正极则是硫和多硫化钠熔盐。因硫是绝缘体,所以,硫被填充在导电的多孔炭或石墨毡里;固体电解质是一种专门传导钠离子的 β-Al_2O_3 陶瓷材料,同时也充当隔膜功能;外壳一般用不锈钢等金属材料。钠硫电池的电池符号:$(-)Na(1)|\beta$-氧化铝$|Na_2S_x(1)|C(+)$,电池反应:$2Na + xS \Longrightarrow Na_2S_x$。

钠硫电池有许多特性,如:① 理论比能量高达 760 Wh/kg,电池放电效率几乎可达 100%,无自放电现象;② 基本单元为单体电池,最大容量达到 650 Ah,功率 120 W 以上。将多个单体电池组合后形成模块,可直接用于储能;③ 寿命很长,一般可使用 10~15 年;④ 充电效率可达 80%,能量密度是铅酸蓄电池的 3 倍。

钠硫储能电池不受地域限制,非常适合电力储能。日本在此项技术上处于国际领先地位,曾于 2004 年在 Hitachi 工厂安装了当时世界上最大的钠硫电池系统,容量达 9.6 MW/57.6 MWh。

(2)液流钒电池:基础材料是钒酸盐,该电池具有能量效率高、蓄电容量大、能够 100% 深度放电、寿命长等优点,目前已进入商业化阶段。

(3)锂离子电池:基础材料是锂盐,已开始在电动自行车、电动汽车等领域应用。近年来由于锰酸锂、磷酸亚铁锂、三元材料等新材料的成功开发,大大改善了锂离子电池的安全性能和循环寿命,大容量锂离子电池储能电站正在逐渐兴起。

2.5.2　超级电容器

根据储能机理,人们常将超级电容器(Supercapacitor,SC)分为"双电层电容器"和"法拉第准电容器"两大类。常见的 SC 大多是双电层电容器,它是建立在物理学家亥姆霍兹提出的界面双电层理论基础上的一种全新的电容器。众所周知,插入电解质溶液中的金属电极表面与液面两侧会出现符号相反的过剩电荷,从而产生相间电位差。如果在电解液中同时插入两个电极,并在其间施加一个小于电解质溶液分解电位的电压,这时电解液中的正、负离子在电场的作用下会向两极运动并吸附在电极表面,分别在两个电极的表面上形成紧密的电荷层,即双电层。所形成的双电层和传统电容器中的电介质在电场作用下产生的极化电荷相似,从而产生电容效应。紧密的双电层近似于平板电容器,但由于紧密的电荷层间距比普通电容器电荷层间距要小得多,使其具有比普通电容器更大的容量。放电时,电子通过外负载运动到正极,与正极的阳离子发生电中和,同时电极表面的阴阳离子发生解吸附,重新回到电解液中。

与电解电容器相比,SC 的内阻较大,可在无负载电阻情况下直接充电。如果出现电压过充电情况,电解电容器往往会出现过电压击穿现象,而 SC 将会开路而不致器件损坏。也不同于二次电池,SC 在其额定电压范围内可进行不限流充电,且可以完全放出,而电池则受自身化学反应的限制,工作在较窄的电压范围,如果过放电可能会造成永久性破坏。此外,SC 可以反复传输能量脉冲而无任何不利影响,而电池如果反复传输高功率脉冲其寿命则会大打折扣。因此,SC 不但具有电容的特性,同时也具有电池的特性,是一种介于电池和电容之间的新型特殊储能装置,与体积相当的传统电容器相比,SC 可以存储更多的能量。在一些功率决定能量存储器件尺寸的应用中,SC 是一种更好的选择。在某些应用领域,常利用 SC 的功率特性和电池的高能量存储特性,将电容器与电池结合起来使用。

SC 具有许多技术特性,主要包括:① 充电速度快。充电 10 s～10 min 即可达到其额定容量的 95% 以上;② 循环使用寿命长,深度充放电循环使用次数可达 1 万～50 万次;③ 能量转换效率高,过程损失小,大电流能量循环效率 ≥90%;④ 功率密度高,可达 300～5 000 W/kg,相当于电池的 5～10 倍;⑤ 生产、使用、储存以及拆解过程均无污染,是理想的绿色环保电源;⑥ 安全系数高,长期使用免维护;⑦ 超低温特性好,可工作于 −30℃ 的环境中;⑧ 检测方便,剩余电量可直接读出。因此,世界各国都在不遗余力地研发 SC。目前各国推广应用 SC 的领域已相当广泛,如可部分或全部替代传统的化学电池用于启动电源,启动效率和可靠性都比传统的蓄电池高;用作起重装置的电力平衡电源,以提供超大电流的电力等。目前,我国主要有 10 余家企业正在开展 SC 的研发。

2.5.3 水锂电储能技术

复旦大学科研人员发现水溶液可充锂电池(简称水锂电,ARLB)有望成为新型储能体系。以锰酸锂为正极,钒酸锂为负极,构成的 ARLB 的平均放电电压约 1.0V,经长时间充放电循环,电池容量几乎没有衰减。该电池的容量虽低于有机电解液的锂离子电池,但仍可与铅酸电池、镍镉电池相媲美。

§2.6 能源使用对环境的影响

以煤、石油和天然气为代表的各种能源是大自然赐予人类的慷慨礼物,为人类的生存和发展做出了巨大的贡献。但能源尤其是化石能源的大量使用,给人类赖以生存的环境造成了日益严重的污染。大量污染物的排放使生态环境长时间难以恢复,直接影响了人体健康和生活质量,呼唤碧水蓝天已成为现代人的一个美好愿望和追求。据统计,全世界每年燃烧化石能源会向大气中排放 63 亿吨碳、7 070 万吨硫和 2 820 万吨氮,导致酸雨和全球气候变暖,严重影响大气环境。开发和利用清洁能源和可再生能源,呵护我们的生态环境,已经成为全球经济可持续发展的战略性问题。

为应对能源使用对环境产生的负面影响,各国都积极采取了各种应对措施。减少和消除污染气体排放必须从多方面着手:一方面是要加快能源结构调整,加大清洁能源的开发和利用力度;另一方面是针对不同燃料的结构和成分,开发、应用洁净和深加工处理技术。同时,要不断加强燃烧设备的技术改造,改善燃烧方法,充分提高燃料的使用效率,尽可能减少燃料燃烧对大气的污染。对于已产生的各种污染,应针对不同污染物的性质,各国需加强合作和技术交流,采用各种先进技术予以治理。

 **参考文献**

1. Xiaoling Ouyang, Boqiang Lin. Impacts of increasing renewable energy subsidies and phasing out fossil fuel subsidies in China[J]. Renewable and Sustainable Energy Reviews, 2014, 37: 933 - 942.

2. 赵玉文. 21 世纪我国太阳能利用发展趋势[J]. 中国电力, 2000, 33(9): 73 - 77.

3. 袁振宏, 罗文, 等. 生物质能产业现状及发展前景[J]. 化工进展, 2009, 28(10): 1687 - 1692.

思考题

1. 化石能源有哪些? 你对我国目前的能源结构有何认识?
2. 什么是"可再生能源"与"非再生能源"?
3. 我国应对化石能源危机有哪些措施? 为什么说开发可再生能源迫在眉睫?
4. 什么是化学电源? 燃料电池的工作原理与普通一次电池有什么不同?
5. 你知道的新型能源有哪些? 你认为如何开发和利用新型能源?
6. 生物质能资源分为哪几种类型? 你认为如何开发和利用生物质?
7. 能源利用对生态环境会产生哪些影响? 如何减少这些影响?

第3章 化学与资源利用

§3.1 资源概述

1. 资源的定义

"资源"的概念源于经济学科,含义非常丰富。广义的"资源",是指人类在生产、生活和精神上所需求的物质、能量、信息、劳力、资金和技术等所有的"初始投入",包括自然资源、经济资源和社会资源(图3-1)。狭义的"资源",是指自然资源,如土地资源、矿产资源、气候资源、水资源、生物资源等一切能被人类作为生产和生活资料利用的自然物。本章"资源"指的就是狭义的自然资源。

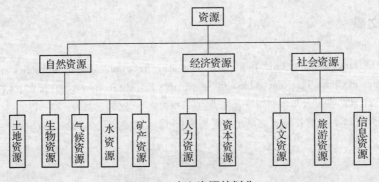

图 3-1 广义资源的划分

2. 自然资源的定义

《辞海》对自然资源的定义是:一般指天然存在的自然物,如土地资源、水资源、生物资源和海洋资源等,是生产的原料来源和布局场所。该定义强调了自然资源的天然性。《大英百科全书》中自然资源的定义是:人类可以利用的自然生成物,以及生成这些成分的环境功能。前者包括土地、水、大气、岩石、矿物、森林、草场、矿床、陆地和海洋等,后者包括太阳能、地球物理的循环能(气象、海洋现象、水文、地理现象)、地球化学的循环能(地热现象、化石燃料和非燃料矿物生成作用等)、生态学的循环能(植物的光合作用、生物的食物链、微生物的腐败分解作用等)。该定义明确指出环境功能也是自然资源。我国一些学者认为:自然资源是指存在于自然界中能被人类利用或在一定技术、经济和社会条件下能被利用作为生产、生活原材料的物质、能量的来源。概括起来,自然资源具有以下特征:

(1)自然资源是自然过程所产生的天然生成物,它与资本资源、人力资源的本质区别在于其天然性。但现代的自然资源中已或多或少地包含了人类劳动的结晶。

(2)任何自然物之所以成为自然资源,必须有两个基本前提:即人类的需要和开发利用的能力,否则就不能作为人类社会生活的"初始投入"。

(3)自然资源的范畴随人类社会和科学技术的发展而不断变化。人类对自然资源的认识,以及自然资源开发利用的范围、规模、种类和数量都在不断地发生变化。

(4)自然资源与自然环境是两个不同的概念,但具体对象和范围往往是同一客体。自然环境是指人类周围所有的客观自然存在物,自然资源则是从人类需要的角度来认识和理解这些要素存在的价值。因此,自然资源和自然环境可以比喻为一个硬币的两面,或者说自然资源是自然环境透过社会经济这个棱镜的反映。

综上所述,自然资源是在一定社会经济技术条件下,能够产生生态价值或经济效益,以提高人类当前或可预见未来生存质量的自然物质和自然能量的总和。

3. 自然资源的特性

(1)自然资源的有限性,即自然资源并非取之不尽、用之不竭,这是自然资源最重要的特性,人类在资源开发利用中应首先明确。自然资源的有限性主要表现在以下几个方面:① 某些资源就其总量来说虽然巨大,但人类可利用的部分却是有限的,如太阳能、风能、水力;② 在一定的时间和空间范围内,自然资源的数量是有限的;③ 在一定的社会经济和科技水平条件下,人类利用自然资源的能力和范围是有限的。

(2)自然资源潜力的无限性,包含以下几个方面的含义:① 自然资源的种类、范围和用途不是一成不变的,随着科技的进步和发展,自然资源的范围将不断得到拓宽;② 某些自然资源虽属不可再生资源,但从它本身蕴藏的量来看,供人类长期使用是可能的,如铀、钍等放射性矿产资源,其数量有限,但蕴藏量巨大,利用前景或潜力非常大。

(3)自然资源的可用性。指可以被人类所利用,这是自然资源的基本属性。自然资源的可用性与稀缺性有极密切的关系。

(4)自然资源的整体性。各种自然资源是相互联系、相互影响、相互制约的复杂系统,而非孤立存在。

(5)自然资源空间分布的不均匀性和严格的区域性。不同区域资源组合和匹配都不一样,因地制宜是自然资源利用的一项基本原则。

除了上述特点外,各类自然资源还有各自的特点,如生物资源的可再生性;水资源的可循环、可流动性;土壤资源具有生产能力和位置的固定性;气候资源有明显的季节性;矿产资源具有不可更新性和隐含性等等。

化学在资源的开发利用中发挥着巨大的作用。下面就其在矿产资源,海洋资源和再生物质资源的开发利用方面做简要阐述。

§3.2　化学在矿产资源开发中的应用

3.2.1　化学在金属矿产资源开发中的应用

1. 化学选矿

由于高品位易选矿物资源逐渐减少,近二三十年来,人们愈来愈多地在物理选矿流程中引入湿法冶金手段,构成选冶联合流程。在这种选矿工艺中,矿物原料中的某些组分发生了化学变化,因此又称为化学选矿。所谓化学选矿就是通过化学方法,破坏矿物原有的组成和结构,并按化学成分分离,使原料中的有用成分富集而得到优质精矿的过程。

根据原矿中的物质种类、有用成分含量、对最终产品和成本的要求,化学选矿工艺流程可以包括下列作业的一部分或全部:矿物解离;热处理;溶浸,沉渣洗涤,固液分离;浸出液净化,利用结晶、沉淀、置换、离子交换、液-液萃取、离子浮选等方法从浸出液中得到金属化合物,有时也利用电沉积的方法得到粗金属等。过程中有时还包括药剂再生、废液处理等工序。

(1) 矿物的焙烧

在化学选矿中,焙烧是物料热处理最常用的方法。焙烧就是在适宜的气氛中将物料加热到一定温度(低于物料组分熔点的温度),使其组分发生一定的物理、化学变化,以满足下一步处理作业对原料要求的工艺过程。例如,对于大部分难溶于水的矿物,通常采用加入某些药剂或气体,进行预先焙烧,先使其中的某些成分转化成易溶水的化合物。如锌和铝的硫化矿物,采用氯化焙烧或硫酸化焙烧,使其转变为易溶于水的金属氯化物或硫酸盐。铜、钴、镍、铁、锡的矿物可加氯化钠等进行氯化焙烧,使其转变为易溶于水的氯化物。钨矿可用苏打烧结,使其转变为易溶于水的钨酸钠。

此外,物料的预先热处理还可使其有用成分或有害杂质变成气体挥发出去。例如锡矿石中的锡可变成氯化锡而富集;钨、铁、金的高砷精矿,可使 As 变成 As_2O_3 挥发以获得合格的精矿;同时,矿物中的水分、CO_2 在焙烧中逸出,使其中有用成分进一步富集。

经过焙烧的固体物料叫做"焙砂"。根据焙烧过程中发生的主要化学反应的不同,可将焙烧大致分为以下类型:

① 氧化焙烧。在氧化气氛中加热矿物原料,如硫化矿,使其中的硫、砷、锑、硒等易挥发性的元素变成氧化物,部分或全部挥发,重金属元素则转变为金属氧化物留在焙砂中。

② 硫酸化焙烧。是氧化焙烧的另一种形式,不同的是使金属硫化物或氧化物转变成金属硫酸盐。进行硫酸化焙烧时,常须加入一定比例的硫化矿以提供硫酸化所需的硫。

③ 还原焙烧。在还原性气氛中使金属氧化物还原成金属或它的低价氧化物。

④ 氯化焙烧。在氧化或还原性气氛中加热物料,借助氯化剂的作用,使物料中某些成分转变为水溶性金属氯化物或挥发性气态金属氯化物。

⑤ 氯化离析焙烧。是在特殊的还原条件下的氯化焙烧过程。过程中,挥发性气态金属氯化物生成后立即在焙烧炉中的碳粒表面还原成金属。

⑥ 加盐焙烧。在焙烧过程中,加入碳酸钠(Na_2CO_3)或硫酸钠(Na_2SO_4)、氯化钠($NaCl$)等盐类添加剂,使物料中的有价组分转变为水溶性的钠盐。

⑦ 煅烧。是通过加温使碳酸盐、硫酸盐和氢氧化物等矿物组分受热分解,转化为简单氧化物,同时脱除部分挥发性气体的过程。

（2）矿物的浸出

浸出就是借助溶剂从固体物料中溶解某些组分的过程。用溶剂选择性地溶解矿石中的有用成分或有害杂质是化学选矿的主要环节,目的是使其中的有用组分得到富集和提纯。

矿石和精矿都是由一系列的矿物组成,成分十分复杂,有价矿物常以氧化物、硫化物、碳酸盐、硫酸盐、砷化物、磷酸盐等化合物形式存在。也有以金属单质形式存在,如金、银、铜等,须根据原料的特点选用适当的溶剂和浸出方法,以达到选择性溶解某种组分的目的,如金属单质、简单氧化物、碳酸盐、硫酸盐类矿物,可用酸、碱或盐的水溶液直接浸出;金、银矿石采用氰化物浸出;氧化铜矿石采用硫酸浸出;稀有金属矿石有多种浸出方法。

矿物浸出的分类方法有多种,按浸出剂特点可分为表 6-1 所示的酸浸、碱浸、盐浸、细菌浸出、水浸等五类;依据浸出温度和压力条件可分为高温高压浸出和常温常压浸出两类;根据浸出剂和浸出对象的接触方式,可分为渗滤浸出（如就地浸出、堆浸、槽浸）和搅拌浸出两大类。

细菌浸出法在生产实践中主要用于铜矿和铀矿中铜、铀的提取,还可用于从石英砂中除去铁,从金矿石中除去砷。

表 3-1 浸出方法按浸出剂特点分类

浸出方法	常用浸出剂
酸浸出	硫酸、盐酸、硝酸、亚硝酸
碱浸出	氢氧化钠、碳酸钠、氨水、硫化钠
盐浸出	氯化铁、硫酸铁、氰化钠、氯化钠、次氯酸钠
细菌浸出	菌种＋硫酸＋硫酸铁（其实质是有细菌作用的酸浸）
水浸出	水

选择浸出剂的原则是热力学上可行、选择性好、反应快、价格低、来源广。工业上常用的浸出剂及其应用范围列于表 3-2。

表 3-2 工业上常用的浸出剂及其应用范围

浸出剂	浸出矿石类型	适用范围
H_2SO_4	铜、镍、钴、锌、磷的氧化物	处理含酸性脉石的矿石
HCl	磷、铋氧化矿、钨精矿脱铜、磷、铋等	处理含酸性脉石的矿石
HF	铌、钽矿	
NH_3	铜、镍、钴矿	处理含碱性脉石的矿石
Na_2CO_3	白钨矿、铀矿	处理含硫化矿少的矿石
Na_2S	辉锑矿、辰砂	处理砷、汞、锑硫化矿
NaCN	金、银等贵金属矿石	
$Fe_2(SO_4)_3$	铜、铅、铋等硫化矿	作为氧化剂用
细菌浸出	铜、钴、锰、铀、砷等矿	
H_2O	硫酸铜及焙砂等	水溶性矿物或焙砂

（3）浸出液的处理

经浓缩、过滤、澄清的浸出液，当所含杂质很少或杂质对下一作业无害时，可直接回收有价金属，否则需进行净化，以除去其中的有害杂质。浸出液除杂的方法与回收有价金属的方法大致相同，可通过加入沉淀剂、改变 pH、分步结晶、离子交换、溶剂萃取等方法达到目的。

对于已净化的浸出液，根据浸出液的浓度、对产品质量的要求和经济效益等因素，可采用结晶、吸附、化学沉淀、溶剂萃取、离子交换、浮选、电沉积等方法回收有价金属。

① 吸附法。吸附法是处理贵金属溶液最常用的方法。最通用的吸附剂是活性炭，其次是离子交换树脂。利用活性炭可从氰化浸出液中吸附金、银(图 3-2)，也可以从稀的氯化物溶液中吸附铂、铀、铱、钕、钐和镱等金属，以富集和提纯稀贵金属。

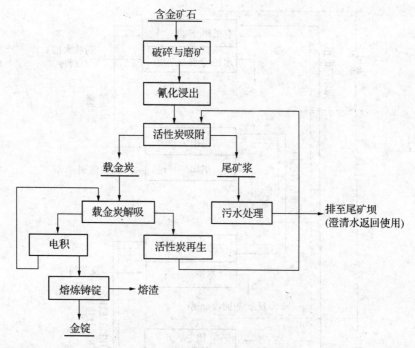

图 3-2　炭浆提金原则流程

　　② 沉淀及置换。当有价金属从矿石原料中经浸出或分解进入溶液后，一些杂质也或多或少进入溶液，工业上除采用溶剂萃取和离子交换等方法进行净化、提纯外，还常用化学沉淀方法。化学沉淀法就是利用化学沉淀反应使溶液中的金属离子转化为难溶化合物或还原成金属粉末，而从溶液中析出的方法。由于各种金属及其化合物产生沉淀的条件不同，所以化学沉淀法既可用于回收金属，也可用于净化浸出液和处理废水。

　　化学沉淀法种类很多，常用的有氢氧化物沉淀法、硫化物沉淀法、置换沉淀法、胶体吸附共沉淀法等。置换沉淀法是用活性高的金属将浸出液中的惰性金属离子置换出来而获得金属的方法。如用金属 Fe 或 Zn 置换 $CuSO_4$ 溶液中的 Cu^{2+} 而析出 Cu。

　　③ 溶剂萃取。溶剂萃取是利用有机萃取剂对浸出液中某些金属离子有较大溶解能力的性质，使这些金属离子从水相转入有机相中，从而达到分离的目的。溶剂萃取最初在冶金工业中用于铀的回收，目前在有色及稀有金属湿法冶金中主要用于金属的富集、分离提纯，过程通常包括萃取、洗涤、反萃和溶剂再生四个作业流程，原则流程见图 3-3。

　　湿法冶金中所用的萃取剂种类繁多，有机化合物中相对分子质量大小和结构适当的醇、醚、醛、酮、酸胺、肟、酯以及许多浮选捕收剂都可用作萃取剂。为了改善萃取剂的黏度、密度等物理性质，还常常用相对分子质量大小和结构适当的脂肪烃、芳香烃、环烷烃、卤代烃（如氯仿、四氯化碳等）等作稀释剂。萃取剂和稀释剂在常温下都应是不溶于水的液态有机物，

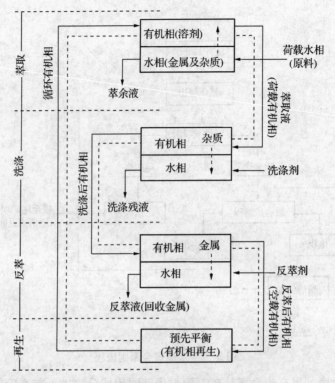

图 3-3 溶剂萃取的原则流程图

它们和金属离子结合的产物基本上也不溶于水。

目前,化学选矿已不再限于处理难选原矿,而发展到处理物理选矿中的难选矿、混合精矿、尾矿以及从矿坑水、洗矿水和尾液中提取某些有用成分等。

我国化学选矿在工业上的应用起步较晚,但发展较快。如采用酸浸萃取-电沉积工艺处理难选氧化铜矿石、浸出-沉淀法直接从离子吸附型稀土矿中提取稀土氧化物、碳浆(碳浸)新工艺处理难选氧化金矿石等。采用化学法处理钨、钼、铋等精矿及中矿,不仅能有效回收其中的有用成分,而且还可改变产品结构。

2. 含金矿石的化学处理

金矿分为脉矿、砂矿和伴生矿三种,在我国金矿资源中,这三种类型所占总储量的比例分别为 44.84%、11.40%、43.76%。脉金矿中金的回收主要采用混汞、浮选、氰化和碳浆法;砂金矿中金的回收主要采用重选和混汞法;与金属硫化矿物伴生的金主要采用浮选法将金富集到浮选精矿中,进而冶炼加以分离。

(1)混汞法

在矿浆中,游离状态的金粒能够被加入的汞选择性地浸润,并形成金-汞合金(金汞齐),

使金与其他金属矿物、脉石分离,该方法称为混汞法,图3-4为该法的工艺流程示意图。因金在矿石中多呈游离状态,因此在各类含金矿石中都有一部分金粒可用混汞法回收。混汞法是一种古老的提金方法,简单易行,在选矿流程中能较早地回收粗粒自然金,降低尾矿中金的损失,混汞产品可就地直接炼金,目前仍在应用,但易引起汞中毒和污染环境。

(2) 氰化浸出法

用氰化钠(或钾)作浸出剂,从矿物原料中溶解金、银的方法。此法工艺成熟,技术经济指标较理想。金、银为电极电位高(标准电极电位分别为1.65 V和0.81 V)的金属,很难以简单离子进入溶液,但能与浸出剂中的 CN^- 形成稳定的可溶性配阴离子,降低了金、银的氧化还原电位(配阴离子的标准电极电位分别为 -0.64 V和 -0.31 V),从而较易转入溶液中。由于金氰配阴离子的标准电极电位比银氰配阴离子的低,所以金更易被浸出。主要化学反应为:

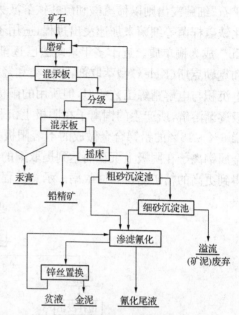

图 3-4　我国某选金厂混汞-重选-渗滤氰化工艺流程

$$4Au + 8NaCN + O_2 + 2H_2O \longrightarrow 4NaAu(CN)_2 + 4NaOH$$

金矿石中除含金银外,还伴生有其他矿物组分,有的可加速金、银的氰化浸出,有的则起到妨碍作用。研究表明,少量铅、汞、铋和铊等元素可加速金的溶解,而铜、锌、铁因同样能与 CN^- 反应而消耗 CN^- 离子,砷、锑的硫化矿物不仅消耗 CN^-(主要生成 CNS^-),而且消耗矿浆中的氧(S^{2-} 氧化),从而会降低金的溶出速度。因此,在处理含有上述组分的含金矿石时,应预先除去这些元素。氰化溶解金、银所得的贵液可用锌粉置换或活性炭吸附等方法得到金泥,再经熔炼获得纯金。氰化浸出法是回收金的主要方法,目前全球用该法生产的金约占 50%,我国比例更大。

3. 难选铜矿石的化学处理

对于运用物理选矿方法很难处理的铜矿,常采用化学选矿方法进行处理。根据物料中铜的物相组成、围岩特性及其结构可选择不同的化学处理方法,常用的有:① 浸出-置换-电沉积;② 浸出-萃取-电沉积(LXE 法)(包括焙烧-浸出-萃取-电沉积);③ 浸出-沉淀-浮选(LPF 法);④ 离析-浮选。其中浸出又分酸浸、氨浸和细菌浸出三种。酸浸采用稀硫酸溶液为浸出剂,用于处理含碳酸盐少的矿石;氨浸以氨水溶液为浸出剂,用于处理含碳酸盐高的矿石;细菌浸出则以稀硫酸和硫酸铁溶液为浸出剂,同时利用氧化硫杆菌、氧化铁杆菌和氧化铁硫杆菌等细菌来加速浸出过程,适用于含硫较多的矿石。置换是利用铁还原溶液中的 Cu^{2+} 成为铜单质。近十多年来此法已逐渐被溶剂萃取法所代替,主要采用莱克斯(Lix)型和克勒克斯(Kelex)型萃取剂,即肟类和羟基喹啉类萃取剂,从低浓度铜的浸出液中萃取铜。电沉积与电解精炼工艺相似,但所用的阳极不同。电解精炼以粗铜(棒)为阳极,电解时,阳极逐渐溶解,所产生的铜离子在阴极上沉积出来。而电积用的阳极选用含银1%的铅或含锑6%～15%的铅锑合金做成的不溶阳极,电解时,阳极并不溶解,只是电解液中欲提取的金属铜离子在阴极上沉积而达到提取铜的目的。一般地,采用上述流程比单一选矿方法能得到更高的精矿品位和回收率。示意流程见图3-5。

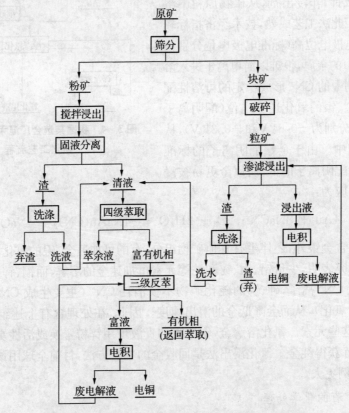

图 3-5 我国国某铜厂酸浸-萃取-电积原则流程图

4. 我国稀土资源高效清洁提取与循环利用

稀土元素因独特的电子结构而具有优异的磁、光、电等性质。利用稀土元素的特殊性质开发的一系列性能优越的功能材料,广泛应用于冶金机械、电子信息、能源交通、新型材料等

13 个领域的 40 多个行业。稀土已成为当今世界各国改造传统行业,发展高新技术不可或缺的战略物资。尤其是磁性材料、发光材料、储氢材料等功能材料在高新技术产业中的大规模应用,已成为国民经济发展及国防建设的重要支撑。

我国从 20 世纪 50 年代开始进行稀土的提取工艺研究,70 年代实现了小规模生产,80 年代自主开发了硫酸法冶炼包头混合型稀土矿工业化技术及溶剂萃取法分离稀土技术,实现了稀土冶炼分离大规模连续化生产,使世界稀土产业格局从此发生了巨大改变。60 多年来,我国针对国内稀土资源的特点开发了一系列先进的稀土采选冶工艺,并实现了工业化应用,建立了较完整的稀土工业体系,已发展为世界稀土生产大国。我国稀土矿物主要有三种类型:包头混合型稀土矿、四川氟碳铈矿、南方离子吸附型稀土矿。由于矿物种类、成分和结构不同,所采用的工艺也各不相同。目前我国稀土冶炼分离企业 100 多家,冶炼分离能力达 20 万吨以上,稀土年产量达 15 万吨左右,占世界稀土生产总量的 95% 以上,单一稀土产品纯度也从 2~3 N(99%~99.9%)为主提高到以 3~4 N 为主,可根据市场需要生产 2~5 N 的各种稀土氧化物及盐类产品,高纯、单一稀土产品已达总商品量的一半以上,基本满足国内外市场的需求。

(1) 萃取分离提纯技术

稀土元素包括轻稀土和重稀土元素,共计 28 个,化学性质相近,相邻元素分离系数小,是化学元素周期表中为数不多的难分离元素。常用的分离方法包括分步结晶、氧化还原、离子交换、溶剂萃取及萃取色层等,其中溶剂萃取技术已成为稀土分离提纯的主流技术。针对多组分、多品种、高纯度的要求时,几种技术常常配合使用。

我国从 20 世纪 50 年代开始对溶剂萃取法分离稀土元素进行了大量研究,取得了许多成果,并广泛应用于稀土工业生产。如 1966 年北京有色金属研究总院、上海跃龙化工厂等单位合作,采用甲基二甲庚酯(P_{350})作为萃取剂,萃取分离生产 99.99% 的氧化镧,这是我国首次将萃取分离技术应用于稀土工业。1970 年北京有色金属研究总院采用二(2-乙基己基)磷酸酯(P_{204})富集、(三辛基甲基氯化铵)N_{263} 二次萃取提纯,得到了纯度大于 99.99% 的氧化钇;1981 年上海跃龙化工厂采用环烷酸萃取法提纯钇,建成了年产 10 吨的荧光级氧化钇生产线,并采用(P_{507})和三辛烷基叔胺(N_{235})萃取除杂,使产品达到了日本涂料株式会社的荧光级氧化钇产品标准,成本不到离子交换法的 1/10。20 世纪 70 年代初,上海有机化学研究所成功实现了规模化合成 2-乙基己基膦-2-乙基己基酯 P_{507},采用 P_{507} 作萃取剂回流分离稀土,成功制备了 99.99% 氧化镥。北京大学徐光宪院士提出了稀土串级萃取优化理论,用于设计优化萃取分离稀土工艺,并得到了广泛应用。自 80 年代以来,稀土萃取分离技术得到了快速发展,针对不同资源特点,开发了多种先进萃取分离工艺,如长春应用化学研究所、北京有色金属研究总院、九江有色金属冶炼厂等单位合作,成功研发了 P_{507}-盐酸体系从龙南混合稀土中全分离单一稀土元素的工艺技术,并广泛应用于我国的稀土湿法冶金工业。近 10 多年来,稀土萃取分离技术又得到了大幅度改进,如模糊萃取技术、联动萃取技术、钙皂化和非皂化萃取分离技术等,使稀土萃取分离效率、稀土纯度、稀土回收率得到了大幅度提高,而原料消耗和氨氮排放量却大幅度减少。

（2）我国几种典型的稀土冶炼分离工艺

针对稀土矿的构成特点,我国目前已经形成了几种较成熟的冶炼分离工艺,主要包括包头混合型稀土矿、四川氟碳铈矿和南方离子型稀土矿冶炼分离工艺。

包头混合型稀土矿即内蒙古白云鄂博稀土矿,与铁、铌共生,主要稀土矿物有氟碳铈矿和独居石,矿物结构和成分复杂,是世界公认的难冶炼矿种,每年随铁矿采出 50 多万吨稀土（按 REO 计）,在选铁过程中,稀土进入尾矿,其中一部分尾矿经浮选得到品位为 50% 的稀土精矿。针对该矿的特点,我国先后开发了硫酸焙烧法、烧碱分解法、碳酸钠焙烧法、高温氯化法、电场分解法等多种工艺流程。目前,90% 的包头稀土矿采用北京有色金属研究总院自主开发的第三代硫酸法技术冶炼,示意流程如图 3-6。该工艺包括高温硫酸分解、水浸、中和除杂,稀土提取等几个工序。提取工序又包括两个流程:一是将硫酸稀土溶液直接用 NH_4HCO_3 沉淀、盐酸溶解,得到氯化稀土溶液。该流程成本较高,并且产生大量氨氮废水,对水资源造成严重污染;二是先采用 P_{204} 进行 Nd/Sm 萃取分组,含 La、Ce、Pr、Nd 的硫酸稀

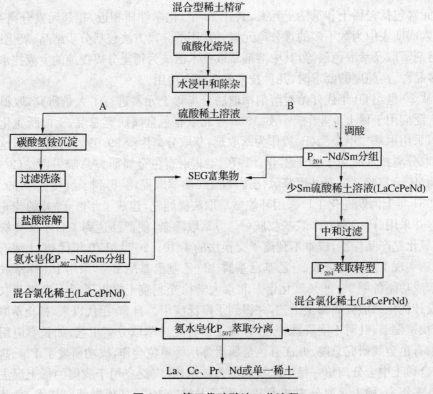

图 3-6　第三代硫酸法工艺流程

土萃余液经中和调酸,再用P$_{204}$全萃取、盐酸反萃转型为氯化稀土溶液。该流程不产生氨氮废水,稀土收率高,产品质量好,但因硫酸体系中稀土浓度较低,设备和有机相投资较大。此外,中重稀土反萃困难,反萃液余酸高,导致酸耗较高。两种流程得到的混合氯化稀土溶液经过氨皂化的 P$_{507}$ 萃取分离,可得到 La、Ce、Pr、Nd 等单一稀土。

四川氟碳铈矿在 20 世纪 90 年代主要采用氧化焙烧-硫酸浸出工艺冶炼,生产富铈和少铈氯化稀土,该工艺流程长,稀土回收率仅 70% 左右,后来在美国蒙廷帕斯氟碳铈矿冶炼工艺的基础上开发了氧化焙烧-盐酸浸出工艺,见图 3-7。目前,工业上几乎全部采用该工艺冶炼氟碳铈矿,碱分解除氟后得到的富铈渣可用于制备硅铁合金,或经还原浸出生产纯度为 97%～98% 的 CeO$_2$,少铈氯化稀土经 P$_{507}$ 萃取分离得到单一稀土。该工艺具有投资少、铈产品生产成本低的特点,但工艺不连续,铈产品纯度仅 97%～98%。针对氟碳铈矿,有待进一步开发能同时回收稀土、钍及氟的高效、洁净、经济的新工艺。

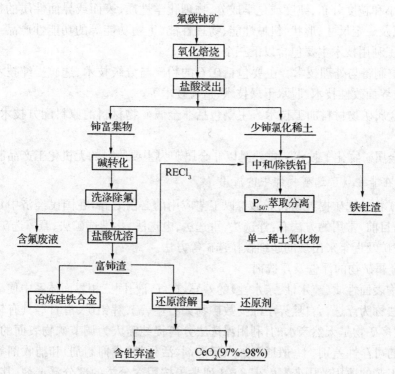

图 3-7 氧化焙烧-盐酸浸出法工艺流程

南方离子型稀土矿经铵盐浸出、NH$_4$HCO$_3$ 或草酸沉淀、灼烧得到含稀土氧化物 90% 以上的稀土富集物。稀土富集物或稀土碳酸盐经盐酸溶解得到混合氯化稀土溶液,再用皂化 P$_{507}$、环烷酸等萃取剂进行萃取分离,制备 99%～99.999% 的单一稀土化合物。全国离子型稀土矿的年冶炼分离能力已超过 7 万吨,企业主要集中在江西、江苏和广东。该分离工艺中的有机相需采用氨水或液碱皂化,消耗大量液氨或液碱(30%),不仅成本高,而且产生大量含氨氮或钠盐废水,对水资源造成严重污染。

6.2.2 化学在非金属矿产资源开发中的应用

非金属矿是人类利用最早的矿产资源,从原始人使用的石斧、石刀到现在以各种非金属矿为原(材)料制备的无机非金属材料、有机/无机复合材料、微电子材料、生物医学材料等新材料,人类在利用非金属矿物原(材)料方面走过了从简单利用到初步加工后利用,再到深加工和综合利用的漫长历程。非金属矿产资源开发利用技术的每一次进步都伴随着人类科技的进步和人类文明的发展。同时,人类科技和文明的每一次发展都促进了非金属资源利用的发展。

非金属矿产加工利用的目的是通过一定的技术、工艺、设备生产出满足人类需求的具有一定粒度大小和粒度分布、纯度或化学成分、物理化学性质、表面或界面性质的粉体材料或化工产品,以及一定尺寸、形状、机械性能、物理性能、生物功能等的功能性产品或制品。非金属矿物加工利用技术主要包含以下三个方面:

(1) 颗粒制备与处理技术。主要包括矿石的粉碎与分级技术、选矿提纯技术、矿物(粉体)的表面或界面改性技术、脱水干燥技术、造粒技术等;

(2) 非金属矿物材料加工技术。主要包括非金属矿物材料的原料配方技术、加工工艺与设备等;

(3) 非金属矿物化工技术。主要是以非金属矿为主要原料的无机化工产品制备技术。

1. 化学在非金属矿选矿提纯中的应用

非金属矿物的选矿提纯是其能够得以工艺应用的必由之路,在国民经济中具有重要的地位和作用,目前,常用的方法有:浮选法、重选法、电选法、化学选矿法、摩擦选矿法、光电选矿法、摩擦洗矿及近年来出现的超细颗粒选矿等方法。

(1) 非金属矿物的浮选及浮选剂

利用矿物表面性质(疏水性-亲水性)的差异,在气-液-固三相界面体系中使矿物得以分离的选矿方法称为浮选。自然界中除少数矿物如石墨、硫、辉钼矿、滑石等具有较好的天然可浮性外,大多矿物是天然亲水的,利用浮选法分离提纯需人为调节矿物表面的润湿性质,扩大矿物间的可浮性差别。一般通过加入起泡剂、活化剂(或抑制剂)和捕收剂等浮选药剂使浮选提纯工艺的适用范围变宽。表3-3列举了按用途分类的部分浮选剂,其中,捕收剂的作用是使目的矿物表面疏水,增加可浮性而使其易于向气泡附着;调整剂用于调节矿物和捕收剂的作用(促进或抑制)及介质 pH 等;起泡剂主要是促使泡沫形成,增加分选界面,调节泡沫的稳定性等。

表 3 - 3　常用的浮选剂

种类	应用范围	实例
捕收剂	硫化矿物捕收剂	黄药、黑药等
	氧化矿物捕收剂	脂肪酸、脂肪胺等
	非极性矿物捕收剂	各种非极性油
	沉积矿物捕收剂	复黄药等
起泡剂	单纯起泡剂	萜烯醇、脂肪醇等
	有捕收性的起泡剂	重吡啶、脂肪酸等
调整剂	活化剂	金属离子的盐、无机酸、碱等
	抑制剂	各种无机、有机化合物
	矿浆 pH 调整剂	无机酸、碱
	絮凝剂和分散剂	无机酸、碱、盐及高分子有机物

（2）超细颗粒的高分子絮凝分选

高分子絮凝分选是利用高分子絮凝剂对矿浆中的某种矿物微粒的选择性絮凝作用，使其絮凝，借助物理分选（浮选、重选）方法，实现矿物组分的分选。高分子絮凝分选已成为处理微细粒矿物的重要方法，并成功用于工业实践。常用的高分子絮凝剂有天然高分子（如淀粉、单宁、糊精、羧甲基纤维素、腐殖酸钠等）和合成高分子（如聚丙烯酰胺、聚氧化乙烯、聚乙烯醇、聚乙烯亚胺等）两大类。高分子絮凝剂的种类、分子结构对其絮凝分选性能有重要影响。

（3）化学提纯

矿物的化学提纯是利用不同矿物化学性质的差异，采用化学或化学与物理相结合的方法来实现矿物的分离与提纯，主要用于一些纯度要求高，而物理选矿方式难以达到纯度要求的高附加值矿物的提纯。非金属矿的化学提纯方法主要有三种：酸、碱、盐处理，化学漂白，焙烧与煅烧。

① 非金属矿物的酸、碱、盐处理。利用各种酸、碱、盐物质将矿物中的可溶性组分浸出而与不溶性组分分离的过程。针对不同的矿物组分及杂质的性质，采用不同的酸、碱、盐药剂进行处理，见表 3 - 4。

表 3 - 4　常用酸、碱、盐处理的应用范围

浸出方法	常用浸出试剂	矿物原料	目的及应用范围
酸法	硫酸、盐酸	石墨、金刚石、石英（硅石）	提纯：含酸性脉石矿物
	硫酸、盐酸	膨润土、酸性白土、高岭土、硅藻土、海泡石等	活化改性：阳离子浸出改性
	硝酸（氢氟酸）或硫酸、盐酸的混合酸	石英（硅石、水晶）	提纯：含酸性脉石矿物
	氢氟酸	石英	提纯：超过纯度 SiO_2 制备

浸出方法	常用浸出试剂	矿物原料	目的及应用范围
碱法	过氧化物（Na、H）、次氯酸盐、过醋酸、臭氧等	高岭土、伊利石及其他填料、涂料矿物	氧化漂白：硅酸盐矿物及其他惰性矿物
	氢氧化钠	石墨、金刚石	提纯：浸出硅酸盐等碱金属矿物
	氨水	粘土矿物、氧化矿物与硫化矿物	改性：含碱性的矿石
盐浸法	碳酸钠、硫酸钠、硫化钠、草酸钠、氯化钠、氧化锂等低价金属盐类	膨润土、累托石、沸石、凹凸棒石	离子交换改性

② 矿物的化学漂白。对于用作填料或颜料的非金属矿物粉体材料往往有白度要求，而矿物本身的白度往往达不到要求，为此需对矿物进行增白处理，较常用的方法是化学漂白。矿物化学漂白的方法有还原漂白和氧化漂白两种，前者主要是用还原剂对矿物进行漂白，常用的有：亚硫酸盐、连二亚硫酸盐、氢硼化物、盐酸、草酸（盐）等。后者是用氧化剂对矿物进行漂白，常用的有：过氧化物、次氯酸盐、过醋酸、臭氧、高锰酸钾等。在工业应用中，氧化漂白和还原漂白可单独使用，也可分段联合使用。

目前，国内对非金属矿物粉体材料进行化学漂白多集中在高岭土矿种上，且已有工业规模的生产应用。其他矿物如伊利石、蒙脱石、累托石、凹凸棒土、海泡石、硅藻土、硅石等也成为潜在的漂白对象。

③ 矿物的焙烧与煅烧。非金属矿的热处理是重要的选矿和加工技术之一，其主要作用如下：① 使矿物原料中目的矿物发生物理和化学变化。例如高岭土煅烧脱除结构（合）水而生成偏高岭石、硅铝尖晶石、莫来石；石膏矿低温煅烧成为半水石膏，高温煅烧成为无水石膏或硬石膏；② 分解为组成更简单的矿物（化合物）。如碳酸盐（石灰石、菱镁矿等）分解生成氧化物；③ 使矿物中的某些有害组分被气化脱除。如在适宜温度下煅烧除去硅藻土、煤系高岭岩中含有的碳质、硫化物或有机质；④ 矿物本身发生晶型转变。如铝土矿和水镁石煅烧后脱除结晶水生成氧化铝。

矿物通过焙烧与煅烧，能使产品的白度、亮度、空隙率、活性等性能提高和优化。

2. 化学在矿物表面改性中的作用

非金属矿物材料的许多应用都对其表面或界面性质有特殊要求，如高聚物基复合材料（塑料、橡胶、胶黏剂等）、多相复合陶瓷材料、油漆涂料、生物医学材料、功能纤维等要求矿物粉体材料表面或界面与有机或无机基料及生物基体有良好的相容性；石化工业用的沸石和高岭土催化剂或载体要有特定的孔径分布和较高的比表面积；炼油脱色用的活性白土（膨润土）以及啤酒过滤用的硅藻土要有较强的表面吸附能力；水处理用的硅藻土要对有机、无机污染物及重金属离子等有选择性吸附的能力等等。采用物理、化学、机械等方法对矿物粉体进行表面处理,有目的地改变粉体表面的物理化学性质,如表面组成、结构和官能团、润湿性、电性、光学性质、吸附和反应特性等,这种深加工技术称为表面改性。对于超细粉体和纳米粉体材料,表面改性是提高其分散性能和应用性能的主要手段之一。

　　粉体的表面改性主要是依靠表面改性剂(或处理剂)在粉体颗粒表面的吸附、反应、包覆或包膜来实现的。表面改性剂的种类很多,常用的有偶联剂、表面活性剂、有机低聚物、不饱和有机酸、有机硅、水溶性高分子、分散剂等。根据改性原理和改性剂的不同,表面改性方法可分为:物理涂覆改性、化学包覆改性、沉淀反应改性、机械力化学改性、胶囊化改性、高能处理改性等。表面改性涉及颗粒学、表面或界面物理化学、胶体化学、无机化学、高分子化学、无机非金属材料、高聚物或高分子材料等诸多相关学科。

　　例如,对云母粉的表面改性,可采用有机表面改性和无机表面包覆改性两种工艺。有机表面改性主要针对用作聚烯烃、聚酰胺和聚酯等高分子材料增强填料的云母粉,目的是提高云母粉与高聚物基料的相容性,以提高材料的机械强度,并降低模塑收缩率。常用的改性剂为硅烷偶联剂、丁二烯、锆铝酸盐、有机硅(油)等。无机表面改性剂主要针对用作涂料、油墨、化妆品、塑料、橡胶、装潢、造纸等的云母颜料,目的是赋予云母粉良好的光学和视觉效果,采用的改性剂有氧化钛、氧化铬、氧化锆等,如图 3-8。

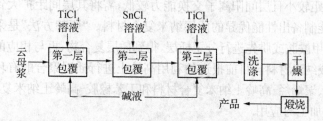

图 3-8　四氯化钛加碱法包覆改性云母粉工艺流程

　　粉体材料表面改性技术发展较晚,但因能提高高聚物/无机复合材料、多相复合陶瓷材料、高档或特种油漆涂料、功能性纤维等的性能,现已发展成为非金属矿物粉体材料最主要的深加工技术之一。

3. 几种常见非金属矿物的化学加工

(1) 高岭土的深加工及应用

　　高岭土的应用极为广泛,纯的高岭土具有许多优良的特性,已成为陶瓷生产的主要原料,还广泛用于耐火材料、石油精制、造纸、橡胶、塑料等领域,还可开发成为高档化妆品粉料、洗涤剂助剂和污水净化剂等。煅烧高岭土可用于造纸、橡胶、塑料、油漆、涂料、电缆护套、陶瓷、抛光剂、模具、水泥助剂等;水洗高岭土可用于造纸、陶瓷原材料、催化剂及涂料、填料、油漆、塑料制品、橡胶和墨水颜料的添加剂等。

　　高岭土原矿中不同程度地存在石英、长石、云母、铝的氧化物和氢氧化物、铁矿物、钛的氧化物以及有机物等杂质。因此,选矿提纯是高岭土深加工的重要内容之一。

① 高岭土的化学提纯及漂白。高岭土的化学提纯及漂白方法很多,根据其中所含的杂质,采用盐酸或硫酸浸出的酸处理法、用氯气使 Fe_2O_3 变成 $FeCl_3$ 的氯化法、用 NaOH 或 Na_2CO_3 浸出的碱处理法,此外还有氧化法、还原法、氧化-还原联用法等。对影响高岭土及煤系高岭土使用性能的主要杂质是铁、钛的矿物和有机质,主要采用酸处理法和化学漂白法除杂提纯。

② 表面改性及其纳米复合材料制备。由于高岭土矿物颗粒表面能高,亲水疏油,与表面能低、亲油疏水的聚合物基体的界面兼容性差,作为填料难以均匀分散在其中,若直接填充很易发生团聚;另一方面,这种填料与有机高分子间的界面结合力较弱,过量填充会影响复合材料的力学性质,因此需进行表面改性处理。常用的表面改性剂主要有:硅烷偶联剂、有机硅油或硅树脂、表面活性剂及有机酸等。根据不同的用途,选用不同的改性剂品种和配方。例如煅烧高岭土改性后用作电缆绝缘橡胶、塑料的填料时,需考虑表面改性剂的介电性能及电阻率;若改性高岭土用作橡胶的补强填料时,不但要考虑改性剂与高岭土的黏结强度,还要考虑改性剂分子与橡胶大分子的结合强度。

纳米复合材料具有特殊的性能,高岭土聚合物纳米复合材料通常采用"驱替方法"制备。高岭土的初始层间距较小且层间阳离子交换能力较低,需将其层间距扩大到允许聚合物分子链插入的程度,才能制备出性能优异的插层纳米复合材料。"驱替方法"是采用极性分子如二甲基亚砜,N-甲基甲酰胺或肼先进行分子插层,得到插层复合物,再与相应的有机体进行交替反应,得到复合物或纳米材料。目前报道的利用高岭土进行插层聚合的有环氧树脂-高岭土-纳米黏土复合材料、聚烯烃-高岭土纳米复合材料和丁苯橡胶-高岭土纳米复合材料等。

(2) 膨润土的加工与应用

① 活性膨润土。酸活化处理的膨润土称为活性膨润土,又称活性白土、漂白土,分子式为 $H_2Al_2(SiO_3)_4 \cdot nH_2O$,是一种具有微孔结构、比表面积很大的白色-灰白色粉末,具有强的吸附性。酸活化反应实际上是一个溶解杂质、离子交换及破坏部分结构的过程。在酸活化过程中,一些可被酸溶解的杂质矿物如碳酸盐类被溶解,提高了原料中蒙脱石的含量;H^+ 离子取代蒙脱石层间可交换的阳离子 Ca^{2+}、Mg^{2+}、K^+、Na^+ 等,改变了蒙脱石矿物晶体的表面电位,增加了其吸附性能;在不改变蒙脱石层状结构骨架的情况下,强酸将蒙脱石八面体层边缘的 Ca^{2+}、Al^{3+}、Fe^{2+}、Fe^{3+},以及四面体层中边缘部分的 Si^{4+} 溶出,使蒙脱石晶格"松懈",晶体层两端孔道增大,使原土的比表面积由 80 m^2/g 增至 200～400 m^2/g。因此,经酸化处理的膨润土具有较强的化学活性和吸附性。

② 有机膨润土。用有机铵阳离子置换蒙脱石中的可交换离子,使有机铵覆盖于蒙脱石的表面,堵塞了水的吸附中心,使其变成疏水亲油的有机膨润土配合物,在有机溶剂中具有优良的分散、膨胀、吸附、黏结和触变等特性。有机膨润土广泛用于涂料、石油钻井、油墨、灭火剂、高温润滑剂等。

③ 柱撑蒙脱石。柱撑粘土具有孔径大、比表面积大、表面酸性强、耐热性好等特点,是一种新型的类沸石层柱状催化剂,其中,对柱撑蒙脱石的研究相对较多。合成柱撑蒙脱石的工艺流程为:原料→浸泡→提纯→改型→交联→洗涤→干燥→焙烧→产品。

柱撑蒙脱石作为一种新型离子-分子筛和高效催化剂,具有广阔的工业应用前景和巨大的潜在市场。但是,制备对条件的依赖性很大,各国的开发研究仍处于实验室阶段。

4. 非金属矿物化工技术

非金属矿物化工技术是以非金属矿为原料或主要对象,提取某些有用元素或制备某些化合物的加工技术,是综合利用非金属矿物资源的重要途径之一,如用萤石制备氟合物;用重晶石生产钡盐产品;用铝土矿、高岭土等生产氯化铝、硫酸铝、氧化铝等;用石英、蛋白石、硅藻土制备硅酸钠、沉淀二氧化硅或白炭黑等;用菱镁矿、白云石生产氯化镁、硫酸镁、氧化镁、轻质碳酸镁等。

非金属矿物化工技术一般包括热化学加工、湿法分解或浸取、过滤分离、溶液精制、结晶、干燥、粉碎等工序。热化学加工包括煅烧、焙烧、熔融等;湿法分解或浸取是用酸、碱、盐溶液在水热条件下提取固体物料中有用组分的过程,一般伴有化学反应。

(1) 由石灰石矿物原料生产沉淀碳酸钙和活性碳酸钙

沉淀碳酸钙又称轻质碳酸钙,广泛用于塑料、橡胶、涂料、造纸、油墨、胶黏剂、医药、食品等领域,是一种非常重要的无机填料。生产轻质碳酸钙的主要原料是石灰石,工艺过程如图3-9所示。石灰石原料经煅烧得到氧化钙和二氧化碳;将氧化钙消化,再将生成的悬浮氢氧化钙在高剪切力作用下粉碎、多级旋液分离,除去颗粒及杂质,得到精制氢氧化钙悬浮液;再用二氧化碳碳化,得到要求晶型的碳酸钙浆液;然后脱水、干燥、分级,即可得到轻质碳酸钙产品。

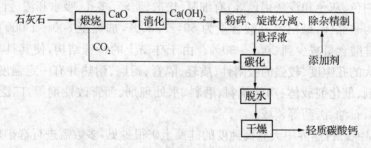

图 3-9 轻质碳酸钙的生产工艺流程

轻质碳酸钙经过表面改性后可以制备活性碳酸钙,用途非常广泛,常用的表面改性剂有硬脂酸(盐)、钛酸酯和铝酸酯偶联剂、多聚磷酸酯等。

(2) 轻质碳酸镁和轻质氧化镁的生产

轻质碳酸镁是橡胶工业的高级填料、补强剂和良好的阻燃剂,高档油墨、颜料、牙膏及化妆品的填充剂,高档陶瓷、玻璃及防火涂料的原料。

目前广泛采用的方法是以白云石为原料,用石灰窑中回收的 CO_2 碳化除钙来生产轻质碳酸镁。该法是先煅烧白云石获得高活性白云灰,然后经消化、碳化后分离出碳酸钙固体得到重镁水,将其热解得到碱式碳酸镁,干燥后即得轻质碳酸镁产品。过程中的化学反应式为:

$$CaMg(CO_3)_2 \xrightarrow{\triangle} MgO \cdot CaO + 2CO_2 \uparrow$$

$$MgO \cdot CaO + 2H_2O \longrightarrow Ca(OH)_2 + Mg(OH)_2$$

$$Ca(OH)_2 + CO_2 \longrightarrow CaCO_3 \downarrow + H_2O$$

$$Mg(OH)_2 + 2CO_2 \longrightarrow Mg(HCO_3)_2$$

$$Mg(HCO_3)_2 \xrightarrow{100℃} 3MgCO_3 \cdot Mg(OH)_2 \cdot 3H_2O$$

轻质氧化镁可用作造纸、涂料、塑料、橡胶等的填料和补强剂,高级耐热坩埚和陶瓷的原料,还用作磨光剂、玻璃钢的增塑剂,硅钢片的表面涂层以及医药中的抗酸剂及轻泻剂等。轻质氧化镁是轻质碳酸镁的深加工产品,是将轻质碳酸镁在反射炉内经高温煅烧而成。化学反应式为:

$$3MgCO_3 \cdot Mg(OH)_2 \cdot 3H_2O \xrightarrow{\triangle} 4MgO + 3CO_2 \uparrow + 4H_2O \uparrow$$

(3) 硅藻土的加工利用

硅藻土是一种生物成因的硅质沉积岩,主要由古代硅藻遗骸组成,其化学成分主要是 SiO_2,含有少量的 Al_2O_3、Fe_2O_3、CaO、MgO、K_2O、NaO、P_2O_5 和有机质。其矿物成分主要是蛋白石及其变种,其次是黏土矿物(水云母、高岭石)和矿物碎屑(石英、长石、黑云母)。硅藻土呈白色、灰白色、灰色和浅灰褐色等,有细腻、松散、质轻、多孔、吸水和渗透性强的特性,其中的 SiO_2 多为非晶体,碱溶性硅酸含量为 $50\% \sim 80\%$,加热至 $800 \sim 1\ 000℃$ 时变为晶质 SiO_2,碱溶性硅酸含量减少到 $20\% \sim 30\%$。由于硅藻土的特殊结构,使其具有许多特殊的物理性能,如大的孔隙度、较强的吸附性、质轻、隔音、耐磨、耐热并有一定强度,可用以生产助滤剂、吸附剂、催化剂载体、功能填料、磨料、水处理剂、沥青改性剂等,广泛用于轻工、食品、化工、建材、石油、医药等领域。

① 精选提纯。自然界中天然高纯度的硅藻土矿很少见,多数需进行选矿加工后才能满足应用的需要。对于纯度要求很高的硅藻土,用物理方法精选后还需采用化学方法进一步提纯。目前化学提纯主要采用酸浸法,一般使用硫酸,也可适量添加氢氟酸,以除去其中所含的 Al_2O_3、Fe_2O_3、CaO、MgO 等矿物杂质。经酸处理后可将 SiO_2 含量提高到 95% 以上,Al_2O_3 降低到 1% 以下,Fe_2O_3、CaO、MgO 均降低到 0.3% 以下。酸浸法产生的废酸水量较大,须经处理后才能排放。

② 制备白炭黑和纳米二氧化硅。白炭黑是一种用途广泛的无机化工产品，传统生产方法是将石英砂在高温下与纯碱或硫酸钠反应生成水玻璃，再用沉淀法生产白炭黑。制备工艺示意流程如图 3-10 所示。

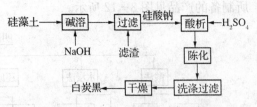

图 3-10 硅藻土制备白炭黑工艺流程

以硅藻土为原料，采用化学方法制备超微细及纳米二氧化硅的工艺过程及原理为：将硅藻土粉在一定温度下煅烧以除去其中的有机质，同时将亚铁转变为高价铁，然后在加热条件下与烧碱反应生成水玻璃，经滤渣后加入钠盐，加水调至合适的浓度后用酸沉析，并在酸沉析过程中或酸沉析终点时加入粒子阻隔剂或表面处理剂。工艺流程见图 3-11，所涉及的化学反应式如下：

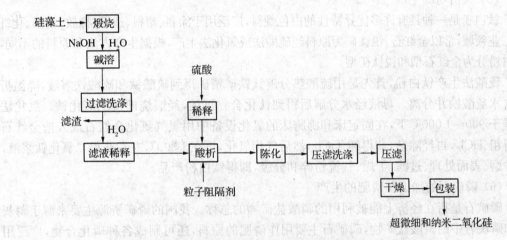

图 3-11 硅藻土制备超微缕和纳米二氧化硅的工艺流程

$$mSiO_2 \cdot nH_2O + 2NaOH \longrightarrow Na_2O \cdot mSiO_2 + (n+1)H_2O$$
$$Na_2O \cdot mSiO_2 + H_2SO_4 + nH_2O \longrightarrow mSiO_2 \cdot nH_2O + Na_2SO_4$$

（4）用明矾石制备化工产品

明矾石是一种含水的钾钠铝硫酸盐类矿物，按其成分可分为钾明矾石和钠明矾石两类，较为多见的是由两种成分混合而成的钾钠明矾石。明矾石不溶于水，难溶于酸，在碱性溶液中完全分解。明矾石是化学工业的重要矿物原料，主要用于生产明矾和硫酸钾、硫酸铝、硫酸、氧化铝、铝、钾肥、氢氧化铝等化工产品。用明矾石制备化工产品的方法包括原矿加工和焙烧矿加工两大类，前者是在一定条件下用碱、氨、酸对原矿浸取，按脱水熟料所用的浸取剂不同又分为碱法、酸法、酸碱联合法、氯化物法和其他方法（如水浸法）；后者是将矿石经焙烧、脱去结晶水后再加工。我国目前在明矾石的化工产品制备中所采用的主要工艺路线及所制备的产品见图 3-12 所示。

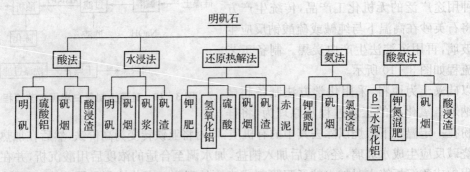

图 3-12 明矾石制备化工产品的主要工艺路线及相应产品

（5）钛白粉的生产

钛白粉是一种具有许多优异特性的白色颜料，广泛用于涂料、塑料、造纸、橡胶、油墨、化纤等工业领域，常以金红石、锐钛矿为原料经硫酸法或氯化法生产，根据生产方法和原料的不同，钛白粉分为金红石型和锐钛矿型。

硫酸法生产钛白粉，首先是用硫酸热分解钛铁矿精矿得到硫酸钛和硫酸铁溶液，降温析出含水硫酸铁并分离。母液经水分解后得到钛化合物沉淀，经煅烧即得二氧化钛。氯化法则是于 $900\sim1\,000℃$ 下，在固定床和沸腾床的氯化设备中用氯气氯化金红石或人造金红石制得粗 $TiCl_4$，再经除杂，获得纯 $TiCl_4$，然后气相氧化，再在 $1\,300℃$ 左右获得二氧化钛浆液，经砂磨、表面处理、过滤、干燥、气流粉碎和分级，即得钛白粉产品。

（6）磷矿石的加工及磷肥的生产

磷矿石是指在经济上能被利用的磷酸盐矿物的总称。我国的磷矿资源主要来源于磷灰石和磷块岩中的磷酸盐矿物，磷矿石主要用作磷肥的原料，还可制成各种磷化合物，广泛用于农药、医药、阻燃剂等领域。

经磨碎的易溶非晶质磷酸盐矿能够直接用做肥料，但结晶质和结核状的磷灰石中的磷酸盐不能直接使用，须用酸处理成普通过磷酸钙（普钙）、重过磷酸钙（重钙）、富过磷酸钙（富钙）等作为磷肥。将低品位磷矿石和适量白云石、焦炭在高炉内加热至 $1\,250\sim1\,300℃$，可生产出含 P_2O_5 为 $12\%\sim14\%$ 的钙镁磷肥。普钙是用硫酸使磷石灰或胶磷矿分解所得到的产物，其中能被吸收的 P_2O_5 含量为 $14\%\sim20\%$。生产普钙产品所涉及的主要反应是：

$$2Ca_5(PO_4)_3F + 7H_2SO_4 \longrightarrow 3Ca(H_2PO_4)_2 + 7CaSO_4 + 2HF\uparrow$$

重钙的制备工艺与普钙类似，用磷酸分解磷矿物，其中 P_2O_5 含量约 $40\%\sim50\%$。富钙是用硫酸和磷酸混合酸分解磷矿而制得，是普钙和重钙的混合物。生产磷酸钙过程中逸出的含氟气体可用来生产氟硅酸钠。

将磷矿石混以石英砂和焦炭粉在电炉内加热至 1 500℃,当生成的磷蒸气和 CO 通过冷水后,磷便凝结成淡黄色固体,称为黄磷。黄磷在隔绝空气条件下加热到 280℃即可得到红磷。反应式如下:

$$Ca_3(PO_4)_2 + 3SiO_2 + 5C \longrightarrow 3CaSiO_3 + 2P + 5CO\uparrow$$

磷酸的生产方法有两种:一是硫酸萃取法,即将磷矿石用稀硫酸处理,过滤 $CaSO_4$ 后而制得;二是使磷在过量氧中燃烧生成 P_2O_5,再用水或 50% 磷酸吸收,即得到磷酸。

§3.3　化学在海洋资源开发中的应用

海洋是一个具有巨大开发潜力的资源宝库,在海洋中已发现了 80 多种化学元素,其中有 70 多种可供提取,如海洋中铀的储量约 42 亿吨,是陆地上的 2 000 倍;锂、氘和钾元素储量分别约 2 500 亿吨、23.7 万亿吨和 500 万亿吨;海洋中还含有丰富的氯、钠、镁、硫、钙、钾和溴等元素。海水经蒸发浓缩后可回收其中 70% 的 NaCl,是氯碱工业的原料,精制后可作为食盐;用化学法提取海洋中钠、镁、钾和溴的生产活动已发展了近 100 年。同时,海洋中还含有丰富的天然药物资源,海床下还蕴藏着大量的矿产和石化资源。

3.3.1　从海水中提取卤素和镁

1. 从海水中提取卤素

(1) 氯碱工业电解海水制取氯气

电解从海水中所提取的粗盐可生产 Cl_2,Cl_2 用作氧化剂可进一步从海水中提取 Br_2。

$$2NaCl + H_2O \xrightarrow{\text{电解}} Cl_2\uparrow + 2NaOH + H_2\uparrow$$

(2) 从海水中提取溴

海水中蕴藏有约 90 万亿吨溴,可采用各种方法提取出来,如:

1929 年的 Stine 法:$3Br^- + 3Cl_2 + C_6H_5NH_2 \longrightarrow C_6H_2Br_3NH_2 + 3H^+ + 6Cl^-$

1934 年的 Stewart 碱吸收法:$3Br_2 + CO_3^{2-} \longrightarrow 3CO_2 + 5Br^- + BrO_3^-$

$$5Br^- + BrO_3^- + 6H^+ \longrightarrow 3Br_2 + 3H_2O$$

1939 年的 Heath 酸吸收法:$Br_2 + SO_2 + 3H_2O \longrightarrow 2HBr + H_2SO_4$

1969 年的 Moyer 空气吹出法:$Br^- + Cl_2 \longrightarrow Cl^- + BrCl + Br_2 + Br_3^-$

目前,从海水中提取溴的主要工艺流程如图 3-13 所示。

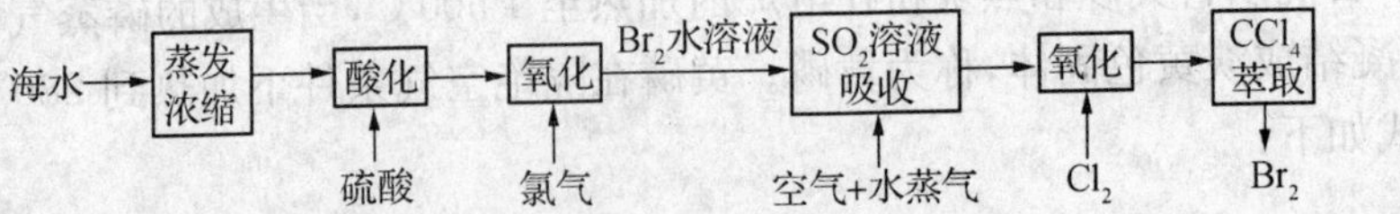

海水 → 蒸发浓缩 → 酸化 → 氧化 →(Br₂水溶液)→ SO₂溶液吸收 → 氧化 → CCl₄萃取

酸化 ↑ 硫酸　氧化 ↑ 氯气　SO₂溶液吸收 ↑ 空气+水蒸气　氧化 ↑ Cl₂　CCl₄萃取 ↑ Br₂

图 3 - 13　海水中提取溴的工艺流程

本流程所涉及的主要化学反应有：
$$2NaBr + Cl_2 \longrightarrow Br_2 + 2NaCl$$
$$Br_2 + SO_2 + 3H_2O \longrightarrow 2HBr + H_2SO_4$$
$$2HBr + Cl_2 \longrightarrow Br_2 + 2HCl$$

（3）从海水中提取碘

在天然存在的卤素中，碘最为稀缺。海水中约蕴藏有 930 亿吨碘，但因其浓度很低（~0.06mg/L），目前工业上并不直接从海水中提取碘。但海带、海藻、海绵、牡蛎内含碘可达 0.1%~0.5%，是工业上获取碘的重要原料。如以海藻灰为原料，用 MnO_2 和 H_2SO_4 混合氧化法可从 1 吨海藻灰中制得约 6 kg 碘。我国沿海一些化工厂采用离子交换树脂吸附法从海带、马尾藻原料中提取碘。但因养殖海带和收集马尾藻所需费用较高，加之海带是具有高营养价值的食品，故以海带为原料提取碘只能是一种过渡性的办法。

1978 年，我国从海水中直接提取碘和溴的研究首次获得重要进展，研制出了一种新型高效吸附剂，从海水中富集碘。每克吸附剂 5 天内平均吸附碘约 1 800 μg，相当于成熟海带碘富集量的 3.6 倍，约为智利硝石矿含碘的 1.8 倍左右。

2. 从海水中提取镁

目前，世界上 60% 的镁从海水中提取，主要工艺流程如图 3-14 所示。

海水（主要含NaCl和MgSO₄）→ 碱处理 → 分离 →(溶液) 酸化 → 浓缩结晶 → 分离 →(溶液) 熔融电解 → Mg

碱处理 ↑ NaOH　分离 ↓ Mg(OH)₂沉淀　酸化 ↑ HCl　MgCl₂溶液　分离 ↓ 无水MgCl₂

图 3 - 14　海水中提取镁的工艺流程

3.3.2　从海洋中提取药物

地中海近岸的头孢霉菌，至今仍是一种生产海洋抗菌素的重要来源。1956 年从顶头孢霉培养液中分离出了对革兰氏阴性菌有抑制活性的头孢菌素 N、对革兰氏阳性菌有抑制活性的头孢菌素 P 和对两种菌都有抑制活性的

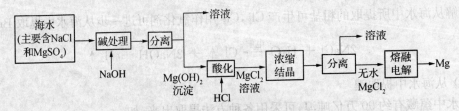

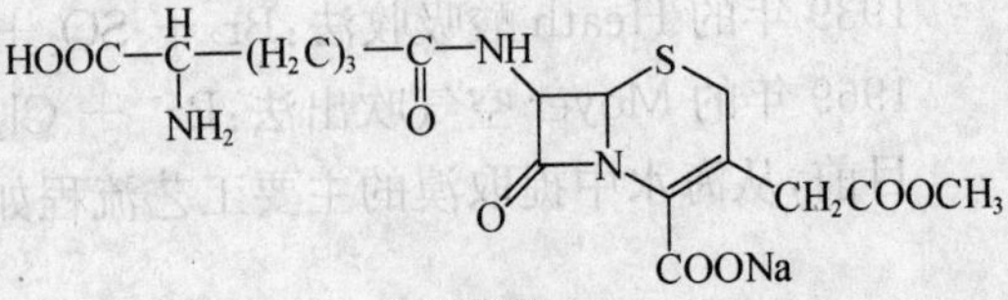

头孢菌素C

头孢菌素 C。现在已知头孢菌素 C 对多种细菌如抗青霉素的菌株有效,已在临床上得到了广泛应用,其化学结构与青霉素类似,后经化学改良合成了先锋霉素 I～VI 等系列药物。

同样,从海藻和海绵中也分离出了含咪唑、溴代联苯醚、吲哚环及异喹啉环的抗菌活性物质。从海绵、海兔毒素和河(海)豚毒素中分别提取了具有抗癌活性的药物阿糖胞苷、脱溴海兔毒素、河豚毒素。来自海产沙蚕类的沙蚕毒素是一种无残留的农药,根据其化学结构特征,人类采用化学合成方法开发了沙蟆丹和杀虫双等农药。

§3.4 化学在再生资源开发中的应用

我国再生资源产业的发展潜力巨大,如目前废塑料的回收率仅为 24%,每回收利用 1 吨废塑料,就可获得 0.85 吨塑料原料,相当于节约 3 吨石油;对废铝的回收利用,我国只达到 7～10 次循环,而日本却达 21 次之多。我国目前的家电产品保有量巨大,仅电视机、冰箱、洗衣机就分别约达 3.5 亿台、1.3 亿台和 1.7 亿台。近年来,我国每年至少有 1 500 万台家电、500 万台电脑和上千万部手机进入淘汰期,相当于一座蕴藏量大、品位高的矿山。目前,我国从废弃电器中提取铜、锡等以及从废弃电池中提取汞、锰、镉、铅、锌等再生金属的技术已较成熟,商业化利用前景非常广阔。

3.4.1 废旧电池中有价金属的回收利用

目前,我国已成为电池的制造和消费大国,每年产生数亿只废旧电池。根据我国固体废物的分类方法,汞、铅、锌、镉、镍、锂离子电池及生产中的废弃物均属危险废物范畴。对废旧电池的回收利用已成为全社会关注的问题,废旧电池的无害化处理和综合利用对保护环境、节约资源意义重大。

1. 国外废电池回收情况

废旧电池的回收,特别是锂二次电池的回收,在日本、美国、法国、瑞士等国家已以法律的形式加以规定。2000 年日本政府实施"3R"计划,将过去的"大量生产、大量消费、大量废弃"改为现在的"Recycling(循环)、Reduction(减量)、Reuse(再利用)",采用在各大商场、公共场所放置回收箱,依靠电池生产企业赞助实施回收,电池回收率已高达 84%。电池中包含的各种物质约 95% 都能回收利用,目前国外处理废旧电池的方法有下列几种:

(1) 热处理。瑞士有两家专门加工利用旧电池的工厂,一家是将旧电池磨碎后送往焚烧炉内加热,先回收挥发出的汞,提高温度后回收锌、贵重金属,铁和锰熔合后成为炼钢所需的锰铁合金。该厂一年可加工 2 000 吨废电池,可获得 780 吨锰铁合金,400 吨锌合金及 3 吨汞。另一家则是直接从电池中提取铁元素,并将分离提取的氧化锰、氧化锌、氧化铜和氧化镍等金属混合物作为金属废料直接出售。

（2）湿处理。德国马格德堡地区的处理装置是将除了铅蓄电池外的各类电池均溶解于硫酸，然后借助离子交换树脂从溶液中提取各种金属，年加工能力达 7 500 吨。

（3）真空热处理。德国阿尔特公司首先分拣出镍镉电池，用真空热处理法处理其余电池，回收蒸发出来的汞后再将余料磨碎，用磁体分离出金属铁，再从其中提取镍和锰。

（4）湿法和火法相结合。波兰科学家新近开发出了一项无公害处理车用铅酸蓄电池的技术，采用湿法和火法冶炼相结合的方法，将电池中的铅和涂膏在旋转的熔炉中熔化后转化为粉末，聚乙烯板栅和聚丙烯外壳则被加工成颗粒，循环使用。将电池中的硫酸转化成洗衣粉原料。该项技术已在布鲁塞尔 2011 创新研究和新技术展览会上获得金奖，目前正在波兰推广使用。

2. 普通废旧电池的回收处理

普通电池包括一次电池和二次电池，这类电池的特点是：① 产量大，消耗量大。据中国化学与物理电源行业协会统计的数据，我国 2013 年电池行业主要产品产量为：镉镍电池3.47亿只，氢镍电池 7.78 亿只，锂离子电池 29 亿只，铅酸蓄电池 18 210 万 kVAh，锌锰电池 190 亿只、碱锰电池 128 亿只、锂一次电池 27 亿只。② 含汞、镉、铅、镍、锰等重金属，若随意丢弃，会对环境造成严重污染。③ 回收处理困难。因使用广泛，目前尚无较好的回收手段，收集、分类、处理均很困难。④ 经济效益差。回收有价金属的处理量大，经济效益低。

对于废旧电池的处理，特别是一次电池多以干法为主，在 100~150℃ 和 1 100~1 300℃ 分别回收蒸发出的汞和锌，再从残渣中回收锰、铁制取合金，或采用湿法冶金技术回收有价金属。

3. 废锂离子二次电池回收状况

锂离子二次电池是目前技术性能最好的可充电化学电池，因具有许多优良的特性，应用十分广泛。2013 年我国锂离子电池中移动用户已超过 2 亿户，位居全球第一。我国目前还没有锂离子电池的回收和处理企业，每年数亿只电池与普通一次电池一样，均未回收处理，大量的锂、钴和铝金属被浪费掉。同时，锂离子电池在生产过程中还产生大量废料，据报道仅广东一家就有 3 600 吨/年。在资源日趋紧张的今天，对废旧电池及其生产废料进行回收利用已刻不容缓。

锂离子二次电池的回收方法一般为：将废电池解体分选、回收金属及塑料，分离出正极材料。常用的钴锂膜的处理方法有：硫酸溶解法、碱煮-酸溶法、还原焙烧-浸出法、浮选法等。日本索尼公司和住友金属公司是将电池焚烧除去有机物，筛选除 Fe 和 Cu 后溶于酸中，再用有机溶剂萃取钴。另一种方法是将分选出来的正极材料投入焙烧炉焙烧，氧化锂被蒸出回收，钴盐中的钴被还原出来，金属钴与铝、铜制成含碳合金，然后从合金中分离提取出钴、镍等金属。比较好的方法是利用 $LiCoO_2$ 不溶于碱和 Co_2O_3 仅溶于还原性稀酸的性质，采用湿法冶金的方法进行分离提取，具体方法是：将分离出的正极材料用碱溶解以除去 Al 和少量的 Al_2O_3，再用 $H_2SO_4 + H_2O_2$ 进行浸取，发生如下反应：

$$2LiCoO_2 + 3H_2SO_4 + H_2O_2 \longrightarrow 2CoSO_4 + Li_2SO_4 + O_2 + 4H_2O$$

溶液中还含有少量 Fe^{2+}，Mn^{2+} 等，用 P_{204} 萃取净化此浸出液，再用 P_{507} 萃取分离钴、锂，反萃取以回收硫酸钴，然后从反萃液中回收碳酸锂（见图 3-15）。处理钴锂膜是要实现钴、铝和乙炔黑三者的分离，现有处理方法对钴、乙炔黑的分离较为成功，而对钴、铝分离的效果不够理想，且分离过程复杂。有报道，选择一种有机溶剂溶解粘结剂 PVDF，使钴酸锂从铝箔上脱落，直接回收铝箔，可简化整个回收流程（见图 3-16）。

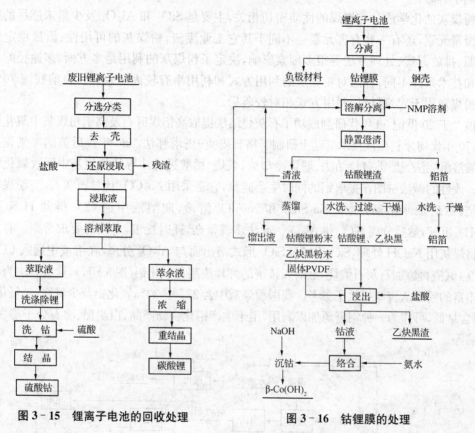

图 3-15　锂离子电池的回收处理　　　　图 3-16　钴锂膜的处理

§3.5　粉煤灰的开发利用

粉煤灰（电厂飞灰）是燃煤电厂排出的主要固体废弃物，其排量约占燃煤总量的 5%～20%。目前，世界上粉煤灰年排放量约 5 亿吨。为了保护环境，变废为宝，20 世纪 70 年代以来，粉煤灰的综合利用已成为世界瞩目的废物资源化的首批对象之一，有些国家的粉煤灰综合利用已逐渐形成了一个新兴产业。

我国是世界产煤大国，也是燃煤大国，约 70％ 的煤用于火力发电。改革开放以来，随着火电厂数量的急增，粉煤灰产量随之急剧增加，预计"十二五"末我国粉煤灰的年产生量将达到 5.7 亿吨。长期以来，因缺乏利用技术，大量粉煤灰被作为工业废渣填埋处理，不仅占用大量土地和造成资源的巨大浪费，而且严重污染水资源及周边的土地，因此，综合利用粉煤灰已刻不容缓。

粉煤灰的化学成分与燃煤的性质密切相关，主要是 SiO_2 和 Al_2O_3 及少量未燃尽的碳和其它微量元素，还有一些有害元素。不同于其它工业废渣，粉煤灰的可用性、质量稳定性受其来源、排放方式、处理方法等很多因素影响，决定了粉煤灰的利用是多方面、多途径的。因经济和技术条件不同，各国对粉煤灰的利用方式和利用率有较大的差异。目前我国 70％ 以上的粉煤灰用于建筑材料，利用方式相对较落后。

波兰于 20 世纪 50 年代研制成功了石灰烧结法提取高铝煤矸石及高铝粉煤灰中氧化铝的技术，70 年代匈牙利在该技术基础上研制了格日麦克-塔塔邦法。80 年代后美国等又先后提出了酸溶沉淀法、盐-苏打烧结法、煅烧冷却法、煅烧/稀酸过滤法等从粉煤灰中回收氧化铝的方法。改性的碱法试图在提取铝的同时生产硅胶，它是采用 Na_2CO_3 代替石灰石，与粉煤灰混合烧结，然后加水溶解，生成 Na_2SiO_3 和 $NaAlO_2$ 溶液，向溶液中通 CO_2 得到 H_2SiO_3 和 $Al(OH)_3$ 沉淀，然后分离 SiO_2 和 Al_2O_3。此法步骤繁杂，耗时耗工，对设备要求苛刻。有人提出先将煤灰用 NaOH 处理，SiO_2 以 Na_2SiO_3 形式溶出而与 Al_2O_3 分离，在溶液中通入 CO_2 制备 SiO_2，碱渣再添加石灰石煅烧，然后以传统的拜耳法制备氧化铝（图 3-17），这些方法为我国利用丰富的粉煤灰资源提供了参考。我国粉煤灰中含 27％～33％ 氧化铝及少量铁、钙氧化物，硫、磷含量低，可作为一种铝资源加以利用，用于生产铝化合物产品、白炭黑、沸石分子筛、硅铝纤维棉等。

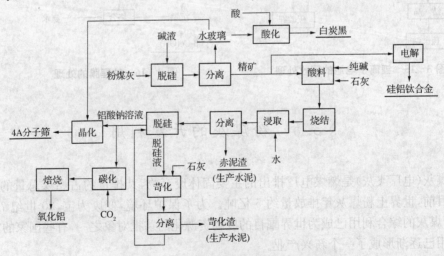

图 3-17　粉煤灰综合利用（碱法）途径

为了克服酸碱工艺路线的缺点,既能有效提取氧化铝,在利用中又不产生二次污染,结合煤灰的化学性质,开发了一种"盐法提铝提硅"的粉煤灰综合利用工艺(图 3－18)。该工艺对设备和原料的要求大大降低,反应原料和伴生物可被部分或全部循环利用,是一个环境友好的绿色过程,具体过程是:用盐与煤灰中的氧化铝反应,生成可溶性铝盐,而硅仍以 SiO_2 形式存在,经溶解－过滤工序将铝硅分离,进而由铝盐溶液得到 $Al(OH)_3$。

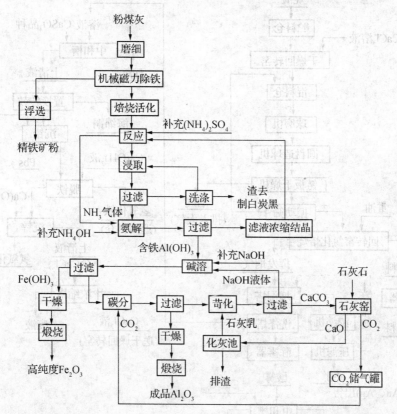

图 3－18　硫铵低温烧结法提取氧化铝工艺

3.5.1　黄铁矿烧渣的综合利用

黄铁矿烧渣是硫酸生产过程中的硫铁精矿经氧化焙烧脱硫后产生的粉末状固体残渣,其化学成分与粒度往往随原料而变化,其中 Fe、Cu、Pb、Zn 等一般以氧化物形态存在,少量为硫化物、硫酸盐和铁酸盐,有的烧渣还含有 Au、Ag 等贵金属。

处理黄铁矿烧渣的方法有:稀酸直接浸出、硫酸化焙烧－浸出、磁化焙烧－磁选、氯化焙烧－湿法处理等。其中氯化焙烧－湿法处理是目前工业上综合利用效果较好、工艺较为完善的方法。南京钢铁厂从日本引进高温氯化焙烧法工艺处理黄铁矿烧渣,于 20 世纪 80 年代初

建成年产 $3×10^5$ 吨优质球团(高炉炼铁原料)的车间,并回收了一定数量的 Cu、Pb、Zn、Ag、Au 等有价元素。该车间投产为综合利用我国每年废弃的大量黄铁矿烧渣开辟了新途径。南京钢铁厂处理黄铁矿烧渣的工艺流程包括:原料预处理、制粒、干燥、焙烧、收尘、冷却、湿法回收等工序,如图 3-19 所示。

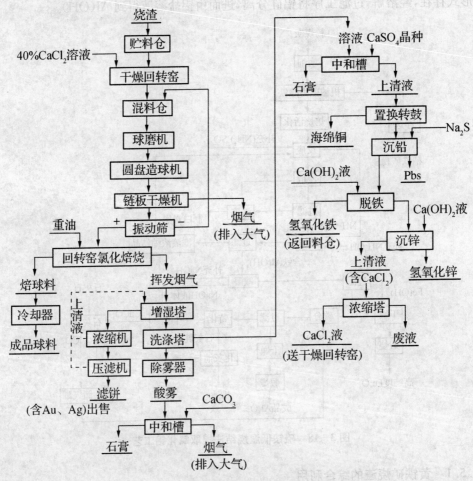

图 3-19 光和法处理黄铁矿烧渣的工艺流程

![参考文献图标] 参考文献

1. 香山科学会议. 科学前沿与未来(2009—2011)[M]. 北京:科学出版社,2011.

2. 中国科学院. 2011 科学发展报告[M]. 北京:科学出版社,2011.

3. 宋学信,陆峻. 全球矿产资源形势[M]. 北京:地震出版社,2003.

4. 黎海雁,韩勇.化学选矿[M].长沙:中南工业大学出版社,1989.

5. 郑水林,袁继祖.非金属矿加工技术[M].北京:冶金工业出版社,2005.

6. 薛茹君,兰伟兴,李森,等.萃取除铁法在粉煤灰制取高纯氧化铝工艺中的应用[J].中国矿业大学学报,2010,39(6):907-910.

思考题

1. 资源的分类方法有哪几种? 列举几种你所知道的自然资源。

2. 何谓化学选矿? 包括哪些处理手段?

3. 举例说明化学在非金属矿选矿提纯中有哪些应用?

4. 举例说明化学在海洋资源开发中的应用。

5. 举例说明化学在资源再生利用中的应用。

第4章 化学与新材料

§4.1 快速发展中的材料化学

4.1.1 化学是材料创新的基础

人类赖以生存和发展的物质基础——材料,与化学息息相关。色泽鲜艳的衣料需要经过化学处理和印染,丰富多彩的合成纤维更是化学的一大贡献,现代建筑用材都是化工产品。在工业和国防现代化方面,急需各种性能优异而独特的金属材料、非金属材料、高分子材料等。导弹的生产、人造卫星的发射、航天飞机的升空,需要多种特殊性能的材料和化学品,如高能电池、光电材料、显示材料、信息记录材料、高敏胶片及耐高温、耐辐射材料等。信息、能源和生命等科学与技术的快速发展对材料的功能和性能提出了许多新的、更高的要求,而仅仅利用物理和机械的方法难以获得满足其要求的材料。令人欣喜的是,随着化学科学的不断进步,化学的原理和方法已经成为新型材料开发和研究的主要手段,尤其是在新奇功能材料方面具有其他方法无法替代的优势。

纵观科学技术的发展历程,每一项重大技术的发现,都有赖于新材料的发展。例如,半导体材料的出现促进了电子工业的迅速发展。基于硅、锗等半导体材料的大型集成电路的问世,使计算机的运算速度显著加快,而体积和质量却大大减少。超导材料的研究自1986年有了重大的突破,超导温度升高到 $95\sim100$ K,达到了实用化水平,用超导线圈制造的磁悬浮列车已试验成功,时速可达 500 km/h 以上。新材料使新技术得以产生和应用,而新技术又加快了新工业的出现与发展,从而促进了人类社会文明的进步。可以预见,作为"发明之母"和"产业粮食"的新材料的研制将会更加活跃,而化学必将为材料科学与技术的发展注入更大的活力。

材料科学与化学的研究对象都是物质,前者注重其宏观方面,后者侧重于其原子、分子水平的相互作用。若把两者结合起来,则可以从分子水平到宏观尺度认识物质结构与性能的相互关系,从而有目的地控制材料的组成和结构,并开发出新型的具有优异性能的先进材料。材料科学与化学相互融合与交叉孕育出了一门新兴学科——材料化学,它是关于材料的结构、性能、制备和应用的化学。

4.1.2　门类多样的材料

材料种类繁多,性质和用途各异,目前尚无统一的分类标准,根据不同的分类标准材料可分为不同的类别,如根据用途,可分为电子材料、航空航天材料、核材料、建筑材料、能源材料、生物材料等;依据性能,可分为结构材料与功能材料。结构材料是以力学性能为基础,制造受力构件所用的材料。功能材料则主要是利用物质的独特物理、化学性质或生物功能等而形成的一类材料。实际上,同一种材料通常既是结构材料又是功能材料,如铁、铜、铝等;从产生和应用的成熟程度,又可以分为传统材料与新型材料。前者是指已经成熟且批量生产并大量应用的材料,如钢铁、水泥、塑料等。这类材料量大、产值高、涉及面广泛,又是很多支柱产业的基础,所以又称为基础材料。后者是指那些正在快速发展,且表现出优异性能和应用前景的一类材料,又称先进材料。两者之间并无明显的界限,传统材料通过采用新技术,提高性能,大幅度增加附加值就可成为新型材料;新材料在经过长期生产与应用之后也就变成了传统材料。传统材料是发展新材料和高技术的基础,而新型材料又往往能推动传统材料的进一步发展。

一般地,人们习惯于以材料所含化学物质的不同将材料分为四种类型:金属材料、非金属材料、高分子材料和复合材料。

近年来,生物医学材料也蓬勃发展。生物分子构成生物材料,再构成生物部件。生物材料可以通过生物工程如克隆技术或组织工程(由细胞培养组织)制得,也可采用材料学的方法模拟生物材料人工制造。这些人工材料除具备各种生物功能外,还必须具有生物相容性,可以作为各种生物部件的代替物,如人工瓣膜、活性人工骨骼、人工关节、人造血浆、人造皮肤、人造血管等。生物材料的人工模拟制造是材料化学的重要发展方向之一。

4.1.3　材料化学的特点

材料化学不仅研究材料的合成、制备和使用过程中的化学问题,更重要的是利用化学的原理、方法、手段有目的地合成和制备新型功能材料,从而进行材料改性和材料表面处理等,以获得更加突出的性能和使用效能。材料化学具有跨学科性和实践性的典型特征。

(1) 跨学科性。材料化学本身就是多学科交叉的产物,它既是化学学科的一个分支,又是材料科学的重要组成部分。化学家利用化学理论和方法从分子水平上构筑材料,并调节材料的功能,又利用化学和物理方法合成、加工各种材料。材料化学的内容涉及化学的所有二级学科,如无机化学、有机化学、物理化学、分析化学、结构化学,是这些学科在材料研究中的具体运用。如在材料化学中我们同样关心形成分子的各种化学键,但所关注的是这些化学键的特性会给材料带来怎样的性质或功能。材料化学与物理学、生物学、电子科学、药学等众多学科紧密结合,产生了各种各样的新型合成材料。

(2) 实践性。材料化学是理论与实践相结合的产物,实验室的深入研究为材料的发展和合理使用提供了实践经验和理论依据,理论和实践的结合,产生了各种能够满足工程技术要求的高性能、高质量及低成本的材料,进而由材料变为产品。

§4.2 高分子材料

4.2.1 性能独特的高分子材料

高分子化合物是一类主要由碳原子和氢原子通过许多共价键结合而成的相对分子质量很大($10^4 \sim 10^7$,甚至更大)的有机化合物。1926 年,德国化学家施陶丁格在热塑性聚合物材料方面的研究率先取得了重大突破,他开创性地提出了高分子链型学说,奠定了高分子化学的理论基础。如果把一般的小分子化合物看作为"点",则高分子化合物就是"一条链"(图 4-1),这条贯穿于整个分子的链称为高分子的主链,主体由高分子构成的材料称为高分子材料。20 世纪 20 年代中期,几项重要的技术发明大大促进了高分子材料的发展,例如世界上第一个人工合成树脂——酚醛树脂的发明,奠定了大批量生产热固性塑料制品的基础。目前,包括酚醛树脂在内的各种酚醛衍生物已广泛应用于许多领域。

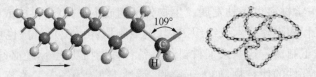

图 4-1 高分子化合物链结构模型

高分子化合物有许多区别于小分子化合物的特征,如高强度、高弹性、高黏度、结构的多样性等,其原因在于高分子化合物具有长链结构。每个高分子都是一根长链,与小分子化合物相比,其分子间的作用力要大得多,所以不像一般小分子化合物那样被气化,这也正是它具有各种力学强度而用作材料的内在因素。不同种类的高分子链可以是柔性、比较柔性或刚性的,由于化学键可以旋转,因而高分子链可以呈现伸展的、折叠的、螺旋的甚至可以缠结成团状等多种构象。线性链上可以有支化的侧链,线性链间可以发生键合形成二维、三维的网状结构。分子链间的聚集可以形成各种晶态、非晶态和聚集态结构。这些结构变化赋予高分子材料千变万化的性质和广泛的用途,如强韧性的塑料、高强度的纤维和高弹性的橡胶等。

4.2.2 高分子的功能化

通过化学、物理、机械、热处理等多种方法将各种不同形态和结构的功能基团或不同维度的其他功能结构组合在聚合物分子中,以赋予其很多特殊的功能,该过程称为高分子化合物的功能化。高分子材料的种类繁多、性能各异,其功能化的方法很多,主要有四种:① 通过化学方法将功能性小分子材料转变为高分子材料;② 聚合物材料的功能化;③ 多种功能材料的复合;④ 高分子材料的功能扩展。

功能高分子的制备方法很多,有些是利用共聚、均聚等聚合反应,将功能性小分子高分子化,得到具有小分子和聚合物共同性质的功能材料;有些是把高分子化合物作为载体,将功能性小分子通过化学方法与聚合物骨架键合;有些则是通过共混、吸附、包埋等物理方法,将功能性小分子高分子化。简要介绍如下:

(1) 带有功能性基团单体的聚合。首先在功能性小分子中引入可聚合基团的单体,或者在含有可聚合基团的单体中引入功能性基团,然后进行均聚或共聚反应生成功能聚合物。可聚合基团一般为双键、羟基、羧基、氨基、环氧基、酰氯基、吡咯基、噻吩基等基团。例如,丙烯酸分子中含有双键,同时含有活性羧基(功能基团),经过自由基均聚或共聚,即可形成聚丙烯酸及其共聚物,可用作弱酸性离子交换树脂、高吸水性树脂等。

(2) 带有功能性基团的小分子与高分子骨架的结合。该方法主要是利用化学反应将活性功能基引入聚合物骨架,从而改变聚合物的物理化学性质,赋予其新的功能。

(3) 功能性小分子通过聚合包埋与高分子材料结合。该方法是利用高分子的束缚作用,将功能性小分子以某种形式包埋固定在高分子材料中,制备功能高分子材料。有两种基本方法:① 在聚合反应之前,向单体溶液中加入小分子功能化合物,在聚合过程中小分子被生成的聚合物所包埋。该方法类似于共混方法,制备的高分子材料均匀性较好。② 以微胶囊的形式将功能性小分子包埋在高分子材料中。微胶囊是一种以高分子为外壳、功能性小分子为核的高分子材料,可通过界面聚合法、原位聚合法、水(油)中相分离法、溶液中干燥法等方法制备。

4.2.3　高分子光功能材料

目前,光电技术飞速发展,有机高分子光功能材料在光电技术中已显示出了诱人的应用前景。1990 年,英国剑桥 Cavendish 实验室的 Burroughes 等人在 Nature 期刊上首次报道了以共轭聚合物——聚对苯撑乙烯(PPV)作为发光层的黄绿光电致发光器件,该成果立即引起了科学界的极大兴趣。1991 年,美国加州大学圣巴巴拉分校 Heeger 研究小组对共轭聚合物材料和器件进行了改进,为有机聚合物电致发光器件的研究开辟了新天地。由于有机聚合物 LED/OLED/PLED 自身的优势及其比液晶显示(LCD)更广泛的应用,OLED/PLED 显示器将成为新一代信息显示升级换代产品。

1. 光致变色高分子材料

光致变色高分子材料是一类在光或其他电磁波作用下能产生变色现象的材料,作为光敏材料,在用于信息记录介质方面具有很多优点:操作简单,不用湿法显影和定影;分辨率高;成像后可消像,可多次重复使用;响应速度快。缺点是灵敏度低,影像保留时间短。

将光色基团导入聚合物侧链中就可制得光致变色高分子材料。光致变色高聚物的种类很多,有偶氮苯类、三苯基甲烷类、水杨叉替苯胺类、双硫腙类等。不同光敏化合物的变色机理不同,一般分为七类:键的异裂、键的均裂、顺反互变异构、氢转移互变异构、价键互变异构、氧化还原光反应、三线态-三线态吸收。作为新型功能高分子材料,光致变色高分子材料在许多领域都有极为重要的用途,主要包括:① 光的控制和调变,如用这种材料制成的光致变色玻璃可以自动控制建筑物及汽车内的光线,做成防护眼镜可以防止强激光及原子弹爆炸产生的射线对人眼的损害,还可以做成照相机的自动曝光片、军用机械的伪装等;② 全息记录介质;③ 计算机记忆元件;④ 信号显示系统;⑤ 辐射计量计;⑥ 感光材料;⑦ 利用光色反应来模拟生物过程、生化反应。

2. 高分子光导纤维

光导纤维(光纤)是一种能够传导光波和各种光信号的纤维。与传统的电缆系统相比,以光导通信技术为基础的信息系统在同一时间内可传送的信息量更大,信息类型更多,而损耗很低。光导系统的波带很宽,由几十兆赫/千米到几百赫/千米,还可防止电信号的干扰。光导纤维消耗材料少,与同轴电缆相比可节省大量有色金属,是当今传输信息最理想的工具。

光纤按其使用的材料可分为石英系光纤、多组分玻璃光纤、聚合物光纤等;按构造可分为包层式光纤、自聚焦式光纤;按传输损耗分高损耗光纤(100～1 000 dB/km)、中损耗光纤(10～100 dB/km)、低损耗光纤(<10 dB/km)。目前,国际市场上销售的塑料光纤大多是包层式光纤,传输损耗多属于高损耗或中损耗范围。包层式聚合物光纤按材料的组合形式大致有以下几类:以聚苯乙烯为纤芯,聚甲基丙烯酸甲酯为包覆层材料;以聚甲基丙烯酸甲酯为芯材,含氟聚合物为包覆层材料;以重氢化聚甲基丙烯酸甲酯为芯材,含氟聚合物为包覆层材料等。

4.2.4 新奇的医用高分子材料

现代医学的发展对材料的性能提出了许多严格的要求,金属材料和无机材料难以满足,医用高分子材料是 20 世纪人类科学技术的重大成果之一。高分子材料与生物体的天然高分子有着极其相似的化学结构,使其能够部分取代或全部取代生物体的有关器官,用高分子材料制成的人工角膜(图 4-2)、人工血管、人工头盖骨、人工关节、人工肾、人工心脏(图 4-3)等已在临床上得到成功应用,使病人获得正常的生活与工作能力。此外,医用胶黏剂的出现为外科手术新技术的运用开辟了新的途径;人工血液的研究、高分子药物的开发和药用包装材料的应用都为医学的发展带来了新的革命。高分子材料在治疗、护理等方面的一次性医疗用品的应用更为广泛,有数千种之多。具有生物医用功能的高分子或复合材料见表 4-1。

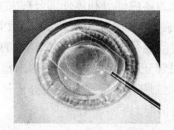

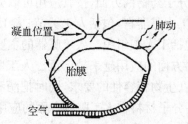

图 4-2 高分子人工角膜 　　图 4-3 胎型(左)和聚氨酯袋型(右)人工心脏

表 4-1 生物医用高分子材料

功能	材料	实例	功能	材料	实例
血液呼吸循环系统			代谢系统		
止血功能	止血材料	PET 纤维 金属盐	血浆调节功能	人工细胞	
血液适应功能	抗血栓材料 防溶血材料	PVA	代谢合成功能	固定酶	
			营养功能	高营养输液	
瓣膜功能	人工瓣膜收缩	PAA	解毒功能	吸附剂、人工肾	
血液导管功能	人工血管材料	PP	选择透过功能	人工透析膜、人工肾	赛璐珞
收缩功能	人工心脏材料	硅橡胶	生物体填补功能	整形外科手术材料	PU、PSI
血浆功能	人工血浆	右旋糖酐	生物覆盖功能	人工皮肤	PET、PTF
氧的输送功能	人工红血球	环氧乙烷	生物体黏结功能	胶黏剂	聚丙烯酸酯
气体交换功能	人工肺	疏水性硅橡胶	分解吸收功能	吸附材料、医用缝合线	PET
骨骼运动系统			导管功能	人工气管食道、胆管尿道	PP、PET、PU
生体功能 支持功能	人工骨	PMMA	神经兴奋传递功能	人工神经、电极材料	导电高分子、PA
关节功能	人工关节	PMMA	生物感知功能	感知元件、人工耳膜	感压高分子
运动功能	机械连贯装置	高密度聚乙烯	生物感知功能	人工眼	感光高分子
防止关节磨损功能	人工浆膜		高分子器件	生物体组织适应功能、亲水材料、生化材料	PVA、聚吡咯

　　由于高分子材料在医学上的独特作用,在高分子化学上出现了一个重要分支——医用功能高分子,即用高分子化学的理论、功能高分子的研究方法和高分子材料加工手段,根据医学的需要来研究生物体的结构、生物器官的功能以及解决人工器官的应用、医用功能材料的研制等的一门边缘科学。按照材料的组成和性质,生物医用材料可分为医用金属材料、医用陶瓷材料和医用高分子材料、医用复合材料。其中,高分子材料的物理化学性能与金属、陶瓷等材料相比,与人体组织更加匹配(骨密质等除外),因此适用面最广。医用高分子主要

包括医用高分子材料和高分子药物两方面,按其应用可以分为体内部分和体外部分两大类。

　　人工脏器主要是指人工内脏器官,包括人工关节、人工血管、心脏起搏器、人工血液等,已不再单指人工器官,也包括了人工组织。人工脏器的主要问题是材料,随着科学技术的发展,高分子材料在人工脏器方面的应用越来越广泛。人工脏器正在从体外使用型向内植型发展,并能满足医用功能性、生物相容性的要求,同时把酶和细胞等固定在合成高分子材料上。表4-2列举了医用高分子材料在人工脏器方面的应用情况。

表 4-2　医用高分子材料在人工脏器方面的应用

脏器	材料
人工血管	人造丝、尼龙、腈纶、涤纶、硅橡胶、聚氨酯橡胶、聚四氟乙烯、聚乙烯醇缩甲醛海绵体、多孔聚四、氟乙烯-胶原-肝素复合体
人工心脏	聚氨酯橡胶、硅橡胶、天然橡胶、聚甲基丙烯酸甲酯、尼龙、聚四氟乙烯、涤纶
人工心脏瓣膜和心脏起搏器	硅橡胶、嵌段聚醚氨酯弹性体、环氧树脂、聚乙烯醇缩甲醛
人工肾脏	铜氨再生纤维素纤维、醋酸纤维、聚甲基丙烯酸甲酯立体复合物、聚丙烯腈、聚砜乙烯-醋酸乙、烯共聚物聚氨酯、聚丙烯、聚甲基丙烯酸-B-羟乙酯
人工肝脏	赛珞膜活性炭高分子涂层、中空活性碳纤维
人工肺	硅橡胶、聚丙烯中空纤维、聚砜
人工胰脏	Amcion XM-50 丙烯酸酯共聚物
人工耳听骨	多孔性超高相对分子质量的聚乙烯树脂
人工乳房	LS-4100 系列医用级加成型硅橡胶
医用胶黏剂	聚甲基丙烯酸甲酯玻璃粉、甲基丙烯酸三缩乙二醇酯、三正丁基硼与氧化反应物
人工肾血液透析器	中空纤维的铜氨纤维膜、醋酸纤维素膜、粘胶纤维素膜、非水溶剂法纤维素膜、烯酸甲酯、聚乙烯、聚砜、乙烯-乙烯醇共聚物等合成高分子膜
人工肝透析膜	中空纤维膜材料、PAN、赛珞玢和 PHEMA 等
肝腹水超滤浓缩回输器	纤维素及其酯类聚丙烯腈等
血液浓缩器	纤维素及其酯类、聚丙烯腈、聚甲基丙烯酸甲酯聚砜等
BC 骨水泥	粉体磷酸三钙、聚丙烯氢氧化钙石灰水等
人工肝支持装置	聚砜醋酸纤维素

4.2.5　坚韧轻盈的复合材料

　　复合材料是由两种或两种以上不同性质的材料,通过物理或化学的方法,在宏观上组成具有新性能的材料。各种材料在性能上取长补短,使复合材料的综合性能优于原材料而满足不同的要求。

复合材料按其组成可分为:金属-金属复合材料、非金属-金属复合材料、非金属-非金属复合材料;按结构特点可分为:① 纤维增强复合材料。将各种纤维增强体置于基体材料内复合而成。② 夹层复合材料。由性质不同的表面材料和芯材组合而成,通常面材强度高、薄,芯材质轻、强度低,但具有一定刚度和厚度,分为实心夹层和蜂窝夹层两种。③ 细粒复合材料。将硬质细粒均匀分布于基体中,如弥散强化合金、金属陶瓷等。④ 混杂复合材料。由两种或两种以上增强相材料混杂于一种基体相材料中而构成;按照复合材料的功能可分为:结构复合材料和功能复合材料。结构复合材料具有重量轻、强度高、加工成型方便、弹性优良、耐化学腐蚀和耐候性好等特点,已逐步取代木材及金属合金,广泛应用于航空航天、汽车、电子电器、建筑、健身器材等领域。进入 21 世纪以来,全球复合材料快速发展,以航空工业中的应用为例,树脂基复合材料在飞机制造业中已有 20 多年的应用历史,目前,主要使用柔性链结构的超高强度聚乙烯纤维(UHTPE)、芳纶纤维(PTAA)和刚性链结构的聚苯并双纤维(PBO)等高性能纤维材料。法国和意大利联合研制的支线客机 ATR72,其机翼30％为芳纶、碳纤维增强环氧树脂复合材料。另外,在副翼、舵面、整流罩和客舱内壁大量使用环氧树脂复合材料,整体减重 15％。美国研制的轻型侦察攻击直升机 RAH-66 具有隐身能力,树脂基复合材料用量约50％。波音 787 已成为复合材料在飞行器中应用的一个典范。法、德合作研制的武装直升机,树脂基复合材料用量高达 80％。蜜蜂构筑的六角型蜂巢是自然界的一大奇迹,其结构比任何圆形或正方形的结构更强有力,能承受来自各方的外力。蜂窝复合材料(图 4-4)

图 4-4 蜂窝结构复合材料

在飞机上已得到了大量使用,它是由上下两层薄板、中间夹六角型的蜂窝状纸芯、用高分子胶粘贴而成。现代-起亚公司准备使用复合材料代替部分金属部件,如玻璃纤维用于汽车前端零件、汽油盖、进气管等。

新型功能复合材料是近年来发展快速、应用前景极其喜人的研究领域。美国北卡罗来纳州立大学的研究人员开发了一种具有自我修复功能的弹性导线,它由液态金属线芯和聚合物护套组成,在受损后能够在分子水平上实现自我修复。这种导线有望大幅提高电子设备的耐久性,在柔性电子设备、复杂电路制造等领域也具有潜在的应用价值。德克萨斯大学达拉斯分校雷·鲍曼教授研究制备了一种新的人工肌肉,可以模仿肌肉收缩产生力量,其举重能力是同等尺寸天然肌肉的 200 倍,产生的扭力高于大型电动发动机。这种新型人造肌肉可编、可缝和打结,可用于制造智能自驱动材料和布料,能作为制动器被应用于微流体系统中,或者作为光学相机的组件被应用于智能传感器。斯坦福大学的一个科研团队研制出了首个具有敏锐触感且在室温下能迅速反复愈合的人工合成材料,该材料使用了一种包含有氢键连接的长链分子的塑料,这些分子很容易被打散,当其重新连接时,氢键就能自我重组,恢复材料的结构。在这种弹性聚合物中添加纳米级金属镍颗粒可增加其机械强度,并具有电导性。当被切成两半后再放在一起轻轻按压几十分钟,材料的机械强度、导电率、柔韧性和伸展性能可完全恢复。该材料对压力和弯曲都非常敏感,覆有该种材料的电气设备或电线也可自我修复,维护非常方便。

§4.3 无机功能材料

4.3.1 功能材料概述

功能材料是指那些具有某种电学、磁学、光学、热学、声学、力学、化学、生物医学功能,以及特殊的物理、化学、生物学效应的新型材料。功能材料是新材料领域的核心,广泛应用于信息技术、生物工程技术、能源技术、纳米技术、环保技术、空间技术、计算机技术、海洋工程技术等各类高科技领域,已成为世界各国新材料研发的热点和重点。目前,功能材料的发展重点包括:高温超导材料,稀土功能材料,新型能量转换材料(能源材料),生物医用材料,膜材料,印刷(制版、感光)、显示材料等。

功能材料有多种分类方法,按材料的化学属性分为:金属功能材料、无机非金属功能材料、复合功能材料;按功能特性可分为:磁学功能材料、电学功能材料、光学功能材料、声学功能材料、热学功能材料、力学功能材料、生物医学功能材料等;按材料的用途又可分为:仪器仪表材料、传感器材料、电子材料、电信材料、储能材料、形状记忆材料等。

功能材料迅速发展,前沿性功能材料及其制备技术主要包括:

(1) 功能微电子材料。大直径(400 mm)硅单晶及片材制作技术;大直径(200 mm)硅片外延技术;150 mm Ga-As 和 100 mm In-P 晶片及其以它们为基材的 ⅢA-ⅤA 族半导体超晶格、量子阱异质结构材料制备技术;Ce-Si 合金和宽禁带半导体材料等。

(2) 功能光子材料。大直径、高光学质量人工晶体和有机、无机新型非线性光学晶体制备技术;大功率半导体激光光纤模块及全固态(可调谐)激光技术;有机、无机超高亮度红、绿、蓝基色材料及应用技术;新型红外、蓝、紫半导体激光材料以及新型光探测和光存储材料等。

(3) 稀土功能材料。高纯稀土材料的制备技术;超高磁能稀土永磁材料大规模生产先进技术;高性能稀土储氢材料及相关技术等。

(4) 生物医用材料。高可靠性植入人体内的生物活性材料合成关键技术;生物相容材料,如组织器官替代材料、人造血液、人造皮肤和透析膜技术;生物新材料制品性能、质量的在线监测和评价技术。

(5) 先进复合材料。复合材料低成本制备技术；复合材料的界面控制与优化技术；不同尺度、不同结构异质材料复合新技术等。

(6) 新型功能金属材料。交通运输用轻质高强度材料；能源动力用高温耐蚀材料；新型有序金属间化合物的脆性控制与韧化技术以及高可靠性生产制造技术等。

(7) 功能陶瓷材料。信息功能陶瓷的多功能化及系统集成技术；高性能陶瓷薄膜、异质薄膜的制备、集成与微加工技术；结构陶瓷及其复合材料的补强、韧化技术；先进陶瓷的低成本、高可靠性、批量化制备技术。

(8) 高温超导材料。主要是高温超导体材料（准单晶和织构材料）批量生产技术；可实用化高温超导薄膜及异质结构薄膜制备、集成和微加工技术等。

(9) 环境功能材料。材料的环境协调性评价技术；材料的延寿、再生与综合利用新技术；降低材料生产资源和能源消耗新技术等。

(10) 纳米材料。制备与应用关键技术；固态量子器件的制备及纳米加工技术等。

(11) 智能材料。智能材料与智能系统的设计、制备及应用技术等。

4.3.2 半导体材料

半导体材料是导电能力介于导体和绝缘体之间的一种材料，其电导率范围为 $10^{-9} \sim 10^3$ S/cm，可用来制作半导体器件和集成电路的电子材料。自从 20 世纪初方铅矿、黄铁矿等矿物被用作检波器开始，经历一个世纪的发展，半导体材料在理论研究、材料制备技术、应用技术等许多方面都取得了巨大发展。目前，半导体材料已经形成了多种类型，主要有：

(1) 元素半导体。如 Si、Ge、B、Se、I，以及 C、As、Sb、Al、S 的某种同素异构体。元素半导体 Si 和 Ge 是研究得最多、应用最为广泛的半导体材料。

(2) 无机化合物半导体。约有 600 多种，许多化合物，如 III～V、II～VI、IV～VI、IV～IV族化合物和多元化合物等都具有半导体性质，如 GaAs、GaN、ZnS、SiC、Bi_2Te_3、ZnO、Cu_2O 等。

(3) 固溶半导体。如 GeSi、AlGaAs、HgCdTe、PbSeTe、AlGaInP、GaInAsP 等。

(4) 半导体微结构材料。用外延法周期性地生长出极薄的、成分不同的固溶体或掺杂不同的半导体，如 AlGaAs - GaAs，SiGe - Si 等。

(5) 微晶和非晶半导体。晶粒细小或原子排列短程有序、长程无序的半导体材料。

(6) 有机半导体。包括分子晶体、电荷转移复合物以及高分子材料，如萘、蒽、聚丙烯腈、酞菁和一些芳香族化合物等。用有机半导体材料制备发光材料及存储器件具有广阔的应用前景。

目前，已经能够用多种方法制备不同用途的半导体材料，如物理气相沉积法（CVD）、湿化学法、化学气相沉积法等。其中,CVD是利用气态或蒸气态的物质在气相或气固界面上反应生成固态沉积物的技术,已经广泛应用于高性能半导体材料及器件的制备。现代CVD技术始于20世纪50年代,随着半导体和集成电路技术的发展,该技术得到了迅速和广泛的发展。CVD技术不仅已是CVD半导体级超纯多晶硅生产的唯一方法,而且也是硅单晶外延、砷化镓等Ⅲ~Ⅴ族半导体和Ⅱ~Ⅵ族半导体单晶外延的基本生产方法。在集成电路生产中,CVD技术更是广泛地被用于沉积各种掺杂的半导体单晶外延薄膜、多晶硅薄膜、半绝缘的掺氧多晶硅薄膜等。

4.3.3 敏感材料

现代信息技术的基础包括信息的采集(感测技术)、传输(通信技术)和执行处理(计算机技术)三个重要组成部分。类似于人体的感知器官,电子信息技术的基础就是"电子感官",即通常意义上的传感器。在实际应用中,灵敏度(即信号响应速度和恢复速度)和感测目标的选择性等是一个传感器的基本要求。随着仪器设备自动化、智能化程度的不断提高,传感器在灵敏度、精确性、速度、抗恶劣环境影响等方面的能力,是人体器官所无法比拟的。构成传感器的核心是敏感材料,其种类繁多,品种多样,根据工作原理可分为:结构型、物性型和复合型三类;根据功能可分为:温度敏感材料、湿度敏感材料、压力敏感材料、位移敏感材料、照度敏感材料、气体敏感材料等;根据材料结构类型可分为:半导体敏感材料、陶瓷敏感材料、金属敏感材料、有机高分子敏感材料、光纤敏感材料、磁性敏感材料、快离子导体(固体电解质)敏感材料、复合敏感材料等。

敏感材料的制备方法多种多样,这里以纳米氧化锌气敏材料为例,以窥一斑。

氧化锌(ZnO)是一种重要的直接宽带隙半导体材料,具有优异的电学、光学、气敏、光催化氧化等物理化学性能,在太阳能电池、发光二极管、透明电极、紫外光探测、压电器件、气敏传感器、光催化降解等领域得到了广泛应用。纳米结构的ZnO可以吸附大量的气体,是一种优良的气敏材料。纳米ZnO传感器的主体为ZnO陶瓷管,管内安装一条加热丝以控制工作温度,陶瓷管表面镀有两个环形金电极,陶瓷管的最外层涂覆纳米ZnO粉体(图4-5)。传感器的性能直接决定于管外层的纳米ZnO粉体。将传感器接入工作电路,深入被检测气体,传感器的电阻随气体浓度的变化成比例的变化,将气体浓度信息转变为电信号,从而可探测某种气体的存在及其浓度信息。

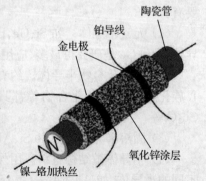

图4-5 ZnO气敏传感器结构

各种目标物的高灵敏度、高选择性识别和传感已成为广大科研工作者的研究热点。据报道,美国加州大学圣巴巴拉分校的研究人员研制了一种便携、准确、高灵敏传感器,可探测出从炸药和其他物质中散发出的气体。研究人员还应用微流体纳米技术设计了一种能模拟犬类嗅觉的探测器,该探测器既对特定气体分子高度灵敏,还能明确将某一特定物质分子与相似分子区别开来。

4.3.4 发光材料

发光材料又称发光体,是一种能够把从外界吸收的各种形式的能量转换为非平衡光辐射的功能材料。人类很早就注意到了自然界中的发光现象,1852 年,英国物理学家斯托克斯提出了关于光致发光的第一个规律:发射光波长总是大于激发光波长。后人将发射光相对于激发光所产生的位移称为斯托克斯位移。1905 年,爱因斯坦用光子的概念揭示了斯托克斯规律的意义,1913 年,玻尔提出了原子结构的量子理论,为发光现象奠定了理论基础。如今,X 射线激发的荧光材料 $CaWO_4$ 已被长期应用于医用 X 射线照相中;利用充于玻璃管中的低压汞放电产生的紫外线,激发涂于玻璃管壁的发光粉而发射可见光的照明器件已进入千家万户。近年来,稀土化合物的引入使得荧光粉的发光效率和显色性能得到了显著提高。发光材料已广泛应用于照明用材料、电视机和计算机显示器件、示波器和雷达荧光屏、核辐射显示器和 X 射线屏,以及电子-光学转换器等领域。

发光材料的发光方式多种多样,主要类型有:光致发光、阴极射线发光、电致发光、热释发光、光释发光、辐射发光等。目前,研究最多的是光致发光,光致发光是指利用紫外光、可见光或红外光等光源辐射发光材料而产生的发光现象,大致经历光吸收、能量传递和光发射三个主要过程。据最新报道,硅纳米晶体具有很高的发光潜力。德国卡尔斯鲁厄理工学院和加拿大多伦多大学的科研人员利用硅纳米晶体成功研制出了高效的硅基发光二极管(SiLEDs),能够发射出多种颜色的光。硅在微电子和光伏产业中一直占据主导地位,长期以来被认为不适合制造发光二极管。地球上的硅资源丰富,成本低廉,该研究对开发硅在发光领域的应用具有重大意义。

4.3.5 催化材料

目前,80%的化工产品需借助催化剂得以生产,催化技术已成为化学、化工、能源与环境等产业的关键技术,常见的催化剂有:

1. 金属催化剂

金属催化剂是一类以金属为主要活性组分的固体催化剂,主要成分是贵金属及铁、钴、镍等过渡元素,可分为负载型和非负载型两类。

在选择和设计金属催化剂时,首先需考虑金属组分与反应物分子间应有合适的能量和空间适应性,以利于反应物分子的活化,进而需考虑选择合适的助催化剂和催化剂载体以及制备工艺,以满足所需的化学组成和物理结构,包括金属晶粒大小和分布等。除贵金属外,还原态的金属催化剂均很活泼,易被氧化,因此,市售催化剂多为氧化物状态

（见表4-3），在使用时需进行活化处理（包括将氧化态还原成金属单质）。活化的方法、条件十分重要。

表4-3 典型的金属催化剂及其应用

催化剂组成	应用实例	反应类型
铁-氧化铝-氧化钾-氧化钙-氧化镁-氧化硅	氮和氢反应制氨	加氢
气相法：镍/氧化铝 液相法：骨架镍	苯加氢制环己烷	加氢
钯-银/氧化铝或钯/氧化铝	乙烯中微量炔烃加氢生成烯烃	加氢
镍/氧化铝	微量 CO 或 CO_2 与氢反应生成甲烷和水	烷基化
镍-氧化镁-氧化钙-氧化硅-氧化钾/α-氧化铝	烃类蒸气转化制氢	制氢
单金属：铂/含氯 η-氧化铝	六碳环烷烃脱氢	催化
多金属：载含氯 γ-氧化铝上的铂-铼、铂-锡等	烷烃脱氢环化	重整
铂-铑合金网或铂-钯-铑-金合金网	氨与氧反应生成 NO 和水	氧化
银网或银粒或银/碳化硅	甲醇氧化生成甲醛	氧化
银-氧化钡-稀土和碱金属氧化物/α-氧化铝	乙烯氧化生成环氧乙烷	环氧化
铂/氧化铝	氧化除去可燃性物质	氧化

目前，纳米金属粒子作为催化剂已成功应用于有机物催化加氢反应中。以纳米级的 Ni 和 Cu-Zn 合金为主要成分的催化剂，可使有机物加氢的效率比传统镍催化剂高数十倍。金属纳米粒子还可作为助燃剂，能显著提高燃料的燃烧效率，也可掺到高能燃料（如炸药）中，以增加爆炸效率，或作为引爆剂使用。目前，纳米铝粉和镍粉已被用在火箭燃料中作助燃剂，当添加量约10％（质量分数）时，每克燃料的燃烧热可增加1倍。

2. 金属氧化物催化剂

在工业上用得最多的是过渡金属氧化物，包括单一氧化物或混合氧化物催化剂，广泛用于氧化还原型机理的催化反应；主族元素的氧化物，如固体酸催化剂，多用于酸碱型机理的催化反应，包括氧化、脱氢、加氢、氨化等反应（表4-4）。过渡金属氧化物催化剂一般为非化学计量化合物，具有正离子或负离子缺位，形成特定的活性中心。新近开发的许多纳米氧化物表现出了优异的催化活性，如纳米氧化钛、纳米氧化锌、纳米三氧化钨等，由于其颗粒尺寸小，比表面积大，表面原子排布、电子结构和晶体结构都不同于普通化合物，具有表面效应、小尺寸效应、量子尺寸效应和宏观量子隧道效应等，从而使其具有一系列优异的物理、化学、表面和界面性质，在磁、光、电、催化等方面与一般氧化物相比具有许多特殊的性能和用途。

表 4-4　典型的金属氧化物催化剂及其应用

催化剂组成	应用实例	反应类型
氧化钒-硫酸钾/硅藻土	二氧化硫氧化成三氧化硫	氧化
氧化钒-氧化钛-硫酸钾/氧化硅	萘氧化制邻苯二甲酸酐	氧化
磷-钼-铋-铁-镍-钴-钾/氧化硅	丙烯氨化氧化制丙烯腈	氨化氧化
亚铬酸铜	油脂氢解制醇	加氢
氧化铁-氧化铬-氧化钾	乙苯脱氢制苯乙烯	脱氢
氧化铜-氧化铝	乙烯经氯化制二氯乙烷	氯化
氧化钒-氧化钛-硫酸钾/刚玉	邻二甲苯氧化制邻苯二甲酸酐	氧化
氧化钒-氧化磷/氧化硅	丁烷氧化制顺丁烯二酸酐	氧化

3. 分子筛催化剂

　　分子筛又称沸石,是一类具有特殊孔道结构的天然或人工合成的物质(图 4-6)。分子筛孔径一般为 0.3～0.7 nm,比表面积约 200～1 000 m²/g,孔容约占分子筛体积的 50%,在气体和液体干燥、混合气体分离、石油混烃分离、石油烃催化裂化、污水和废气处理、离子交换剂等许多领域具有广泛的用途。

　　分子筛催化剂是以分子筛为催化活性组分或主要活性组分的催化剂。按分子筛的催化性质,可分为分子筛固体酸催化剂、金属分子筛双功能催化剂和分子筛择形催化剂三大类。工业上用量最大的是分子筛固体酸催化剂,用于催化分子裂解。此外,常用的还有负载金属的分子筛催化剂,兼具金属和分子筛的双催化功能,如钯-Ｙ型分子筛(见表 4-5)。

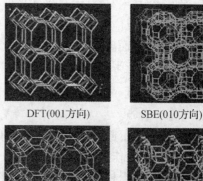

DFT(001方向)　　　　SBE(010方向)

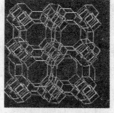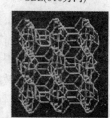

ITE(010方向)　　　　AEN(001方向)

图 4-6　几种分子筛的结构

表 4-5　常用的分子筛催化剂及其应用

催化剂组成	应用实例	催化剂类型
稀土-Ｙ型分子筛、稀土-超稳Ｙ型分子筛	石油催化裂化	固体酸
钯-超稳Ｙ型分子筛、钼-镍-超稳Ｙ型分子筛、钨镍-超稳Ｙ型分子筛	石油加氢裂化	双功能
铂-丝光分子筛	二甲苯异构化	双功能、择形

续表

催化剂组成	应用实例	催化剂类型
丝光分子筛、ZSM-5型分子筛	甲苯歧化	固体酸、择形
ZSM-5型分子筛	甲苯烷基化	固体酸、择形
ZSM-5型分子筛	甲醇合成汽油	固体酸、择形

分子筛催化剂中通常只含有 5%～15% 的分子筛,其余为基质,通常由难熔性无机氧化物组成。基质的作用是使分子筛良好分散,易于成形,在催化过程中还起到热载体的作用。在制造分子筛催化剂时,先将分子筛原粉经胶体磨研细,再混入基质的胶体中,用喷雾、挤条或其他方法成形,最后经干燥、焙烧等步骤制成。

4. 纳米膜催化剂

借助膜的选择渗透作用以及外界能量或化学位差的推动作用对混合物中的溶质和溶剂进行分离、分级、提纯和富集的膜分离技术,已成为现代化工重要的分离手段。但是,膜催化仍是一种新兴技术,该技术是将纳米催化材料制成膜反应器或将纳米催化剂置于膜反应器中操作,集催化反应与膜分离过程于一体。反应物可选择性地穿透膜并发生反应,或产物可选择性地穿过膜而离开反应区域,从而对某一反应物或产物在反应器中的区域浓度产生调节,打破化学反应平衡,或严格控制某一反应物参加反应时的量和状态,从而达到高的选择性。

5. 光催化剂

在光的作用下起催化作用的一类化合物就是光催化剂。叶绿素是典型的天然光催化剂,在植物的光合作用下促进空气中的 CO_2 和水合成氧气和碳水化合物。

随着纳米材料科技的发展而诞生的纳米光催化技术已用于环境净化、自清洁材料、新能源、癌症治疗、高效抗菌等多个前沿领域。用作纳米光催化剂的材料很多,常用的多为半导体材料,如二氧化钛(TiO_2)、氧化锌(ZnO)、氧化锡(SnO_2)、二氧化锆(ZrO_2)、硫化镉(CdS)等氧化物和硫化物。其中,TiO_2 无毒,氧化能力强,化学性质稳定,受到了高度关注。纳米 TiO_2 在光电转换、光化学合成以及光催化氧化等方面已显示出广阔的应用前景。有研究者曾以花粉为生物模板,仿生合成了多孔纳米 TiO_2,已成功用于罗丹明类染料的光催化降解。有人还曾以钛金属片为原料,利用电化学阳极氧化法制备了高度有序的 TiO_2 纳米管阵列结构,与铂构成双电极,在太阳光照射下成功地将水裂解为 H_2 和 O_2,光转化效率达到了 4.13%,H_2 产率约 97 $\mu mol \cdot h^{-1} \cdot cm^{-2}$。

4.3.6 新型能源材料

1. 太阳能光伏材料

太阳能取之不尽,用之不竭,太阳能利用的途径之一是将光能转化为电能。太阳能发电分为光热发电和光伏发电,通常所说的太阳能发电指的是太阳能光伏发电。光伏发电是利用半导体界面的光生伏特效应而将光能直接转变为电能的一种技术,其关键元件是太阳能电池。太阳能电池经串联后进行封装保护可形成大面积的太阳电池组件,再配装功率控制器等部件就形成了光伏发电装置。能用作太阳电池的材料有单晶硅、多晶硅、非晶硅、GaAs、GaAlAs、InP、CdS、CdTe 等半导体材料。其中,用于空间的有单晶硅、GaAs、InP,用于地面且已批量生产的有单晶硅、多晶硅、非晶硅。理论上讲,光伏发电技术可以用于任何需要电源的场合,上至航天器,下至家用电源,大到电站,小到玩具。目前,光伏发电技术致力于降低电池材料成本和提高转换效率,为更广泛、更大规模地利用太阳能创造条件。我国在光伏发电技术领域已取得了长足进步,并在国内开展了较大范围的应用。

半导体材料有 p 型半导体和 n 型半导体两种类型,前者靠电子空穴导电,后者靠自由电子导电。当 p 型半导体和 n 型半导体结合在一起时,由于交界面处载流子的浓度差使电子和空穴向浓度低处扩散,结果使 p 区和 n 区中原来的电中性条件遭到破坏,形成了一个很薄的空间电荷区,即 p-n 结(图 4-7)。当光辐射该区域时,p-n 结两端形成电位差,这一现象就称为光生伏特效应。当外部接通电路时,在该电压的作用下,就会产生电流,因此又称为光伏电池。

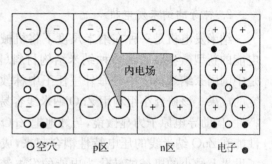

图 4-7　p-n 结及内电场的形成

单晶硅光伏电池是开发较早、转换率最高和产量较大的一种光伏电池,这种光伏电池一般以高纯(99.9999%)的单晶硅为原料。我国单晶硅电池生产工艺已经成熟,实验室记录的最高转换效率达到了 24.7%,规模化生产的单晶硅电池平均转换效率达到了 16.5%。寻找廉价、环保、光伏转换效率更高的电池材料是发展太阳能光伏电池技术的关键,各国科学家们一直在开展相关研究工作,已取得了许多可喜的成果,包括ⅢA-ⅤA 族(GaAs、InP)、ⅡA-ⅥA 族(CdS、CdTe)及ⅠB-ⅢA-ⅥA 族(CuInSe、CuInS)等无机化合物薄膜材料是继单晶硅和多晶硅、非晶硅薄膜之后开发出的新太阳能光伏材料,在某些领域显示出了诱人的应用前景。美国科学家们利用储量较丰富的铜、锌、锡、硫和硒制备了一类新型四元半导体:铜锌锡硫(Cu_2ZnSnS_4)和铜锌锡硒($Cu_2ZnSnSe_4$),它们对光吸收强、无毒,有望取代目前已市场化但成本高且有毒的 CdTe 和铜铟镓硒($CuIn_xGa_{1-x}Se_2$)。太阳光的大部分能量位于可见和红外光区,目前的太阳能光伏材料均只吸收紫外光,能量利用率很低,宾夕法尼亚大学和德雷克赛尔大学的科学家们携手研制了由铌酸钾和铌酸钡镍组合而成的钙钛矿晶体,制备了"体光伏材料",既能吸收紫外线,又能吸收可见光和红外线,大大提高了太阳能的利用率。用这种材料制造出的太阳能光伏电池板比目前占主导地位的硅基太阳能光伏电池板更薄,成本更低。新加坡南洋理工大学的研究人员还发现了一种能同时吸收和发射光线的材料,其主要成分为钙钛矿。该材料能在白昼吸收光线,而在夜晚"释放"光线,有望成为新一代太阳能光伏材料。

在太阳能光伏材料中,以有机材料代替硅等无机材料是刚兴起的研究领域。有机材料具有柔性好、来源广、成本低、容易制作等优势,对大规模利用太阳能具有重要意义。我国青岛储能产业技术研究院成功开发出了一种新型钛矿型太阳能材料($NH_2CH=NH_2PbI_3$)。该材料具有良好的光电转换性能和热稳定性,在平面电池结构中,其光电转换效率达到11.3%,在柔性太阳能储能领域(如光伏大棚等)有着广阔的应用前景。目前,与无机太阳能光伏材料相比,有机太阳能光伏材料在光电转换效率、光谱响应范围、电池稳定性等方面还有很多课题亟待攻关。

2. 神奇的纳米发电机

纳米发电机是一种在纳米尺度下将机械能转换成电能的新型微型装置或特种纳米结构材料(图4-8),是中国国家纳米科学中心海外主任王中林教授潜心研究的成果。该研究小组利用 ZnO 纳米线容易被弯曲的特性,借助导电原子力显微镜,巧妙地把 ZnO 的半导体性能和 ZnO 纳米线的压电特性耦合起来,成功研制出了世界上最小的机械能转化为电能的发电装置——纳米发电机,发电效率达到了 17%~30%。这是国际纳米技术领域最让人激动的重大发现,为自发电纳米器件的研究和开发奠定了基础。

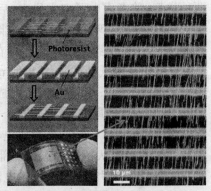

图4-8　用压电材料纳米氧化锌制成的纳米电机结构

北京大学张海霞教授课题组在高性能纳米发电机研究中也取得了重要进展,他们基于摩擦生电原理,提出了一种弹簧式结构的纳米摩擦发电机。该纳米发电机结合拱形和反拱形在几何结构上互补的特征,利用逐层堆叠的方法,制作出了堆叠式的拱形与反拱形复合的摩擦发电机。这一新结构更容易吸收环境中的震荡和冲击,提高能量采集效率,使纳米发电机在单位尺度上的能量输出显著提高,为提高单个摩擦纳米发电机的输出提供了一种有效手段。他们曾利用简单的三层堆叠,当发电机面积为1.5 cm×2.5 cm,用单个手指的敲击就可驱动 100 个发光二极管(LED)工作,在纳米发电机走向实用化的道路上迈出了坚实的一步。

3. 基于燃烧反应的燃料电池技术

固体氧化物燃料电池(SOFC)的出现,为解决能源危机和环境保护开辟了新的途径。SOFC 是一种在中高温下直接将储存在燃料气和氧化剂中的化学能转化成电能的全固态电化学装置。SOFC 仅由固态电解质、阳极和阴极陶瓷材料构成,结构简单,能量转化效率高,适应性强,可以用氢气、天然气、煤气、烃类、醇类等作为燃料,燃烧产物为水,无环境污染。

SOFC 的工作原理如图 4-9 所示,在阳极持续通入燃料气体,例如 H_2,具有催化作用的阳极材料将 H_2 氧化成 H^+。在阴极持续通入氧气或者空气,具有多孔结构的阴极表面吸附氧,同时阴极的催化作用使 O_2 获得电子变为 O^{2-},在化学势的推动下,O^{2-} 进入电解质并扩散到阳极侧与 H^+ 结合生成水并释放出电子,从而产生直流电。

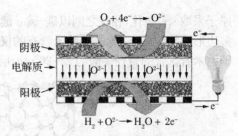

图 4-9　SOFC 的工作原理示意图

SOFC 的技术关键是构成它的电解质、阳极和阴极材料的性能,其完全依赖于材料的物理化学合成及材料结构等。电解质的作用是在阴极与阳极之间传递氧离子,同时起到隔离燃料及氧化剂的双重作用,直接决定了电池工作的温度和性能,是 SOFC 的核心部件。电解质材料要与阴极和阳极材料保持良好的化学相容性,同时其热膨胀系数必须与电极材料相匹配,并易于制备成致密的薄膜,还需保证足够的力学强度。目前,常见的电解质材料有:氧化钇(Y_2O_3)稳定的氧化锆(ZrO_2),$BaZr_{0.1}Ce_{0.7}Y_{0.2}O_{3-\delta}$,氧化钪($Sc_2O_3$)稳定的氧化锆($ZrO_2$),氧化钐($Sm_2O_3$)掺杂的氧化铈($CeO_2$),氧化钆($Gd_2O_3$)掺杂的氧化铈($CeO_2$)等。

阳极又称为燃料极,其主要作用是为燃料氧化提供反应场所。阳极材料应具有较高的稳定性,还应具备以下特性:① 良好的电子导电性;② 对燃料气体具有优良的电化学催化活性;③ 保证有足够的三相界面反应区域和充足的孔隙率;④ 价格低廉。新近报道的阳极有:钙钛矿型 $La_{0.75}Sr_{0.25}Cr_{0.5}Mn_{0.5}O_3$、$SrTiO_3$ 基、双钙钛矿型 Sr_2MgMoO_6 和 $Sr_2Fe_{1.5}MoO_6$ 等,一般都具有很好的抗积炭性能和耐硫性。

阴极也称为氧电极或空气电极,作用是催化 O_2 分子转化为 O^{2-} 离子,同时将 O^{2-} 传输到电解质界面。阴极材料需满足以下基本条件:① 较高的电导率,以提高阴极的扩散输运和表面交换反应动力学性能;② 良好的相容性和热膨胀匹配性;③ 适当的孔隙率,使气体能够有效地渗透到阴极界面以参加电化学反应;④ 优良的催化性能,以降低阴极极化阻抗;⑤ 价格低廉。

阴极材料与电解质材料之间因热膨胀系数的匹配性往往会导致阴极不能与电解质很好地结合,使阴极与电解质之间的接触电阻及阴极极化阻抗增大。为避免这种情况的发生,有科研工作者采用浸渍的方法制备复合阴极,取得了较好的效果。

燃料电池及其电极的各种性能测试通常需要借助扫描电子显微镜、电化学工作站、电导率仪、X 射线衍射仪、比表面积分析仪等仪器来完成。

4.3.7　碳纳米管

1991 年,日本筑波 NEC 实验室的物理学家饭岛澄男使用高分辨率电子显微镜从电弧法生产的碳纤维中发现了碳纳米管。与金刚石、石墨、富勒烯一样,碳纳米管是碳的一种同素异形体,是一种径向尺寸为纳米级、轴向尺寸达到微米级,具有典型的层状中空结构的一维管状量子材料。碳纳米管的骨架是由六边形碳环结构单元构成的蜂窝状准圆管结构,管上每个碳

原子采取 sp^2 杂化,相互之间以碳-碳 σ 键相结合;端帽部分为含五边形和六边形的碳环组成的多边形结构(图 4-10)。碳纳米管有的仅有一层,有的有多层,分别称为单壁碳纳米管和多壁碳纳米管。管的直径一般为 2～20 nm,层间距约为 0.34 nm。

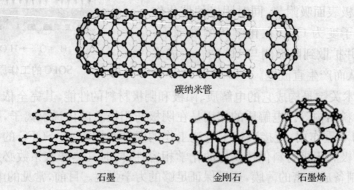

碳纳米管

石墨   金刚石   石墨烯

图 4-10　几种碳的同素异形体

碳纳米管的制备方法主要有:电弧放电法、激光烧蚀法、化学气相沉积法(碳氢气体热解法)、固相热解法、辉光放电法、气体燃烧法以及聚合反应合成法等。

由于其独特的结构,碳纳米管的研究具有重大的理论意义和潜在的应用价值,主要包括以下几个方面:

(1) 理想的一维模型材料。以纳米碳管为模板,利用其中空结构和毛细作用可制备其他纳米结构。例如,对碳纳米管进行 B、N 等元素掺杂已获得了一系列新型纳米管;通过气相反应方法已制备出了 SiC、GeO_2、GaN 等多种纳米棒以及各种金属纳米线。这些新型一维纳米材料的出现,对纳米材料的研究和发展产生了积极的影响。纳米材料的比表面积大,具有特殊的电子效应和表面效应,如气体通过纳米碳管的扩散速度为常规催化剂颗粒的上千倍,负载上催化剂后可极大地提高催化剂的活性和选择性,在加氢、脱氢和择型催化等反应中具有很大的应用潜力。

(2) 有望称为坚韧的高强度材料。由于碳纳米管中碳原子间距短、单层碳纳米管的管径小,使其结构中不易产生缺陷。理论计算表明,单层碳纳米管的杨氏模量可高达 5 太帕,其强度约为钢的 100 倍,而密度却只有钢的 1/6,这种极高的强度和韧性,有望发展成为一类特殊功能材料。

(3) 很有发展前途的储氢材料。一维纳米中空孔道赋予了碳纳米管独特的吸附、储气和浸润特性。研究表明,H_2 分子可以很大的密度填充到单壁碳纳米管的管体内部以及单壁碳纳米管束之间的孔隙中(图 4-11),储氢量可达 10%(重量比)。

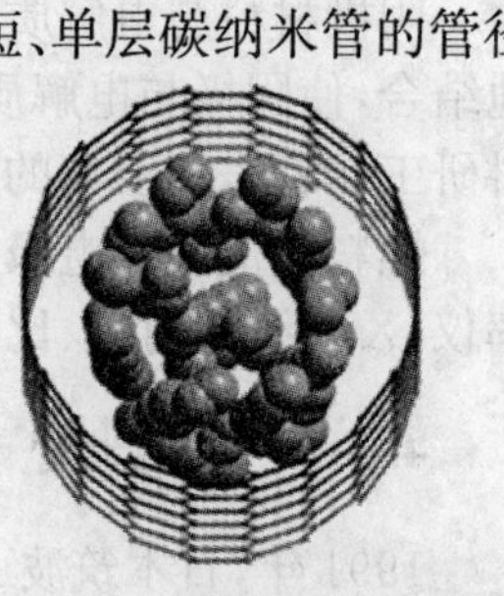

图 4-11　碳纳米管储氢

(4) 合成高各向异性和高热导材料。一维碳纳米管具有非常大的长径比,因而,通过合适的取向,碳纳米管可开发成高各向异性材料。另外,碳纳米管具有较高的热导率,只要在复合材料中掺杂微量的碳纳米管,该复合材料的热导率将可能得到很大的改善。

（5）合成新型电极材料。实验表明，用掺有碳纳米管的电极材料所制作的电池比锂离子电池具有更高的充电效率和蓄电能力。

（6）制作各种纳米器件。碳纳米管中存在大量未成对电子，沿轴向可以自由运动，而在径向运动受到限制，是典型的一维量子导线。碳纳米管的电学性质与其结构密切相关，就其导电性而言，由于碳纳米管的直径和螺旋角不同，可以是金属性的，也可以是半导体性的，甚至在同一根纳米碳管上的不同部位，由于结构的变化，也可以呈现出不同的导电性。有研究者利用催化热解法成功制备了碳纳米管-硅纳米线，测试表明，这种金属-半导体异质结具有二极管的整流作用。当一个金属性单层碳纳米管与一个半导体性单层碳纳米管同轴套构成一个双层碳纳米管时，两个单层管仍分别保持原

图 4 - 12 用碳纳米管研制的平板显示器

来的金属性和半导体性，利用这一特性可制造具有同轴结构的金属-半导体器件。韩国三星电子公司曾成功研制了一种从碳纳米管发射电子轰击屏幕的显示屏（图 4 - 12）。

参考文献

1. 曾兆华，杨建文. 材料化学[M]. 北京：化学工业出版社，2011.
2. 李青山. 功能与智能高分子材料[M]. 北京：国防工业出版社，2006.
3. 李庭希，张文丽. 功能材料导论[M]. 长沙：中南大学出版社，2011.
4. 杨华明. 无机功能材料[M]. 北京：化学工业出版社，2007.
5. Márcio D. L. Li N. Mônica Jung de A. Fang S. L. Oh J. Y. Electrically, Chemically, and Photonically Powered Torsional and Tensile Actuation of Hybrid Carbon Nanotube Yarn Muscles[J]. Science, 2012(338)：928 - 932.

思考题

1. 如何理解化学在材料科学发展中的重要地位？
2. 按照化学组成和化学键形式将材料分为哪些类型？各自的性质如何？
3. 高分子材料有什么特点？它们在生物医学领域有什么重要用途？
4. 举例说明化学合成在新型功能材料领域的重要作用。
5. 什么是功能材料？有哪些类型？
6. 请举例介绍功能材料在传感器方面的用途。
7. 复合材料有哪些类型？高分子复合材料的应用前景如何？

第5章　化学与军事

自人类有史以来,由于资源争夺、信仰差别等原因导致冲突不断,当这些冲突不可调和时,往往就会爆发战争。在最初的战争中,人们使用石块、木棒、石斧等简单的劳动或狩猎工具作为武器。随着科学技术的进步,化学知识逐渐被运用到军事中,毒箭、刀剑、火药、炸药、毒气,以及杀伤巨大的核弹被先后开发出来,作为武器用于战争中,使战争变得越来越惨烈。化学作为一门重要的基础科学,其技术和方法的运用本应促进社会的发展和进步,造福人类,但一旦与军事战争相联系,则充当了危害人类的"帮凶"。和平利用化学知识和化学技术,不断推动人类社会走向文明,是人类共同的愿望和心声。

§5.1　古代兵器与化学

5.1.1　古代冶金与冷兵器

最早的武器是由木质、石材或动物骨骼制成的,这些材质或不够坚固,或重量太大,而且基本不具有可塑性,所以很快就被淘汰。随着人类社会的发展,人们发现了一类可以随意改变形状的物质——金属。

最早使用的金属是天然铜。铜与金、银等金属在自然界中可以游离态存在,古人很快掌握了从自然界获取它们的方法。金、银相对比较稀有,一直作为货币使用,而铜在地球上比较丰富,容易获得,质地又比较软,很容易直接加工成各种所需的形状,制成各种工具,很快被用做古代战争的武器。随后人们逐渐掌握了火法冶炼技术,从锡、铅和铜矿石中提取金属单质,使制作武器的原料来源更加广泛,所制作的武器性能也越来越好。这种冶炼技术主要是利用木柴、煤炭等燃料在高温下经炭化、不完全燃烧产生还原性气体 CO,矿石中的金属氧化物在高温下被 CO 还原成单质,达到了金属提纯的目的。所涉及的主要化学反应如下:

$$C + O_2 \longrightarrow CO_2 \uparrow$$
$$2C + O_2 \longrightarrow 2CO \uparrow$$
$$CO_2 + C \longrightarrow CO \uparrow$$
$$M_2O_n + nCO \longrightarrow 2M + nCO_2 \uparrow \quad (M_2O_n 为金属氧化物,M 为还原得到的金属)$$

由于天然矿物中可能含有多种金属,古人们采用这种冶炼方法所得到的金属往往是合金,虽然当时他们并不懂得其中的道理,但他们发现用这种方法所得到的金属加工成的劳动工具或武器比纯金属的更锋利、更坚韧,合金冶炼技术就这样在他们的反复摸索中逐渐产生了。我们现在都知道,不同的金属按照一定的比例混合熔炼,就可制得性能不同的新金属——合金,如青铜就是铜与锡的合金,可以制造锋利的刀、剑或其他用具等。我国春秋战国时期的《考工记》中就曾记载了用于铸造不同用途铜器的配方——"六齐":钟鼎之齐六分其金而锡居其一,斧斤之齐五分其金而锡居其一,戈戟之齐四分其金而锡居其一,大刃之齐三分其金而锡居其一,削杀矢之齐六分其金而锡居其一,鉴燧之齐金锡半。这是我国先辈们对人类冶金技术的早期贡献。

后来人们发现地球上铁矿比铜矿更常见,铁的硬度也远高于铜,用铁制作的劳动工具可大大提高效率,为此,古人们开始探索铁及铁合金的冶炼技术。铁在地球上没有游离状态,加之炼铁所要求的温度比其他金属更高,因而在相当长的时期里铁未能成为常用的金属。然而,宇宙来客——陨铁,却含有相当纯净的铁,在南美洲玛雅人的古墓中就发现过陨铁制成的工具和兵器。

炼铁技术的发明是人类科技文明史上的又一巨大进步。铁与碳、硅、硫、锡等可以制成合金,比青铜更坚硬,成本却更低,各种以铁为原料的生产、生活工具及兵器得以广泛使用。我国古代还曾采用湿法冶金的技术利用铁炼制铜,其主要化学反应是:

$$CuSO_4 + Fe \longrightarrow Cu + FeSO_4$$

1972 年我国出土的越王勾践用剑,埋在地下数千年仍光亮如新,显示了我国古代冶金技术的先进。经现代分析仪器检测,该剑除了含铁元素外,还含有铬、碳、锰等多种元素。

古代战争中的防护材料(战甲)多用皮革制成,镶嵌铁钉,而现代战争则因需满足防弹、防辐射等更高的要求,人们利用高科技手段开发了各种防护材料,如防弹层采用各种轻质金属(特种钢、铝合金、钛合金)、陶瓷(刚玉、碳化硼、碳化硅)、玻璃钢、尼龙、凯芙拉等,构成单一或复合型防护结构,可阻挡弹头或弹片,减轻对人体的伤害。

5.1.2 古代战争中的"热兵器"

1. 火

火是人类最早发现和使用的化学反应过程,它给人类带来了光明和温暖,也带来了无尽的灾难。《三国演义》中有多场用火的经典战例,如火烧博望坡、火烧新野、火烧赤壁、火烧连营等。这些战例都以火为武器,发挥了巨大的威力,给敌人造成了惨重的损失。火,不仅可以因本身的高温而烧伤敌人,而且可以通过引燃各种可燃物来破坏敌方的军事建筑和交通工具;同时,燃烧产生的烟尘和有毒气体还能对敌人造成更大的二次伤害。

燃烧,是一种发光放热的剧烈氧化还原反应,一般需要三个条件:温度、还原剂和氧化剂,缺少任何一个都不能维持燃烧。温度,一般由火种提供;还原剂,就是各种可燃物;氧化剂,一般就是空气中的氧气。在三国赤壁战役中,所使用的可燃物是木柴、芦苇,为了加强效果,还灌入鱼油,撒上硫磺和硝石等助燃剂。硫磺,就是天然存在的单质硫,其着火点很低,即使环境中氧气浓度很低,也可以维持燃烧。硫磺燃烧后产生的二氧化硫(SO_2)具有一定毒性,进一步提高了杀伤力。硝石,主要成分是硝酸钾(KNO_3),在高温条件下可分解释放氧气,从而起到了助燃的效果:

$$2KNO_3 \stackrel{\triangle}{=\!=\!=} 2KNO_2 + O_2 \uparrow$$

在现代战争中,火仍然发挥着巨大的作用,只是已经从常见的可燃物转变为科技含量更高的燃烧弹。现代燃烧弹中的填充物一般是白磷、凝固汽油、三乙基铝($Al(C_2H_5)_3$)等高活性物质。燃烧弹击中目标后,燃烧剂借助炸药爆炸的作用喷洒在目标上,随即发生燃烧,将目标引燃、烧毁。对于目标内储存的炮弹等武器,高温还可能将其引爆,从而对目标造成更大的破坏。在二战期间,盟军在对日本东京空袭时,就曾大量使用了燃烧弹大面积的木质结构建筑物被引燃,几乎变成了一片灰烬。

火还是被称为"战争之神"的坦克的天敌。由于金属具有良好的导热性,所以,坦克一旦被置身于火海,不久就会变成高温炉,其中的驾驶员很快就可能殒命,储存的燃油、弹药也会因高温而发生爆炸。二战中,被苏军称为"莫洛托夫鸡尾酒"的燃烧瓶曾使德国最先进的坦克头痛不已。

这些武器都是利用易自燃(如白磷)、易燃、易扩散,甚至易附着的化学物质为原料,有时还根据不同的军事目的添加不同性质的化合物,但单纯由易燃的燃料所组成的燃烧剂一旦在使用中缺少氧化剂(O_2),燃烧效果就会大打折扣。因此,在现代战争中人们又制造出了另外一种燃烧剂——纵火剂。纵火剂的主要成分为铝粉(Al)和四氧化三铁(Fe_3O_4),即我们熟悉的一种铝热剂。这种纵火剂在无氧条件下即能发生剧烈反应——铝热反应($8Al + 3Fe_3O_4 \longrightarrow 4Al_2O_3 + 9Fe$),同时伴随燃烧,产生高温,原料很快会变成熔化物。为了加强燃烧效果,有时还加入少量硝酸钡($Ba(NO_3)_2$)。高温金属熔化物可以引燃金属、橡胶和塑料。由这种纵火剂所引发的火灾具有非常大的危害性。

2. 黑火药

黑火药是我国古代四大发明之一,也是世界上最早应用的炸药。黑火药中包含燃料及氧化剂,其中燃料主要是木炭和硫磺粉的粉状混合物,氧化剂为硝酸钾(KNO_3)。黑火药爆炸时所发生的主要化学反应为:

$$2KNO_3 + 3C + S \longrightarrow K_2S + 3CO_2 \uparrow + N_2 \uparrow$$

该反应为放热反应,反应物为固体,而三种产物中有两种是气体,若在一个密闭的容器中发生该反应,气体产物受热后体积急剧膨胀,就会引发爆炸,产生巨大的冲击力。火药在军事上的运用就是利用了这种化学反应前后体积显著增加且能放出大量热的特性。

黑火药可发生燃烧式爆炸，其燃烧速度远大于任何一种燃料，所以，黑火药初期被用作一种火攻性杀伤武器。后来，人们发现若在一端开口而另一端密闭的容器中点燃火药，会使容器沿火焰喷射的反方向迅速飞出，这就是火箭的原始雏形。

黑火药在古代战争中还用作火炮和火枪的发射药。初期的火炮是一个粗大的铜管或木桶，装填火药后对着冲锋的敌人点燃，利用喷射出的火焰杀伤敌人。在使用中士兵们发现混在火药中未完全燃烧的木块、硫磺块等会给敌人造成的更大的打击，而且射程更远，于是就在火药中混合大量的石子、铁钉、铁砂等物质，可以更好地杀伤远距离的敌人。之后人们又发明了重量更轻的突火枪，实际就是一种小型火炮，用长竹筒制成，作为近距离防御敌人的武器。在我国明代沿海地区抗击倭寇的战斗中，突火枪曾发挥过巨大的作用。成吉思汗的铁骑西征，将黑火药传入了阿拉伯和波斯，继而传入欧洲，在欧洲中世纪的战争中，黑火药发挥了很大的威力。在后来的美国独立战争、普法战争和帝国主义列强侵占殖民地的战争中，黑火药更是大显身手。中国人虽然发明了黑火药，但一直将那些使用火药的武器视为"邪术"，火药仅仅用作节日庆典时的烟花爆竹，在我国古代军事上一直未得到应有的发展。当西方列强用黑火药武装的枪炮进攻中国的时候，中国军队使用的依然主要是传统的冷兵器，愚昧的官兵竟然还用《封神演义》中的方法，取鸡、狗血泼到钢枪铁炮上试图破其"邪术"！最后，西方列强用中国人发明的黑火药炸开了中国的大门，肆意掠夺。

由于黑火药的爆炸反应会产生大量的硫化钾（K_2S）烟尘，所以也被称为有烟火药。在古代战场上经常会看到白烟弥漫，就是这种硫化钾烟尘所致。硫化钾具有腐蚀性，附着到枪管、炮管内会缩短枪炮寿命，影响其射击精度。

3. 毒

早在数千年前，人类就利用燃烧湿木材、湿草等所产生的浓烟攻击野兽，依靠浓烟中硫、NO_x 等化学物质的刺激作用，将逃避于深穴岩洞中的野兽熏出，然后猎取为食。后来，人们则将这种烟攻野兽的谋生手段用于两军争战之中。

在我国远古时代，南方的炎、黄部落联盟与北方的蚩尤部落在一次大决战中，蚩尤制造了漫天大雾，导致黄帝的军士被大雾所迷而阵脚大乱，伤亡惨重，最后黄帝利用指南车指示方位，才挽回了败局，这也许是人类有史记载的最早的"毒气战"。在古代的军事战争中，用毒的方法和手段相对简单，主要是把毒投放到泉水、河流中，毒物主要是天然的巴豆、砒霜等。例如公元前 559 年，秦军为扭转不利态势，在泾河上游投放毒药，致使晋、鲁等国军队因饮用有毒河水而造成大量人马中毒，被迫退兵。又如在公元 225 年春夏之交，诸葛亮率蜀军南征云南，途中过河，士兵看到河水较浅，从竹筏上跳入水中，结果纷纷倒下，口鼻出血而亡，经询问当地人才知道是由于水中大量落叶腐烂产生的沼气所致。为了增加毒物的杀伤力，公元 1000 年，唐福制造了毒药烟球，内装砒霜、巴豆之类毒物，燃烧后烟雾弥漫，致使敌人迅速中毒，这可能就是毒剂弹的雏形。在宋初《武经总要》里，不仅描述了这种武器，而且还记载有详细的配方。到了金辽时期，为了攻击高墙坚垒后的敌人，又有人想出用铁罐装上有毒燃料点燃后投掷敌方的方法,迫使守军就范。

在国外,大约在公元前 600 年的古希腊,斯巴达人在与雅典人的战争中首创了"希腊火"。公元前 431~前 404 年,在派娄邦尼亚的战役中,斯巴达人在雅典人所占领的普拉塔与戴菜两城下将掺杂硫磺和蘸沥青的木片点燃,强烈的带有刺激味的有毒烟雾飘向城内,使守军深受其害,这是"吹放法"使用毒气的最早记载。这里的有毒烟雾其实是大量硫磺燃烧生成的具有刺激性气味的 SO_2 气体,以及沥青不完全燃烧所产生的固体小颗粒。

$$S + O_2 \xrightarrow{\text{燃烧}} SO_2 \uparrow$$

公元 660 年,东罗马帝国对"希腊火"加以改良,用石油、沥青、树脂和硫磺配制成易燃性液体,用这种液体浸渍树枝或麻絮,装入金属制桶内或管子里,点燃后,用投石机投入敌人阵地,造成漫延燃烧,产生窒息作用,削弱敌人的力量。东罗马帝国靠这种武器曾屡次击退回教军队的侵犯,后来,此种战法逐渐传入世界各地,400 年后撒拉层人曾在埃及用此法对付圣路易的士兵。此外,在美国南北战争也采用过此法。

古代利用毒物作为武器的另一种形式是毒箭。最初毒箭主要是用于捕猎野兽,后来才逐渐被用于战争。《三国演义》中就曾描述,关羽在一次攻城战斗中被曹仁射出的涂有乌头的毒箭所伤,经名医华佗刮骨治疗才得以痊愈。现代研究证明,乌头中含有乌头碱,过量的乌头碱可使人体感觉和运动神经麻痹、迷走神经兴奋,能直接作用于心肌,造成心律失常。19 世纪,在欧洲殖民者与非洲土著人的战斗中,死于毒箭的侵略者不计其数。

1944 年,英国特工曾用含蓖麻毒素的手榴弹刺杀了德国纳粹高级将领。1970 年的一个傍晚,一名保加利亚的叛逃者在从他工作的 BBC 广播公司回家的路上被保加利亚特工用高压气枪射出的一颗直径不到 1 mm 的内含蓖麻毒素的金属球暗杀,该子弹穿透他的衣服后仅导致其背部红肿,但当晚即发烧昏迷,数小时后抢救无效死亡,成为北约和华约冷战的牺牲品。蓖麻毒素是一种蛋白质,其毒性比氰化钾高数百倍,中毒后的症状类似于败血症,很易造成误诊误治。但是,当口服时大部分会被消化液所分解,其毒性大大降低。

以上这些毒剂毒性很强,都是通过直接进入血液而发挥作用,属于注射式毒素,用量极少就能发挥作用。目前正在研究的这一类毒素还有贝类毒素、河豚毒素、蛇毒等等。

古代战争中应用毒物作为武器有一个明显的渐进过程,从开始时的熏烟加毒物,到添加沥青乃至砷、硫磺等一些天然有毒物质;从原地使用逐渐向与火药混合借助化学反应产生的能量投掷毒物转变,以最大程度地保护自己,消灭敌人,化学武器开始萌芽。

§5.2 现代军事与化学

近、现代战争所使用的武器已经发展为以利用炸药为标志的热武器。炸药发生爆炸反应一般可在极短的时间内产生大量的气体，从而产生力量巨大的冲击波，推动抛射物攻击和破坏目标。炸药的爆炸反应包括物理性爆炸和化学性爆炸两类，其中化学性爆炸是一种剧烈的氧化还原反应，既可在短时间内产生大量气体，又可产生大量热量，还常常伴随燃烧现象，与冷兵器相比，这种武器的重量轻但杀伤力更大。

5.2.1 破坏性巨大的炸药

现代炸药包括由单一组成的单质炸药和由氧化剂、还原剂混合而成的混合炸药。随着科学家们对高含能材料研究的不断深入，各种威力巨大的化学合成炸药不断涌现，如硝化甘油、苦味酸、梯恩梯（TNT）等，这些炸药的分子中一般都含有某些特殊基团，如硝基（—NO_2）、硝酸酯基（—ONO_2）等，一旦引爆，氧化还原反应可在瞬间完成，释放出巨大的热量，从而发生爆炸。

炸药的制造已进入了工业化时代，目前还广泛采用高分子材料对炸药进行处理，以制成形状、粒度、密度和爆炸性能不同的精细产品。作为一种特殊的高能材料，已广泛用于生产建设和军事。以下简要介绍几种炸药。

1. 单质炸药

（1）雷酸汞。18 世纪末，科学家们用酒精处理硝酸汞，得到了一种白色的固体。这种固体在常温下比较稳定，加热时会缓慢分解，但当受到撞击、针刺或在密闭环境中加以高温，就会发生极为猛烈的爆炸。这种白色固体就是雷酸汞，简称雷汞，其制备反应为：

$$3Hg(NO_3)_2 + 4C_2H_5OH \longrightarrow 3Hg(ONC)_2 + 2CO_2 \uparrow + 12H_2O$$

爆炸反应方程式为：$Hg(ONC)_2 \longrightarrow Hg + N_2 \uparrow + 2CO \uparrow$

雷酸汞制备困难，价格昂贵，当受到撞击、针刺等机械作用时就能使极少量的雷酸汞发生瞬间爆炸，产生高温高压，进而引爆其他炸药，利用这种特性，雷酸汞常被用于制造子弹、炮弹的底火，炮弹的引信和引爆炸药的雷管，而不直接用作炸药使用。现代使用的引爆剂还有叠氮化铅（$Pb(N_3)_2$）、斯蒂芬逊酸（2,4,6-三硝基间苯二酚铅）等，这些引爆剂均有毒性，不适于民用。

（2）苦味酸。化学名为 2,4,6-三硝基苯酚，熔点 122.5℃，密度 1.763 g/cm^3，呈鲜艳的淡黄色片状结晶或粉末，有酸性，易与碱反应成盐。苦味酸在冷水中溶解度较小，溶于热水，易形成黄色的过饱和溶液，有很强的染色能力，可损伤皮肤，并能腐蚀某些金属。苦味酸的毒性强，急性毒性大致与农药氧化乐果相当。

发现苦味酸可作为一种威力巨大的炸药，源于 1860 年法国一家染料商店的意外爆炸事故：存放苦味酸的铁桶因生锈无法打开，当店员试图用铁锤敲开时发生了猛烈爆炸。后经军方测试，苦味酸的爆炸速度、爆炸过程中所释放能量等远高于黑火药。爆炸反应式为：

$$2C_6H_3N_3O_7 \longrightarrow 3H_2O\uparrow + 3N_2\uparrow + 11CO\uparrow + C$$

1771年,英国人 P·沃尔夫用浓硫酸、浓硝酸处理苯酚,成功制取了苦味酸。其制备反应式如下:

$$C_6H_5OH + xH_2SO_4 \longrightarrow C_6H_{(5-x)}(SO_3H)_xOH + xH_2O$$

$$C_6H_{(5-x)}(SO_3H)_xOH + 3HNO_3 \longrightarrow C_6H_2(NO_2)_3OH + xH_2SO_4 + (3-x)H_2O$$

式中 $x = 1\sim3$。

1885年,法国开始用苦味酸装填弹药,在战争中使用。苦味酸的爆炸性能和机械敏感度等均好于后来发明的 TNT,但是,苦味酸的酸性很强,能够腐蚀弹体,致使苦味酸装填的炮弹保存期很短。此外,苦味酸能与金属发生反应生成稳定性很差的苦味酸盐,如苦味酸铅、苦味酸亚铁等,这些盐稍微受热或摩擦就可能引发爆炸,因此,尽管它是一种很好的炸药,这些缺点还是限制了它的应用,不久就被 TNT 所取代。

(3) 硝化甘油(NG)。化学名为三硝酸甘油酯,是一种淡黄色的油状液体,有硝酸气味,味甜并带辛辣(严禁品尝!),黏度小于甘油,密度为 $1.591\ g/cm^3(25℃)$,室温下微溶于水,溶于乙醇,50℃时能与乙醇混溶,易溶于大多数液态硝酸酯,其自身也是一种溶剂。NG 具有毒性,被人体吸收后,会导致血管扩张而产生一系列症状,如头昏、头痛、恶心。有些人接触少量 NG 也可能产生不适。

NG 由化学家 A·索布雷罗于 1846 年用浓硫酸、浓硝酸与甘油作用而制得。NG 的性质非常不稳定,不用说加热、撞击、摩擦,连轻微的震荡都有可能引起剧烈的爆炸,而且爆炸的猛烈程度比通用的黑火药要大得多。其爆炸反应的方程式为:

$$4C_3H_5N_3O_9 \longrightarrow 6N_2\uparrow + 10H_2O\uparrow + 12CO_2\uparrow + O_2\uparrow$$

这种性质限制了 NG 的应用,但因其生产工艺简单、价格低廉,仍有工厂冒险生产,大多用在采矿、筑路等工程中,美国西部开发时所使用的工程炸药最主要的就是 NG。

19世纪中叶,瑞典化学家诺贝尔试图制服这匹“烈马”。他在经历了无数次实验事故后,终于成功了。他的方法是用白色的硅藻土吸收这种爆炸油,制成一种黄色的固体,其爆炸性能稍低于爆炸油,一般的震动、摩擦不能引起爆炸,但可用雷管引爆,同样产生巨大的威力。这种安全炸药很快就取代了黑火药,成为工程爆破中最常用的炸药。

用火点燃少量 NG 时,一般只发生燃烧,发出苍白或偏蓝色的火焰并伴有嘶嘶声,通常不会爆炸。NG 与高氮量火棉(NC)混合或与低氮量 NC 在丙酮溶剂中混合,可制得一种果冻状有弹性的耐水性爆胶,是很好的矿山炸药。NG 感度高,不能用在弹丸中,但用活性炭粉、棉花等物质吸附后可用于地雷中。NG 与 NC 及其他添加剂混合后可制得常用的枪炮发射药,也可以制得火箭推进剂,是重要的无烟火药。NG 还可加入到硝酸铵中作敏化剂。

在现代战争中,NG 主要用于制造混合发射药,用以发射子弹和炮弹。

NG 还是一种常用的药物,当与乙醇配成 1‰ 的溶液或制成片剂,吞下给药,可治疗心、胆、肾绞痛和雷诺氏病,作用迅速而短暂。

(4) 没有硝烟的炸药——火棉。1832 年,法国人布拉孔诺(H. Braconnot)在一次实验中,身上穿的棉布围裙被硫酸和硝酸混合酸大面积溅湿,清洗后在壁炉边烘烤,在即将烤干的时候,突然眼前一亮,围裙消失了。他记载下了这次事件,但没有进一步研究。原来,他的围裙棉布中的纤维素已经被硝酸酯化变成了纤维素硝酸酯,遇火后瞬间燃烧掉了。

1846 年,德国化学家舍恩拜(C. F. Schonbein)用硝酸-硫酸混酸与纤维素反应制备了纤维素硝酸酯,并对其性能进行了研究。纤维素硝酸酯,旧称硝化纤维、硝化棉,是一种白色的纤维状物质,物理性质与棉花基本相同,是一种聚合物,不溶于水,溶于丙酮,其相对分子质量很大,分子式为 $[C_6H_7O_2(ONO_2)_a(OH)_{3-a}]_n$,其中 a 为酯化度,n 为聚合度,习惯上用氮的百分含量代表酯化程度。工业上把 NC 分为 1 号强棉(含氮 $\geqslant 13.13\%$)、2 号强棉(含氮 $11.9\%\sim12.4\%$)、3 号弱棉(含氮 $11.8\%\sim12.1\%$)、爆胶棉(含氮 $11.94\%\sim12.3\%$)、火胶棉(含氮 $12.5\%\sim12.7\%$)、清漆用棉(含氮 $11.6\%\sim12.2\%$)、赛璐珞棉(含氮 $10.8\%\sim11.2\%$)等。低氮量的纤维素硝酸酯在密闭条件下遇火难以燃烧,而高氮量的纤维素硝酸酯则能以极快的速度燃烧并发生爆炸,燃烧时发出黄色火焰而不产生烟尘,所以也被称为火棉。

NC 不仅燃烧速度非常快,而且爆炸威力也非常大。实验证明,NC 的燃爆速度快于苦味酸,爆炸威力高于黑火药 2～3 倍。NC 的爆炸反应方程式为:

$$2(C_6H_7O_{11}N_3)_n \longrightarrow 3nN_2\uparrow + 7nH_2O\uparrow + 3nCO_2\uparrow + 9nCO\uparrow$$

由于上述性质,NC 直接用于军事武器很不安全,若制成炮弹则在发射出炮筒之前就会爆炸,因此,需进一步处理后才可使用,如用醇-醚混合溶剂处理后,其燃爆速度就会明显减弱,可用作枪弹、炮弹的发射药或固体火箭推进剂的成分;用丙酮溶剂处理后可制成火棉胶,是一种性能优良的烟火剂黏结剂。市售的 NC 含氮量仅 10%左右,可用作油漆、黏结剂及试剂的原料。

(5) 炸药之王——TNT。化学名为三硝基甲苯,无色或淡黄色针状晶体,分子式为 $CH_3C_6H_2(NO_2)_3$,密度 1.633 g/cm³,熔点 80.9℃,安定性较好,不溶于水,易溶于丙酮、四氯化碳。TNT 的毒性大,与农药敌百虫相当,急性毒性较低,能引起亚急性和慢性中毒,能对身体造成不可逆的损害,如引起白内障、中毒性肝炎,还可损坏造血系统,疑有致癌性。1863 年德国化学家维尔布兰德(J. Wilbrand)用甲苯、硫酸、硝酸制得了 TNT。

TNT 的性质很特别,敲砸时毫无反应,用火烧只冒出浓浓的黑烟,但当用雷酸汞引爆时,就会发生剧烈爆炸,其爆炸威力稍逊于苦味酸。TNT 的爆炸反应方程式为:

$$4C_7H_5N_3O_6 + 21O_2 \longrightarrow 28CO_2\uparrow + 10H_2O\uparrow + 6N_2\uparrow$$

TNT 的熔点低,且远低于其分解温度,熔化后的 TNT 是良好的溶剂和载体,许多不易熔化或熔化操作中会发生危险的粉状炸药都可以与其混熔后浇铸成型,制成片状或块状的 TNT 炸药。一般情况下,起爆 TNT 至少需要 0.24 g 雷酸汞或 0.16 g 叠氮化铅。从 1891 年开始 TNT 被用于军事,并很快取代了苦味酸,成为长久不衰的经典炸药,产量居所有炸药之首。TNT 储运安全,生产工艺简单,成本较低,用途极为广泛。

(6) 炸药中的后起之秀——黑索今。1899 年英国药物学家亨宁(G. F. Hennig)用福尔马林和氨水作用制得了乌洛托品,再用硝酸处理乌洛托品得到了一种水溶性极差的白色粉状晶体。后来发现该晶体是环三亚甲基三硝胺(RDX),分子式(CH$_2$NNO$_2$)$_3$,熔点 201℃,密度(晶体)1.816 g/cm^3,不溶于水,溶于丙酮,有毒性,但毒性远低于 TNT。因 RDX 的晶体呈六边形,所以命名为 hexogon(英文"六边形"的衍生词),中文音译为黑索今。

1922 年,德国化学家赫尔茨(G. C. Hultz)发现 RDX 是一种炸药,其爆炸威力不亚于 TNT,但其合成原料的来源却更丰富,价格更便宜。RDX 的爆炸反应方程式为:

$$C_3H_6O_6N_6 \longrightarrow 3N_2\uparrow + 3H_2O\uparrow + 3CO\uparrow$$

因 RDX 的爆炸威力强大,一般需加入某些钝感剂才适用制作炮弹、地雷等武器,也可用作火箭推进剂的成分之一。二战后,RDX 成为军用炸药的主角之一,仅次于 TNT。

(7) 黑索今副产品中的精英——奥克托今。1941 年,生产 RDX 的一家化工厂发现,RDX 中的一种"杂质"的含量可以决定 RDX 的爆炸效果,若这种"杂质"多,这批产品的"质量"就好,否则就要差一些。经提纯后发现这种"杂质"为 RDX 的同系物,是一个八元环化合物,被命名为 octagon(八边形),音译为奥克托今(HMX)。HMX 呈白色结晶粉末,密度 1.902~1.905 g/cm^3,熔点 276~280℃,不溶于水,溶于二甲亚砜。HMX 的毒性很小,但仍有潜在的危害性。HMX 的密度大于 RDX,爆炸速度和烈度都高于 RDX,化学安定性却好于 TNT,是已知单质炸药中爆炸效果最好的一种。在密闭容器中,若温度保持 200℃,HMX 会发生自爆,其爆炸反应方程式为:

$$C_4H_8N_8O_8 \longrightarrow 4N_2\uparrow + 4H_2O\uparrow + 4CO\uparrow$$

由于 HMX 的生产工艺要求高,产品提纯难度大,生产成本高,所以尚未作为常规炸药用于战争中。

(8) 药物筛选中产生的炸药——太安。硝化甘油开始大规模生产后,人们发现,吸入其蒸气会引起头痛。经过研究,发现这种物质具有强烈的扩张心脑血管的作用。于是,药物学家将其开发成一种治疗心绞痛的药物,用于治疗心脏病。进一步研究后发现,硝酸酯类有机物都具有类似的作用,其中比较长效的是四硝酸季戊四醇酯(PETN),其俄语音译为"太安"。PETN 呈白色结晶,不溶于水,微溶于乙醇、乙醚、苯、汽油,溶于乙酸甲酯和丙酮,无吸湿性。误服后可引起头痛、无力、血压降低、皮炎等。PETN 受热、接触明火或受到摩擦、震动、撞击时即可发生极猛烈的分解性爆炸,其爆炸力为 TNT 当量 120%,遇到氧化剂也能发生强烈反应。其爆炸反应方程式为:

$$C_5H_8N_4O_{12} \longrightarrow 2N_2\uparrow + 4H_2O\uparrow + 3CO_2\uparrow + 2CO\uparrow$$

与 RDX 相比,PETN 爆炸威力更大,但安定性较差,加入钝化剂后被军方用于装填炮弹、炸弹等的炸药,也常用于工矿企业和民用爆破。

除上述各化合物之外,还先后合成了硝酸脲、二硝基萘(DNN)、淀粉硝酸酯、2,4-二硝基甲苯(α-DNT,地恩梯)、乙二醇二硝酸酯(EGDN,硝化乙二醇)、六硝基联苄(HNS,六硝基芪)、三过氧化三丙酮(TATP)等含能物质,它们在一定条件下都可用作炸药,各具特点,或单独使用,或混合使用,在工矿业生产及军事等领域具有重要用途。

2. 混合炸药

在两次世界大战中,苦味酸、TNT 等单质炸药都被大量使用,在战场上发挥了巨大作用。随着现代武器的快速改进及防御能力的不断加强,上述单质炸药的爆炸威力已显得不足,需要发展爆炸威力更大、安全性更高的新炸药,混合炸药应运而生。混合炸药是由两种以上的化学物质混合而成,其中的组分本身可以是炸药,也可以是非爆炸性的氧化剂、可燃剂等。对混合炸药的要求主要是:① 降低某些猛炸药的机械感度、提高装药性能和药柱的机械强度;② 使高熔点的猛炸药与低熔点的猛炸药熔合,便于铸装;③ 改善和调整炸药的爆炸性能;④ 扩大炸药供应的来源,开拓利用来源广、价格低的原料。

(1) 液体混合炸药。是由某种液体与某些能溶于或能悬浮于该液体中的物质混合所制成的炸药,通常由氧化剂与可燃剂组成,如浓硝酸与硝基苯、浓硝酸与硝基甲烷、四硝基甲烷与硝基苯、硝酸肼与肼等,流动性好、密度均匀,可渗入被爆炸物的缝隙中,用于装填地雷、航弹、扫雷,开辟通道,挖掘工事和掩体等,现代战争多用于破坏坑道和深层掩体。但液体炸药存在挥发性大、安定性差、腐蚀性强及某些组分有毒等缺点。

(2) 高威力混合炸药。大多以 RDX,TNT 等单质炸药为主体,添加铝、镁、硼、铍、硅等高热值可燃剂,以进一步提高炸药的爆热性能。这类炸药主要用于装填鱼雷、水雷、深水炸弹、高射炮弹、破甲弹等。例如美国陆军于 1961 年研发成功的 C4 塑胶炸药,组成(质量比)为:91%RDX、2.1%聚异丁烯、5.3%葵二酸二辛酯、1.6%马达油(15# 变压器油)。C4 炸药的外观如同橡皮泥,具有良好的可塑性,防水性能好,在 77℃贮存时不渗油,−54~77℃下保持可塑性,便于伪装携带,很适合特种作战需要。该炸药的爆速可达 8 040 m/s,主要用于装填反坦克破甲弹和 M18 claymore 定向杀伤雷。我国也有类似的炸药,制造工艺与 C4 相近。

(3) 工程炸药。在修筑工事和掩体,铺设道路及拆除建筑物时,都需要爆破作业,然而 RDX、TNT 等炸药的价格昂贵,不适合工程爆破使用,具有中等爆炸威力的硝酸铵在这些场合可大显身手,其爆炸反应为:

$$2NH_4NO_3 \longrightarrow 2N_2\uparrow + O_2\uparrow + 4H_2O\uparrow$$

硝酸铵受热或敲砸会发生分解性爆炸,分解产物中有氧,若在其中再添加一些还原剂,就可以制成价格低廉,威力巨大的混合炸药。常用的为铵油炸药,即将硝酸铵与燃料油、木粉、沥青等可燃物混合而成的炸药。在拆除钢筋混凝土工事时,还常加入少量 TNT 和铝粉,以进一步提高其爆炸威力。

3. 特种炸药

在传统战争中,当一方进攻敌方时总希望能见度高,以便精准打击敌人,而当撤退时却希望是大雾弥漫,使敌人难以发现自己。但大自然并不总如人愿,人类发挥自己的智慧,利用科学技术,人工制造光源、云雾等来模拟这样的气候。这种人工模拟所用的物质属于慢速炸药,也称为烟火药,一般没有直接杀伤作用。

(1) 照明弹。在夜间作战时若没有配备夜视系统,难以完成诸如进攻敌人、搜索目标等任务。现代战争发明了照明弹,使这样的军事任务变得不再困难。

照明弹通常能够产生较高的发光强度,其火焰温度一般高于 2 000℃,其核心是其中所装填的照明剂,能够发生燃烧反应,伴随大量热量产生,并迅速转化为光。常用的照明剂组分是:镁粉、硝酸钠、合成树脂等。这种照明弹燃烧时的发光强度约 50 000 cd · s/g,可将数平方千米的范围照射得亮如白昼,能维持数分钟。

(2) 闪光弹。是通过其中所装填的闪光剂组分间发生剧烈的氧化反应而在极短时间内产生强烈的光,导致敌方人员的眼睛暂时或永久失明,从而丧失作战能力的一种武器。一种典型的闪光剂是由镁铝合金和氯酸钾氧化剂混合而成,当镁铝发生剧烈氧化反应时可以在 0.1 s 内产生数亿到数十亿坎德拉的亮度,无论是直接照射还是从其他物体反射,都可使人的眼睛受到强光刺激而暂时失明,即使闭上眼睛也无济于事。目前社会恐怖事件频发,闪光剂在反恐工作中可发挥应有的作用。

(3) 信号弹。在很多军事影片中,我们经常看到,随着红色信号弹的升空,战斗开始打响。信号弹是一种利用金属离子的焰色反应而制作的特殊火药,其主要成分是黑火药,同时加入了一些可以产生特殊颜色光的盐类,例如,加入硝酸锶可产生红光,加入硝酸钡可产生绿光,加入硝酸钠可产生黄光,加入硫酸铜可产生蓝光等。

（4）燃烧弹。其中装填燃烧剂，燃烧剂是一种具有高燃烧值、高燃烧温度、良好的燃烧速度和抗灭火能力的多组分混合物，装填到航空炸弹、炮弹、火箭弹、枪榴弹和手榴弹等燃烧弹中，主要用于烧伤敌方有生力量、烧毁敌方易燃的军事装备和设备，以及建筑物和工事等军事目标。

历史上大多数时期都是使用以易燃的汽油为主要成分的流质燃烧剂（例如希腊火），在第一次世界大战中出现了各式各样的喷火器，使用的即为这种燃烧剂。现代燃烧弹中装填的燃烧剂一般在汽油中加入了化学助燃剂，有些还加了白磷，再加入环烷酸和脂肪酸的混合铝皂作为稠化剂，调制成凝固汽油。凝固汽油弹爆炸后形成一层火焰向四周溅射，产生约1 000℃的高温，并能黏附在其他物体上长时间地燃烧。自第二次世界大战起，美军在其参与的几乎所有战争中都使用了这种燃烧弹。1945 年 2～3 月美军先后两次对日本东京采取大规模攻击，使用的就是凝固汽油弹，导致 40 多平方千米范围内的所有建筑物被焚毁，死亡人数不计其数。在我国抗美援朝战争中，美军同样大量使用这种凝固汽油弹，致使我志愿军战士伤亡惨重。

为攻击水中目标，还在凝固汽油燃烧剂中添加活泼碱金属钾、钠和碱土金属钙、钡等，这些金属与水发生剧烈反应放出氢气，会进一步发生燃烧，大大提高了燃烧威力。若在汽油中添加镁粉或铝热剂，燃烧温度甚至可达到 3 000℃，几乎能烧毁所有建筑物和工事。

（5）常规武器之王——燃料-空气炸药。当可燃性气体、粉尘在空气中达到一定浓度时，一个火星就可引发剧烈的爆炸，根据这一原理，在军事上制造了燃料-空气炸弹。

燃料-空气炸弹由两部分组成：中心部分是少量的炸药，其余部分是高压液化的燃料，如环氧乙烷、环氧丙烷等，有的还混有胶体铝粉。燃料-空气炸弹投放后，在目标上空发生第一次爆炸，爆炸后高压液化燃料迅速发生气化膨胀，在极短的时间内就可形成一个直径数十米的爆炸性气团。此时，延迟引信将其引爆，产生巨大的气浪，不仅能够引爆地雷一类的隐蔽武器，甚至能将一座小山丘夷为一片平地。此外，这种炸弹爆炸后所产生的混合气体可迅速扩散到坦克和掩体内部，杀伤其中的战斗人员。后果更为严重的是，爆炸使附近空气中的氧消耗殆尽，导致坦克、车辆熄火，地面战斗人员及动物窒息或中毒而亡。

苏军在阿富汗，美军在越南、伊拉克和阿富汗都使用过这种武器。由于它的威力巨大，爆炸时甚至能够形成类似核弹爆炸的蘑菇云，所以被称为"常规武器之王"。

（6）催泪弹。又称催泪瓦斯，其中所填装弹药的主要成分通常为苯氯乙酮（CN）和邻氯苯亚甲基丙二腈（CS）。这些物质能散发出剧烈的催泪气体，刺激人的眼睛流泪，CS 是目前使用最为广泛的成分。催泪弹曾在二战中被广泛用作武器，如日军在侵华时期对我敌后抗日军民屡屡使用催泪弹。目前催泪弹多被用于社会治安中驱散示威人群及制服现场行凶的犯罪分子。除上述成分外，为了提高杀伤效果，还常常添加二苯并[b,f][1,4]氧杂吖庚因（美军代号 CR）、刺激呼吸系统的胡椒喷雾及对人体有毒性的液溴、西埃斯等，甚至还添加镁、铝、硝酸钠、硝酸钡等物质，制成燃烧催泪弹，杀伤效果更为严重。

5.2.2　现代高科技武器与化学

1. 隐形材料

隐身技术是指采用独特的外形设计并采用吸波、透波材料,在一定遥感探测环境中控制、降低某一目标的特征信号强度,缩短探测器的有效作用距离和敌方的反应时间,使目标在一定范围内难以被发现、识别的技术。

隐身技术及材料研究始于二战期间,起源于德国,发展于美国并扩展到英、法、俄罗斯及日本等国家。随着电子对抗技术的不断发展,未来战争的各种武器将面临更大的挑战,隐身技术已发展成为提高自身武器生存能力同时增强作战能力的有效手段,受到各个国家的高度重视。以美国为首的军事强国都在积极研究隐身技术,已取得了突破性进展,在战斗机、导弹和舰船等主要作战武器系统上迅速

图 5-1　隐身飞机

应用,显示出了巨大威力。与此同时,反隐身技术也在迅速发展,这对矛和盾在反复持续的较量中均不断取得新成就。

雷达是现代战争中探测目标最常用的手段之一,雷达隐身技术的核心是降低目标的散射截面积,其技术途径之一就是开发雷达吸收波材料,简称吸波材料。吸波材料是一种功能复合材料,是把电磁波转换为其他形式的能量并将其消耗掉的材料,从吸波原理上可分为吸收型和干涉型两大类。传统的吸波材料有:铁氧体、金属微粉、石墨、碳化硅、陶瓷纤维、导电纤维等;新型的吸波材料有:纳米材料、碳纤维、手性材料、碳纳米管、导电高聚物、多晶纤维、聚苯胺基复合材料、离子体吸波材料、智能化吸波材料等。目前对吸波材料的研究主要集中在这几个方面:① 强吸收能力的吸波材料;② 能兼容米波、厘米波、毫米波及红外光等多波段的宽频吸波材料;③ 质量轻、厚度薄,不影响飞行器机动性能的吸波材料;④ 耐高温、耐腐蚀等适应复杂环境的能力,使用寿命较长、易维护的吸波材料。目前,吸波材料的应用已远远超出了军事目的,广泛应用于广播、电视、人体安全防护,以及通讯和导航系统的电磁干扰、安全信息保密等许多民用领域。

2. 隔热材料

隔热材料是能阻滞热流传递的材料,又称热绝缘材料。多孔材料、热反射材料和真空材料等都具有隔热功能。多孔材料是利用材料本身所含的孔隙内的空气或惰性气体的低导热系数发挥隔热效果;热反射材料是利用其很高的反射系数,将热量反射出去,从而发挥隔热效能,如金、银、镍、铝箔或镀有金属的聚酯、聚酰亚胺薄膜等;真空绝热材料是利用材料内部的真空达到阻隔对流来隔热。隔热材料在许多领域都有广泛的用途,如航空航天器、人造地

球卫星、特种建筑物、高温作业人员的服装,以及武器等。

3. 火箭推进剂

火箭推进剂是一种能够产生巨大推力,用以发射火箭的混合燃料。现代火箭推进剂中往往含有某种氧化剂和还原剂,借以在发生反应时产生大量高温、高压气体,达到推进火箭的目的。火箭推进剂要求点火容易,燃烧稳定,燃速可调范围大,物理化学安定性良好,能长期贮存。根据其物理状态,火箭推进剂主要有三种类型:固体、液体、液-固混合型。

(1) 固体火箭推进剂。黑火药就是最早使用的固体火箭推进剂。1940 年,第一代专用固体推进剂出现,主要成分是高氯酸钾($KClO_4$)和沥青。1947 年,橡胶-高氯酸铵-铝粉推进剂开始广泛应用。现代固体火箭推进剂的主要成分仍然是燃料和氧化还原剂的混合物,如高氯酸铵(NH_4ClO_4)、铝粉、沥青等,仅对赋型剂进行了优化,常用的赋型剂有聚氯乙烯、氯丁橡胶等。为了提高燃爆速度,还添加少量的 RDX、HMX 等炸药。固体火箭推进剂的制造工艺简单,储存方便,但很难控制其喷射速度,所以一般用于火箭弹、战术导弹和多级火箭的最末级。

(2) 液体火箭推进剂。这种推进剂的燃料、氧化剂和还原剂都是液体,分开储存,分别注入燃烧室内混合燃爆,所以容易控制,主要用于战略弹道导弹和卫星、载人航天器发射。二战时,德国的 V2 导弹就是一种液体火箭,燃料为液氧和乙醇。现代液体推进剂,其氧化剂一般为液氧、四氧化二氮(N_2O_4)、双氧水(H_2O_2)、浓硝酸等。还原剂一般为煤油、液氢、肼、偏二甲肼等。正在开发中的还有液氢-液氟、液氨-液氟、硼烷-液氧等。

图 5-2 火箭升空

(3) 固-液火箭推进剂。20 世纪 50 年代起,人们综合了固体、液体火箭的优点,开始开发固-液混合推进剂,目前,最有价值的是高氯酸铵-铍粉-液氧推进剂。

§5.3 化学毒剂的巨大威胁

1915 年 4 月的一个傍晚,在德军与法军陷入胶着状态的比利时战场上,忽然大片黄绿色的浓烟从德军阵地缓慢漂向了法军阵地,使法国士兵们咳嗽不止,不久便纷纷倒地而亡,后来知道是德军向法军投放了氯气(Cl_2)。氯气被人吸入后会在短时间内与肺泡表面的水反应生成盐酸和次氯酸,其中盐酸强烈地刺激神经末梢,引起剧烈咳嗽;次氯酸可破坏组织蛋白和肺泡表面的活性物质,最终使血浆渗入肺泡而导致人窒息而死。氯气在这场战斗中被用作为一种化学武器,通过呼吸系统进入人体,导致人体组织或器官损伤,兵不血刃地"杀伤"了敌方力量。

所谓化学武器就是利用导弹投射或飞机抛洒等方式将有毒化学品(又称化学毒剂)投向目标并释放,通过包括窒息、神经损伤、血液中毒、皮肤溃烂等在内的诸多令人恐怖的方式杀伤敌方有生力量的武器。随着近代化学工业的迅速发展,出现了越来越多的有毒化学品,为战争提供了更多的新型武器。在20世纪的史书中,你会发现一个响亮的名字——弗里茨·哈伯(F. Haber),这是一个毁誉参半的人物。作为化学家,他是一个科学天才,第一个通过人工方法合成了化肥,使粮食大幅度增产,为人类摆脱饥饿的困扰做出了杰出的贡献,因此荣获了1918年诺贝尔化学奖。同时,他也是一个战争魔鬼,负责研制、生产了氯气、芥子气等毒气,并用于战争,造成近百万人痛苦地死去或终身致残,严重地亵渎了人类文明,遭到了美、英、法、中等国科学家们的谴责。化学武器大规模的使用始于一次世界大战,使用的毒剂有氯气、光气、二苯氯胂、氢氰酸、SO_2、芥子气等多达40余种,用量达12万吨,伤亡人数约130万,占战争伤亡总人数的4.6%。

化学武器的种类很多,有化学炮弹、毒烟罐、化学地雷和气溶胶发生器等等,其发挥作用的是其中所填装的化学毒剂。据统计,地球上天然的和人工合成的有毒物质多达数十万种,用于化学武器的约70余种。一战以来所用化学毒剂大多已被淘汰,目前世界上一些国家用作化学武器的毒剂约有十几种。化学毒剂按毒性作用机理可分为以下六大类:

1. 神经性毒剂

神经性毒剂一般具有极强的毒性,是目前化学武器用毒剂中毒性最大的一类。该类毒剂通过破坏人体中与生命直接相关的酶来损伤人体神经系统的正常功能而置人于死地。人一旦吸入或沾染这类毒剂,很快就会中毒,出现肌肉痉挛、全身抽搐、呼吸急促,直至死亡。目前,神经性毒剂主要是指分子中含有磷元素的一类毒剂,包括沙林(甲氟磷酸异丙酯,美军代号GD)、梭曼(甲氟磷酸叔己酯,美军代号GD)、VX(S-(2-二异丙基氨乙基)-甲基硫代膦酸乙酯)、塔崩(二甲氨基氰膦酸乙酯)等。

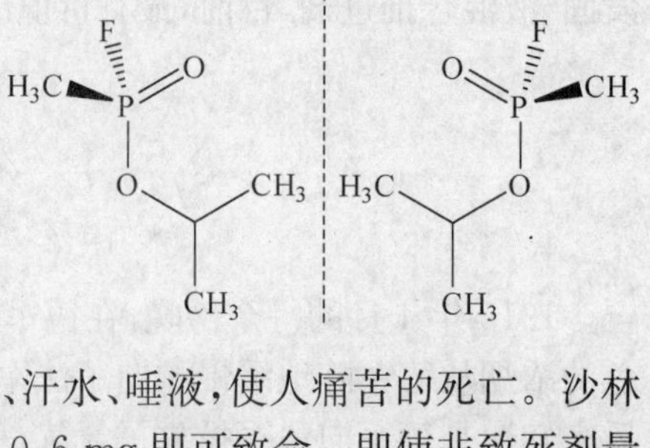

沙林(Sarin),无色无味液体,沸点为158℃,分子式为$C_4H_{10}FO_2P$,可溶于有机溶剂,与其他化学物质混合后会产生刺激性气味。沙林是一种剧毒性的神经毒剂,可经皮肤、眼睛、呼吸道等进入人体,通过破坏生物体内的神经传递物质乙酰胆碱酯酶,迅速地使自主神经系统的交感神经与副交感神经失去平衡,导致呼吸功能瘫痪,缩瞳,肠胃痉挛剧痛,分泌眼泪、汗水、唾液,使人痛苦的死亡。沙林在极低浓度下即可发挥毒性,60 kg的成年人只要吸入0.6 mg即可致命。即使非致死剂量的沙林侵入人体,也会造成极大危害。

1938年,德国法本公司的施拉德尔(G. Schrader)、安布罗斯(O. Ambros)、里特(G.

Ritter)和林德(V. der Linde)等人在研制一种新型杀虫剂时,在副产物中首次发现了沙林,德国军方很快发现了它的军事价值,并投入了生产,但在二战期间并未使用。1995 年 3 月 20 日清晨,原奥姆真理教部分信徒受麻原彰晃指使,在日本东京市区 3 条地铁电车内施放了沙林毒气,造成 12 人死亡,约 5 500 人中毒,成为自二战结束后最严重的恐怖袭击事件。

2. 全身中毒性毒剂

全身中毒性毒剂也称血液毒剂,能够破坏人体组织细胞的氧化功能,引起全身组织缺氧,如氢氰酸、氯化氰等。此类毒剂可经呼吸道吸入,作用于细胞色素氧化酶,使细胞能量代谢受阻,供能失调,迅速导致机体功能障碍,出现皮肤红肿、口舌麻木、头痛头晕、呼吸困难、瞳孔散大、四肢抽搐等症状,中毒严重时可立即引起死亡。最典型的是氰化氢和氯化氰,其中,氰化氢又称山埃,化学式 HCN,标准状态下为气体,无色。氰化氢能与水以任意比例混合,形成无色水溶液,沸点为 26℃。氯化氰,化学式 CNCl,无色液体,受热分解,可溶于水、乙醇、乙醚等溶剂,能与许多物质发生化学反应,通常用于化学合成。CNCl 接触水或水蒸气会发生剧烈反应,释出出剧毒性和腐蚀性烟雾,对眼睛和呼吸道产生强烈的刺激作用,可引起气管炎和支气管炎。高浓度时,可引起眩晕、恶心、大量流泪、咳嗽、呼吸困难、肺气肿,甚至迅速死亡。慢性中毒会造成不同程度的呕吐、腹泻、尿痛、咳嗽、头痛、体重减轻等症状。

3. 窒息性毒剂

窒息性毒剂是一类能损害肺组织,破坏呼吸功能,使人缺氧窒息的毒剂,故又称肺损伤剂。这类毒剂通常在空气中滞留时间很短,一般经呼吸系统进入人体,中毒后出现咳嗽、呼吸困难,皮肤从青紫发展到苍白等症状,中毒严重时可引起死亡,防毒面具可有效防护,抗毒药物有乌洛托品等。属于这一类毒剂的有氯气、光气等。

氯气在常温常压下为黄绿色气体,具有强氧化性,可溶于水,易溶于有机溶剂,易液化成金黄色液体,是氯碱工业的主要产品之一,早期作为造纸、纺织工业的漂白剂,能与有机物和无机物发生取代或加成反应生成多种氯化物。氯气可引起人体呼吸道严重损伤,对眼睛黏膜和皮肤有强烈刺激性,空气中有 0.003% 的氯气就足以使人咳嗽不止,0.1% 的浓度即可使人丧命。光气最初是由氯仿受光照分解产生,故有此名,又称碳酰氯,化学式为 $COCl_2$,常温下为无色气体,有腐草味,较易溶于苯、甲苯等有机溶剂,是非常活泼的亲电试剂,遇水迅速水解。光气是一种重要的有机中间体,在农药、医药、工程塑料、聚氨酯材料以及军事上都有许多用途。环境中的光气主要来自染料、农药、制药等生产工艺,脂肪族氯烃类(如氯仿、三氯乙烯等)燃烧时可产生光气。光气的毒性比氯气约大 10 倍,但在体内无蓄积作用,经呼吸道吸入、皮肤吸收途径进入人体导致人体中毒。吸入后,经几小时的潜伏期即出现症状,表现为呼吸困难、胸部压痛、血压下降等症状,主要损害呼吸道,导致化学性支气管炎、肺炎、肺水肿,严重时昏迷直至死亡。在第一次世界大战中光气被大量使用,是最主要的致死性毒剂。

4. 糜烂性毒剂

糜烂性毒剂是通过呼吸道和外露皮肤侵入人体，破坏肌体组织细胞，使皮肤糜烂坏死的一类毒剂，包括芥子气（二氯二乙硫醚，$ClC_2H_4SC_2H_4Cl$）和路易氏气（β-氯乙烯二氯胂，$ClCH = CHAsCl_2$）。这类毒剂中毒后会出现皮肤红肿、起大泡、溃烂等症状。

芥子气是一种挥发性液体糜烂性毒剂，主要通过皮肤或呼吸道侵入肌体，潜伏期 2～12 小时，对皮肤、黏膜具有糜烂作用，可直接损伤组织细胞，导致皮肤烧伤，产生红肿、水疱、溃烂；呼吸道黏膜发炎坏死，出现剧烈咳嗽和浓痰，甚至呼吸窒息；眼睛出现眼结膜炎，导致红肿甚至失明；对造血器官也有损伤，多伴有感染；引起呕吐和腹泻；还会导致人体发生癌变等。正常条件下，仅 0.2 mg/L 的浓度就能使人受到毒害，死亡率约 1%。

1822 年，比利时的德斯普雷兹（C. Despretz）发现了芥子气。1886 年，德国的梅耶（V. Meyer）首次人工合成了芥子气。在一次大战中，德军首先在比利时的伊普尔地区对英法联军使用了芥子气，之后交战各方纷纷效仿。在一战中共使用了约 12 000 吨芥子气，中毒死亡人数约 116 万，占因毒气伤亡总人数的 88.9%。在二次大战中，侵华日军 516 部队、731 部队曾在我国东北地区秘密开展惨绝人寰的毒气试验，并在淞沪抗战、徐州抗战及衡阳保卫战等战役中大量使用芥子气，造成无数中国军民伤亡。

在芥子气中毒的 12 小时内用 30% 的硫代硫酸钠（大苏打）溶液处理染毒部位能有效减轻痛苦。临床上常用注射谷胱甘肽配合口服维生素 E 来治理芥子气中毒。芥子气可溶于碱性水溶液，所以可用石灰水和苏打水等消毒。

5. 失能性毒剂

失能性毒剂也称"心理化学武器"，是造成思维和行动功能障碍，使受袭者暂时失去战斗力的一类毒剂。这种毒剂经常被用于特种部队的奇袭行动，散布时通常呈烟雾状，可在短时间内失效，对人体不构成生理损伤，代表性的主要有麦角酰二乙胺、蟾蜍色胺、西洛赛宾、麦司卡林等四氢大麻醇类化合物。

形形色色的化学毒剂在两次世界大战及以后的多次战争中被用作现代武器，因其巨大的杀伤力，造成了参战人员和平民的惨重伤害，极大地挑战了人类文明，也造成了严重的环境污染，无不受到世界各国人民的强烈谴责。其实早在 1899 年和 1907 年两次召开的"海牙和平会议"上，参会各方就达成了一致协议，禁止在战争中使用含毒剂的炮弹，然而这些早期协议在第一次世界大战中很快就被撕毁了。1925 年，经国际社会的共同努力，达成了《禁止在战争中使用窒息性、毒性和其他气体和细菌作战方法的议定书》（即《日内瓦议定书》）。然而议定书未能有效禁止化学武器的生产和储存，致使所有缔约国均

图 5-3

有权保存化学武器,导致化学武器禁而不止。1978 年,第一届裁军特别联大把化学武器公约谈判列为多边裁军谈判最紧迫的任务。1992 年 9 月,在日内瓦裁军会议上签署了公约草案,并于 1992 年 11 月召开的第 47 届联合国大会上一致通过,成为国际公约。1993 年 1 月 13～15 日,包括中国在内的 130 个国家在巴黎联合国教科文组织总部签署了该公约。1993 年 2 月,在荷兰海牙设立了该公约的执行机构——禁止化学武器组织(OPCW),负责实现《禁止化学武器公约》的宗旨和目标,确保公约的各项规定得到执行,并对该公约的遵守情况进行核查。1997 年 4 月公约正式生效,同年我国成为该公约的原始缔约国。截止 2013 年 10 月,全球 195 个国家中有 190 个国家加入了该公约组织,充分表明了世界各国人民对禁止化学武器的共同愿望!

战争是残酷的,化学知识和技术一旦被一些好战魔鬼所利用,就会充当极为不光彩的角色,成为涂炭生灵、毁灭家园的"帮凶"! 使战争变得更加残酷! 我们期盼世界不再有战争,更不要有化学武器的身影,让化学真正成为为人类创造财富,创造文明的科学。

参考文献

1. 蔡苹. 化学与社会[M]. 北京:科学出版社,2010.
2. 夏治强. 化学武器兴衰史话[M]. 北京:化学工业出版社,2008.
3. 张校祥,张夷人. 现代科技与战争[M]. 北京:清华大学出版社,2005.

思考题

1. 简述化学与古代兵器发展的关系。
2. 简述化学对现代军事发展的作用。
3. 简述炸药的发展并举例说明炸药在生产建设中的应用。
4. 化学毒剂分类的依据是什么? 举例说明各类毒剂的特点。
5. 若在日常工作和生活中遇到化学毒剂时,应采取什么措施避免其对人的伤害? 请查阅文献具体说明。

第 6 章　化学与环境

许多化学物质在为人类创造幸福的同时,也对环境造成了危害,大家熟知的臭氧层空洞、酸雨和水体富营养化等都与化学有关。环境质量的优劣与人类的生存质量直接相关,并关系着人类社会的可持续发展,环境问题已成为影响全球经济与社会可持续发展的重要问题之一。目前,各国对环境的治理,已开始从治标转向治本,倡导绿色化学,积极推行清洁生产工艺,生产环境友好型产品,从源头上消除污染的产生。同时,利用化学原理和技术,对已产生的环境污染积极开展治理,使蓝天白云和青山绿水重回人间。

§6.1　环境与环境问题

自然环境由生物圈、大气圈、水圈和岩石圈组成,称为生态圈。由于近几十年来自然资源和能源的开发快速增长,不仅将地下矿藏大量移至地表,使本来固定在岩石中的元素形态发生改变而进入了生态环境,而且将大量的工业废物排入大气、水体和土壤环境中,从而引发了一系列环境问题。

6.1.1　环境与生态系统

1. 环境

环境是指影响人类生存和发展的各种天然的和经过人工改造的自然因素的总体,包括大气、水、海洋、土地、矿藏、森林、草原、野生生物、自然遗迹、人文遗迹、自然保护区、风景名胜区、城市和乡村等。人类环境由自然环境和社会环境(人工环境)组成,按照环境要素,自然环境又可分为大气环境、水环境、土壤环境、地质环境和生物环境等,主要是指地球的大气圈、水圈、土圈、岩石圈和生物圈,其中,生物圈与人类生活关系最为密切。人类环境的组成见图 6-1。

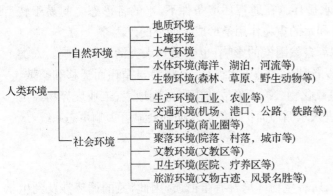

图 6-1　人类环境的组成

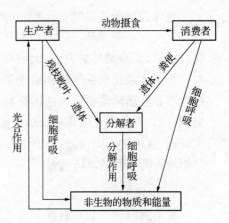

图 6-2　生态系统的组成

2. 生态系统

植物、动物、微生物等各种生物群落组成了生物环境。空气、水、土壤等是生物赖以生存的自然环境,也称非生物环境。生物群落与其生存环境之间以及生物群落内不同种群之间不断地进行物质交换、能量传递和信息交流,构成了多种多样的生态系统,例如,一片森林,一带沙漠,一片海洋,一个村落,一座城市都可视为一个生态系统。生态系统中能量流动、物质循环和信息联系构成了生态系统的基本功能。生态系统的组成见图 6-2。

6.1.2　自然界中化学物质的循环

1. 水循环

水是一切生命机体的组成物质,是生命的基础,也是人类开展生产和生活活动的重要资源。地球上的水主要分布在海洋、湖泊、沼泽、河流、冰川、雪山、大气、生物体、土壤和地层内,总量约 1.4×10^{18} m^3,其中 96.5% 来自于海洋。

图 6-3　自然界中水的循环

地球表面的水以气态、液态和固态三种形态存在,各形态之间不断相互转化,在陆地、海洋和大气间不断循环,这个过程就是水循环。在通常环境条件下,水的各形态之间易于转化,这是形成水循环的内因;太阳辐射和水的重力作用是形成水循环的外因。

水循环系统既受气象和地理条件等自然因素的影响,也会受到人类活动的影响。人类在生产和生活活动中排出的污染物,以各种形式进入水循环后,将参与循环而迁移和扩散。例如,排入大气的二氧化硫(SO_2)和氮氧化物(NO_x)形成酸雨降落到地表;工业废弃物经雨水冲刷,其中的污染物随径流和渗透进入水循环而扩散等。水循环会显著影响生态系统,最终影响人类生存的环境质量。

2. 氮循环

氮是蛋白质的基本组成元素之一,所有生物体均含有蛋白质,因此,氮的循环涉及到生物圈的全部领域。氮是地球上极为丰富的一种元素,在大气中以氮气(N_2)形态存在,约占78%,但这种形态的氮不能被多数生物体直接利用,必须通过固氮作用,将N_2转化成某种可被植物吸收利用的氮形态,并经复杂的生物转化过程形成各种氨基酸,然后由氨基酸合成蛋白质。

自然界中的氮单质和含氮化合物之间可以相互转化,形成了与其他物质循环相互关联的生态系统,这就是氮循环,它是生物圈内基本的物质循环之一,见图6-4。构成氮循环的主要环节有:生物体内有机氮的合成及氨化、硝化、反硝化和固氮作用等。植物吸收土壤中的铵盐或硝酸盐等无机氮,转化成植物体内的蛋白质等有机氮;动物直接或间接地以植物为食物,将植物体内的有机氮转化成动物体内的有机氮;动植物的遗体、排泄物和残落物中的有机氮被微生物分解后形成氨(NH_3),这一过程称为氨化作用。在有氧(O_2)条件下,土壤

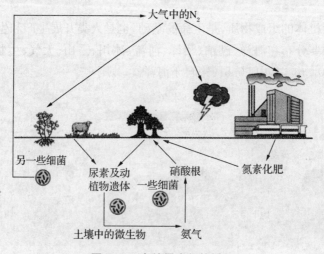

图6-4 自然界中氮的循环

中的氨或铵盐在硝化细菌的作用下最终被氧化成硝酸盐,该过程称为硝化作用。氨化和硝化作用产生的无机氮都能被植物吸收利用。在 O_2 不足的条件下,土壤中的硝酸盐被反硝化细菌等微生物还原成亚硝酸盐,并进一步还原成氮气而返回到大气中,这一过程被称作反硝化作用。由于微生物的活动,土壤成为氮循环中最活跃的区域。

通过人工合成化学氮肥,以及大规模种植有生物固氮能力的豆科等作物的方式,进行人工固氮,可在一定程度上影响氮循环。人工固氮的总量约占全球年总固氮量的 $20\%\sim30\%$。

在无人为干预的自然条件下,反硝化作用产生并排入大气的 N_2 和 N_2O,与生物固氮作用吸收的 N_2 和平流层中被破坏的 N_2O 保持平衡。然而,人类的许多生产和生活活动往往会破坏这种平衡。例如,农田长期大量施用氮肥,使排入大气的 N_2O 不断增多,N_2O 进入平流层后会消耗臭氧(O_3),使到达地面的紫外线辐射量增加。部分氮肥还会随地面径流进入河流、湖泊和海洋,造成这些水体的富营养化现象。此外,矿物燃料燃烧时,空气中的 N_2 在高温下与 O_2 结合生成 NO_x,排入大气后可引起光化学烟雾和酸雨等。

3. 碳循环

碳是构成生物体的基本元素之一,也是构成地壳岩石和煤、石油、天然气的主要元素,碳的循环主要是通过 CO_2 来进行的。碳在岩石圈中主要以碳酸盐的形式存在,总量约 2.7×10^{16} 吨;在大气圈中以 CO_2 和 CO 形式存在,总量约 2×10^{12} 吨;在水圈中的存在形式多样,在生物库中主要以各种各样的有机物形式存在。

生物圈中的碳循环主要表现在绿色植物从空气中吸收 CO_2,经光合作用转化为葡萄糖,并放出 O_2。植物被动物采食后,糖类被动物吸收利用,在体内氧化生成 CO_2,排入大气。此外,煤、石油和天然气等燃料中的碳在燃烧时生成 CO_2,返回大气中。在生物库中,森林是 CO_2 的主要吸收者,它固定的碳相当于其他类型植被的 2 倍。森林也是生物库中碳的主要贮存者,贮量大约为 4.82×10^{11} 吨,相当于大气含碳量的 2/3。自然界中碳的循环如图 6-5 所示。

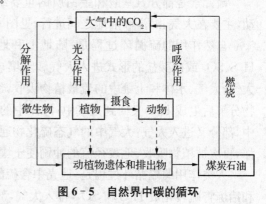

图 6-5 自然界中碳的循环

4. 磷循环

磷是生命必需元素,在地表的分布很不均匀,主要以磷酸盐形式贮存于沉积物中。植物能够吸收土壤中以可溶性磷酸盐形态存在的磷,但在碱性环境下,土壤中的可溶性磷酸根易与钙结合,在酸性环境下易与铁、铝等结合,均形成难溶于水的磷酸盐,使植物难以吸收。与氮、硫不同,磷在生物体内和环境中都以磷酸根的形式存在,其不同价态间的转化无需微生物参与,是比较简单的生物地球化学循环。

　　磷酸盐易被地表径流携带而沉积于海底,磷质一旦离开生物圈即不易返回,除非有地质变动或生物搬运,磷的循环是不完善的。储存于地表的磷酸盐沉积物是农业用磷肥的主要来源,应合理开采和节约使用,避免磷质流失。自然界中磷的循环见图6-6。

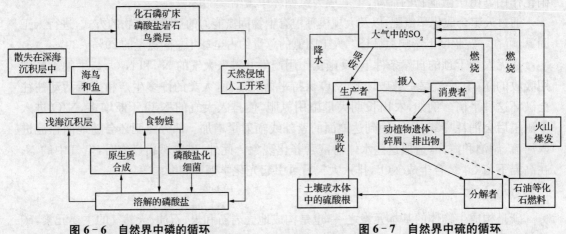

图6-6　自然界中磷的循环　　　　　图6-7　自然界中硫的循环

5. 硫循环

　　硫元素是部分氨基酸和蛋白质的重要组成成分。硫循环由自然作用和人类活动所推动,主要在大气、海洋和陆地之间进行,见图6-7。

　　自然作用的硫循环过程是:陆地上和地壳中的硫通过火山喷发及岩石风化作用,以H_2S、SO_2或硫酸盐的形式进入大气和土壤;海底火山爆发时所产生的硫,溶入海洋和逸入大气;大气、水体和土壤中的硫被植物吸收,经食物链部分进入动物体内,当生物残骸被微生物分解后生成H_2S又回到大气中;海洋中的生物遗骸腐败后,所储存的硫重新释放到海水中,部分又进入大气;大气中的气态硫化物通过降水、沉降和地表吸收等过程回到陆地和海洋,再次被植物吸收;地表径流的冲刷使土壤中的部分硫进入河流、海洋,最终沉积于海底。

　　人类作用的硫循环过程是:地壳中含硫的化石燃料和金属矿物在利用过程中,通过燃烧和冶炼将硫转化成H_2S和SO_2,排入大气,部分被水吸收进入土壤和水体。

　　除了上述几种重要的物质外,在生物圈中与人类生存息息相关的物质还有很多,都在某一范围内保持着循环平衡。这些物质大致可分为生命必需元素和非必需元素两大类,前者包括钙、钾、钠、氯、镁、铁等元素和维生素,它们在生物体内的量常有一定的限度,通过生物体本身进行调节;后者如汞、铅、砷等,这类元素对生物体有害,当达到一定量时会造成机体功能紊乱,甚至破坏机体结构而导致中毒。

　　近年来,自然生态系统不断地受到人类各种活动的干扰,自然的物质循环渠道被人为的物质循环渠道所代替。例如,大面积农作物种植取代了自然植被、不恰当的耕作方法造成的水土流失、人工建造的灌溉系统等,形成了局部物质循环。尤其是化肥和农药的大量施用、矿物燃料的开采和使用、各种工业废弃物的排放等,极大地改变了自然界原有物质的平衡。在生物圈中,一些物种排泄的废物往往可能是另一些物种的营养物,从而形成了生生不息的物质循环,但这一化废为利的途径一旦被破坏,就可能会产生环境污染,甚至带来灾难。

6.1.3　环境问题

环境既是人类生存与发展的终极物质来源,同时又是人类活动所产生的各种废弃物的承载者。通常所说的环境问题主要是指由于人类不合理开发和利用自然资源而造成生态环境的破坏,以及工农业生产和人类生活所造成的环境污染。环境问题的实质是一个经济和社会问题,是由于人类对自然环境规律认识不足,盲目发展和不合理开发利用自然资源而造成的环境质量恶化,以及资源浪费,甚至枯竭。

1. 环境问题的发展

工业革命以前,主要的环境问题是生态环境破坏,包括严重水土流失、水旱灾频繁,以及沙漠化问题;第一次产业革命(18 世纪后半叶~20 世纪 30 年代)期间的环境问题主要表现为工业污染。由于经济发展的不平衡,从全球角度来看,其危害还是局部的;在第二次产业革命(20 世纪 30~70 年代)期间,过去潜在的污染危害和新的环境污染共同酿成了全球关注的污染公害;20 世纪 80 年代至今,从 1984 年英国科学家发现南极上空出现"臭氧洞"开始,全球气候变暖、生物多样性锐减等全球性环境问题日益受到世人的关注。

2. 污染公害事件

工业革命之后,人类生存的地球上发生了许多重大环境污染事件,尤其是举世瞩目的"八大公害事件",影响范围广,持续时间长,伤亡人数多,是工业发展对人类造成重大破坏的典型案例,成为人类破坏环境的血的教训。

(1) 大气污染公害事件:发生的根源是由于煤和石油燃烧排放到大气中的大量气体污染物、粉尘等,以及有毒有害化学品的泄漏或不当排放。如上世纪发生于美国多诺拉、英国伦敦、英国格拉斯哥的烟雾事件及发生于日本横滨、日本四日市、美国新奥尔良市的哮喘病事件等。1984 年 12 月 4 日美国联合碳化物公司在印度博帕尔的农药厂发生了异氰酸甲酯毒气泄漏事故,造成了 12.5 万人中毒,6 495 人死亡,20 万人受伤,5 万多人终身受害,事故之大,震惊全球!

(2) 水污染公害事件:源于工业生产排入水体中的大量化学污染物。如 1956 年,日本九州南部熊本县水俣镇的甲基汞污染造成的水俣病事件。

(3) 土壤污染公害事件:源于工业废水、废渣排入土壤中造成的环境污染。如 1975~1977 年发生于日本富山县神通川流域因含镉工业废水引起的痛痛病事件。

（4）食物污染公害事件：这是由于有毒化学物质（含食品添加剂）和致病生物等污染食品造成的。如 1968 年 3 月～1977 年，发生于日本九州、四国等地的米糠油事件，因有毒物质多氯联苯进入食物链，几十万只鸡突然死亡，食用者中有 1 684 人患病，数十人死亡。

（5）核泄漏污染公害事件：1986 年 4 月 26 日凌晨，前苏联的切尔诺贝利核电站反应堆发生爆炸并引发了大火，导致核废液泄漏污染大气、河水和土壤，使欧洲大部分地区都受到不同程度的影响，直接或间接导致近 10 万人死亡，27 万人致癌，事故后的长期影响至今仍难以评估。

公害事件往往都会给人类带来灾难性的后果。近年来，虽然严重的公害事件很少发生，但环境诱变、物种入侵、转基因生物的风险等引起的潜在性危害尚难以估量。

3. 全球性环境问题

（1）大气环境问题日渐突出

① 全球气候变暖：研究表明，全球气候变暖的根源在于大量排放的温室气体，如水汽、二氧化碳、氧化亚氮、甲烷、氢氟氯碳化物、全氟碳化物及六氟化硫等，其中有相当一部分是人为产生的，如使用石油、煤炭等矿石燃料，或砍伐森林并焚烧时产生的大量 CO_2 等气体，这些气体能够吸收地面反射的太阳辐射，并重新发射辐射，类似于温室截留了太阳辐射，并加热温室内空气，使地球表面变暖，产生温室效应。全球变暖会导致全球降水量重新分配、冰川和冻土消融、海平面上升等。

② 酸雨危害：酸雨是指 pH＜5.6 的雨水，主要是因工业发展而产生的一种灾害。人类大量使用煤、石油、天然气等化石燃料，向大气中排放硫氧化物（SO_x）或氮氧化物（NO_x），经过化学反应形成硫酸或硝酸气溶胶，或者被云、雨、雪、雾捕捉吸收，形成酸雨降落到地面上。此外，土壤中某些机体（如动物尸体和植物败叶）在细菌作用下分解产生的某些硫化物、火山爆发喷出的 SO_2、森林火灾排放的 SO_x，也是引起酸雨的原因之一。酸雨会导致河流、湖泊酸化，影响鱼类繁殖甚至种群灭绝；土壤酸度提高会使细菌种类减少，肥力减退，影响作物生长，还会导致土壤中锰、铜、铅、镉和锌等重金属转化为可溶性化合物，迁移进入江河湖泊引起水质污染，进而通过食物链对人体健康产生影响。我国是化石能源消耗大国，受酸雨危害较为严重，已成为了世界三大酸雨区域之一。

③ 臭氧层破坏：臭氧层是大气平流层中臭氧浓度最大的一个空域，能够吸收大部分太阳紫外辐射，是地球的保护层。空气中的氟利昂等卤代烃进入大气平流层后，降解产生的卤原子与空气中的臭氧发生链式反应，使臭氧分解为 O_2，从而破坏大气平流层中的臭氧层，产生臭氧空洞。臭氧层的破坏会引起地球表面紫外线辐照增强，影响生态平衡，同时会导致人体皮肤癌发病率的上升。

（2）大面积生态破坏加剧

① 生物多样性减少：生物多样性是指在一定时期和一定地域内所有生物（动物、植物、微生物）有规律地结合所构成的稳定而又复杂的生态综合体，包括物种多样性、遗传（基因）

多样性和生态系统多样性三个层次,其中,物种的多样性是生物多样性的关键。目前已知的生物约有 200 万种,这些形形色色的生物物种构成了生物物种的多样性,为人类提供了各种食物、纤维、建筑材料及其他工业原料。在生态系统中,各种生物之间具有相互依存和相互制约的关系,它们共同维系着生态系统的结构和功能,某种生物一旦减少,生态系统的稳定性就会遭到破坏,人类的生存环境也就会受到影响。

据报道,在 1990～2010 年间,因砍伐森林而导致每年损失 15 000～50 000 个物种,占世界物种总数的 5%～25%。中国的不少特有物种,如黑猩猩、蓝鲸、小熊猫、大熊猫、东北虎、华南虎、亚洲象、麋鹿、犀牛、藏羚羊、丹顶鹤、扬子鳄、中华鲟、水杉、银杏、红豆杉、阔叶苏铁、长白松等都面临灭绝威胁。据联合国环境规划署(UNEP)估计,在未来的 20～30 年中,地球上有 25% 的生物将处于灭绝的危险之中。

② 森林锐减:森林可以调节气候、防风固沙、涵养水源、保持水土、净化空气,为动物提供栖息场所,还为人类提供大量宝贵的资源。当森林遭到破坏后,这些作用就会全部消失。可惜的是,自有人类文明以来,过度采伐森林及自然灾害所造成的森林大量减少的现象从未中断过,其中热带雨林锐减尤为显著。森林锐减会直接导致生态危机,科学家们断言,假如森林从地球上消失,陆地上 90% 的生物将灭绝,全球 90% 的淡水将白白流入大海,生物固氮将减少 90%,生物释氧将减少 60%,许多地区的风速将增加 60%～80%,同时将伴生许多生态问题,人类将无法生存。

图 6-8　森林锐减动物生存危机

1985 年 FAO 制定了热带森林行动计划,要求与热带森林有密切关系的各国及国际组织讨论和制定森林规划,并加强林区发展机构间的合作,实施热带森林保护、再生和适当利用措施;1992 年 6 月在巴西巨星召开的"联合国环境与发展大会",又通过了《关于森林问题的原则声明》和《21 世纪议程》,再次强调森林可持续发展对环境的重要性,要求各国立即采取具体行动,以缓解森林锐减。

③ 土地荒漠化:由于气候变化和人类不合理的生产活动等,还导致干旱、半干旱和具有干旱灾害的半湿润地区的土地发生退化,即土地荒漠化。在诸多的环境问题中,土地荒漠化是最为严重的问题之一,它会给人、畜带来食物饥荒。我国是世界上土地荒漠化严重的国家之一,荒漠化面积大、分布广、类型多,形势十分严峻。全国荒漠化土地面积超过 262.2 万平方千米,占国土总面积的 27.3%,其中沙化土地约 168.9 万平方千米,主要分布在西

图 6-9　土地荒漠化

北、华北、东北等 13 个省区。

④ 淡水资源枯竭：淡水资源由江河及湖泊中的水、高山积雪、冰川以及地下水等组成，地球上的淡水仅占总水量的 2.7%，其中，冰山、冰川水占 77.2%，地下水和土壤中的水占 22.4%，湖泊、沼泽水占 0.35%，河水占 0.1%，大气中水占 0.04%。

全球现有 80 个国家水源不足，20 亿人的饮水得不到保障，12 亿人面临中度到高度缺水的压力，预计到 2025 年，形势还会进一步恶化，缺水人口将达 28 亿～33 亿立方米。我国淡水资源总量约 28 000 亿立方米，占全球水资源的 6%，仅次于巴西、俄罗斯和加拿大，列世界第四位，总量虽然丰富，但人均量却远低于世界平均水平，仅排在世界第 121 位。同时，我国水资源分布严重不均，大量淡水资源集中在南方，北方淡水资源仅为南方的 1/4。据统计，我国 600 多个城市中有一半以上城市不同程度地缺水，沿海城市也

图 6-10　淡水资源枯竭湖泊干涸

不例外，甚至更为严重。近十年来我国七大河流之一的淮河多次断流。根据卫星照片分析，全国数百个湖泊正在干涸，一些地方性的河流也在消失。

目前我国城市供水以地表水或地下水为主，有些城市因地下水过度开采，造成水位下降，有的城市形成了几百平方千米的大漏斗，导致海水倒灌。尽管如此，工业废水的肆意非法排放仍在继续，至今已导致全国近 80% 的地表水和地下水被污染。

⑤ 海洋污染：海洋面积辽阔，储水量巨大，亿万年来一直接纳着来自于陆地流入的各种物质，保持着地球上最稳定的生态系统。可是，人类已经打破了这种平衡。人类的生产、生活活动产生的各种污染物损害了海洋生物资源，改变了海洋原来的状态，使海洋生态系统日趋遭到破坏。尤其是近几十年来，随着各国工业的快速发展，海洋污染日趋加重，局部海域环境已经发生了很大改变，并在继续恶化。

海洋污染的污染源多、危害持续性强、扩散范围广，难以控制。海洋污染造成的海水浑浊严重影响海

图 6-11　海洋污染祸及海洋生物

洋植物（浮游植物和海藻）的光合作用，从而影响海域的生产力，对海洋生物产生很大危害；重金属和有机物等有毒物质在海域中蓄积，并通过海洋生物的富集作用，对其他海洋生物及人体造成毒害；石油污染在海洋表面形成面积广大的油膜，阻止了空气中的 O_2 向海水中溶解，造成海水缺氧，危害海洋生物，并祸及海鸟和人类；好氧有机物污染引起的赤潮（海水富营养化的结果），造成海水缺氧，导致大量海洋生物死亡。

（3）突发性环境污染事故频发

近几十年来,在极短的时间内因大量污染物排放,对环境造成严重污染和破坏的突发性环境污染事故频频发生,如核污染事故,剧毒农药和有毒化学品的泄漏、扩散等,给人民的生命和财产造成了重大损失。不同于一般的环境污染,这种环境污染事故发生突然、扩散迅速、危害严重。根据事故发生的原因、主要污染物的性质及事故的表现形式等,突发性环境污染事故包括多种类型,如有毒有害化学品、剧毒农药、放射性物质、原油及各种油制品等在生产、使用、贮存和运输过程中,因泄漏或非正常排放所引发的污染事故;易燃、易爆物质所引起的爆炸、火灾事故,如煤矿瓦斯、煤气、石油液化气、火药等使用不当造成爆炸事故,有些垃圾、固体废物堆放或处置不当,也会发生爆炸事故;因操作不当或事故原因使大量高浓度废水排入地表水体中,致使水质突然恶化的污染事故等。

突发性环境污染事故,往往会在很短的时间内导致局部地区生态的严重破坏,造成大量人员伤亡,带来重大的经济损失,引起社会恐慌。

§6.2　有害化学品的环境污染

有害化学品是指已经被确认为对人类健康和环境有危害性的任一化学品。随着工农业的迅猛发展,有毒有害污染源随处可见,这些污染源所排放的有毒有害化学品可通过多种途径侵入环境,对环境造成严重污染,再通过多种途径危害人体健康。

6.2.1　有害化学品污染环境的途径

有害化学品主要通过以下四种途径污染环境:

（1）人为地直接排入环境,如化学农药;

（2）在生产、加工、储存过程中,以废水、废气和废渣等形式排入环境;

（3）在生产、储存和运输过程中由于着火、爆炸、泄漏等突发性事故,致使大量有害化学品进入环境;

（4）石油、煤炭等燃料在燃烧过程中,以及家庭装饰等活动中,直接排入或者使用后作为废弃物排入环境。

6.2.2　有害化学品对环境的危害

进入环境的有害化学物质对人体健康和环境会造成直接或潜在的危害,如长期大量使用毒性较大的农药,对环境中的生物安全及人体健康必会产生较大的影响。工业生产中排放的各种化学品也是最大的环境污染源之一,如工业废水中的氰化物、砷化物、多卤代苯化合物、多芳烃化合物、苯酚类化合物等,均为有毒有害物质,一旦排入环境,必然会造成严重的环境污染,通过食物链会最终危害人体健康。据调查显示,全国主要江河湖泊,特别是淮河、海河、辽河、滇池、巢湖和太湖等,水污染问题突出,给当地经济发展和人民生活带来了严重影响。化学废弃物的不当处理和处置,还会造成土壤板结和地下水污染,会威胁人类生存和人体健康。此外,人类日常生活会产生大量的化学污染物,如果未加处理直接排入环境,同样会严重污染环境,最明显的结果就是地表水质恶化,如通过废水进入封闭性湖泊、海湾等的氮和磷会使水体富营养化,造成浮游藻类大量繁殖、水体透明度下降、溶解氧含量降低、水质发臭、出现"赤潮"等,直接威胁水生生物的生存。目前癌症已成为严重威胁人类健康和生命的疾病之一,我国每年癌症新发病例有 150 多万人,死亡 110 多万人,导致人类患癌的原因中有 10%～15%与环境污染有关。

6.2.3 预防和控制化学品污染的措施

1. 倡导绿色化学

有害化学品对人体健康和环境的危害是环境保护中亟待解决的重要问题,引起了全社会的高度重视。为应对各种化学污染物的挑战,保护人类赖以生存的环境,实现人与自然的和谐发展,以及人类社会的可持续发展,世界各国都在倡导"绿色化学"。"绿色化学"又称环境无害化学、环境友好化学或清洁化学,是指化学反应和过程以"原子经济性"为基本原则,在始端就考虑采用污染预防的科学手段,使过程和终端均实现零排放和零污染,是一门从源头阻止污染的化学。绿色化学不同于环境保护,它主动地防止化学污染,从而在根本上切断污染源,所以绿色化学是更高层次的环境友好化学,世界上很多国家已把"化学的绿色化"作为新世纪化学发展的主要方向之一。

绿色化学利用化学的技术、原理和方法来设法消除对人体健康、安全和生态环境有毒有害的化学品,其核心内容之一是"原子经济性",即充分利用反应物中的各个原子,因而既能充分利用资源,又能防止污染。原子经济性的概念是 1991 年美国著名有机化学家 Trost 提出的,用原子利用率衡量反应的原子经济性,高效的合成反应应最大限度地利用原料分子的每一个原子,使之结合到目标分子中,原子利用率越高,反应产生的废弃物越少,对环境造成的污染也越少。绿色化学的第二个核心内容主要体现在五个"R"上:一是 Reduction(减量),即减少"三废"排放量;二是 Reuse(重复使用),如化工生产中所用的催化剂、载体等尽可能设法重复使用;三是 Recycling(回收),以实现"节省资源、减少污染、降低成本"的目的;四是 Regeneration(再生),即变废为宝,以达到同样的目的;五是 Rejection(拒用),指对一些无法替代,又无法回收、再生和重复使用的,有毒副作用及污染作用明显的原料,拒绝在生产过程中使用,这是杜绝污染的最根本方法。绿色化学不仅有重大的社会、环境和经济效益,也反映了化学的负面作用是可以避免的。绿色化学体现了化学科学与社会的相互联系和相互作用,是社会推动化学科学发展的产物,标志着化学发展的新阶段的到来。

2. 积极推行清洁生产工艺

(1) 清洁生产概念

UNEP 对清洁生产的定义是：清洁生产是一种新的创新性思想，该思想将整体预防的环境战略持续应用于产品生产和服务的全过程中，以增加生态效率和减少对人类和环境的风险。对生产过程，要求节约原料与能源，淘汰有毒原料，减降所有废弃物的数量与毒性；对产品，要求减少从原料提炼到产品最终处置的全生命周期的不利影响；对服务，要求将环境因素纳入设计与所提供的服务中。我国于 2012 年修订的《中华人民共和国清洁生产促进法》给出的清洁生产定义是：不断采取改进设计、使用清洁的能源和原料、采用先进的工艺技术与设备、改善管理、综合利用等措施，从源头削减污染，提高资源利用效率，减少或者避免生产、服务和产品使用过程中污染物的产生和排放，以减轻或者消除对人类健康和环境的危害。可见，清洁生产包含了生产全过程和产品整个生命周期的两个全过程控制，企业在产品设计之初就应坚持清洁生产的理念，选用清洁原料、设计清洁工艺、生产清洁产品，同时加强企业内部的安全管理，将"三废"消除于全过程之中，减轻末端治理的负担，这样才能避免有害化学品造成环境污染。

(2) 清洁生产的特点

① 清洁生产是一项系统工程，具体包括产品设计、能源与原材料的更新与替代、开发少废无废清洁工艺、物料循环及污染物处置等。推行清洁生产需要企业建立一个预防污染、保护资源所必需的组织机构，明确职责并进行科学规划，制定相应发展战略。

② 清洁生产重在预防。清洁生产是对产品全过程中产生的污染进行综合预防，通过污染源的削减和回收利用，使废物减至最少。

③ 清洁生产体现了循环经济的理念。工业生产中的"三废"实质上是生产过程中流失的原料、中间体、副产物或废品，采用各种工艺技术和处理手段可以实现再利用，这样，既可创造财富，又可减少污染。

化工行业是各类化学品的生产者，在整个国民经济和人民日常生活中占有极为重要的地位，但化工企业也是最容易产生化学品污染的行业，须不断提高技术开发能力和管理水平，积极推行清洁工艺，完善化学品安全管理体系，才能避免化学品污染的危害。

3. 控制化学品污染的管理措施

(1) 健全和完善环境法规，加强环境保护执法力度

近年来，我国相继颁布了《环境保护法》、《水污染防治法实施细则》、《大气污染防治法实施细则》、《固体废物污染环境防治法》、《化学危险物品安全管理条例》、《农药管理条例》等，与环境保护相关的法律法规不断健全和完善，为加强有害化学品的安全管理，防止化学品污染环境，保障人民群众身体健康提供了法律依据。当前迫切需要的是加强相关法律法规的执法力度，同时，要与国际化学品管理体制接轨，不断补充和完善现行法律法规中的薄弱

环节。

（2）加强对重点有害化学品的环境管理

建立严格的登记管理制度，采取切实可行的措施，严格禁止或限制使用对人体有致癌、致畸、致突变的物质和对环境有严重危害的化学品，以有效消除这些化学品的危害。

（3）强化危险废物管理

危险废物是指具有易燃性、腐蚀性、反应性、爆炸性、急性毒性、传染性等危险特性之一的废弃物。根据我国《固体废物污染环境防治法》的规定，从事危险废物的收集、贮存、处置经营活动的单位，必须经环境保护行政主管部门批准并取得经营许可证。

（4）广泛普及化学品安全和环境保护知识，强化公众监督

通过建立和实行危险化学品的安全标签和安全技术说明书制度，在企业员工、化学品使用者以及全社会广泛宣传和普及化学品安全和环境保护知识，提高社会公众对有害化学品的危害、安全防护措施和环境保护的认识，形成广大公众积极参与监督有害化学品污染和防治的社会氛围。

§6.3　大气污染

由于人为和自然因素导致某些物质进入大气中，当这些物质的浓度达到有害程度时，就会破坏大气生态系统和人类正常生存及发展的条件，这种现象就称为大气污染。

6.3.1　大气污染物的主要来源及种类

大气污染物分为一次污染物和二次污染物，前者是指从污染源直接排入大气，其形态没有发生变化的污染物，后者是指由污染源排出的一次污染物之间，或一次污染物与大气中原有成分之间发生了一系列的化学或光化学反应，形成新的污染物。

大气污染物源于自然和人为因素，因自然因素，如森林火灾、火山爆发等，排放的污染物所造成的大气污染多为暂时的和局部的，而源于人类活动所排放的污染物是造成大气污染的主要根源。

（1）燃料燃烧。工矿企业和生活燃煤会产生大量的 CO、CO_2、SO_2 和颗粒物等，构成了大气污染物的主要成分。

（2）工业生产过程。化工、石油炼制、钢铁、炼焦、水泥等很多类型的工业企业，在原料及产品运输、产品生产及粉碎等过程中，都会向大气中排放粉尘、碳氢化合物、含硫化合物、含氮化合物以及卤素化合物等各种污染物。

（3）农业生产过程。农业生产过程对大气的污染主要来自农药和化肥的使用。绝大多数农药是有机化合物，难溶于水，施用后会悬浮在水面，能随同水一起蒸发而进入大气。化

肥中的多数氮肥在施用后可直接从土壤表面挥发进入大气;进入土壤内的有机或无机氮肥,在土壤微生物的作用下可转化为 NO_x 进入大气。此外,稻田释放的甲烷,也会对大气造成污染。

(4) 交通运输。各种机动车辆、飞机、轮船等交通运输工具主要以燃油为动力,燃料燃烧可产生碳氢化合物、CO、NO_x、苯并[a]芘等污染物,直接排入大气,造成大气污染。在阳光照射下,有些还可经光化学反应,生成光化学烟雾,产生二次污染物。

根据对烟尘、SO_2、NO_x 和 CO 四种主要污染物的跟踪分析表明,我国大气污染物主要来源于燃料燃烧,其次是工业生产与交通运输。

6.3.2　大气污染物的预防与治理

大气污染的程度与该地区的自然条件、能源构成、工业结构和布局、交通状况及人口密度等多种因素有关。防治大气污染物的根本方法是从污染源头着手,减少污染物的排放量,进行综合防治,主要从以下几个方面着手:

1. 减少污染物的产生

(1) 从协调地区经济发展和保护环境相结合的策略出发,开展大气污染综合防治工作。在全面调查本地区各污染源及污染物种类、数量、空间分布的基础上,制定控制和防治污染物的最佳方案。对现有污染严重、资源浪费、治理无望的企业,坚决实行关、停;对无污染治理设施或污染治理设施不完善的企业要责令其停工限期整改;对新建、改建、扩建项目要进行严格审批,全面规划,合理布局,绝不能走先污染后治理的老路。

(2) 改善能源结构,开发利用清洁能源。我国是燃煤大国,大气主要污染物为煤炭燃烧过程中释放出的气态悬浮颗粒等,加快能源结构调整,开发利用清洁能源是改善我国大气环境的根本出路。同时,要积极开发和应用煤和石油的深化清洁处理技术,不断提高燃烧设备的技术升级和改造,充分提高燃料的使用效率,从源头上减少污染物的产生。

(3) 开展大规模绿化工作。植物有吸收各种有毒有害气体、粉尘和净化空气的功能,是空气的天然过滤器;植物的光合作用还能够释放 O_2,吸收 CO_2,起到良好的空气调节作用,绿化造林、植草是大气污染防治的一种经济有效的措施。

2. 采取科学的污染物治理技术和方法

颗粒状污染物的治理主要采用除尘的方法,气态污染物主要采用以下几种方法:

(1) 吸收法:利用气体混合物中不同组分在吸收剂中溶解度或反应性的差异,以除去有害组分。在吸收法中,选择合适的吸收剂至关重要。

(2) 吸附法:通过多孔性固体吸附剂对气体混合物中的有害组分产生选择性吸附,以除去有害组分的方法。常用的固体吸附剂有焦炭、活性炭、矾土、沸石等。

(3) 催化法:利用催化剂将混合气体中的有害组分催化转化为无害物或易除去的物质。

（4）燃烧法：通过燃烧将气体混合物的可燃有害成分转化为无害物质。

（5）冷凝法：利用物质在不同温度下饱和蒸汽压的不同，采用降低温度或升高压力，使有害组分冷凝并从混合气体中分离出来。

3. 完善环境监管体系，加大执法力度

加快建立和完善减排指标体系、监测体系、考核体系等一系列监管体系，加大对排污的惩罚力度，使企业尽快走上规范化经营和良性竞争之路。同时，广泛开展环保宣传，形成公众参与监督、社会联动、企业互动的强大合力。

6.3.3 室内空气污染及防治

生活和工作场所的设计、建筑和装饰不仅要满足基本功能要求和人们的审美需求，还应满足人体安全和健康的要求，通常用室内空气质量作为衡量是否适宜居住的重要指标。室内空气质量是指在一定时间和区域内，空气中所含有的各种与人体健康有关的物质达到一个恒定的检测值，主要包括 O_2 含量、甲醛含量、水汽含量和颗粒物的量等。

1. 室内环境与健康

一般地，一个人每天大约 80% 的时间是在家庭或办公室内，所以，室内空气质量与人体健康的关系非常密切。室内环境对人体健康的影响多为长期的、慢性的，多种因素又常会综合作用于人体，因此，室内环境与人体健康的关系很复杂。一般地，恶劣的室内环境会降低人体各系统的生理功能，导致免疫系统紊乱，甚至引起多种严重疾病。

2. 室内主要污染物及其危害

（1）室内污染物的类别

室内污染物在空气中的存在状态由其理化性质及形成过程所决定，大致有以下几类：① 可吸入颗粒物；② 甲醛、苯、甲苯、二甲苯、氨气（NH_3）、SO_2、NO_2、CO、CO_2 等挥发性化学污染物；③ 生物过敏源（螨类、蟑螂、猫、狗等）、细菌和病毒等生物污染物；④ 天然大理石地板等释放的 γ 射线等放射性污染；⑤ 石棉污染，噪音、灯光照明不足或过亮、温湿度过高或过低等所引起的物理污染。

（2）室内污染物的主要来源

① 建筑材料：一种是建筑施工中加入的化学物质，如防冻剂、减水剂等；另一种是地下土壤或石材、地砖、瓷砖等建筑物中的放射性物质；② 装饰材料：油漆、胶合板、刨花板、填料、涂料、墙纸贴面等材料中残留的甲醛、苯、甲苯、乙醇、氯仿等有机物，这些物质大都具有致癌性；③ 人的活动：食品烹饪产生的油气、燃气残留物和燃烧产物等，日常使用的卫生用品、化妆品、纸张、纺织纤维等，各种家用电器，如冰箱、电脑、电视等，各种生活废弃物的挥发成分及人体自身的新陈代谢物等；④ 室外污染物：地层中固有的放射性物质或施工前未得到彻底清理的地基中的各种化学污染物，质量不合格的生活用水、淋浴、加湿空气等。

(3) 室内空气污染对人体产生的危害

① 慢性疾病。在室内环境中生活,许多人都曾有眼睛酸痛、鼻腔和咽喉不适、流鼻水、鼻塞、胸闷、头痛、精神难以集中或过敏等经历,这都是与室内环境相关的疾病;② 急性中毒。若室内空气污染严重,还可能破坏人体器官的功能,导致免疫系统异常,甚至中毒死亡;③ "三致"作用。长期生活在空气污染严重的室内环境,有些污染物还可能使人致癌、致畸、致突变。如高浓度甲醛可导致白血病和鼻咽癌等。

3. 室内空气污染的识别

(1) 各种家具及装饰材料散发出刺眼、刺鼻等气体,且超过半年仍不消失;

(2) 清晨起床时,感到憋闷、恶心,甚至头晕目眩;

(3) 喉疼,呼吸道发干,头晕,容易疲劳,容易患感冒等;

(4) 经常感到嗓子不舒服,有异物感,呼吸不畅;

(5) 小孩常咳嗽、打喷嚏、免疫力下降;

(6) 常有群发性皮肤过敏等症状;

(7) 家人共患同种疾病,离开该环境后,症状有明显好转情形;

(8) 新婚夫妇长期不怀孕,但查不出原因,或虽然怀孕但发现胎儿畸形;

(9) 室内植物不易成活,叶子易发黄、枯萎,一些生命力强的植物甚至也难以正常生长;

(10) 家养宠物莫名其妙的患病或死亡。

4. 室内空气污染防治方法

(1) 防治室内空气污染的根本方法是消除或设法减少室内污染源。

(2) 采取适当的防治措施,包括:① 物理方法:使用活性炭、硅胶、分子筛等多孔材料对污染气体进行吸附或采用负离子净化装置。② 化学方法:采用某些无毒无污染的化学药品与有害气体发生化学反应,生成稳定而无毒害的产物,如光触媒、甲醛去除剂、克苯灵、除味剂等。此外,各种空气净化器也能起到去除污染气体的效果。③ 生物方法:利用微生物、酶进行生物分解,净化室内空气。

§6.4 水体污染

水体是江河湖海、地下水、冰川等的总称,是被水覆盖地段的自然综合体,不仅包括水,还包括水中溶解物、悬浮物、水生生物、底泥等。水资源是基础自然资源,是生态环境的控制性因素之一。水体污染是指一定量的污水、废水、各种废弃物等污染物质进入水体,超出了水体的自净和纳污能力,导致水体及其底泥的物化性质和生物群落组成发生了不良变化,破坏了水中固有的生态系统和水体的功能,从而降低了水体使用价值的现象。水体污染的主要原因同样包括自然因素和人为因素两个方面。自然因素包括雨水对各种矿石的淋溶作用、火山爆发,以及干旱地区的风蚀作用导致大量灰尘落入水体而引起的污染等。人为因素包括向水体排放大量未经处理或虽经处理但未达标的工业和生活污水及各种废弃物,造成水质恶化。目前,人为污染是造成水体污染的主要原因。

6.4.1 水体的主要污染物

我国的水体污染源量大、面广、种类多、毒性大,而污染物处理的能力却非常有限,致使水质污染严重。据调查分析,目前我国海河、辽河、淮河、黄河、松花江、长江和珠江七大水系普遍受到了不同程度的污染。2006 年,在七大水系的 197 条河流中,Ⅰ~Ⅲ类水质占 46%,Ⅳ~Ⅴ类水质占 28%,劣Ⅴ类水质占 26%;全国 75% 的湖泊出现了不同程度的富营养化;90% 的城市水域污染严重,南方城市总缺水量的 60%~70% 是由于水污染造成的。我国 118 个大中城市中有 115 个城市的地下水受到了污染,其中重度污染约占 40%。污染降低了水体的使用功能,加剧了水资源短缺,对我国可持续发展战略的实施带来了极大的负面影响。

水体中的污染物种类很多,一般包括无机污染物、有毒有机物、重金属离子、石油类污染物、植物营养物质、需氧污染物、致病微生物、放射性物质、热污染等。

(1)无机污染物。包括无机无毒物和无机有毒物,主要为各种酸、碱、盐等,尤其是含氰、砷、汞的化合物,主要来自工农业生产中所排放的废水及酸性气体。过量的无机污染物进入各种水体后会改变水的 pH,影响微生物的正常生长,破坏水体的生态平衡。砷、汞等毒性污染物还能在水生生物体内蓄积,通过食物链危害人体健康。

(2)致病微生物。主要来自畜禽养殖场、食品和制革企业排出的废水,以及生活污水等,含有各种细菌、病毒和寄生虫,进入水体后常能引起各种传染病。

(3)植物营养物质。主要来自于农田施肥、农业废弃物、生活污水和食品、化肥工业所排出的废水,主要污染物有硝酸盐、亚硝酸盐、铵盐和磷酸盐等。其中,氮、磷等元素在水中大量积累会造成水体富营养化,使藻类大量繁殖,导致水质恶化。

(4)需氧污染物。主要来自生活污水,畜禽养殖、屠宰和加工业废水,以及食品、制革、造纸、印染等工业废水,主要污染物为碳水化合物、蛋白质、油脂、木质素、纤维素等。当水体中的微生物分解这些有机物时,需消耗溶解氧,并产生 H_2S、NH_3 等气体,使水质恶化。

(5)有毒有机物。有毒有机物绝大多数属于人工合成的有机物质,如滴滴涕、六六六等有机氯农药,醛、酮、酚、多卤联苯、芳香族氨基化合物、染料等,其中,有机氯化合物和稠环有机化合物危害极大,它们主要来自于石化工业生产所排出的废水。

有毒有机物的性质大多比较稳定,不易被氧化、水解并难于生化分解,可长期存在于水体之中,并在水生生物体内蓄积,如多氯联苯在鱼类体内可富集几万甚至几十万倍,通过食物进入人体后会引起皮肤、神经、肝脏等疾病,破坏钙代谢,导致骨骼、牙齿损害。长期饮用受酚类物质污染的水源,可引起头昏、出疹、瘙痒、贫血和各种神经系统疾病。进入人体的稠环芳烃还具有慢性致癌和致遗传变异的潜在危险。

（6）石油类污染物。在石油开采、储运、炼制和使用过程中排出的废油和含油废水，以及石油化工、机械制造行业排放的含油废水等。这些油类污染物进入水体后在水面形成油膜，使大气与水体隔绝，破坏正常的复氧条件，从而降低水体的自净能力。同时，油膜还阻碍水的蒸发，影响大气和水体的热交换，改变水面的光反射率，减少进入水体表层的日光辐射，对局部地区的水文气象产生一定的影响，还严重危害水生生物，降低水产品的食用价值，给渔业带来较大危害。同时，还会降低海滨环境的使用价值、破坏海岸设施。

（7）重金属离子。主要来自各类有色金属的开采和冶炼、化工、农药、医药等工业产生的废水，主要污染物包括汞、镉、铬、铅、砷等各种重金属。重金属在水体中较稳定，可通过沉淀、络合、吸附和氧化还原等作用使各种形态之间发生相互转化，并在水生生物体内及底泥中发生富集。重金属不能被微生物所降解，通过食物链进入人体后能与蛋白质和酶等生物大分子发生相互作用，使它们失去活性，也可能累积在人体的某些器官中，造成慢性中毒。

（8）放射性物质。铀等放射性矿物在开采、提炼、纯化、浓缩过程产生的废水，磷矿石中含有的少量铀和钍，核电站泄漏及核武器试验等都可能产生放射性污染。其中，水体中最危险的放射性物质有锶 90、铯 132 等，这些物质的半衰期长，化学性质与人体中的钙和钾相似，经水和食物进入人体后，能在一定部位积累，可引起遗传变异或癌症。

（9）热污染。水体热污染主要来源于工矿企业向水体中排放的冷却水，其中以电力工业为主，其次是冶金、化工、石油、造纸、建材和机械等工业。热污染使水体温度升高，从而使水体中的化学反应速率加快，使有毒物质对生物的毒性增强。此外，水温升高还会降低水生生物的繁殖率，反而使一些藻类繁殖增快，加速水体的"富营养化"，破坏水体的生态平衡，降低了水体的使用价值。

6.4.2　水污染的预防与治理

1. 水污染的预防

要避免水体污染，首先应在污染源头上采取预防措施，减少乃至禁止含污染物的废水进入水体。对于工业企业，要不断提高生产技术和管理水平，积极开发和应用绿色工艺，采用循环用水系统，提高工业用水的复用率，减少工业废水的排放量。同时要加强污染源的监测和管理，不断提高废水处理的技术装备水平，严格按照工业废水的排放标准排放工业废水。生活污水与工业废水应分别进行收集，并分别进行集中处理，防止产生新的污染。

水绝不是"取之不尽，用之不竭"的资源，各级政府应采用多种形式，加强大众宣传和教育，增强全民节约水资源、保护水资源的意识，使广大人民自觉保护水资源。

2. 水污染的治理

废水处理方法主要包括物理法、化学法、物理化学法和生物法。

物理法是利用物理作用,分离废水中呈悬浮状态的污染物质,主要方法有:沉淀(重力分离)法、过滤法、薄膜分离法、离心分离法、浮选(气浮)法、蒸发结晶法等。

化学法是利用化学反应原理,分离、回收废水中的污染物,或改变污染物的性质,使其从有害变为无害,主要方法有:混凝法、中和法、氧化还原法、电解法等。

物理化学法是运用物理和化学的综合作用,使污水得到净化,主要方法有:吸附法、离子交换法、电渗析法、萃取法等。

生物法是利用微生物作用,使废水中呈溶解和胶体状态的有机污染物转化为无害的物质,包括好氧生物处理法和厌氧生物处理法两类方法,前者又包括活性污泥法、生物膜法、稳定塘法等;后者包括普通消化池法、厌氧滤池法、厌氧接触氧化池、厌氧硫化床法等。

废水中的污染物质多种多样,不可能仅用一种方法就能把所有污染物去除干净,所以,不论对何种废水,往往都需通过几种方法联合使用,才能达到处理的要求。以城市污水为例,典型的处理流程如图 6-12 所示。污水先经物理方法除去较重砂粒及悬浮性污染物,再经曝气池进

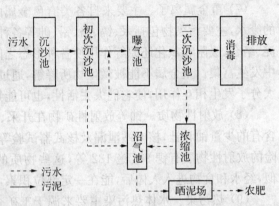

图 6-12 城市污水处理的典型流程

行生物处理,使有机物分解,并经二次沉淀分离活性污泥,最后经消毒排放。

§6.5 固体废弃物对环境的影响

依据我国《固体废物污染环境防治法》,固体废弃物即固体废物,俗称垃圾,是指"在生产、生活和其他活动中产生的丧失原有利用价值或虽未丧失利用价值但被抛弃或放弃的固态、半固态和置于容器中的气态物品、物质以及法律、行政法规规定纳入固体废物管理的物品、物质"。目前,固体废物已逐步被认为是可开发的"再生资源",因此,固体废弃物又称为被放错了地点的资源。我国对高炉渣、电厂粉煤灰、煤矸石等的综合利用,以及城市垃圾堆肥、植物秸秆与人畜粪便制取沼气等方面,已取得了显著成效。对于废金属、废塑料、废纸及废旧设备、部件等固体废物,在全国各地都设有比较完善的回收系统。

6.5.1 固体废弃物对环境的影响

固体废弃物的来源广泛,但主要来源于人类的生产和消费活动,如图 6-13 所示。人类

在生产和消费活动中会产生各种各样的固体废物,如冶金矿渣、电厂粉煤灰、化工废料,以及日常生活垃圾、电子垃圾、建筑垃圾等。大量固体废物的产生侵占土地资源,导致土壤保水、保肥能力降低,有的还严重污染环境。例如被称为"白色污染"的快餐盒、塑料袋等废弃物,在环境中的降解周期达上百年之久,焚烧则会产生有毒气体;各种废旧电池中含有大量的重金属、酸、碱等物质,泄漏后会造成严重的环境污染;露天堆放的生活垃圾不仅会招致蚊蝇孳生,影响环境卫生,还会产生大量的氨、硫化物等恶臭性气体,造成环境污染。

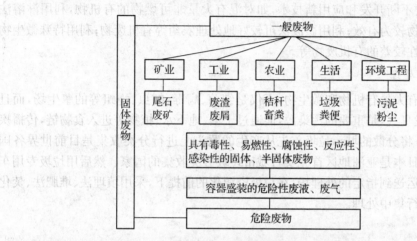

图 6 – 13　固体废弃物的来源及分类

6.5.2　固体废弃物的处理和处置

1. 防治和处理固体废物的原则

(1) 固体废物防治的"三化"原则。对固体废物的防治,务必采用减量化、资源化、无害化的基本原则,这也是防治固体废物污染的基本指导思想。

(2) 固体废物的全过程管理原则。对固体废物的产生、运输、贮存、处理和处置的全过程及各个环节都实行管控和污染防治,即从"始"到"终"的管理原则。

(3) 固体废物分类,危险固体废物优先管理的原则。固体废物种类繁多,危害特性与方式各异,因此,应根据不同废物的危害程度与特性区别对待,实行分类管理,对其中的危险固体废物实行优先管理。

(4) 集中处理的原则。对固体废物采取分类管理,建设区域性、专业性集中处理设施,进行集中处理,有利于节约处理成本,避免产生二次环境污染。

2. 危险固体废物的处置方法

危险固体废物一般是指含有易燃、易爆、有毒成分及具有反应性、腐蚀性或放射性成分的固体废物。这类固体废物会严重危害环境,影响动植物生长和人畜健康,通常采用的处置方法有：① 填筑法。包括场地选择、填筑场设计与施工、填埋操作、环境保护及监测、场地利用等多个方面；② 焚烧法。利用热分解法处理可以减少废物量，消灭细菌和病毒，还可回收其热能；③ 固化法。通过化学或物理的方法，用固化剂或包裹剂束缚废物，以降低废物的渗透性；④ 化学法。利用废物的化学性质，将其中的有害物质转化为无害产物；⑤ 生物法。通过生物降解的方法使有害有机物消除毒性，常用方法有：活性污泥法、气化池法、氧化塘法，以及土地处理法等；⑥ 其他方法。对于复杂危险固体废物的处理和处置，往往需要联合采用多种方法，并要不断开发和应用新技术，如对混有大量非可燃物的有机物，利用淋溶法回收焚烧后的残余物较为有效；利用微波法可较好地处理农药等有机废物；利用特殊微生物降解法可处理燃烧性较差的有机废物等。

3. 城市垃圾的处理

城市垃圾中含有大量有机物和微生物，不仅是细菌、病毒、蠕虫、蝇蛆等的孳生场，而且易于腐烂变质，散发臭气，是重要的污染源，能通过土壤、地下水、植物等进入食物链，传播疾病，危害人体健康。将分散的城市垃圾首先从产生的源头上进行分类收集是目前世界各国推行的方法，其中，日本是亚洲地区首先实行城市垃圾分类收集的国家。然后用垃圾专用车将不同类别的垃圾运送到指定的处理场，在垃圾资源化的前提下，采用填埋法、堆肥法、焚化法等不同的方法进行集中处理。

§6.6 环境保护与社会可持续发展

6.6.1 "可持续发展"理念的产生与发展

所谓可持续发展，就是不断提高人群生活质量和环境承载能力的、既满足当代人需求又不损害子孙后代满足其需求能力的、满足一个地区或一个国家人群需求又不损害别的地区或国家人群满足其需求能力的发展。当今，可持续发展观已成为世人普遍认同的发展观，它强调人口、经济、社会、环境和资源的协调发展，既要发展经济，又要保护自然资源和环境，使子孙后代能永续发展。

在我国古代传统文化中就有"天人合一"的观点，这实质上就是最早、最朴素的可持续发展的思想。以老庄为代表的道家曾较系统地论述了天人关系，认为人是自然界的一部分，而不是自然的主宰。儒家也认为，"仁者以天地万物为一体"，一荣俱荣，一损俱损，尊重自然就是尊重自己。在佛学中，人与自然之间没有明显界限，生命与环境是不可分割的一个整体，所谓"依正不二"，"依"即"依报"（环境），"正"即"正报"（生命主体）。此外，我国春秋战国时期的孟子、荀子对自然资源休养生息，以保证其永续利用等都有许多朴素但却十分精辟的论述。西方早期的一些经济学家如马尔萨斯（T. R. Malthus）、李嘉图（D. Ricardo）等也较早认识到了人类消费的物质限制,即人类经济活动存在着生态边界,这些都是人类早期朴素的可持续发展的思想。

20 世纪 50 年代末,美国海洋生物学家蕾切尔·卡逊(R. Carson)在潜心研究美国使用杀虫剂所产生的种种危害之后,于 1962 年发表了著名的《寂静的春天》,作者通过对污染物富集、迁移、转化的描写,阐明了人类同大气、海洋、河流、土壤、动植物之间的密切关系,初步揭示了污染对生态系统的影响,引发了人类对自身的传统行为和观念的深刻反思。

1972 年,环境保护运动的先驱组织罗马俱乐部曾在《增长的极限》报告中认为,由于世界人口增长、粮食生产、工业发展、资源消耗和环境污染这五项基本因素的运行方式是指数增长而非线性增长,全球的增长将会因为粮食短缺和环境破坏于 21 世纪某个时段内达到极限。该报告给人类社会的传统发展模式敲响了第一声警钟,从而掀起了世界性的环境保护热潮,为孕育可持续发展思想的萌芽提供了土壤。世界环境与发展委员会于 1987 年向联合国大会提交了《我们共同的未来》的研究报告,集中论述了人口、粮食、物种和遗传资源、能源、工业和人类居住等方面的问题,首次提出了"可持续发展"的概念,强调环境保护与人类发展相结合。1992 年 6 月,在巴西里约热内卢召开的联合国环境与发展大会通过了《里约环境与发展宣言》和《21 世纪议程》两个纲领性文件,各国代表还签署了联合国《气候变化框架公约》等国际公约,可持续发展得到了世界各国的广泛认同。2002 年 8 月联合国可持续发展世界首脑会议在南非的约翰内斯堡召开,大会发表了《约翰内斯堡可持续发展宣言》,标志着人类可持续发展已从理论到实践的转变。

人类经历了对大自然顶礼膜拜的漫长历史之后,通过工业革命,铸就了驾驭和征服自然的现代科学技术之剑,成为大自然的主宰。但随着科学技术的进步和经济的快速发展,产生了一系列环境问题,传统的发展模式面临了严峻挑战,历史把人类推到了必须从工业文明走向现代新文明的发展阶段,可持续发展的思想在环境与发展理念的不断更新中逐步形成,已经成为世界各国社会发展的战略。

6.6.2　可持续发展理念的基本思想

可持续发展是一个涉及经济、社会、文化、技术及自然环境的综合理念,其基本思想主要包括以下三个方面:

(1) 鼓励经济增长。可持续发展强调经济增长的必要性,但要达到具有可持续意义的经济增长,必须审慎使用各种能源和资源,改变传统的"高投入、高消耗、高污染"为特征的生产和消费模式,减轻环境压力。

(2) 经济和社会发展不能超越资源和环境的承载能力。可持续发展以自然资源为基础,强调资源的永续利用,发展与生态环境相协调,使社会发展控制在地球的承载能力之内。

(3) 谋求社会的全面进步。人类社会的可持续发展,经济发展是基础,自然生态保护是条件,社会进步是目的。

　　中国作为全球最大的发展中国家,对可持续发展战略给予了高度重视,已成为我国社会发展的基本战略,从社会经济发展的综合决策到具体实施过程都融入了可持续发展的理念,通过法制建设、行政管理、经济措施、科学研究、环境教育、公众参与等多种途径推进我国经济社会的可持续发展进程。

 参考文献

1. 袁加程. 环境化学[M]. 北京:化学工业出版社,2010.

2. 张瑾. 环境化学导论[M]. 北京:化学工业出版社,2008.

3. 周启星,李培军. 污染生态学[M]. 北京:科学出版社,2001.

4. 钱易,唐孝炎. 环境保护与可持续发展[M]. 北京:高等教育出版社,2002.

5. 刘兵. 保护环境随手可做的100件小事[M]. 长春:吉林人民出版社,2000.

思考题

1. 自然界中的硫是怎么循环的? 若生态平衡遭到破坏会对人类带来什么危害?

2. 大气污染物的主要成分有哪些? 会产生哪些影响和危害?

3. 酸雨是怎么形成的? 酸雨有什么危害?

4. 如何预防化学品污染? 室内污染物的主要成分有哪些? 如何防治室内空气污染?

5. 农业污染源主要有哪些? 农业污染会对水体产生什么危害?

6. 展望绿色化学的发展前景,如何开展清洁生产?

第7章 化学与药物

化学与药物有着密切的联系,药物是指用于预防、治疗和诊断人体疾病,有目的地调节人体生理功能并规定有适应症或者功能主治、用法和用量的物质,分为中药、化学药和生物制品三大类,包括中药材、中药饮片、中成药、化学原料药及其制剂、抗生素、生化药品、放射性药品、血清、疫苗、血液制品和诊断药品等。随着化学和生物学的发展,人们利用化学方法去发现、确证和开发药物,并从分子水平上研究药物在人体内的作用机理,形成了药学领域中的一门重要学科——药物化学,为人类的健康做出了重要贡献。

§7.1 中草药

7.1.1 中草药是中华民族的瑰宝

中草药包括传统中药与民间草药。中药是指在中医临床上已被广泛应用的药物,已总结在中医药的相关文献上,疗效确切。草药是老百姓利用天然植物与疾病斗争的经验总结,属于民间用药,其药用价值未得到公认,但很多草药确有治疗某些疾病的功效。

中草药主要由植物药(如根、茎、叶、果等)、动物药(如内脏、皮、骨、器官等)和矿物药组成。我国人民对中草药的探索已有几千年的历史,"神农尝百草"的典故世代相传,是我国古代先辈们献身医药研究的精神写照。明代伟大的医药学家李时珍倾其一生亲历实践,编著《本草纲目》,收载了包括矿物药物在内的各种中草药 1 892 种,并附插图 1 160 幅,方剂万余,集我国 16 世纪以前药学成就之大成,成为我国乃至世界的药学巨著。该书先后有多种文字的译本,是我国医药宝库中的珍贵遗产,对人类药学的发展影响巨大。伏羲、黄帝、孙思邈等先贤们也因对我国中药研究做出了卓越贡献而永载史册。图 7-1 为《本草纲目》中三种大家熟悉的中草药。长春地质学院和长春中医学院合编的《中国矿物药》一书搜集了 54 种矿物药物,另有 16 种矿物制品药和 4 种矿物药制剂。

图 7-1 甘草、黄芩、当归(从左至右)

中草药的化学成分十分复杂,通常分为有机化合物(如生物碱类、萜类、挥发油类、黄酮类、甾体类化合物等)和无机化合物(如碳酸盐、硅酸盐、硝酸盐、硫化物等),以有机化合物为主,但并非每种成分都具有药效,通常把其中具有一定生理活性的化合物称为药物活性成分。由于中草药中的活性成分不止一种,每种活性成分又有多方面的药理作用,而且中草药多用复方,经配伍组合而成,经过多道加工和处理工序后又会生成许多新的活性化合物,因此,中草药防治疾病的作用机制十分复杂。

中草药的加工和处理工序较为复杂,通常包括炒、炙、煅、蒸、炖、煨等,国家邮政局于2010年发行了一套《中医药堂》特种邮票,分别为同仁堂、庆余堂、雷允上和陈李济(图7-2),即反映了中草药的几种典型的加工和处理工序,四幅药堂图画面放在一起形成了一组情节交错的连环画,展现了我国中医药文化悠久的历史和深厚的底蕴。

图7-2 我国古代中草药的几种典型加工工序

7.1.2 抗癌中草药

中草药在许多重大疑难疾病的治疗中占有重要地位。近年来,受环境恶化、工作生活压力等因素的影响,癌症已成为严重危害人类健康及生命的常见疾病,科研人员一直在探索具有高选择性、强活性的药物来治疗癌症。但具有杀伤癌细胞作用的药物通常选择性普遍较差,对正常细胞的毒性很大,因而,很多研究指向了毒副作用较小的抗癌中草药,期望寻找到具有靶向作用的新型癌细胞杀伤剂。

研究表明,抗癌中草药可通过干扰癌细胞的核酸等遗传物质的合成、有丝分裂周期、繁殖信息传递等生长和转移过程,从而使癌细胞生长受到抑制。紫杉醇(图7-3)是其中最成功的发现之一,它是美国三角研究所的沃尔博士等人于1967年从太平洋红豆杉树皮中提取分离获得的一种广谱性抗癌药物。美国爱因斯坦医学院分子药理学家霍维茨(H. R. Horvitz,1947~)研究发现,紫杉醇通过干扰在细胞分裂中起分裂染色体作用的微管解聚来阻止恶性肿瘤的生长。美国 FDA 已批准紫杉醇作为治疗卵巢癌、乳腺癌的新药上市。又如蓼科植物虎杖中所含的槲皮素(又名栎精,槲皮黄素,图7-3)是自然界分布最广的类黄酮化合物,对癌细胞的生长、转移具有很强的抑制作用。槐定碱是一种从中草药苦豆子中提取的单体生物碱,临床试验显示,槐定碱对绒癌、恶性葡萄胎等恶性滋养细胞肿瘤有稳定的疗效,对恶性淋巴瘤也有一定疗效,毒副反应低,对心、肝、肺、肾等主要脏器功能无明显影响,不抑制骨髓的造血功能。2005 年,槐定碱及其制剂"盐酸槐定碱注射液"获得我国新药证书,成为我国为数不多的具有自主知识产权的创新药物。龙葵是一种重要的茄科药用植物,含有生物碱、多糖、甾体皂苷类、非皂苷类等多种成分,具有抗癌作用。龙葵生物碱属甾烷类生物碱,成分复杂,在未成熟的果实中含量最高;龙葵多糖由木糖、甘露糖、葡萄糖、阿拉伯糖和半乳糖等组成,具有调节植物生长发育和基因表达的重要作用。研究还发现,葡萄、虎杖、花生、桑椹等植物中含有的多酚类化合物白藜芦醇(图7-3)可通过活化内切酶 Caspase-7 和聚腺苷二磷酸核糖聚合酶,诱导人体肿瘤细胞凋亡,对激素依赖性肿瘤有明显预防作用。

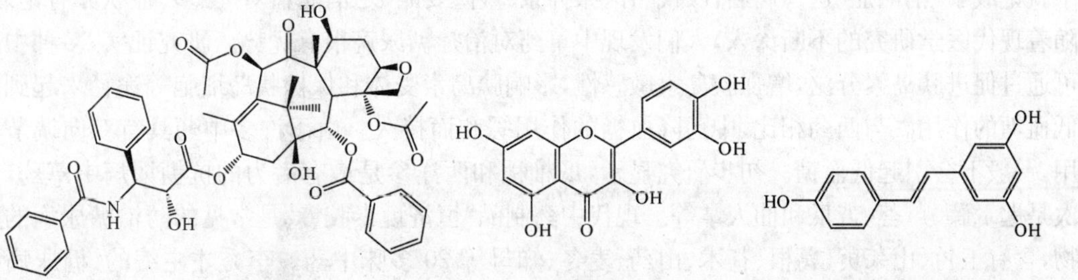

| 紫杉醇 | 槲皮素 | 白藜芦醇 |

图7-3　几种典型的中草药抗癌活性成分

除了个别中药类似西药(化学合成药物)可直接医治癌症外,大多抗癌中药是通过调节机体免疫能力来发挥抑制肿瘤的作用。很多中草药能通过调整机体免疫功能或 DNA 修复功能、抗突变、诱导分化、促进癌细胞凋亡等作用,控制肿瘤生长。在抗癌中药的复方中往往加入滋补或增强脏腑功能的中草药,起到"扶正"的作用,即增强人体体质,提高抗病能力。如白术挥发油可提高巨噬细胞的活性,增强机体特异性免疫功能,有助于产生抗体依赖性细胞毒效应,从而杀伤肿瘤细胞。甘草甜素和甘草多糖能激发多种免疫功能,包括激活网状皮质系统、直接刺激淋巴细胞增殖、诱生干扰素等,增强机体抗癌功能。

7.1.3　治疗其他疾病的中草药

许多中草药对治疗艾滋病、糖尿病等疾病也具有不凡的疗效。艾滋病是感染了能攻击人体免疫系统的人类免疫缺陷病毒(HIV)所引起的一种危害性极大的传染病,是继癌症之后出现的又一恶性疾病。近年来,国内外许多研究人员从中医传统验方和复方方剂中寻找抗 HIV 的药物,取得了令人鼓舞的结果。据报道,旅居非洲的中国艾滋病研究专家田圣勋开发的两种纯中药制剂具有抗 HIV 活性,无明显毒副作用。中国中医研究院研制的"中研 II 号"中药方剂,经对上万例艾滋病患者的治疗观察,具有抑制 HIV 的作用,治疗总有效率在 45%～55% 之间,未发现毒副作用。另外,还有大约 30 多种中药方剂对艾滋病的治疗显示出了一定疗效,如补中益气汤、当归补血汤、犀角地黄汤、三黄解毒汤、龙胆泻肝汤、白虎人参汤、羚羊钩藤汤、三甲养阴汤、大黄牡丹皮汤、归脾汤、补阴汤等等。因中药提取物具有成分多样性的特点,为实现多环节、多靶点的生理调节奠定了物质基础,与单一化学合成药物相比,中药似乎更能给机体"自我修复"提供有利条件。

糖尿病是以高血糖为特征的代谢性疾病,与癌症、心血管疾病一起被视为世界性三大疾病。据调查,我国成人糖尿病患者已超过 1 亿,城市和农村居民的糖尿病患病率已分别达到 14.3% 和 10.3%。糖尿病发病隐匿,病程长,并发症危害大,且难以治愈。利用中药治疗糖尿病在我国已有悠久的历史,中医将糖尿病称为"消渴症",我国古医书《黄帝内经素问》及《灵枢》中就记载了"消渴症"这一病名,汉代名医张仲景《金匮要略》之消渴篇对"三多"症状亦有记载。随着现代医学研究的不断深入,人们发现中草药对治疗糖尿病很有优势。研究证实,多种中药可通过促进胰岛素分泌,增强胰岛素敏感性,影响胰岛素受体和保护胰岛细胞等途径来起到降低血糖的作用。与西药相比,中药降血糖的作用缓和而持久。由于许多中药具有双向调节作用,一般不会引起低血糖。初步研究显示,瓜籽稻和西洋参是最有潜力的抗糖尿病中草药,其次是匙羹藤、芦荟、苦瓜和仙人掌等。现代中药制品"恒济悦泰胶囊"是常见的防治糖尿病的药物,含有玉竹、山茱萸、葛根、苍术、山药、麦冬、知母等 20 多味中药。李秀才主编的《糖尿病的中医治疗》介绍了糖尿病的中医辨证疗法及多个中医经典名方和现代名方。

除了传统的中草药,近几十年来,人们利用天然海洋资源和各种动物资源,借助现代科学技术并借鉴西药制剂手段,研发出了许多疗效确切、不良反应较小的新型天然药物。

(1) 天然海洋药物。海洋中蕴藏着极其丰富的生物资源,目前从海洋生物中已发现了数千种海洋天然产物。自 20 世纪 60 年代开始,美国、日本等国的学者即展开了对海洋生物的采集和生理活性物质的筛选,以及化学、药理、毒理等方面的研究工作。到 20 世纪末已发现了一批重要的具有抗癌、抗病毒、抗艾滋病活性的海洋天然产物。另外,还发现了一些具有特殊生理活性的海洋生物毒素,如对神经系统或心血管系统具有高度特异性作用的毒素,有可能成为新型的治疗神经系统或心血管系统疾病药物的重要先导化合物。

(2) 蛇毒。蛇毒是从毒蛇的毒腺中分泌出来的一种毒液,被称为"液体黄金"。这种毒液由具有药理活性的蛋白质或肽类物质组成,还含有多种重要的酶。据临床观察证明,蛇毒具有促凝、溶纤、抗癌、镇痛等药理功能,能阻止中风、脑血栓的形成,还能治疗闭塞性脉管炎、冠心病、多发性大动脉炎、肢端动脉痉挛、视网膜动脉静脉阻塞等病症。蛇毒对缓解晚期癌症病人的症状也具有一定效果,尤其是镇痛作用,例如,蝮蛇毒配合化学疗法治疗骨肉瘤,可使患者的存活时间明显延长。

7.1.4 中草药的拆方研究

中医用药多用复方,讲究"君、臣、佐、使",一个方剂往往包含几味甚至几十味药物,有的方剂多一味或少一味都会失效或疗效显著降低,但有的方剂可以精简,甚至有的君药也不一定是主药。为了研究方剂中的有效组分,就需进行拆方研究。这里通过一个实例来简要介绍中草药拆方的研究过程。

民间有一种治疗慢性粒细胞白血病的方剂——当归芦荟丸,由当归、芦荟、青黛等 11 味中药组成。研究人员将该方剂逐步减方,进行药理实验,最后确定了这 11 味药中只有青黛才是有效组分,于是又对青黛进行了深入研究。经分析,青黛中有两种主要成分:一种是靛玉红,含量约 0.1%~0.4%,为红色粉末状物质,药理实验表明,靛玉红是抗白血病的主要有效成分;另一种主要成分为靛蓝,含量约 3.3%~6.3%,为蓝色粉末,有靛蓝和异靛蓝两种异构体,无抗白血病作用。经对 300 多例慢性白血病患者进行疗效观察,发现靛玉红的有效率达 87%,缓解率为 59%,无一般化疗药的骨髓抑制作用,但它的溶解度小、吸收差,对肠道有明显的刺激作用,会引起腹痛、腹泻,严重的还可出现便血。研究人员从靛玉红的化学结构分析其溶解度差的原因,推测是靛玉红分子中一个仲氨基团(—NH)上的 H 原子与另一靛玉红分子中的羰基(—C═O)形成了氢键的缘故。于是研究者思考,如果将—NH 上 H 换成不易形成氢键的其他基团,产物的溶解度可能就会得到改善。临床实验证实,将—NH 基的 H 换成甲基(—CH_3)后的新化合物甲异靛的肠道不良反应显著降低,药物活性也比靛玉红高。甲异靛已被开发成治疗慢性粒细胞白血病的新药。

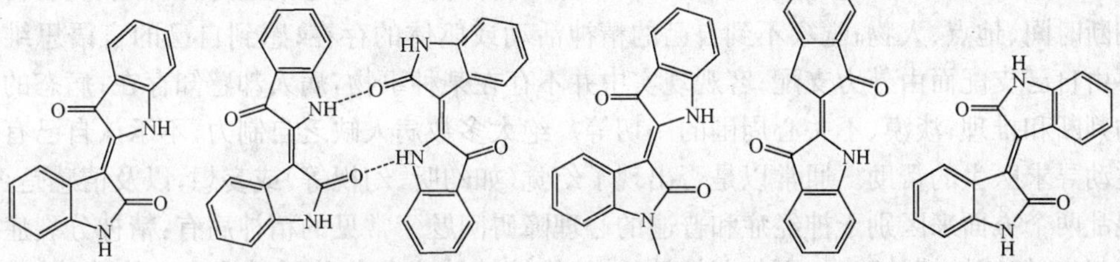

靛玉红　　　形成分子间氢键的靛玉红　　　甲异靛　　　靛蓝　　　异靛蓝

图 7-4　从当归芦荟丸中拆分出的几种典型活性成分及甲异靛

§7.2　化学药物

化学药物是指通过化学合成或者半合成的方法制得的原料药及其制剂、从天然物质中提取或通过发酵提取的新的有效单体及其制剂、通过拆分或者合成等方法制得的已知药物中的光学异构体及其制剂,具有预防、治疗、诊断疾病,或调节人体功能、保持身体健康、提高生活质量等功能的一类特殊化学物质。化学药物的结构一般都很明确。

7.2.1　化学药物的分类

依据不同的需要和分类原则,药物可分为不同的类别,其中,按照药理和临床功能可分为:心脑血管用药、消化系统用药、呼吸系统用药、泌尿系统用药、血液系统用药、五官科用药、皮肤科用药、抗风湿类药品、糖尿病用药、抗肿瘤用药、抗精神病药品、清热解毒药品、受体激动阻断药和抗过敏药、注射剂类药品、激素类药品、抗生素类药品、妇科用药、滋补类药品、维生素和矿物质药品等 19 大类。按创新程度不同,药物可分为新药和仿制药两大类。我国的新药是指未曾在中国境内市场销售的药品,对已上市药品改变剂型、改变给药途径、增加新适应症的按照新药申请的程序申报。仿制药在我国是指已经国家药监局批准上市,并已有国家标准的药品,仿制药与被仿制药具有同样的活性成分、给药途径、剂型、规格和相同的治疗作用。在这些不同类别的药物中,化学药物占有相当大的比例,下面简要介绍用于治疗现代社会广泛关注的几种疾病的化学药物。

1. 抗精神病类药物

精神病是一种很复杂的疾病,目前普遍认为,精神病指的是因大脑功能活动发生紊乱,导致知觉、意识、情感、思维、认识、行为和意志等精神活动不同程度障碍的疾病的总称。导致精神病因素有多个方面:先天性遗传、个性特征及体质因素、器质因素、社会性环境因素等。精神病的特点是心理状态的异常,表现为各种各样的精神症状,如妄想、幻觉、错觉、情感障碍、哭笑无常、自言自语、敌对情绪、思维障碍、行为怪异、意志减退等,具体表现有:错误的判断时间、地点、人物;觉察不到自己的精神活动或躯体的存在;感到自己的言语思维、行为不由自己支配而由外力支配;客观现实中并不存在某种事物,病人却感知存在;病态的、错误的判断和推理;淡漠、不关心周围的一切等。绝大多数病人缺乏自制力,不承认自己有病,不主动寻求医生的帮助。通常以是否出现了幻觉(如幻听、幻视等)或妄想,以及情感是否倒错混乱两个方面来区别于神经症和普遍的心理障碍问题。常见的精神病有:精神分裂症、躁狂抑郁症、情感性精神障碍、更年期精神病、偏执性精神病及各种器质性病变伴发的精神病等,不同类型的精神病具有不同的临床表现。

随着社会的不断发展,工作、生活和环境等压力不断增大,我国精神病患者逐年增多。精神病多发于青壮年时期,有的间歇发作,有的持续进展,并且逐渐趋于慢性化,致残率高,难以完成对家庭和社会应担负的责任。但是,如果及时发现并就医,患者可以坚持生活、学习和工作。精神病的治疗主要采取药物治疗、行为治疗、工作治疗、娱乐治疗、心理治疗及疏导、饮食治疗等方法。其中,药物治疗大多着眼于中枢神经的控制,临床上已使用的抗精神病药物有 9 大类、40 余种,其中常用的有吩噻嗪类、硫杂蒽类、丁酰苯类、苯甲酰胺类和二苯氧氮平类,常见的有:氯丙嗪、氟哌啶醇、舒必利、奋乃静;非典型的抗精神病药物有:利培酮、奥氮平、富马酸喹硫平、氯氮平、阿立哌唑、齐拉西酮等。

抑郁症是精神病中最普遍的一种,它是一种情感性精神障碍,通常表现为长时间情绪低落或悲痛欲绝,对日常生活丧失兴趣,精神萎靡不振、思维迟缓、认知功能损害、意志活动减退等,常伴有躯体症状,如睡眠障碍、乏力、食欲减退、体重下降、便秘、身体任何部位的疼痛、性欲减退、阳痿、闭经等等。抑郁症会反复发作,轻者经心理疏导可缓解,严重者则需药物配合治疗。据中国心理卫生协会统计,目前中国有病例记录的抑郁症患者已超过 3 000 万,但仅有不到 40% 的患者选择就医。据中国心理卫生协会统计,目前中国有病例记录的抑郁症患者已超过 3 000 万,但仅有不到 40% 的患者选择就医。抑郁症对患者的身心健康、家庭和社会造成严重危害,应引起社会的高度重视。抑郁症的治疗方法很多,以往主要通过心理疏导方法进行治疗,近 20 年来,随着抑郁症发病机制研究的进展,逐步确立了药物治疗的主导地位。目前普遍认为,抑郁症与遗传、心理、神经、内分泌等因素诱发中枢去甲肾上腺素或(和)5-羟基色胺(5-HT)、多巴胺和神经肽等神经递质含量的降低及其受体功能的下降有关。近年来还发现其与下丘脑-垂体-肾上腺轴负反馈失调、谷氨酸传导障碍、神经免疫异常等因素有关。对抑郁症发病机制的深入研究极大地促进了抗抑郁症新药的研发进程。抗抑郁药是一类主要用来治疗以情绪抑郁为突出症状的精神疾病的治疗药物,20 世纪 50 年代后,抗抑郁药已成为治疗抑郁症的首选手段。

氟西汀为二环类化合物,1988 年在美国上市,是第一个选择性 5-HT 再摄取抑制药,对强迫症也有效,国外已批准用于强迫症的治疗。本品不良反应较少,适用于患者长期抗复发治疗和老年抑郁症的治疗。舍曲林对 5-HT 再摄取作用最强,选择性高,与其他药物相互作用少,该药还增加多巴胺释放,较少引起帕金森综合征、泌乳素增多、疲乏和体重增加等副作用,它能改善患者的认知和注意力,用于脑卒中后抑郁症状。文拉法辛是一类新的苯乙胺衍

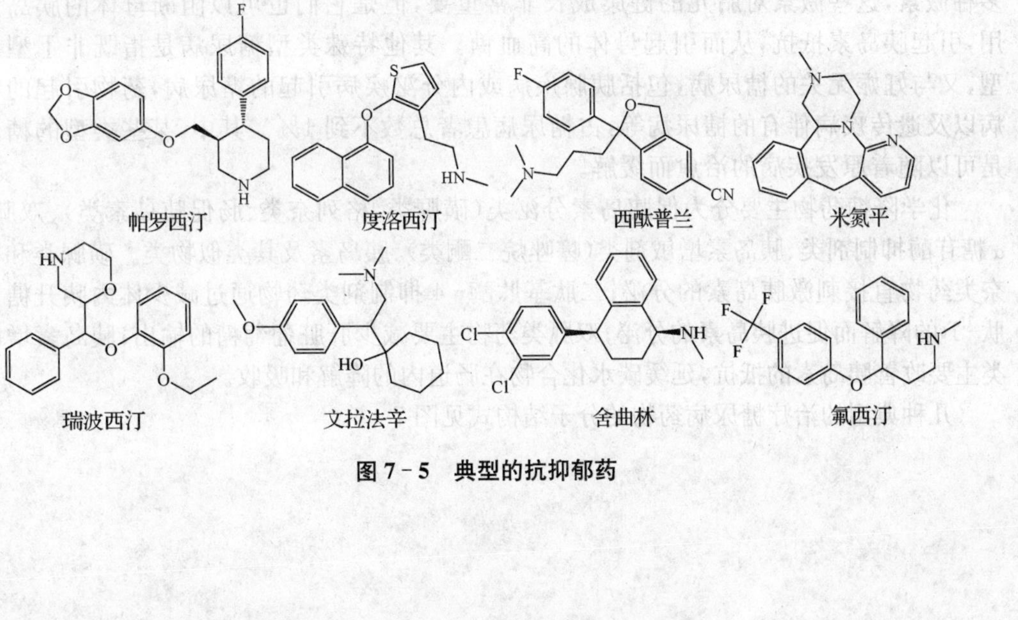

帕罗西汀　　度洛西汀　　西酞普兰　　米氮平

瑞波西汀　　文拉法辛　　舍曲林　　氟西汀

图 7-5　典型的抗抑郁药

生物,主要药理机制为通过抑制突触前膜对 5-HT 及去甲肾上腺素的再摄取的双重作用,增强中枢 5-HT 及去甲肾上腺素神经递质的功能,发挥抗抑郁作用。文拉法辛适用于各种类型抑郁症,包括伴有焦虑的抑郁症及广泛性焦虑症。

目前,国内外绝大多数医院采用西药治疗精神病,见效快,服药后很快就能使患者平静下来,但是,患者需要长期服药,停服时间过长就会复发,仅是一种保守维持型的治疗方法。长期服用这类药物还可产生许多方面的副作用,其程度因药物种类、剂量或患者的个体差异而不同,但多数对神经系统、皮肤、肝脏、消化系统、心血管系统等具有共同的副作用,有的在用药后短期内出现,有的在长期用药后出现。所以,相关领域的科研工作者应该密切协作,深入研究精神病的发病原因及致病机理,积极探索中西医相结合的治疗方法,注意日常食疗的作用,并应始终加强心理疏导在精神病治疗中的地位。

2. 糖尿病治疗药物

糖尿病是由多种原因引起胰岛素分泌或作用的缺陷、以血糖升高为特征的代谢性疾病。糖尿病典型的症状是"三多一少",即多饮、多尿、多食及消瘦。若糖尿病患者的血糖长期控制不佳,可导致器官组织损害,伴发各种器官,尤其是眼、心、血管、肾、神经损害或器官功能衰竭,严重时可致患者残废或者死亡。糖尿病可分为 I 型、II 型、其他特殊类型及妊娠糖尿病 4 种。其中,I 型和 II 型是最主要的两种类型,I 型糖尿病又被称为胰岛素依赖型糖尿病,通常发生于儿童及年龄小于 30 岁的年轻人,由于胰岛 β 细胞被破坏,因而胰岛素分泌缺乏,需要终身依赖外源性胰岛素补充以维持生命。II 型糖尿病曾称为非胰岛素依赖型糖尿病,多见于 40 岁以上的中、老年人,其胰岛素的分泌量并不低,甚至还偏高,临床表现为机体对胰岛素不敏感,即胰岛素抵抗。在糖尿病患者中,II 型糖尿病所占的比例约为 95%。妊娠糖尿病是指妊娠期间发生的糖尿病。在妊娠期,母体产生大量多种激素,这些激素对胎儿的健康成长非常重要,但是它们也可以阻断母体的胰岛素作用,引起胰岛素抵抗,从而引起母体的高血糖。其他特殊类型糖尿病是指既非 I 型或 II 型,又与妊娠无关的糖尿病,包括胰腺疾病或内分泌疾病引起的糖尿病,药物引起的糖尿病以及遗传疾病伴有的糖尿病等,占糖尿病患者总数不到 1%。其中,某些类型的糖尿病是可以随着原发疾病的治愈而缓解。

化学降糖药物主要分为促胰岛素分泌类(磺脲类、格列奈类、肠促胰岛素类)、双胍类、α 糖苷酶抑制剂类、胰岛素增敏剂类(噻唑烷二酮类)、胰岛素及其类似物类。磺脲类和格列奈类药物直接刺激胰岛素的分泌;二肽基肽酶-4 抑制剂类药物通过减少体内胰升糖素样肽-1 的降解而促进胰岛素的分泌;双胍类药物主要减少肝脏葡萄糖的输出;胰岛素增敏剂类主要改善胰岛素的抵抗,延缓碳水化合物在肠道内的降解和吸收。

几种典型的治疗糖尿病药物的分子结构式见图 7-6。

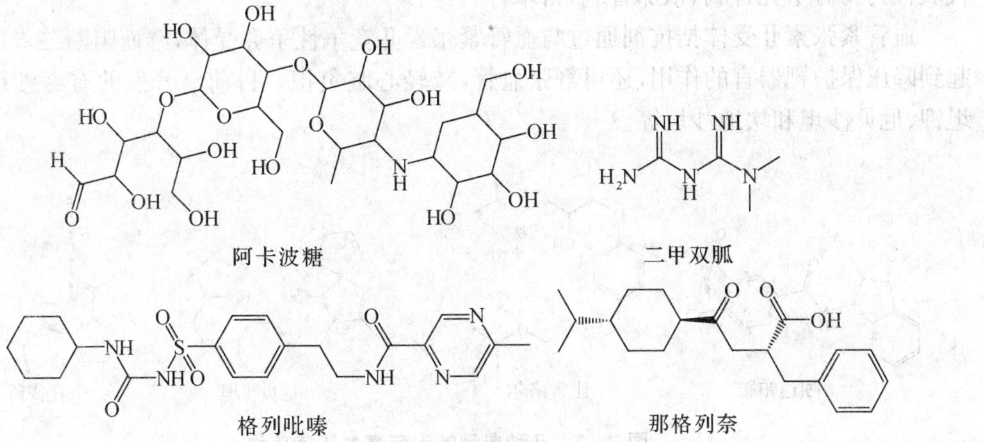

图 7-6　几种典型的治疗糖尿病药物

3. 抗高血压药物

随着生活水平的提高和老年人口数量的增长,高血压已成为最常见的心血管疾病之一,也是导致充血性心力衰竭、脑中风、冠心病、肾功能衰竭、主动脉瘤的发病率和病死率升高的元凶。根据 WHO 发布的《2012 年世界卫生统计》显示,全球三分之一的成年人患有高血压,因其死亡的人数约占因中风和心脏病所导致的总死亡人数的一半。

经过几十年的研究,科研人员开发出了多种抗高血压药物,如利尿剂、β-受体阻滞剂、α_1-受体阻滞剂、钙通道拮抗剂、血管紧张素转化酶抑制剂和血管紧张素 II 受体拮抗剂等。

噻嗪类利尿药降压作用缓慢平和,持效长,尤其对盐敏感性高血压、合并肥胖和糖尿病及老年高血压患者有较好的降压效果。吲达帕胺作为噻嗪类利尿药兼有钙拮抗作用,不影响糖、脂代谢,可作为长效降压药。

β-受体阻滞剂通过减轻交感神经活性和全身血流自动调节机制降低血压,如比索洛尔、贝凡洛尔、阿替洛尔等,起效快,主要用于交感神经活性增强、静息心率较快的中、青年高血压病人或合并心绞痛的患者。

α_1-受体阻滞剂通过选择性阻滞血管平滑肌突触后受体,使血管扩张,致外周血管阻力下降及回心血量减少,从而降低血压,目前常用的有:特拉唑嗪、哌唑嗪、多沙唑嗪和曲马唑嗪等。

钙拮抗剂可用于各种程度的高血压,为临床治疗高血压推荐的优先选择用药,尤其适用于高血压或并发稳定型心绞痛的老年患者。

血管紧张素转化酶抑制剂是心血管药物史上的一个里程碑,在临床单用时,对轻中度原发性高血压的有效率在 70% 以上,作用时间长,不产生耐药性,对青年人和老年人均有效,代表性药物有卡托普利、依那普利、雷米普利等。

血管紧张素Ⅱ受体拮抗剂通过与血管紧张素Ⅱ竞争性争夺受体,继而阻断二者的结合,起到降压保护靶器官的作用,还可舒张血管,减轻心脏负担。目前已开发的有缬沙坦、氯沙坦钾、厄贝沙坦和坎地沙坦等。

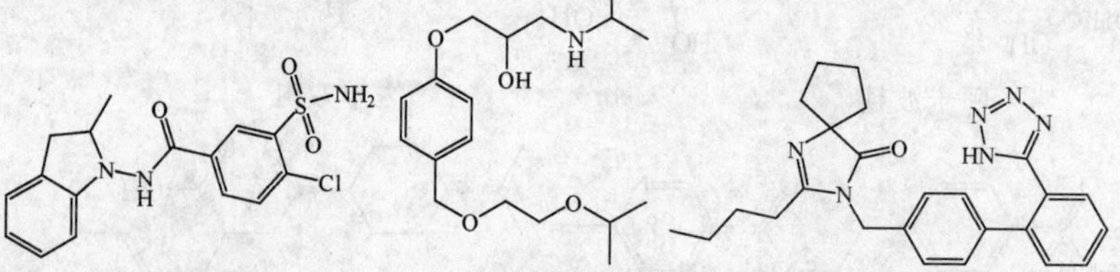

吲达帕胺　　　　　比索洛尔　　　　　厄贝沙坦　　　　卡托普利

图7-7　几种典型的治疗高血压病药物

7.2.2　手性药物及其制备

手性(Chirality)是自然界中物质的本质属性之一,生物大分子如蛋白质、多糖、核酸和酶等几乎都具有手性。绝大多数药物由手性分子构成,就如右手只能带右手套,左手只能带左手套一样,手性药物分子通过与体内生物大分子间严格的几何结构匹配实现对生物大分子的识别,从而发挥应有的药效。含手性因素的化学药物的两种对映异构体在人体内的药理活性、代谢过程及毒性存在显著的差异,往往其中仅有一种是有效的,而另一种无效甚至有害。例如氧氟沙星的左旋体——左氧氟沙星,是临床上常用的广谱抗菌药物,其抗菌活性是外消旋体氧氟沙星的2倍,是右氧氟沙星的8～128倍,对多数肠杆菌科细菌,如大肠埃希菌、变形杆菌属等革兰阴性菌具有较强的抗菌活性,对金黄色葡萄球菌、肺炎链球菌等革兰阳性菌和肺炎支原体、肺炎衣原体也有抗菌作用。在化学药物的制备中,常常涉及到光学异构体的拆分,手性药物的研究已成为目前新药研究的主要方向之一。

1. 几个重要的化学概念

(1)手性分子。人的左、右手互为镜像对称,彼此不能重合。如果两个化合物的分子结构与手类似,原子连接的顺序相同,呈镜像对称而又不能完全重合,那么它们就称为手性化合物(图7-8)。

(2)手性中心。将甲烷分子中的四个氢原子换成四个不相同的原子或基团,就可以得到一个有旋光性的物质。因此,把与四个不同基团相连的碳原子称为不对称

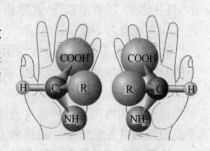

图7-8　手性化合物互为镜像对称

碳原子或手性碳原子,手性碳原子即为一个手性中心。乳酸是含有一个手性碳原子分子的典型代表,其结构式如图 7-9 所示。另外,分子中的氮、硫和磷原子若满足手性条件,也可成为手性中心。

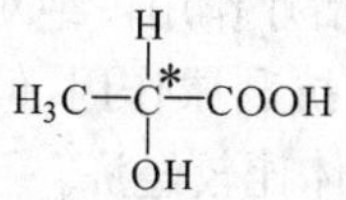

图 7-9　乳酸分子中含有一个手性碳原子　　　图 7-10　2,3-二氯戊烷的四种旋光异构体

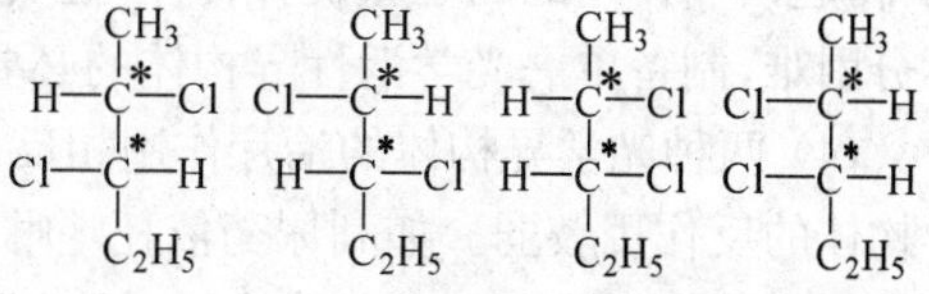

（3）对映异构体和非对映异构体。两个不能重合的化合物,若其原子连接顺序相同,则它们的基本结构相同。若这一对化合物互为镜像,就称为对映异构体;若不能互为镜像,则称为非对映异构体。如 2,3-二氯戊烷有两个不相同的手性碳原子,可以产生四种旋光异构体(结构简式如图 7-10),其中,结构Ⅰ和Ⅱ、Ⅲ和Ⅳ互为镜像对称,是两对对映异构体。而结构Ⅰ和Ⅲ、Ⅳ之间,Ⅱ和Ⅲ、Ⅳ之间不存在镜像对称关系,被称为非对映异构体。

（4）外消旋体和内消旋体。如果两种旋光性质不同的光学异构体以等量混合,旋光性消失,这一对光学异构体的混合物就称为外消旋体。外消旋体的物理性质与纯净的左旋体和纯净的右旋体之间是不相同的。例如,外消旋乳酸的熔点比纯净的左旋乳酸和纯净的右旋乳酸低,溶解度也不相同。还有一类分子若具有两个手性中心,而这两个手性中心各具有相反的旋光性,使得分子整体不具有旋光性,这种化合物称为内消旋体,内消旋体的旋光性在分子内部就抵消了。

（5）手性药物。分子中含有手性原子的药物称为手性药物。研究和制备手性药物对于疾病治疗很有意义。人体内的生物大分子大多具有严格的手性空间结构,它们与人体自身产生的一些小分子有机化合物的结构相匹配,两者准确地结合可使机体发挥多种正常的生理功能,而一旦这些小分子的量发生变化,就会破坏机体的平衡,导致多种内源性的疾病。药物属于外源性小分子,它们模拟失衡的体内的小分子与生物大分子作用,使体内重新达到平衡,实现治疗疾病的目的。而如果药物的手性结构不与相应的受体匹配,就失去了治疗作用,甚至可能造成严重的不良反应。

2. 手性药物的类型

根据手性药物的两种异构体的药效及毒性的不同,可分为各种类型。

（1）两种光学异构体的药效相同或相似。如抗疟药氯喹、抗凝血药华法令,它们的两种异构体的治疗作用都相似,在应用中这些药物的两种光学异构体就不必分开。

（2）两种光学异构体虽对某一疾病均有治疗作用,但疗效差别显著。如消炎药布洛芬,其右旋体的抗炎活性要比左旋体强 28 倍;抗肿瘤药物环磷酰胺的左、右旋异构体的抗肿瘤功效也有明显差别,左旋体比右旋体疗效高 2 倍,这样的药物就需要拆分成单一旋光异构体。

(3) 两种光学异构体中有一个完全没有治疗作用。如强效镇痛药美沙酮、异美沙酮及吗啡,起镇痛作用的均是左旋异构体,但实际使用的都是外消旋体,是因为这些药物剂量小,拆分困难,制备单一光学活性异构体的必要性不大。

(4) 两种光学异构体的治疗作用相反,但一种异构体的治疗作用占绝对优势,而另一种异构体的反作用较弱。如利尿药依托唑啉,其右旋异构体有抗利尿作用,但作用较弱,外消旋体仍显示利尿作用。从成本考虑,这一类药物使用外消旋体比较经济。

(5) 两种光学异构体虽然都有相同的治疗作用,但其中一种异构体的毒副作用比较突出。这类药物必须除去有严重毒副作用的异构体,将单一安全的光学异构体用于临床。最典型的例子就是抗妊娠反应药"反应停"。20 世纪五六十年代,反应停作为孕妇

左旋异构体　　　　右旋异构体

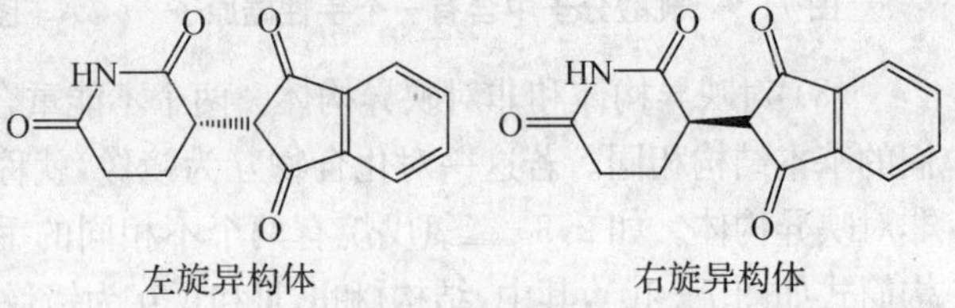

图 7-11　反应停分子的两种光学异构体

镇静止吐药首先在欧洲上市,使用几年后发现畸形新生儿的比例异常升高。经研究发现,反应停分子含有一个手性中心,存在两种对映异构体(图 7-11),其中右旋体有中枢镇静作用,无毒副作用,而左旋体虽也有镇静作用,但其代谢产物则有强烈的致畸毒性。

(6) 两种光学异构体具有完全不同的治疗作用。这类手性药物也应将左、右旋异构体分离,可成为治疗不同疾病的两种药物,若不分离,不仅会造成浪费,更重要的是其中一种成分对另一种成分而言可能就是有害成分。如从金鸡纳霜树皮中提取的金鸡纳霜,其左旋体奎宁有很强的抗疟作用,右旋体奎尼丁则是抗心律失常药,只有将两种异构体分离才能发挥各自的药物活性。

(7) 两种光学异构体的治疗作用有互补性。这类药物的消旋体疗效比单一旋光异构体好,就不应分离。例如,茚达立酮是一种具有手性中心的利尿药,其右旋体有利尿作用,而左旋体有促进尿酸排泄的作用。当这两种异构体以"左旋:右旋=8:1"的比例合用时,茚达立酮就成为一种较理想的利尿药。

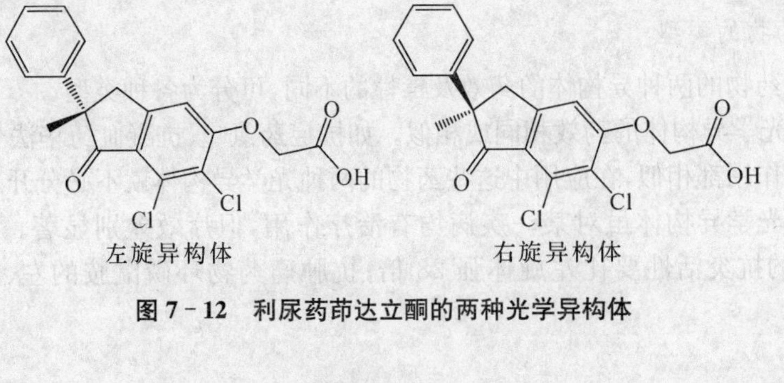

左旋异构体　　　　　　　右旋异构体

图 7-12　利尿药茚达立酮的两种光学异构体

3. 手性药物的制备方法

各种手性化合物的理化性质差异很大,首先要根据合成的难易程度决定进行不对称合成还是对外消旋体进行拆分。如果采用不对称合成比较合理,则根据化合物的结构,设计合成路线,进行不对称合成的研究;如果对外消旋体拆分较有利,则需研究用何种技术、何种条件进行拆分。

(1) 利用天然的手性化合物合成手性药物

自然界中存在很多天然的手性化合物,若其手性中心与所需合成的药物相同,就可利用这些天然手性化合物为原料,设计合理的合成方法,使其转化成所需要的手性化合物或手性药物。自然界中的手性化合物包括:手性碳水化合物、手性有机酸、手性氨基酸、生物碱等。这些天然的手性化合物,一般价格比较便宜,利用这些化合物作为原料可省去消旋体拆分的繁复工作。

(2) 外消旋体的拆分

若不能利用天然的手性化合物为原料合成目标手性药物,则需要进行手性合成,但往往得到的是消旋体,经常涉及到旋光异构体的拆分,常见的拆分方法有如下几种:

① 直接结晶法。将外消旋体制备成过饱和溶液,然后向其中投入作为结晶中心的一种光学异构体的晶体,称为"晶种",溶液中与晶种具有相同旋光活性的异构体会以晶种为中心,逐渐析出,而另一种异构体则保留在溶液中。这种拆分方法是所有手性拆分方法中最简单、最易操作、成本较低,适于工业规模的手性拆分方法。可利用这种方法拆分的外消旋体药物约占总数的 10%。氯霉素等药物的拆分即采用此法。

② 间接结晶法。如果外消旋体呈酸性或碱性,可用光学纯的手性碱或手性酸与之反应生成一对非对映异构体的盐,这两种盐的理化性质差别较大,借助它们的差异,选择合适的溶剂进行结晶,就可将两种异构体的盐分开,再用无机酸、碱处理,可得到单一异构体。但该法不适用那些理化性质相似又不具有酸碱性的异构体的分离。

③ 手性催化剂或酶拆分法。不同光学异构体对具有手性结构的催化剂或酶的敏感性不同,在手性结构相同的催化剂或酶的催化下,一种光学异构体能够发生化学反应,而另一种则不能发生反应,产物与未反应的异构体的理化性质往往差异较大,可用常规的化学方法将它们分离开来。使用这种方法的关键是要找到合适的手性催化剂或酶,这是该方法的研究方向。

④ 手性色谱分离法。利用手性吸附剂填充色谱柱,外消旋体溶液通过该手性色谱柱后,一种光学异构体被选择性地吸附,而另一种则被淋洗出,被吸附的手性化合物再用适当溶剂从色谱柱上洗脱下来,从而达到光学异构体分离的目的。这种方法的缺点是手性吸附剂的通用性差而且价格昂贵。

⑤ 手性分子筛分离法。该方法的原理与手性色谱分离法相似,仅将手性吸附剂换成了手性分子筛。外消旋化合物流经手性分子筛后,与分子筛中的空穴手性相匹配的光学异构

体就被吸附,之后再用某种合适的溶剂将其洗脱下来。

7.2.3 药物分子设计与合成

时至今日,从合成化学品中筛选药物和从天然产物及其衍生物中发现药物仍是药物研发的主要途径之一,但这种方法盲目性大,命中率低。从 20 世纪 90 年代开始,随着生物化学、分子生物学、遗传学、药物化学、计算化学等学科的发展,药物设计进入了"合理药物设计"的新阶段。这种药物分子设计方法是针对包括酶、蛋白受体、离子通道及核酸等潜在的药物靶点,并参考其他类源性配体或天然产物底物的化学结构特征,理性构建具有预期药理活性的分子操作。药物应具有有效性、安全性和可控性等基本特性,这些性质都是由药物的化学结构所决定,而一个药物要完全满足所有要求是很困难的,所以药物分子设计是一项耗时且花费巨大的工程,它包括两个阶段:一是寻找或确定先导化合物。先导化合物是具有特定生理活性的线索物质,这类化合物可能由于活性不强、选择性低、吸收性差或毒性较大等原因,不能直接用作药物。自然界中的许多天然产物是先导化合物的重要来源。二是先导化合物的优化。对已确定的线索物质进行结构改造,衍生出具有优良药理作用的药物。

1. 药物分子设计

(1)基于受体结构的药物分子设计

药物分子在人体内随机转运,驱动其与受体识别、接近和结合的原动力是它们分子之间的适配性和结构的互补性。如果知道受体的结构,就有可能设计并合成出可结合该受体的药物。人体内的大部分受体为蛋白质,具有复杂且不断变化的三维结构。由于分子生物学和克隆技术的发展,科学家们已能制备出纯净单一的受体蛋白,并借助 X-射线单晶衍射法和核磁共振波谱法解析受体蛋白的微观结构,再通过计算机图形学模拟出蛋白质分子的空间构象,从而为新药设计提供模板。例如研究抗艾滋病药物,通过对人免疫缺陷病毒 I 型(HIV-I)的蛋白水解酶进行数据库搜寻和对接试验,发现了氟哌啶醇能够结合这种酶,进一步试验证明了氟哌啶醇确实能够识别 HIV。在这个例子中,氟哌啶醇的发现即是通过模拟蛋白水解酶和分子数据库中的化合物的相互作用而筛选确定的。

(2)计算机辅助药物分子设计

随着组合化学及高通量筛选的发展,使我们可以在短时间内获得大量的化合物及生理活性数据。但因类药化合物的数量过于庞大(估计数目可达 10^{62}),随机筛选的效率仍然很低。自从 20 世纪 60 年代物质的构效关系方法提出以后,经过长期探索,出现了多种新计算方法,使得计算机辅助药物设计发展成为一门新兴的研究领域。计算机辅助药物分子设计与庞大的类药化合物数据库相结合,大大提高了药物开发的效率,并为攻克一些顽疾提供了新思路,世界上几大著名制药公司都建立了专门的计算机辅助药物分子设计部门。

计算机辅助药物分子设计的重要内容是基于各种分子模拟技术及各种数理统计方法,

包括分子力学方法、量子力学方法、分子动力学方法、数值和非数值优化技术等,研究药物的化学结构与生理活性之间的定量构效关系。但这些方法各有特点及局限性,一些在受体-配体结合过程中发挥重要作用的因素在目前的方法中未能全面考虑:如受体的柔性、溶剂效应和熵贡献等,因此需要把各种方法结合起来使用。另外,如何系统、客观地评价各种不同的计算方法也是亟待解决的问题。

2. 组合化学与药物合成

传统的活性化合物筛选是需对所设计的化合物逐个合成,然后进行分离纯化、结构鉴定、活性测定的程序完成的,周期长、工作量大、成本高昂。自 20 世纪 70 年代以来,新药的开发速度缓慢,制药成本日益增长,一个重要原因就是化学合成周期长、成本高。据统计,平均每 10 万种化合物中才有望发展出一种新药,开发周期长达 10 年左右,"组合化学"的诞生无疑给新药开发送来了及时雨。

组合化学是一种通过"组合"的方式将许多"结构单元"(如氨基酸、核苷酸、单糖以及各种化学分子等)通过化学或生物合成的手段,系统且大批量地组装成结构多样化的目标化合物的合成方法。组合化学把一组化合物之间的共同结构称为"结构框架"或"结构模板",而把连接于基本结构框架上的基团,无论大小,均称为"结构单元"。在这一概念下,任一个化合物都可以被看作是由连接于某一结构框架上的若干结构单元所组成的一个复合物,不再从单个化合物而是从一组化合物出发去分析化合物的结构并由此去设计合成路线。同时,组合化学在合成技术上也有重大突破。组合化学不仅已成为药物合成领域的主要技术,也已成为包括一系列旨在快速大量合成化合物的新技术的代名词。在一些典型的组合化学实验室里,自动合成仪在计算机的操控下紧张有序地工作着,研究人员的工作则是不时地透过视窗监视合成仪的工作状况,在合成结束后,将产物转移到自动分析和纯化仪中进行分析和纯化。随着计算机辅助设计、合成、分析、纯化到数据处理等技术的日益进步,组合化学,尤其将化合物合成和活性筛选融为一体的动态组合化学的发展,将给全世界的制药工业带来革命性的变化。

7.2.4 化学药物的最新研究进展

1. 分子靶向药物

随着药学和生命科学研究水平的不断进步,恶性肿瘤细胞内的信号转导、细胞凋亡的诱导、血管生成以及细胞与胞外基质的相互作用等许多基本过程逐渐被揭开面纱。以一些与肿瘤细胞分化增殖相关的细胞信号转导通路的关键酶,如蛋白酪氨酸激酶(PTK)和芳香化酶等,作为药物筛选靶点,探索选择性作用于特定靶位的高效、低毒、特异性的新型抗肿瘤分子靶向药物,已成为目前抗肿瘤药物研发的重要方向之一。

2. 无机金属药物

1965 年,美国化学家罗森伯格发现了顺铂(图 7-13)能有效抑制大肠杆菌的细胞分裂,1969 年又发现顺铂具有抑制实体肿瘤的活性,1978 年 FDA 批准顺铂为临床抗癌药物,主要用于治疗睾丸癌和膀胱癌,罗森伯格因此成为铂类无机金属药物领域的开创人,他的研究成果直接推动了无机金属配合物作为抗癌药物的发展。药物学家及化学家们对顺铂的抗癌机理及构效关系进行了深入研究,以顺铂为基础制备了大量的铂类及非铂类金属化合物,希望从中筛选出比顺铂活性更强,毒副作用更小的新型金属抗癌药物,继顺铂之后,卡铂、乐铂、庚铂、奥沙利铂、奈达铂等铂类抗癌药物先后被世界各国批准用于临床治疗多种癌症,如卵巢癌、乳腺癌、胃癌、结肠癌、子宫癌、头颈部癌、肺癌、黑色素瘤、淋巴瘤及骨髓瘤等。相关研究至今依然是药物化学和无机化学的热点课题之一。

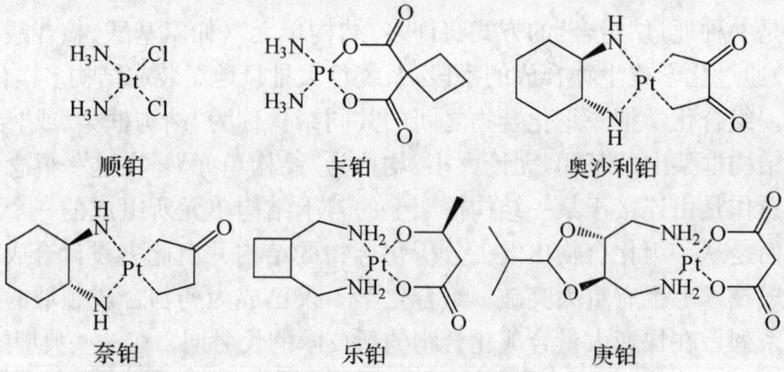

图 7-13 已批准上市的六种铂类抗肿瘤药物

顺铂　　卡铂　　奥沙利铂

奈铂　　乐铂　　庚铂

大量研究表明,铂类药物进入人体后,血液中的氯离子与铂发生配位,当与癌细胞作用时,铂类药物可能通过各种方式进入细胞。由于细胞内的氯离子浓度较低,铂发生水解反应,水解产物进攻靶点 DNA。铂主要与 DNA 的嘌呤碱基(尤其是鸟嘌呤 G)的 N_7 结合,形成 cis-$[Pt(NH_3)_2\{d(GpG)\}]$ 和 cis-$[Pt(NH_3)_2\{d(ApG)\}]$ 交联产物,导致 DNA 解旋并沿着大沟方向折叠,阻断了 DNA 的复制和转录,最终导致癌细胞凋亡。

以顺铂为代表的铂类金属药物在抗癌药物中占有极为重要的地位,但在长期的临床应用中显现出不同程度的各种毒副作用及其他缺陷,为此人们希望能设计出抗癌谱更广,抗癌活性更好,副作用更低,且能克服顺铂耐药性的新型药物。针对这些目标,化学家们提出了不同的解决策略:

(1) 改变现有铂类药物的结构模式,以改变它们与 DNA 的作用方式。

(2) 改进铂类药物的存在形态或给药途径,以实现药物的靶向输送或定点释放。

(3) 研究开发非铂类金属抗癌药物。

(4) 寻找 DNA 以外的非经典作用靶标,探索新的抗癌途径。

3. 智能药物传输系统

智能药物传输系统是指药物自身具有传感、响应释药、停止释药的"自动"药物传输体系。当系统受到环境的化学或物理作用时，传输系统的结构性能发生相应改变，从而使药物定点、定时或定量释放，如 pH 敏感型、温度敏感型、葡萄糖氧化酶型等。

pH 敏感型药物传输系统的单体侧链中含有大量的酸性或碱性基团，能够感应外界环境的 pH 变化，借此进行药物的"开-关"释放。人体内的器官、组织和细胞环境具有不同的 pH 范围，如人的胃中 pH<3，肠内则为中性环境，人体正常组织的 pH 一般为 7.4，但当机体发生感染或癌变时，组织往往呈现出更低的 pH。药物传输系统进入体内会对酸碱性变化发生响应而进行药物控释，实现药物在病变组织或细胞内的富集，从而提高药物的生物可利用率，发挥药物的疗效。这种系统目前大多应用于口服给药的控制释放，如壳聚糖-阳离子聚合物组成的输药系统，在中性条件下，壳聚糖分子链上的阴离子和阳离子通过静电作用紧密结合在一起，而当载药系统到达肿瘤病灶时，低 pH 环境立刻刺激聚合物，使阴离子和阳离子分离，阳离子和肿瘤细胞结合，从而达到靶向释放药物的效果。

温度敏感型药物传输系统主要是指聚合物链上或其侧链含有对温度变化敏感的链段，并含有一定比例的亲、疏水基团，温度变化会影响这些基团的亲疏水性以及分子间的氢键作用，通过结构的变化引发相变。这种药物传输系统一般可分为阳性热敏型和阴性热敏型。阳性热敏型系统在高温下膨胀，在低温下收缩，如聚丙烯酸、聚丙烯酰胺及聚丙烯酰胺-甲基丙烯酸丁酯共聚物都具有阳性热敏性质，已用于布洛芬的控释。阴性热敏型的单体凝胶一般适用于温度阶梯性改变型的释药系统，如聚四亚甲基醚二醇的互穿网络凝胶等。

葡萄糖氧化酶型药物传输系统是利用葡萄糖氧化酶将葡萄糖氧化成葡萄糖酸，使周围环境的 pH 发生变化，导致 pH 敏感型的高聚物发生相应的收缩变化，进而达到药物控释的目的，可见这种系统仍属 pH 敏感型药物传输系统。

智能药物传输系统的研究内容十分丰富，虽然此类系统目前多数在临床应用中还面临诸多问题，但随着智能材料的不断发展，预期一定会在药学领域发挥巨大的作用。

§7.3　药物滥用与药物依赖

7.3.1　成瘾性药物滥用与药物依赖

药物滥用和药物依赖是目前世界性的公共卫生问题和严重的社会问题，已引起了全球广泛关注。药物滥用是指出于非医疗、预防和保健目的，反复大量地使用具有依赖性特性或依赖潜能的药物。药物滥用可导致药物依赖性，造成精神和身体的损害，甚至引发严重的公共卫生和社会问题。药物依赖又称为药物成瘾，是指药物与人的机体发生相互作用所形成的一种特殊精神状态和身体状态,表现出一种强迫性的定期或持续用药的行为和其他反应,以期感受所产生的特殊精神效应,或是为了避免因停药所引起的身体不适或痛苦。药物依赖性分为身体依赖性(或称生理依赖性)和精神依赖性(或称心理依赖性),身体依赖性是指用药者反复使用某种药物而造成机体对所用药物的一种适应状态,若突然停药会产生一系列以中枢神经系统反应为主的严重症状和体征,轻者全身不适,重者出现抽搐,可威胁生命。能引起身体依赖的典型药物有:吗啡类、巴比妥类和酒精等。精神依赖性是一种特殊的精神效应,表现为强烈的心理渴求和周期性、强迫性觅药行为。精神依赖的产生与药物种类和个性特点有关,容易引起精神依赖的药物有:吗啡、海洛因、可待因、度冷丁、尼古丁、酒精、苯丙胺、大麻及巴比妥类等。能引起依赖性的药物主要包括麻醉药和精神药两大类。在临床上使用的大多数麻醉药品都可能产生依赖性,所以,麻醉药品不能长期反复使用。精神药物包括镇静催眠和抗焦虑药、中枢兴奋药和致幻药等,起初是为了医源性的合理使用而研制的,但随着部分人滥用成瘾之后,才被药监部门定义为依赖性药物而受到管制。国际疾病分类系统(ICD)将能够产生依赖性药物分为十大类:酒精类、阿片类、大麻类、镇静催眠剂、可卡因类、其他兴奋剂(包括咖啡因)、致幻剂类、烟草、挥发性溶剂、其他精神活性物质。其中,会产生依赖性的精神类药物主要包括:阿片类镇痛药(吗啡、海洛因、杜冷丁和美沙酮等)、镇静催眠药(巴比妥类、苯二氮卓类和其他类)、中枢兴奋剂(冰毒、可卡因等)、致幻剂(麦角二乙胺、西洛西宾、麦司卡林等)、大麻类。

药物滥用与生物、心理和社会三方面的因素有关,其中,生物学原因是基础,起着重要作用。成瘾药物之所以能使人有欣快感,是因为中脑边缘多巴胺系统中的多巴胺神经传导发挥了重要作用。人体大约有 400 种基因倾向于使人更容易对毒品上瘾,毒品基因的研究对吸毒者控制和治疗毒瘾开创了一种新的途径。

7.3.2 抗生素滥用

凡是超时、超量、不对症使用或未严格规范使用抗生素的,都属于抗生素滥用。我国是滥用抗生素情形最严重的国家之一,每年有约 8 万人直接或间接死于滥用抗生素,由此造成的机体损伤以及病菌耐药性更是无法估量。滥用抗生素会带来以下危害:

(1)毒副作用。擅自加大抗生素的药量,很可能损伤神经系统、肾脏和血液系统,尤其是对肝肾功能异常者,更要慎重。一般来说,轻度上呼吸道感染选用口服抗生素即可,但很多患者却选择静脉输液,这无疑增加了副作用的风险。

(2)过敏反应。过敏反应多发生于具有特异性体质的人群,其表现以过敏性休克最为严重。青霉素、链霉素都可能引发过敏反应,其中青霉素最为常见,也更为严重。

(3)二重感染。当用抗菌药物抑制或杀死敏感的细菌后,有些不敏感的细菌或霉菌却继续生长繁殖,造成新的感染,即"二重感染",这在长期滥用抗生素的病人中很多见。这种感染治疗困难,病死率通常较高。

（4）耐药性。药物的长期刺激可使一部分致病菌产生变异，成为耐药菌株，从而导致人体内菌群失调，这种耐药性既会被其他细菌所获得，也会遗传给下一代，严重者很可能面临细菌感染时无药可用的境地。

另外，家畜在饲养过程中滥用抗生素所造成的抗生素污染十分普遍。研究表明，动物产品的抗生素残留量一般极低，对人体的直接毒性也很小，但若长期食用后，可在人体内蓄积，会给人体健康带来危害。

7.3.3　远离毒品

早于 1912 年在海牙召开的国际会议上各国就签订了第一个关于禁止鸦片的国际公约——《国际鸦片公约》，到 1988 年为止，国际上先后签订了有关麻醉品的国际公约、协定和议定书共计 12 个，限制这类药品的可获得性，但毒品犯罪屡禁不止，日益成为一个国际性的严重问题，尤其自 20 世纪 80 年代以来，世界范围内的毒品泛滥已严重危害人类健康和国际社会的安宁，成为严重的国际公害。

1987 年 6 月，联合国在维也纳召开了关于麻醉品滥用和非法贩运问题的会议，这是人类历史上第一次大规模的国际禁毒会议，它向全世界各国政府和组织提出了"珍爱生命、远离毒品（Yes to life, not to drug）"的口号，并建议将每年的 6 月 26 日定为"国际禁毒日"，以引起世界各国对毒品问题的重视，共同抵御毒品的危害。同年 12 月，第 42 届联大通过决议，正式将每年的 6 月 26 日确定为国际禁毒日。2014 年国际禁毒日的主题是："远离毒品、健康生活、拥抱美好人生。"

滥用毒品涉及各个阶层及年龄段的人群，危害个人、家庭和社会。吸毒成瘾虽属滥用药物所致，但主要来自于毒品的兴奋和欣快作用，吸毒者通常都会经历"对毒品好奇试用-自愿吸食-不能自拔"的过程。吸毒者往往都有明显的个性问题，如反社会性、情绪控制能力较差、易冲动、缺乏有效的防御机制、追求即刻满足等，但目前尚不确定是这些个性问题导致了吸毒，还是吸毒改变了吸毒者的个性，或者是两者互为因果。此外，成瘾物质代谢速度的差异以及遗传因素对成瘾行为的形成也发挥了一定作用。

毒品对人体的伤害极大，通常会破坏心肺功能，导致咳嗽、支气管炎和其他严重感染，并引发哮喘、肺气肿，甚至呼吸衰竭，还会导致智力下降和记忆力减退，长期吸毒会使大脑形成融化状态

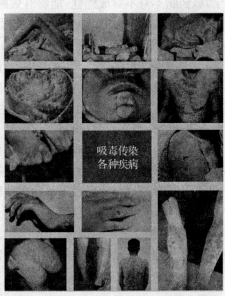

图 7-14　毒品危害

的空洞,脑脓肿、脑栓塞、颅内出血等都是吸毒者常见的疾病。吸毒还会抑制食欲,导致胃肠蠕动减慢进而引起便秘、肠梗阻等其他众多疾病。若共用注射器,还非常容易造成各种传染病的相互传播。因此,无论何种原因染上毒品,都应下定决心戒毒,否则后患无穷。戒毒的第一个环节是设法解决身体对毒品的依赖性,同时选用适当的药物进行治疗。药物治疗通常是选择相应的毒品替代药物,如非成瘾性麻醉药、镇静催眠药及长效和弱效阿片类药物,使成瘾者在能耐受又安全的情况下,比较平稳地度过戒断综合征的发作期,然后再逐步达到完全停药,使患者步入健康人的生活。

常用戒毒药物通常包括以下三类:

(1) 阿片受体激动剂或拮抗剂。最常用的阿片受体激动剂有盐酸美沙酮和丁丙诺啡。盐酸美沙酮简称美沙酮,是替代吗啡的麻醉性镇痛药,药效与吗啡类似,具有镇痛作用,与吗啡比较,具有作用时间长、不易产生耐受性、药物依赖性低等特点。美沙酮不宜采用静脉注射方式给药,尤其是脱毒治疗时禁止注射方式给药,该药不能消除毒品的精神依赖性,故很难做到完全停药,可减轻海洛因等阿片类毒品的欣快作用。丁丙诺啡的脱瘾作用比美沙酮强,对海洛因成瘾者尤为有效,每日舌下含服 3～8 mg,用药 4 天后递减药量,是我国常用的戒毒用药。

阿片受体拮抗剂,如纳曲酮,能明显地减弱或完全阻断阿片受体,甚至反转由静脉注射阿片类药物所产生的作用,解除身体对阿片的依赖性,使已戒断阿片成瘾者保持正常生活。

(2) 非阿片受体激动剂或拮抗剂。是一类与神经递质有关的药物,代表性药物如可乐宁,该药物本身不具成瘾性,能够有效解除阿片类毒品成瘾者断药时的戒断症状,因而受到了特别关注。此外还有神经中枢抑制类药物,常用的有抗精神病药物氯丙嗪、氯氮平,抗癫痫药物氯硝安定等。

(3) 中草药。在戒毒药物中,中药占有十分重要的地位。不含替代药物的纯中药复方制剂,如新型济泰片等具有中药特有的"多靶点"综合功效,在控制戒断症状的同时,还可以排除体内毒素、提高机体整体功能。此类药物无依赖性,安全可靠,是戒毒药物发展的方向。但因中药的药理和疗效机理较复杂,社会对中药戒毒的认知度还比较低,所以,目前中药戒毒多用于吸毒时间较短、戒断症状不特别紧急的患者。此外,采用中西药联合的方法,可发挥更好的疗效,如中药和美沙酮一起进行戒断治疗,不仅可以减少美沙酮的用量,还可以在戒断药物治疗以后,使患者不易出现戒断性症状。

据统计,戒毒后的复吸率一般高达 90% 以上,其根本原因是对毒品的精神依赖,因此,只有戒毒者树立坚定的信念,用坚强的毅力去戒毒,同时,配合采取科学的康复治疗措施,包括心理、生理康复及职业康复,毒瘾患者一定能够回归到健康正常的生活。

参考文献

1. 国家药典委员会. 中华人民共和国药典(二部)[M]. 北京:化学工业出版社,2010.
2. 王晓勇,郭子建. 金属抗癌药物设计的新策略和新趋势. 化学进展,2009,21(5):845 – 855.
3. 梁晓天. 药物与化学[M]. 北京:清华大学出版社,2004.
4. 管林初. 药物滥用和成瘾纵谈[M]. 上海:上海教育出版社,2008.

思考题

1. 列举几种你所知道的中草药并写出他们的主要活性化学成分。
2. 什么是新型天然药物? 新型天然药物有哪些不同于传统中草药的特点?
3. 化学药物分为哪几类? 举例说明。
4. 什么是组合化学? 组合化学的方法对药物的合成与筛选有什么意义?
5. 什么是药物依赖性? 为什么要远离毒品?

第8章 化学肥料和化学农药

现代农业是利用现代工业提供的生产资料,广泛应用现代科学技术并采用科学管理方法进行的社会化农业。化学肥料和化学农药是现代农业发展的有效保证,现代农业的发展又促进了化学肥料和化学农药工业的发展。

§8.1 化学肥料

8.1.1 现代农业与化学肥料

1. 概述

农作物在生长过程中,除了需要阳光、水分和适宜的温度之外,还必须有充分的养料,俗话说"庄稼一枝花,全靠肥当家",可见肥料在农业生产中的重要性。农作物体内一般含有占其体重$80\%\sim90\%$的水分,其余主要是碳、氢、氧、氮、磷、钾、硅、钙、镁等化学元素,还有硫、铅、铁、铜、锰、锌、硼、钼等,这些元素都是植物生长不可缺少的养分,称为营养元素。农作物可以从空气和土壤中直接吸收碳、氢、氧三种元素,对钙、镁、硫、铁、铜、锰、锌、硼、铜等元素的需要量很少,一般土壤中所含有的这些元素就能够满足它们生长的需要,而对氮、磷、钾三种元素的需要量较多,土壤一般不能完全满足,必须通过施用肥料进行人为补充。氮、磷、钾通常被称为"肥料三要素"。

化学肥料简称化肥,是现代化学工业发展的产物,也是现代农业发展的标志。化肥是以天然物料为基础发展起来的一类肥料,真正的化肥工业是德国农业化学家李比西(J. von Liebig)于1840年提出矿物质营养学说以后发展起来的。1842年,英国人劳斯(J. B. Lawes)建成了第一个以酸法生产过磷酸钙的化肥厂,过磷酸钙成为世界上最早的化学磷肥品种,也是最早的化肥品种。1861年,德国开始兴建化学钾肥工业,20世纪30年代,美国和前苏联先后发现钾矿并开始生产钾肥。1898年德国发明了氰氨法制造氰氨化钙(即石灰氮)工艺,创建了世界上首个人工合成化学氮肥的工厂。20世纪初,德国发明了用氮与氢反应合成氨的方法,并于1913年在奥堡建成了世界上首个合成氨工厂。美国、前苏联紧随其后,相继建立了大型合成氨厂,世界氮肥产量从此大幅度提高。这个时期,世界化学氮肥的主要品种是硫酸铵($(NH_4)_2SO_4$),20世纪50年代后,硝酸铵(NH_4NO_3)成为最重要的氮肥品种,到了 70 年代,尿素($CO(NH_2)_2$)逐步取代了 NH_4NO_3 的地位,成为氮肥的主导品种。

我国化学肥料的发展始于 20 世纪 50 年代中期,前苏联曾援建了吉林、兰州、太原三个规模为 5 万吨合成氨、9 万吨 NH_4NO_3 的化肥厂,同时我国自行设计建设了年产 7.5 万吨合成氨的四川化工厂,生产 NH_4NO_3。1970 年开始生产高浓度化肥;1980 年生产钾肥,同时发展高浓度复合肥;2006 年生产高氮肥;2007 年生产缓控释高氮肥;2009 年生产新型高氮肥;2010 年开发了硝硫基水溶肥;2011 年开发了有机无机复混肥;2012 年开始研发生态肥;2013 年开发了液体肥。几十年来,我国化肥生产技术不断进步,取得了骄人的成就,目前,我国主营化肥业务的上市公司有 21 家,年产氮肥 4 331 万吨(其中尿素 2 591 万吨),磷肥 1 260 万吨,钾肥 277 万吨,品种丰富多样,产量稳步增长。

我国有 13 亿多人口,耕地面积约 1.4 亿公顷,人均耕地面积约 0.1 公顷,仅为世界人均耕地面积的 37.5%,而且我国目前耕地的复种指数已达 1.56,进一步提高的潜力非常有限,同时,因需要保护山林、滩涂和湿地,进一步扩大耕地面积也非常困难。在有限的土地上,要满足 13 亿人口对农产品日益增长的需求,切实可行的办法就是提高单位面积产量。据联合国粮食与农业组织(FAO)调查,全球一半以上的人口所需能量的 90%、所需蛋白质的 80% 需从谷物和其他植物性食物中获得。发展中国家粮食总产量的增加约 75% 是通过提高单位面积产量获得的,在提高单位面积产量的诸多因素中,化肥所占的比重约在 50% 以上。研究显示,一公顷农作物每一个生长季需从土壤中吸收 133 kg 氮素(N),3.3 kg 磷素(P_2O_5)和 13.3 kg 钾素(K_2O),土壤只能满足作物生长需要量的 40%~60%,其余只能依靠施肥才能得到满足,而在所施肥料中约有 60%~80% 需要依靠化肥,可见,使用化肥是保证农业稳产、高产的重要措施。

几千年来,农业生产所使用的肥料主要来源于人、畜的代谢物及其他各种动、植物废弃物和残体等经堆沤等简单方式所制得的农家肥,这些肥料的主要营养成分是有机物,属于有机肥料。与传统的有机肥料相比,化肥具有许多优点,也有许多缺点:

(1) 化肥的营养元素含量比有机肥料高很多,肥力强,见效快,增产效果明显。例如,碳酸氢铵(NH_4HCO_3)、$(NH_4)_2SO_4$、尿素等含氮分别为 17%、21% 和 46%;过磷酸钙含磷(P_2O_5)约 16%~20%;硫酸钾(K_2SO_4)含钾(K_2O)约 54%,而有机肥料养分含量较低,如人粪尿一般含氮(N)0.5%~0.8%、含磷(P_2O_5)0.2%~0.4%、含钾(K_2O)0.2%~0.3%;厩肥平均含氮(N)0.55%、磷(P_2O_5)0.22%、钾(K_2O)0.55%。此外,常用的化肥大都易溶于水,施到土壤中后能很快被农作物吸收利用,肥效快而显著,对作物的增产效果十分明显。据统计,每千克化肥可增产粮食 5~10 kg。FAO 的资料显示,化肥对农作物增产的贡献率约占 40%~60%。但是,也正因为化肥多属水溶性,施入土壤后易流失,肥效难以持久,肥料利用率低,如铵态氮肥采用表施极易流失,若在碱性土壤中施用,还会转化成氨而挥发;在多雨地区或灌溉条件下若施用硝态氮肥易随水流失;水溶性磷肥施入土壤后极易发生固定作用,使肥效降低。有机肥料所含营养元素多呈有机物状态,难于被作物直接吸收利用,在土壤中必须经过化学和微生物作用,使养分逐渐释放,肥效相对缓慢,不能及时满足作物高产的要求,但肥效稳定而持久,在改良和培肥土壤方面较化肥优越。

(2) 化肥的营养元素比天然肥料单一,容易实现根据土壤的特性和农作物的种类进行针对性施肥。目前,常用的化肥以单一营养元素为主,如氮肥、磷肥、钾肥的主要营养成分分别是氮、磷、钾,复混肥料的主要营养成分也只是氮、磷、钾中的 2～3 种元素,针对不同土壤的特性和不同种类农作物的需要,可较方便地选用化肥种类,因土壤、因作物施肥。但是,若对土壤的特性和作物的种类了解不清,也容易造成土壤中养料的比例失调,使土壤的理化性质变差及农作物减产或品质降低。此外,化肥中不含有微生物,对土壤养分的转化和土壤生物性质的改善不如有机肥料。有机肥料中所含营养物质比较全面,施用有机肥料有利于促进土壤团粒结构的形成,使土壤中空气和水的比例协调、土壤疏松,提高保水、保温、保肥、透气能力。

(3) 制造化肥的原料来源丰富,例如,生产氮肥所需的空气和水取之不尽,其他原料如煤、石油等在我国的贮量也较丰富,使得化肥可以大量生产并施用。

(4) 运输、保存和施用方便。化肥的养分含量高,施用量可大幅度减少,使运输和施用成本降低,而有机肥的积制、堆沤、贮存等过程的管理较麻烦,若措施不当,很容易损失养分,还会造成恶臭等环境污染。但同时应注意,化肥通常是高耗能产品,其生产和使用成本较高,而有机肥料可以就地积制,就地使用,成本较低。另外,化肥较有机肥料更易造成环境污染,但不会像有机肥那样带入病菌、虫卵和杂草种子。

(5) 效用广。合理施用化肥,特别是施用磷肥后,会使作物根系发达,叶细胞液浓度也会增加,作物抗旱、耐寒能力得到增强。有些地区施用氨水($NH_3 \cdot H_2O$)或 NH_4HCO_3 后,还能够防治田间的蝼蛄等害虫,发挥防治病虫害的作用。

化学肥料和有机肥料各有特点,在现代农业生产中,提倡化肥与有机肥配合施用,互相取长补短,充分发挥各自的优势。

2. 化肥分类

化肥种类繁多,性能、作用各异,依据不同的分类标准,化肥可分为不同的类别,其中:① 依据肥效快慢,化肥可分为速效肥料和迟效肥料,前者能很快溶解在土壤的水分中,被作物吸收后见效快,宜作追肥,如氮肥(石灰氮除外)、钾肥和磷肥中的过磷酸钙、重过磷酸钙等;后者不易溶解于土壤的水分中,效果较慢,但肥效较持久,这种肥料和农家肥一起堆沤后施用较好,可直接用于酸性土壤,宜作基肥,如钙镁磷肥、磷矿粉等;② 依据化学性质的不同可分为酸性肥料、碱性肥料和中性肥料。酸性肥料又可分为化学酸性和生理酸性两种。化学酸性是指溶解后的水溶液呈酸性,如过磷酸钙;生理酸性是指溶解后的水溶液为中性,但当它施入土壤后,由于营养成分被作物选择性吸收,不能吸收的部分留在土壤中呈现酸性而使土壤酸性不断增加,如氯化铵(NH_4Cl)、$(NH_4)_2SO_4$、K_2SO_4 等;碱性肥料同样又可分为化学碱性和生理碱性两种,与化学酸性肥料恰恰相反,如石灰氮属于化学碱性肥料,硝酸钠($NaNO_3$)属于生理碱性肥料;中性肥料施入土壤后不影响土壤酸碱性的变化,适用于各种土壤,如尿素等;③ 依据物理性状的不同可分为固体肥料和液体肥料。固体肥料一般加工成结晶状、颗粒状或粉末状,便于包装、运输,如磷肥、钾肥和大部分氮肥。液体肥料常见的有氨水($NH_3 \cdot H_2O$)、液氨等;④ 依据所含养分不同,化肥可分为氮肥、磷肥、钾肥、复合肥、微量元素肥等。按照化肥所含养分分类便于根据土壤的特性和农作物的需求加以施用,以下做一简要介绍。

(1) 氮肥

作物的发育和生长是由于体内细胞的不断增多和长大,组成细胞的主要成分是蛋白质,蛋白质中含有 $16\% \sim 18\%$ 的氮,所以,氮是作物的生命基础。叶绿素将空气中的二氧化碳(CO_2)和水分转变成作物体内所需要的有机物质,氮是叶绿素的组成部分,当氮供给不充足时,叶绿素的含量减少,叶片就会变成黄绿色,蛋白质的形成受到限制,作物就会长得矮小细弱,底叶枯黄;同时,由于光合作用受到限制,其他养分也得不到充分吸收,影响作物的产量。相反,若氮吸收过多,又会使作物长得过快,造成茎秆纤弱,容易倒伏,易受病虫害的侵害;同时,蛋白质还会大量贮存在叶片中,使果实、种子得不到应有的淀粉,导致成熟较慢,达不到增产的效果。因此,氮的多少对于作物的生长至关重要,施用氮肥应根据作物的种类、生长期以及不同土壤的特性来确定用量。

空气中含氮约 78%,在一亩土地的上空大约有 $10\,000\ kg$ 的氮气,作物可通过生物固氮和化学固氮两种途径利用空气中的氮元素(图 8-1),其中,化学固氮是把氮气(N_2)从空气中分离出来,再与氢气(H_2)按 $1:3$ 的比例混合,在高温高压条件下催化合成氨气(NH_3),该法称为"化学固氮"。常温常压下,NH_3 是有刺激性的气体,当温度降到 $-33℃$ 或将压力增加到 $7 \sim 8$ 个大气压时,NH_3 就会转化成液体。氨溶解在水中成为氨水($NH_3 \cdot H_2O$),氨与硫酸(H_2SO_4)反应可制成 $(NH_4)_2SO_4$,与 CO_2 和水反应就可制成 NH_4HCO_3、$(NH_4)_2CO_3$,与盐酸反应可制成 NH_4Cl,在高压下和 CO_2 反应可以合成尿素。NH_3 还可在催化剂作用下氧化成硝酸(HNO_3),HNO_3 再与 NH_3 反应生成 NH_4NO_3。

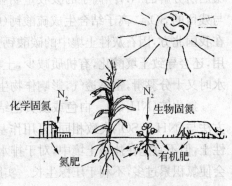

图 8-1 农作物对空气中氮元素的利用

根据氮在氮肥中存在的形态,氮肥又可分成以下三类:

① 铵态氮肥。氮以 NH_4^+ 的形态存在,如 NH_4HCO_3、$(NH_4)_2SO_4$、NH_4Cl、$NH_3 \cdot H_2O$ 等,施入土壤后,NH_4^+ 能被作物根系直接吸收,同时也能被土壤胶体吸附,不易流失。

② 硝酸态氮肥。氮以硝酸根(NO_3^-)的形态存在,如硝酸钾(KNO_3)、NH_4NO_3 等。在

NH_4NO_3 中,有一半是铵态氮,一半是硝酸态氮,两者都可以被作物吸收。由于硝酸态氮不能被土壤胶体吸附,易随水分流失,在土壤中很难保存,所以旱地作物一般以施用硝酸态氮为主,水稻等湿地作物一般以施用铵态氮为主。

③ 酰胺态氮肥。在这类氮肥中,氮的存在形态与有机肥料中的氮相近,不能直接被作物吸收,需要被转化和分解成铵态氮或硝酸态氮,作物才能吸收。所以,酰胺态氮肥的肥效较慢,但较持久,如尿素、石灰氮($Ca(CN)_2$)等。

主要氮肥品种有以下几种:

碳酸氢铵(NH_4HCO_3) 简称碳铵,是白色结晶体,有时因含有杂质而呈灰白色,有氨气的刺激味,是一种易溶于水的弱碱性速效肥料,含氮量为 17%。NH_4HCO_3 除了含有铵态氮以外,还折含有 50% 左右的 CO_2,也是作物生长的有用成分。NH_4HCO_3 施入土壤后,不会留下残渣,适用于各种土壤和作物,在化肥工业中占有很重要的地位。但碳铵有强烈的挥发性,易熏伤种子和幼苗,影响种子萌发,所以,不能作种肥,宜做基肥和追肥。此外,碳铵极易分解为氨、二氧化碳和水,施用时应深施或覆土 10 cm 左右,也可在作物旁沟施或穴施然后进行严覆土,不可与 NH_4NO_3、过磷酸钙混合施用。

硫酸铵($(NH_4)_2SO_4$) 简称硫铵,是我国农业使用最早的化肥,含氮量为 20% 左右,呈白色结晶,有时也因混进一些杂质而呈粉红色或浅绿色。硫铵是一种生理酸性肥料,施入土壤后所分解的 NH_4^+ 离子的吸收量明显大于硫酸根离子(SO_4^{2-}),土壤中的钙离子(Ca^{2+})与残留的 SO_4^{2-} 离子结合生成硫酸钙($CaSO_4$),$CaSO_4$ 在土壤中积累会引起土壤板结,尤其在我国北方,因石灰性土壤中的碳酸钙($CaCO_3$)含量高,板结现象更加严重,若连年单独施用,还会导致土壤酸化,有机质减少,土壤团粒受到破坏,干旱时出现板结现象,不易耕作,有水时又十分黏滑,密不透气,影响作物生长。

氯化铵(NH_4Cl) 白色或淡黄色结晶,含氮量约 24%,属生理酸性肥料,其性质和施用方法与 $(NH_4)_2SO_4$ 大致相同,可用作基肥、追肥,不宜用作种肥,适于石灰性土壤或部分酸性土,但不宜施在盐碱土壤中,对于排水不良或浇水不便的地方,如盐渍土地区,若长期施用会使氯积累过多,不利于庄稼生长。实践证明,对不同农作物施用 NH_4Cl 会产生不同的效果,如甘蔗、甜菜等糖类作物施用后会减少甜味;马铃薯、甘薯等淀粉作物的淀粉含量会减少;烟草施用 NH_4Cl 后烟叶质量变差。这些作物一般属于"忌氯作物"。NH_4Cl 是纯碱(碳酸钠,Na_2CO_3)生产中同时得到的产物。当用饱和食盐水吸收 NH_3,并通入 CO_2,经冷却后即产生 $NaHCO_3$ 结晶。分离收集 $NaHCO_3$ 晶体并加热即得到 Na_2CO_3。在分离出 $NaHCO_3$ 晶体后的溶液里加入一定量的食盐,就能得到 NH_4Cl 晶体。这种方法在工业上就叫"联合制碱",生产 1 吨 Na_2CO_3 同时可得大约 1 吨 NH_4Cl。

氨水和液氨 氨水具有挥发性,其主要成分是氢氧化铵(NH_4OH),含氮量约 $15\%\sim17\%$。温度越高、氨水浓度越大,氨气挥发得就越快,所以在贮存、运输、施用等环节上要注意防止挥发,以降低损失。若用密闭容器贮运,要防止日光暴晒,尽量储放在低温或阴凉处,或在氨水表面浇浮一层油。氨水是速效肥,深施土壤后,作物能很快吸收利用,不留残渣。施用氨水还可杀死稻田中的蚂蟥,防治小麦炭疽病等。液氨含氮量为 82%,是含氮量最高的氮肥,易挥发,要加压储存(16～17 个大气压)。液氨需深施,应用并不普遍。

尿酸铵(NH_4NO_3)　简称硝铵,白色或淡黄色结晶,受热分解,易溶于水,含氮量约 35%。在高温、高压下,NH_3 在催化剂作用下被空气中的 O_2 氧化成 HNO_3,HNO_3 再与 NH_3 发生中和反应即可制得 NH_4NO_3 水溶液,经浓缩、结晶可制得硝铵。硝铵是一种弱酸性的速效氮肥,施用后不会留下残渣而影响土质,适于各种性质的土壤,宜作追肥,不宜作基肥、种肥,早春作物不宜施用,还不宜与有机肥料混合堆沤。硝铵施于水田中会发生反硝化作用使其肥效降低,所以常用于旱地作物。此外,硝铵中含有的 NO_3^- 离子对种子发芽有影响,还易造成作物(尤其是蔬菜)中硝酸盐的累积,硝酸盐在硝酸盐还原菌作用下可转化为致癌性的亚硝酸盐,影响人体健康。硝铵易吸潮结成硬块,施用前应先用水化开,或用木棍慢慢敲打碾碎(注意:粉碎操作中不能用铁器猛烈锤击,以免局部温度升高而造成分解甚至爆炸)。在运输和贮存时,还要注意防火、防高温、防猛烈撞击,切不可和油、纸张、木材、煤炭等易燃物贮放在一起。为了避免 NH_4NO_3 吸湿结块,也可与石灰石或(NH_4)$_2SO_4$ 一起熔合,分别制成硝酸铵钙和硫硝酸铵,既可防止结块,也降低了因受撞击而发生爆炸的危险。

尿素($CO(NH_2)_2$)　白色结晶或小圆粒,氮含量约 45%,是含氮量最高的中性氮肥,称为氮肥中的“大力士”。尿素能完全溶解于水,适用于各种土壤和作物。尿素中的氮以酰胺基(—$CONH_2$—)形态存在,与有机肥料中的含氮形态相似,要通过土壤中脲酶的作用,转化成为 NH_4HCO_3 后才能被作物吸收利用,肥效比(NH_4)$_2SO_4$、NH_4HCO_3 等氮肥慢,所以,必须提前施用并深施覆土。铵态氮的转化速度与土壤温度、水分含量及土壤的性质有关,当温度高,水分多时,转化就快。在中性和碱性土壤或黏粒土壤中,转化也较快,而在酸性土壤或砂粒土壤中转化较慢。所以,在施用尿素时,应根据温度、土壤条件,比 NH_4HCO_3 等氮肥提早 5～7 天施用,宜作基肥、追肥,不能作种肥。尿素中含有一定量的缩二脲,该物质具有渗透性,当达到一定量时会引起种子细胞脱水,对农作物幼根、幼芽产生毒害作用。此外,尿素分解会产生较高浓度的 NH_3,易造成烧种、烧苗。所以,若尿素用作种肥时,可将尿素与细土混合施在种子下面,与种子隔开 2～3 cm 距离为佳。

目前还开发了一种包膜尿素,以充分利用尿素养分,同时达到缓释养分的目的。市场上常见的硫衣尿素,是将熔融的硫磺喷射在尿素颗粒表面,然后再喷上用于阻塞硫衣微孔的密封胶层,如石油蜡作为密封物质。根据需要,可通过调节硫衣膜的厚度来调节氮的释放速率,达到缓效的目的。施用硫衣尿素,可为农作物同时提供氮和硫营养。

石灰氮　化学名是氰氨基钙($Ca(CN)_2$),氮含量为 18%～20%,是一种灰黑色的粉末,有电石气臭味,吸潮后会结成硬块。石灰氮是碱性肥料,对酸性土壤能起到改良作用。石灰氮不易溶解于水,在施入土壤后先分解成尿素,再分解成氨态氮或硝酸态氮而被农作物吸收。在转化过程中会同时产生"氰氢化物",该物质会危害农作物的生长,对人畜也会产生毒害,所以,石灰氮只能用作基肥或追肥,而不宜用作种肥。当用作基肥时,一定要在播种前半个月深施入土壤下层。若用作追肥时,必须先与 10～15 倍的湿土一起堆放 10～20 天并经常保持湿润,使毒性消除后再施用。石灰氮除了可用作肥料外,还能用作除草剂、杀菌和除虫剂,也可用作棉桃脱叶剂,以便于用机械采收棉桃。

(2) 磷肥

磷是细胞核的主要成分,农作物若缺乏磷,细胞核的分裂就会变慢,从而影响农作物的发育和生长。其次,磷能够促进农作物根系发育,扩大养分吸收范围。磷还在农作物养分的转化过程中发挥极其重要的作用,如碳水化合物的合成、水解和转移,都需要磷的参与。农作物在生长过程中,如果缺磷,幼苗和根系生长缓慢,植株矮小,叶子卷曲且易脱落。同时,碳水化合物不易转移,使幼苗叶面上出现红紫色的斑点,造成开花推迟,果实不饱满。因此,施用磷肥能促进农作物开花结果,提早成熟,颗粒增多且饱满。

磷肥是以农作物可利用的无机磷化物为主要成分,其质量一般是用所含的有效磷的量作为标准(即用 $P_2O_5\%$ 来表示)。有效磷是指在磷肥中,能溶解于水、被农作物吸收的磷。根据有效磷成分的水溶性将磷肥分为三类:一类是水溶性磷肥,如过磷酸钙和重过磷酸钙,可作基肥和追肥,农作物能直接吸收其中的有效磷,肥效快。另一类是枸溶性磷肥,如钙镁磷肥、钢渣磷肥等,这类磷肥的有效磷不能溶解于水,但能溶于农作物根系分泌的弱酸中。这类磷肥肥效较慢,但肥期较长,用作基肥较好。第三类是难溶性磷肥,如磷矿粉,这类磷肥只能在强酸性的土壤中缓慢分解,只用作基肥。常见的磷肥有以下几种:

过磷酸钙 一种弱酸性磷肥,主要成分为磷酸二氢钙($Ca(H_2PO_4)_2$)、石膏($CaSO_4 \cdot 2H_2O$))和重过磷酸钙($Ca(H_2PO_4)_2 \cdot CaHPO_4$),呈灰白色粉末状或颗粒状,简称"普钙",是一种速效磷肥,所含的磷易溶于水,施入土壤后,见效快,宜做基肥、种肥和追肥,适于中性或酸性土壤,一般应配合有机肥料施用。其中,追肥以其滤出液根外喷施效果较好。过磷酸钙是磷矿粉与 H_2SO_4 反应后经干燥、磨碎等过程制成,有效磷含量约为 $16\%～20\%$。重过磷酸钙是磷矿粉与磷酸(H_3PO_4)经化学反应制成,其有效磷含量为 $48\%～52\%$,它的形状、性质和施用方法都同过磷酸钙相似。

钙镁磷肥 以磷矿石、蛇纹石或橄榄石等为原料,在高温下熔融,再用冷水急冷、烘干、粉碎、磨细而得,呈弱碱性,可做基肥,适用于酸性土壤。

钢渣磷肥 在碱性炼钢炉中,矿石中的磷与加入的石灰化合,与其他杂质一起成为钢渣。这种钢渣冷却后经磨碎,挑拣出所含的铁粒,就得钢渣磷肥,呈黑褐色粉末状,是一种枸溶性的碱性肥料,有效磷含量约 $12\%～18\%$,宜作基肥,最好用于酸性土壤中。

磷酸铵（$(NH_4)_3PO_4$）　既是磷肥又是氮肥，宜作种肥和基肥，最好是条施、撒施或面施。作种肥时不宜与种子直接接触以免影响种子发芽。

磷矿粉　由含磷量较高的磷矿石粉碎磨细后直接施用的一种肥料，这种磷肥只能被土壤中的酸和农作物根系分泌的酸溶解后才发挥作用。

脱氟磷肥　将磷矿粉、石灰石和石英砂的混合物在 $1\,400 \sim 1\,600\,℃$ 高温下熔融，然后通入水蒸气脱氟，再经冷却、干燥、磨细而得。

（3）钾肥

钾肥以含可溶性无机钾化物为主要成分。钾能促进农作物的光合作用，有利于糖类的合成和淀粉的形成，增加农作物体内纤维素的含量，使茎秆粗壮，籽粒饱满，不易倒伏，有利于农作物持续高产和农产品质量的改善。含糖类和淀粉较多的农作物，如甜菜、甘蔗、薯类、西红柿等更需增加钾肥的施用量。钾被农作物吸收后主要集中在茎叶部分，还可促进农作物对氮的吸收，所以，当氮肥施用量过多，农作物有疯长、倒伏现象时，若再追施钾肥会进一步促进农作物对氮的吸收，会使上述现象更加严重。在我国，长期以来土壤中的钾主要靠施用农家肥进行补充，随着农作物产量的不断提高，仅靠农家肥已不能满足农作物对钾的需求。常见的钾肥有以下几种：

氯化钾（KCl）和硫酸钾（K_2SO_4）　这两种钾肥的性质有许多相似之处，都是易溶于水的速效肥料，呈白色结晶，含钾量都很高（KCl 折含 K_2O 约 55%，K_2SO_4 折含 K_2O 约 50%），属于生理酸性肥料，作基肥、追肥均可。KCl 最好应配合施用有机肥料或石灰，盐碱地和忌氯农作物不宜施用。K_2SO_4 适用于各类农作物，尤其是忌氯喜钾农作物。

磷酸二氢钾（KH_2PO_4）　具有水溶性，既是钾肥又是磷肥，目前多用于浸种和根外追肥，效果都很好。

窑灰钾肥　水泥生产过程中的一种副产品，含 K_2O 10%～20%。

（4）复合（混）肥料

复合（混）肥料是世界化肥工业发展的方向，其消费量在世界范围内已超过化肥总消费量的 $1/3$，在我国约占 8%。我国农作物品种多样，土壤已由过去克服单一营养元素缺乏的所谓"矫正施肥"阶段发展到多种营养成分配合的"平衡施肥"阶段，因此，在我国发展复合肥具有广阔的前景。复合（混）肥料是化成复合肥料和混成复合肥料的总称。前者是通过化学反应，经一定工艺流程制成的化学肥料，也称复合肥料。后者是由两种或两种以上的单一化肥或由化成复合肥与其他单一肥料通过机械混合而成的化学肥料，又称复混肥料，如将 $(NH_4)_3PO_4$、KNO_3、KH_2PO_4 等三种单一化肥按照一定比例通过机械混合，就制成了含氮、磷、钾三种营养元素的复合肥。复合肥料克服了单一养分化肥的缺点，根据不同土壤的特性及各种农作物的需要进行施用，不仅能取得增产效果，而且比较经济。

（5）中量元素肥料

一般植物体中含量在 $0.1\%\sim0.5\%$ 的元素称为中量元素，如钙、镁、硫三种元素的含量分别约为 0.5%、0.2%、0.1%，这三种元素在 1860 年前后就已被确认为农作物的必需元素。我国很早就有使用石灰、石膏、骨粉、草木灰等作为肥料施用的传统，尤其我国南方一些地区至今仍在使用，这些肥料中就含钙、镁、硫元素。近年来，我国高度重视中量元素肥料的研究和应用，部分地区使用中量元素肥料已取得了明显的增产效果。常用的中量元素肥料主要有：钙肥（石灰和石膏等）、镁肥（钙镁磷肥、脱氟磷肥、硅镁钾肥、钾钙肥等、一些工矿企业的副产品或废料、晒盐副产物苦卤及由苦卤提取的钾镁肥）、硫肥（过磷酸钙、$(NH_4)_2SO_4$、石膏、含硫矿物等）。

（6）微量元素肥料

含量介于 $0.2\sim200$ mg/kg（按干物重计）的必需营养元素通常称为微量元素，含微量元素的肥料称为微量元素肥料，简称微肥。微肥在农业生产中已有 60 余年的使用历史。研究显示，农作物所必需的微量元素主要有锌、硼、锰、钼、铜、铁、氯等七种，多来自于土壤，当土壤供给不足时，许多农作物的生长就会受到影响，产量和质量均会下降。合理施用微肥，对提高农作物的产量和品质具有重要影响。目前，微量元素肥料主要有锌肥、硼肥、锰肥、铜肥和铁肥等。另据研究表明，硅、铁、稀土等元素有助于提高农作物的产量和改善品质，镍、钴、碘、镓、锗等元素对某些农作物也有一定益处，因此，人们称这些元素为有益元素。在有益元素中，硅是水稻、大麦、甘蔗等不可缺少的元素。高等植物中广泛含有硅元素，其中水稻中含硅量最多，其茎叶含硅量（以 SiO_2 计）一般可达到干重的 $1\%\sim20\%$，其次是燕麦、大麦、小麦，含硅量一般达干重的 $2\%\sim4\%$。甘蔗、玉米、谷子、高粱等农作物体内含硅量也较高。人们发现施用硅肥的水稻茎秆粗壮，清秀挺拔，谷黄粒饱，病虫害很少。此外，研究表明，硒与人、畜的健康关系密切，人和畜禽缺硒会引起心脑血管、眼睛、胃肠道、甲状腺及前列腺疾病，还会引起食欲减退、脱发、伤口愈合迟缓和男性生育障碍等，但硒过量又会引起人畜中毒。人体中硒的摄入量取决于食品中硒的含量和食用量，因此，应根据食物的含硒量和食用量进行科学补硒。硒不是植物的必需营养元素，农产品富硒的措施主要是采用亚硒酸钠（Na_2SeO_3）处理种子或叶面喷洒的方法。通过土壤施硒虽可以提高农产品的含硒量，但是硒施入土壤后会产生积累，施用不当就会造成土壤污染。以 $50\sim100$ mg/kg Na_2SeO_3 浸泡种子，可以增加根系中硒的含量，但对子粒含硒量影响不大。叶面喷洒 Na_2SeO_3 水溶液是提高植株和子粒含硒量的有效措施。

3. 化肥新产品的开发

近年来，化肥工业不断进步，根据不同农作物生长的需要和土壤的特性已开发出了许多新型肥料，包括水溶性肥料、缓控释肥料、复合型微生物接种剂、复合微生物肥料、植物促生菌剂、秸秆及垃圾腐熟剂、特殊功能微生物制剂、有机复合肥料、植物稳态营养肥料等。这些新型肥料一般具有如下特性：

（1）功能得到了拓展或功效得到了提高。如除了提供农作物养分以外还具有保水、抗寒、抗旱、杀虫、防病等其他功能,保水肥料、药肥即属于此类。此外,采用包覆技术、添加抑制剂等方式生产的肥料,其养分利用率明显提高。

（2）形态更新。根据不同的使用目的改变肥料的形态,改善了肥料的使用效能,如液体肥料、气体肥料、膏状肥料等往往比固体肥料具有更高的肥效。

（3）新型材料的应用。使肥料品种多样化、效能稳定化、高效化、施用简单化,包括肥料原药、肥料添加剂、助剂等。

（4）施用方式得到了转变或更新。针对不同农作物、不同栽培方式等条件下的不同施肥特点而专门研制的肥料,虽然肥料形态、品种没有过多的变化,但解决了某些生产中急需克服的问题,更具有针对性,如冲施肥、叶面肥等。

（5）间接提供植物养分。某些物质本身并非植物所必需的营养元素,但可以通过代谢或其他途径间接提供作物养分,如某些微生物接种剂、VA 菌根真菌等。

为适应农业现代化发展的需要,化学肥料生产除继续增加产量外,正朝着高效复合化,并结合施肥机械化、运肥管道化、水肥喷灌仪表化方向发展。目前,我国仍以常规肥料为主导,新型肥料只是在某些特殊农作物、特殊土壤或特殊条件下应用。有些新型肥料尚处于研发阶段,距产业化生产还有较大的距离。新型肥料的研制、生产与推广需稳步发展,肥料工作的重点应该放在提高科学施肥技术水平上,大力推广平衡施肥理念。

8.1.2 化肥的科学施用

依据土壤特性、农作物品种和生长期及肥料的特性等科学施用化肥,才能发挥化肥应有的作用,否则,不仅会造成肥料损失,还会破坏土壤结构,导致土壤养分失调,影响土壤中的微生物活性,导致生态系统失调,甚至造成环境污染。我国化肥施用量大,但利用率普遍较低,化肥的高效利用显得尤为重要。据报道,我国化肥的当季利用率分别为：氮肥为 $30\%\sim35\%$,磷肥为 $10\%\sim25\%$,钾肥为 $35\%\sim50\%$,而且呈逐年递减趋势,施入土壤中的养分大部分流失或挥发。以全国化肥产量 8 700 万吨计算,若利用率提高 5%,就意味着在不增加设备投入的情况下,每年增产 400 多万吨化肥。化肥的利用率受肥料特性、土壤特性、施肥量、农作物品种、土壤持水量等因素的影响,只有充分利用肥料养分,才能降低成本,增加收益。要提高化肥利用率必须从提高施肥技术和改进肥料生产工艺两方面入手。

1. 不当施肥产生的危害

（1）对农作物的危害

化肥若施用不当会对农作物造成很大危害,如氮肥过量施用会使农作物徒长、贪青晚熟、容易倒伏并招致病虫害侵袭,最终导致空秕率增加,农产品产量降低；磷肥过量施用不仅会导致农作物营养期缩短,成熟期提前,出现早衰现象,还易造成锌、铁、镁等营养元素缺乏,影响农作物品质;钾肥或中、微量元素肥料过量施用,同样也不利于农作物生长。此外,长期大量偏施某种化肥,还会导致农作物营养失调及体内部分物质的合成或转化受阻,从而造成产品品质降低,如我们经常会发现瓜果吃起来不甜,还容易腐烂,蔬菜吃起来没有味道等现象,化肥施用不当可能就是主要原因之一。

(2) 对土壤的危害

① 土壤中有害元素增加。从化肥的原料开采到加工生产,都可能会带入一些有害物质,其中以磷肥最为典型。磷肥中含有许多有害元素如氟、砷等,同时,磷矿石在加工过程还会带进镉、汞等重金属元素,这些有害元素随着磷肥的长期施用而富集到土壤中。又如,长期施用 $(NH_4)_3PO_4$、复合肥等,往往会导致土壤中砷、铅等有毒元素含量的提高,这些元素必然会对土壤造成污染,影响农作物的生长,通过食物链最终危害人体健康。

② 土壤酸化加剧,土壤结构遭受破坏。许多土壤的酸化与肥料的长期单一施用有关,如长期大量使用氮肥,特别是铵肥,NH_4^+ 进入土壤后在其硝化过程中会释放出 H^+ 离子,导致土壤逐渐酸化。同时,NH_4^+ 能够置换出土壤胶体微粒上的 Ca^{2+},造成土壤颗粒分散,从而破坏土壤团粒结构。此外,氮肥在通气不良的条件下可发生反硝化作用,以 NH_3、N_2 的形式进入大气,大气中的 NH_3 在一定条件下经氧化转化成 HNO_3,随雨水降落到土壤中进一步加剧土壤酸化,土壤酸化后可加速 Ca^{2+}、Mg^{2+} 从土壤耕作层淋溶,从而降低盐基饱和度和土壤肥力。若长期施用 KCl,农作物对化肥养分的选择吸收所造成的生理酸性,能使缓冲能力较低的中性土壤逐渐酸化。

③ 土壤养分失调。若长期施用单一化肥或者长期施用高浓度的某一化肥,往往会破坏土壤中农作物所需养分的平衡,影响土壤的持续利用。

④ 土壤微生物活性降低。土壤微生物既是土壤有机质转化的执行者,又是植物营养元素的活性库,具有转化有机质、分解矿物和降解有毒物质的作用。施用不同的化肥会对微生物的活性产生不同的影响。

(3) 对水和大气环境的危害

不当施肥对水环境的危害主要由肥料中的营养元素(特别是氮)和有害物质随土壤水分运动进入水域造成的。大量施用化肥是导致农作物种植区域水体污染的主要原因。长期大量施用氮肥还会对大气产生污染,如氨的挥发、反硝化过程中产生的氮氧化物等。其中,氮氧化物对大气的臭氧层有破坏作用,是造成地球温室效应的有害气体之一。

总之,化肥是个宝,关键要用好!

2. 提高施肥技术水平

(1) 测土配方施肥。测土配方施肥是以土壤测试和肥料田间试验结果为基础,根据农作物的需肥规律、土壤及肥料的特性,确定肥料的施用量、施肥期和施用方法的技术。

该技术的核心是调节农作物需肥与土壤供肥之间的平衡,有针对性地补充农作物所需的营养元素,实现各种养分的平衡供应,满足农作物的需要,达到提高肥料利用率、减少用量、提高农作物产量和品质的目的,还能有效防止盲目过量施肥造成的资源浪费和环境污染。据估算,实施测土配方施肥能减少肥料投入5%~10%,提高肥料利用率3%~5%,提高农作物产量8%~10%。

(2) 深施化肥。测试结果显示,NH_4HCO_3 若采用表施,5 天后氮损失13.8%,而若深施7 cm,5 天后仅损失0.88%。NH_4HCO_3、尿素深施地表下6~10 cm 的土层中比采用表施的当季利用率分别由27%和37%提高到58%和50%,可见,化肥深施可显著提高肥效利用率。实践证明,氮、磷、钾肥均宜深施,氮肥深施可以防止氨的挥发,并减少雨水淋溶和地表径流的影响,水田中深施能防止反硝化作用所导致的氮气逸失;磷肥、钾肥深施有助于农作物根系吸收。因农作物根系都有趋肥性,化肥深施可使根系向深层生长,增强了农作物吸收养分和水分的能力,能显著提高农作物抗倒伏、抗旱等能力。化肥深施的方法很多,如耕前撒肥翻耕入土作基肥;播种、移栽或生长期间进行开沟条施、穴施等。

(3) 充分利用肥料之间的协助作用,避免拮抗。协助作用是指某一物质的存在能促进另一物质吸收的作用,拮抗作用则恰恰相反。一般地,异性离子之间往往存在协助作用,而同性离子之间存在着拮抗作用,如 Cl^- 能促进 K^+ 的被吸收,NO_3^- 可促进 Mg^{2+} 的吸收,而 K^+ 与 Mg^{2+}、Ca^{2+} 与 Mg^{2+}、K^+ 与 NH_4^+ 等之间,Cl^-、NO_3^-、$H_2PO_4^-$ 之间均存在着拮抗作用。如果在酸性土壤中施用石灰或较多的钾肥,可能诱发农作物缺镁。实验表明,施用氮素过多,植物叶片中的 P、K、Cu、Zn、Mn 等元素的含量会相应减少,说明过量的氮会影响这些元素的吸收和利用,存在拮抗作用。元素间的相互作用有强有弱,所以,在化肥施用中应注意元素之间的这种相互作用。

(4) 大量元素肥料与中微量元素肥料相结合、有机和无机肥料相结合。植物生长需要各种营养元素,目前,已被确认为植物生长必需的营养元素主要有16 种,包括大量元素氮、磷、钾,中量元素镁、钙、硅、硫和微量元素硼、锌、锰、铜、铁和钼等。各元素的功能各不相同,植物生长对这些元素的需求量也不尽相同。在重视施用传统的氮、磷、钾肥的同时,必须重视不同农作物和土壤对中量和微量元素的需求,否则,这些营养元素若长期得不到补充,农作物的正常生长就会受到影响,各种各样的病害就会出现。据调研,国内有很多地区缺少这些中、微量元素,如大约51.1%的耕地缺锌,46.8%的耕地缺钼,34.5%的耕地缺硼。因此,大量元素与中微量元素肥料相结合,科学施肥,有利于提高化肥效率。同时,要加强复混肥料的开发,注重有机与无机肥料的施用相结合,保持农业生态平衡,在满足农作物对养分需要的同时避免土壤性质恶化和环境污染。

§8.2 化学农药

8.2.1 化学农药概述

农药是现代农业生产中保护农作物及其产品免受病虫害及杂草的危害，以及调节植物生长发育的药剂。根据发挥药效作用的成分，农药可分为无机农药、生物源农药和有机农药三大类。无机农药主要是具有较强杀菌作用的无机化合物，如硫磺、石灰硫磺合剂（主要成分为 CaS）、波尔多液（主要成分为 $CuSO_4$）、磷化铝（AlP）等。生物源农药是指具农药特性，来源于自然界的天然产物，其中一类是由植物加工制成的生物化学农药，主要成分为天然有机化合物，如信息素、植物调节剂、昆虫生长调节剂等；另一类为微生物及其代谢产物制成的微生物农药，如苏云金杆菌乳剂（也称 Bt 乳剂）、井冈霉素、白僵菌等。在我国农业生产中，生物源农药一般主要指可以进行大规模工业化生产的微生物农药。有机农药主要指有机合成农药，又称为化学农药，包括有机磷、有机氯、氨基甲酸酯、拟除虫菊酯等。这类农药具有药效高、见效快、用量少、用途广等特点。

未经过加工处理的农药俗称农药原药，其中若是固体粉状的俗称为原粉，若为油状液体的称为原油。为了便于使用，农药原药在使用前通常要配置成各种剂型，所谓农药剂型是指根据不同的要求，把一定量的农药原药按一定比例配入一定量的填充剂、湿润剂或溶剂、乳化剂等，再经过机械粉碎或混合、混溶、干燥等加工处理后制成符合一定质量规格的产品。通常情况下，绝大多数原药都需制成一定的剂型后才能使用。目前常用的农药剂型主要有：粉剂、颗粒、乳油、雾剂、微粒剂、胶囊剂、片剂、水剂、悬浮剂等。

19 世纪 70 年代以前，世界农药主要以天然药物为主，称为天然药物时代。从 19 世纪 70 年代至 20 世纪 40 年代，一批人工制造的无机农药（包括氟、砷、硫、铜、汞、锌等元素的化合物）得到了大力发展，进入了无机农药时代，最早出现了现配现用的石硫合剂与玻尔多液。这一期间也出现了许多无机除草剂，如亚砷酸盐、砷酸盐、硼酸盐、氯酸盐等，但这些无机物在一定浓度下对所有植物都有伤害作用，因此不能在农作物田中使用，主要用于清理场地、铁路、沟渠、边防等处的杂草及灌木。

20 世纪 40 年代以后是有机农药时代，陆续出现了大量人工合成的杀虫剂、杀菌剂、除草剂、植物生长调节剂等，无机农药用量锐减。60 年代有机农药达到了发展的鼎盛期，在此期间，全球粮食产量得到了空前的提高。

8.2.2 农药品种

1. 杀虫剂

自然界中，许多昆虫是人类的朋友，但也有许多昆虫对农作物、森林、织物、食品、家畜、家禽有严重的危害,有的甚至传播疾病。因此,有效防治各种害虫对人类的发展甚至生存极为重要。杀虫剂就是用来防治害虫(包括螨类)的一类药剂。杀虫剂的系统研究始于 19 世纪中叶,到了 20 世纪 30 年代末,杀虫剂在植物保护领域的应用仍限于无机化合物和植物性产品,杀虫活性低,单位面积用量大,作用单一,被称为"低效杀虫剂时代"。至二战末期,有机氯类、有机磷酸酯类、氨基甲酸酯类及一些含杂原子的杀虫剂相继被开发出来,杀虫剂的发展进入了"高效杀虫剂时代"。20 世纪 70 年代后,化学家在拟除虫菊酯光稳定性方面的研究取得了重大突破,一系列高效、光稳定性好的拟除虫菊酯类杀虫剂投入使用,把有机合成杀虫剂又推到"超高效杀虫剂时代"。20 世纪 50~60 年代,由于化学合成农药的大量使用造成了许多副作用,如在环境中的高残留性、对高等动物的高毒性、对有益生物的高杀伤性以及害虫的抗药性等,促使人们对环境友好型农药的研究和开发。经不懈努力,至 20 世纪末,在杀虫剂的低毒化及对付害虫抗药性方面取得了重大进展,如针对毒性较大的有机磷类杀虫剂,成功开发了不对称型磷酸酯及杂环有机磷杀虫剂,如丙硫磷、丙溴磷、毒死蜱、嘧啶氧磷和哒嗪硫磷等。针对氨基甲酸酯类杀虫剂的高毒品种——克百威和灭多威,开发出了丁硫克百威、硫双灭多威、丙硫克百威和棉铃威等。目前,人工合成的有机杀虫剂主要有以下几类:

① 有机氯杀虫剂。它是发现和使用最早的一类人工合成杀虫剂,始于 1939 年瑞士化学家穆勒(P. H. Nüller)发现滴滴涕(DDT)具有杀虫特性,1940 年瑞士嘉基公司开始工业化生产。DDT 的化学性质稳定,药效持久,杀虫谱宽。1825 年英国化学家法拉帝(M. Faraday)合成了六六六(HCH),1940 年英国和法国的昆虫学家先后发现其具有杀虫活性。HCH 有很多异构体,人们将含丙体 99% 以上的"纯品"称为林丹(Lindan),可用于在草原上防治蝗虫。在 20 世纪 40~70 年代,DDT 和 HCH 成为世界上使用最广泛、用量最大的杀虫剂。

有机氯农药主要有两大类:一类是氯化苯及其衍生物,如 HCH 和 DDT 等;另一类氯化脂环类化合物,如狄氏剂、艾氏剂(图 8-2)、异狄氏剂、异艾氏剂、氯丹、七氯及毒杀芬等。图 8-3 和图 8-4 分别为四种 HCH 异构体和六种 DDT 异构体的化学结构式。

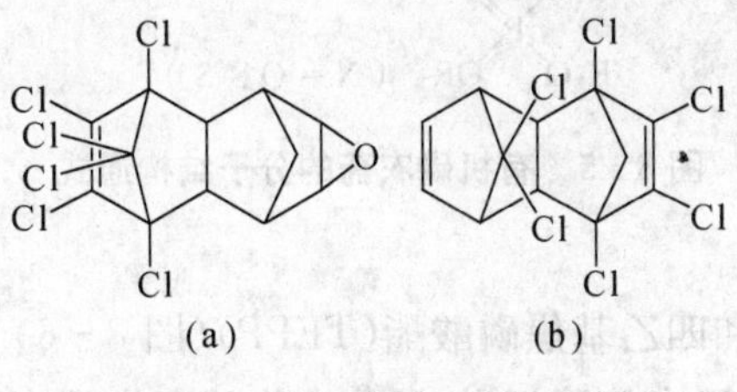

图 8-2 狄氏剂(a)和艾氏剂(b)

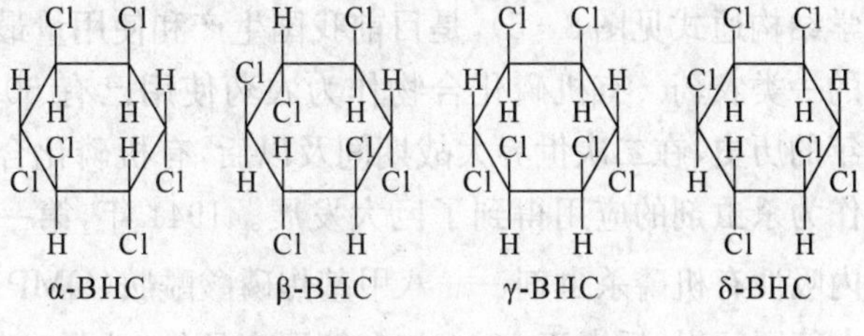

图 8-3 HCH 的四种异构体

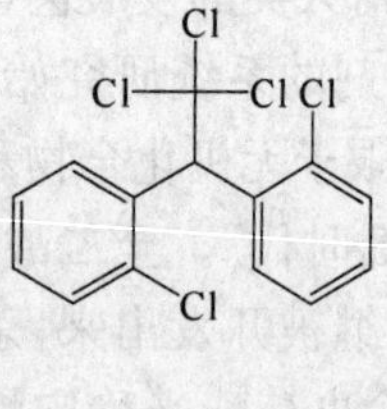

o,o'-DDT

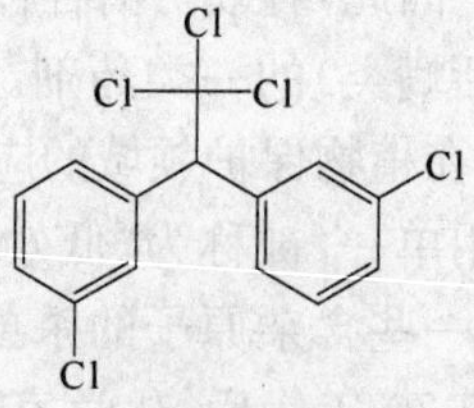

m,m'-DDT

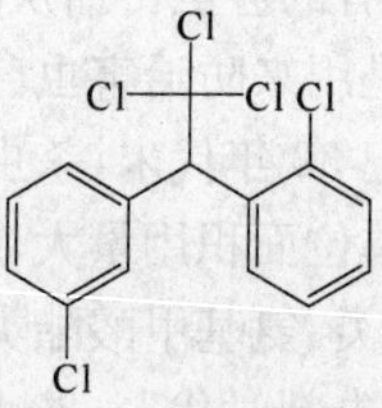

o,m'-DDT

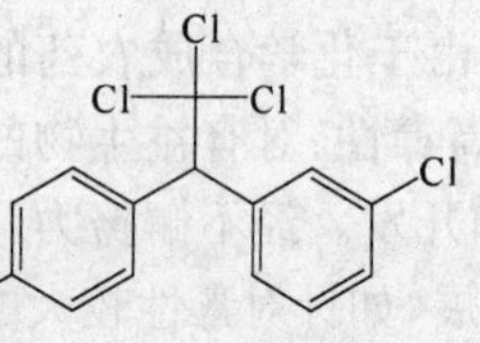

m,p'-DDT

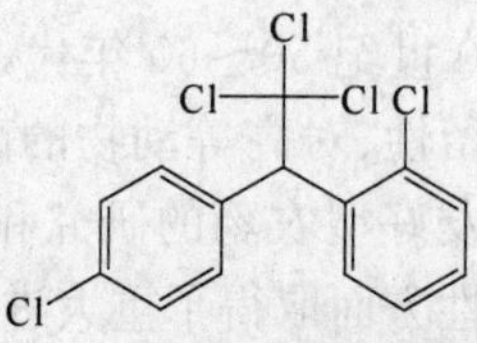

o,p'-DDT

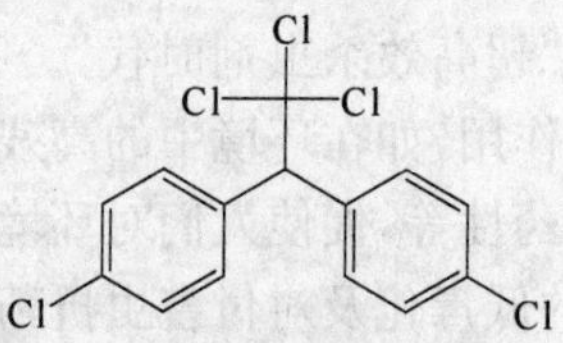

p,p'-DDT

图 8-4 DDT 的六种异构体

在很长一段时间里，有机氯类杀虫剂在防治农林害虫和卫生防疫方面发挥了巨大作用，为人类的粮食增产和身体健康做出了巨大贡献，尤其是 DDT，用于杀灭疟蚊，曾拯救了上千万人的生命。大多数有机氯杀虫剂的合成原料易得，工艺简单，成本低廉，杀虫谱广，药效期长，特别适合防治棉铃虫、蝗虫及地下害虫等，但该类杀虫剂化学性质稳定，不易降解，易在环境中残留，造成环境污染，而且脂溶性强，可通过食物链在动物体内蓄积，造成食品安全危害，对人类居住的环境与人体健康造成了威胁。同时，害虫、害螨易对有机氯杀虫剂产生抗药性。基于以上原因，美国环境保护局（EPA）于 1973 年禁止使用 DDT，随后，许多国家先后禁用或限用了包括 DDT 和 HCH 在内的许多有机氯杀虫剂，目前只有甲氧滴滴涕、三氯杀虫酯和硫丹等少数几个品种仍在使用。我国也于 1983 年全面禁止生产和使用 HCH 和 DDT，但林丹在防治森林害虫、蝗虫和土壤害虫方面仍有应用。

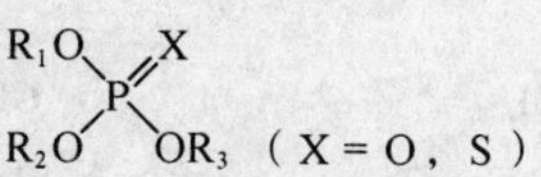

图 8-5 有机磷农药的分子结构通式

② 有机磷酸酯类杀虫剂。简称有机磷杀虫剂（化学结构通式见图 8-5），是目前我国生产和使用量最大的一类农药。有机磷化合物作为农药使用已有 60 多年的历史，在二次世界大战期间及以后，有机磷化合物作为杀虫剂的应用得到了巨大发展。1941 年，第一个内吸性有机磷杀虫剂——八甲基焦磷酸酰胺（OMPA）和四乙基焦磷酸酯（TEPP）（图 8-6）在德国问世，后者于 1944 年在德国商品化。同年，对硫磷在德国问世，该化合物杀虫作用快速，高温时效果更加显著，具有强烈的触杀和胃毒作用，可防治水稻、棉花和果树等作物上的水稻螟、棉铃虫、玉米螟、高粱条螟等害虫。对硫磷的问世是有机磷化合物作为杀虫剂的又

一个重要突破,也是农药研究史上的重大成就。此后,以对硫磷分子结构为基础合成出了许多类似物,都表现出了优良的杀虫活性,有些品种降低了对哺乳动物的毒性,如氯硫磷、倍硫磷和杀螟硫磷等。1950 年美国氰胺公司合成出了对哺乳动物低毒的有机磷杀虫剂——马拉硫磷。1952 年,具有优异杀虫活性的敌敌畏和速灭磷等相继问世,有机磷杀虫剂的发展进入到一个新的阶段。

目前,全世界有机磷类杀虫剂的品种有 100 多种,常用的有 50 多种,我国农药市场上有 30 多个品种,占国内杀虫剂品种的 38%,产量占 75%。

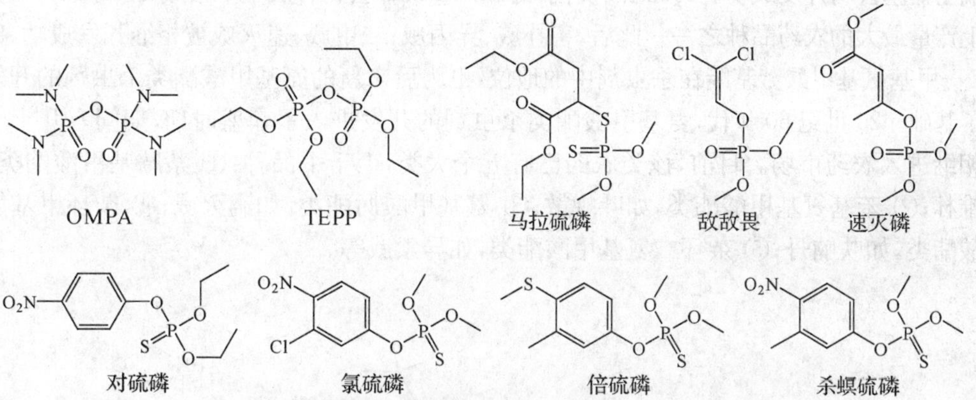

图 8-6　典型的有机磷杀虫剂

有机磷杀虫剂的化学性质不稳定,易水解,遇碱分解,不宜与碱性物质混合使用。同时,有机磷杀虫剂易氧化,受热分解,对害虫的毒性高于有机氯杀虫剂,其作用方式多样,如触杀、胃毒、熏蒸等,不少品种为内吸性杀虫剂,同时还是杀螨剂。该类杀虫剂品种多,适用范围广,如敌敌畏、辛硫磷、甲拌磷、二嗪磷等,前两种的药效期短,适用于即将收获的蔬菜、茶叶、桑叶等,后两种的药效期长,适于种子处理或防治地下害虫。

相比较而言,有机磷杀虫剂的毒性偏高,毒性差异较大,如辛硫磷、马拉硫磷、敌百虫等毒性较低,而对硫磷、甲胺磷毒性很高,我国规定自 2007 年 1 月 1 日起全面禁止在国内销售和使用甲胺磷、对硫磷、甲基对硫磷、久效磷和磷胺等 5 种高毒有机磷农药。有机磷农药可经皮肤、粘膜、消化道和呼吸道进入人体被吸收,迅速随血流分布全身各器官,其中在肝脏中的量最多,肾、肺、脾次之,还可通过血脑屏障进入脑组织,有的能通过胎盘屏障到达胎儿体内。有机磷农药主要表现为神经毒性,可导致肢体远端向近端发展的感觉和运动功能障碍,严重的可导致永久性肢体瘫痪。急性中毒多见于施药不当、缺乏保护、不慎误服等,症状通常表现为平滑肌收缩、腺体分泌增加、瞳孔收缩、恶心、呕吐、腹痛、腹泻、头晕、烦躁,严重时会出现语言障碍、晕迷、呼吸中枢麻痹,还可导致心律和血压变化等。慢性中毒多见于农药生产工人,表现为类神经症、致敏性支气管哮喘及接触性皮肤损伤等。有机磷农药在进入机体后易被氧化,其氧化产物的毒性通常比原药更强。进入人体内的有机磷农药一般能快速代谢转化,随尿液排出,不会导致体内明显蓄积。急性中毒者应立即离开中毒现场,脱去污染衣服,迅速用肥皂水或 2% 碳酸氢钠(或氨水、漂白粉)水溶液彻底洗涤,严重者立即用阿托品药物治疗。

③ 氨基甲酸酯类杀虫剂。氨基甲酸酯类杀虫剂的化学结构通式见图 8-7。20 世纪 40 年代中后期,基于对天然毒扁豆碱的结构和活性的研究,第一个氨基甲酸酯类杀虫剂——地麦威被瑞士嘉基公司开发成功。1953 年,美国 Union Carbide 公司合成了甲萘威(图 8-8),成为市场上产量最大的农药品种之一。此后,害扑威、异丙威、二甲威、速灭威被相继开发成功,确定了 N-甲基氨基甲酸芳基酯在杀虫剂中的地位,也为后来新的氨基甲酸酯类杀虫剂的开发奠定了基础。20 世纪 60 年代,氨基甲酸酯类杀虫剂的开发进入了鼎盛时期,期间有几十个品种相继进入农药市场。目前,该类农药已有五个大类,上千个品种:① 萘胺基甲酸酯类,如西维林;② 苯基氨基甲酸酯类,如叶蝉散;③ 氨基甲酸肟酯类,如滴灭威;④ 杂环甲基氨基甲酸酯类,如呋喃丹;⑤ 杂环二氨基甲酸酯类,如异索威等。

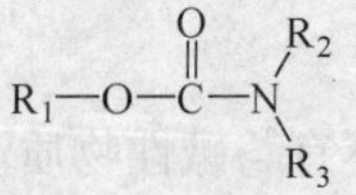

图 8-7　氨基甲酯类农药的分子结构通式 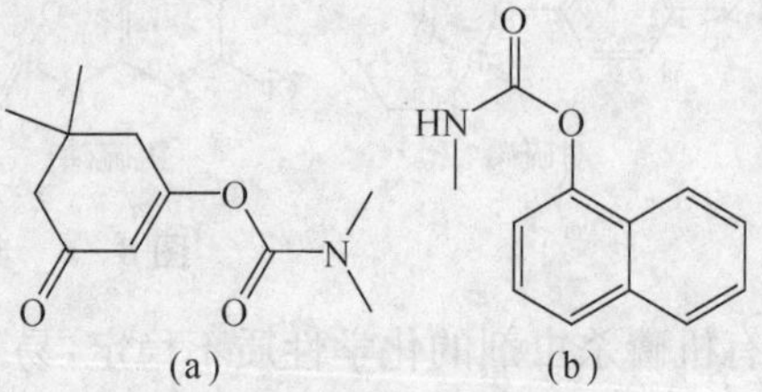　　　图 8-8　地麦威(a)和甲萘威(b)

氨基甲酸酯类杀虫剂作用迅速,选择性强,持效期短,对叶蝉、飞虱、蓟马等防治效果好,而对蜗类及介壳虫无效。不同结构的该类杀虫剂的活性和防治对象差别很大,多数对拟除虫菊酯类杀虫剂有增效作用。氨基甲酸酯类和有机磷酸酯类杀虫剂的毒理机制相似。氨基甲酸酯类杀虫剂在生物体内及环境中易降解,但少数品种如呋喃丹等具有较高毒性。大多数品种属中、低毒性,一般对天敌较安全,对人体毒性较低。与有机磷类相似,此类农药具有神经毒性,但恢复快、无迟发性神经毒性。氨基甲酸酯类农药中毒的原因同样多是生产性,如施药时未采取适当防护措施或在高温湿热环境下洒施农药,主要经皮肤和呼吸道进入人体,会出现恶心、呕吐、头痛、眩晕、胸闷、视觉模糊、抽搐等中毒症状,一天后大部分人可恢复正常(极大剂量的中毒者除外),一般不会产生后遗症。若不慎口服中毒,则症状进展迅速,很快会内出现呕吐、流涎、大汗等症状,服量大者会迅速昏迷、抽搐,甚至呼吸衰竭而死亡。生产性中毒者应立即用肥皂水清洗全身,注意毛发、腋窝、腘窝、会阴部等部位。经口中毒者要立即送往医院救治,首先应立即洗胃,直至洗出液无药味为止,再用阿托品等药物解毒。

有些氨基甲酸酯化合物也用作医药,如乙酰胆碱酯酶抑制剂"新斯的明"和"利凡斯的明",其中,"利凡斯的明"的分子结构就是基于天然的生物碱"毒扁豆碱"设计的。

④ 拟除虫菊酯类杀虫剂。它是基于天然菊素的分子结构通过人工合成的一类重要杀虫剂,化学结构式见图 8-9。除虫菊是目前世界上大规模集约化种植的杀虫植物,除虫菊素是白花除虫菊和红花除虫菊等花中提取的杀虫有效成分,是一种无环境污染、对人畜安全的高效天然杀虫剂,可用于防治十字花科蔬菜蚜虫等农业和卫生害虫,但因其有效成分的光稳定性差,大田施用后持效期极短,因此更适于室内防治卫生害虫以及贮粮害虫。对除虫菊素化学结构的研究始于 1908 年,揭示出除虫菊素的有效成分为"酯"结构。1923 年,日本科学家山本证实除虫菊素具有三碳环结构。1947 年除虫菊素的化学结构最终得到确定。目前天然除虫菊花中的有效成分已鉴定明确的有 6 种,均为酯类化合物,其酸部分称为菊酸,有两种,即菊酸 I 和菊酸 II,其醇部分为环状酮醇,有三种,即除虫菊酮醇、瓜叶除虫菊酮醇和茉莉除虫菊酮醇。这两种菊酸和三种酮醇(图 8-10)组成了 6 种除虫菊酯,通称为天然除虫菊素,其中以除虫菊素 I 和 II 含量最多,杀虫活性最高。

菊酸 I　　R = CH$_3$	除虫菊酮醇　　　R = CH$_2$CHCHCHCH$_2$
菊酸 II　　R = COOCH$_3$	瓜叶除虫菊酮醇　R = CH$_2$CHCHCH$_3$
	茉莉除虫菊酮醇　R = CH$_2$CHCHCH$_2$CH$_3$

图 8-9　拟除虫菊酯分子结构通式　　图 8-10　构成天然除虫菊素的醇和酸的结构

拟除虫菊酯杀虫剂是一种神经毒剂,作用于害虫的神经膜,干扰神经传导而使害虫产生中毒,广谱高效,单位面积用药量小,对人体较安全。

⑤ 沙蚕毒素类杀虫剂。它是另一类以天然产物为模型开发成功的人工合成杀虫剂,其母体化合物是沙蚕毒素(图 8-11)。1934 年日本学者 Nitta 从生活在海滩泥地中的环节动物异足索沙蚕体内分离出了一种杀虫活性物质,称为沙蚕毒素,1962 年鉴定了分子结构。1964 年发现沙蚕毒素对水稻螟虫有特殊的毒杀作用,1965 年,Hagiwara 等合成了沙蚕毒素,随后,日本武田药品工业株式会社成功开发了第一个沙蚕毒素类杀虫剂——杀螟丹,这是人类历史上第一次成功利用动物毒素仿生合成的杀虫剂。

沙蚕毒素类杀虫剂都具备其母体化合物的基本特点,即在分子结构中含有"双硫键",正是由于该基团的存在,使得这类化合物具有杀虫作用。此类仿生合成化合物主要有两种类型,一种是链状结构的化合物,如杀螟丹、杀虫双等;另一种是环状结构化合物,如杀虫环、多噻烷等。沙蚕毒素类杀虫剂进入昆虫体内,首先转化为沙蚕毒素,结合神经系统突触部位的乙酰胆碱受体,阻断或部分阻断神经传导而发挥毒杀作用。这类杀虫剂杀虫谱广,对叶螨也有较好的效果,属于中、低毒品种,但作用较迟缓,且中毒的昆虫有"复苏"现象。目前,仅有杀螟丹、杀虫环、杀虫磺、杀虫双、杀虫单、杀虫钉和多噻烷等 7 个产品用于农业生产中,其中后四个品种为我国自主开发,多用于防治水稻螟虫,自 20 世纪 60 年代后在农业害虫防治中发挥着重要作用。

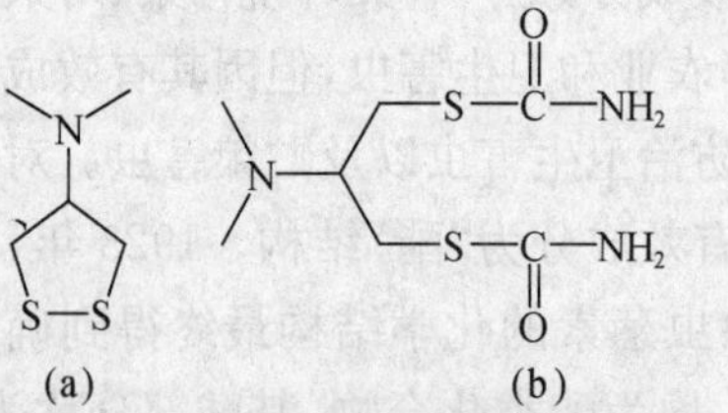

图 8-11　沙蚕毒素(a)和杀螟丹(b) 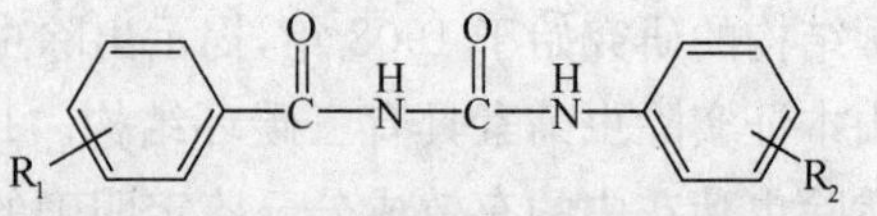　　　图 8-12　苯甲酰脲类杀虫剂的化学结构通式

⑥ 昆虫几丁质合成抑制剂。是随机筛选的苯甲酰脲类化合物,对昆虫的几丁质合成具有抑制作用。化学结构通式见图 8-12。

昆虫几丁质合成抑制剂是一类高效、选择性强的杀虫剂,对鳞翅目幼虫高效,对鞘翅目、双翅目害虫也有效,但绝大多数品种对刺吸口器害虫防效甚差,其毒性高于氨基甲酸酯类杀虫剂,对幼虫高效,对成虫作用甚微,作用较慢,不能迅速地控制虫害。这类杀虫剂对哺乳动物的毒性较低,对鱼类、蜜蜂、害虫的天敌也很安全,无残毒和环境污染,被称为"环境友好型杀虫剂",代表性品种有氟铃脲、除虫脲、啶虫隆、伏虫隆和氟啶脲等。

⑦ 杂环类杀虫剂。近年来,发现许多人工合成的杂环化合物具有极高的杀虫、杀螨效果,被陆续开发成农药,许多优秀品种已商业化,其中氮杂环化合物占有主导地位。这类杀虫剂的化学结构、作用机制新颖,对害虫高效,对有机磷、氨基甲酸酯、拟除虫菊酯类农药有抗药性的害虫种群也有很好的防治效果,较典型的有:烟碱类含吡啶基团的化合物,如吡虫啉、烯啶虫胺等第一代烟碱类杀虫剂;含噻唑基团的噻虫嗪、噻虫胺等第二代烟碱类杀虫剂;用呋喃环取代噻氯代吡啶基、氯代噻唑基的杂环类第三代烟碱类杀虫剂,如呋虫胺。1989年法国罗纳普朗克公司还成功开发了三氟甲基亚磺酰基吡唑类杀虫剂——锐劲持(Fipronil),是吡唑类杀虫剂的代表,拜耳公司在此结构上进行修饰,开发了乙虫清。日本的一些农药公司也开发了一系列吡唑类杀虫剂。此外,杜邦公司成功开发了鱼尼丁受体激活剂——氨基苯甲酰胺类杀虫剂,如氯虫苯甲酰胺、氰虫酰胺等;拜耳公司还开发了氟虫双酰胺,这类杀虫剂药效高、用量小、毒性低,是目前最为杰出的杀虫剂代表。典型的含氮杂环类杀虫剂的化学结构式见图 8-13。

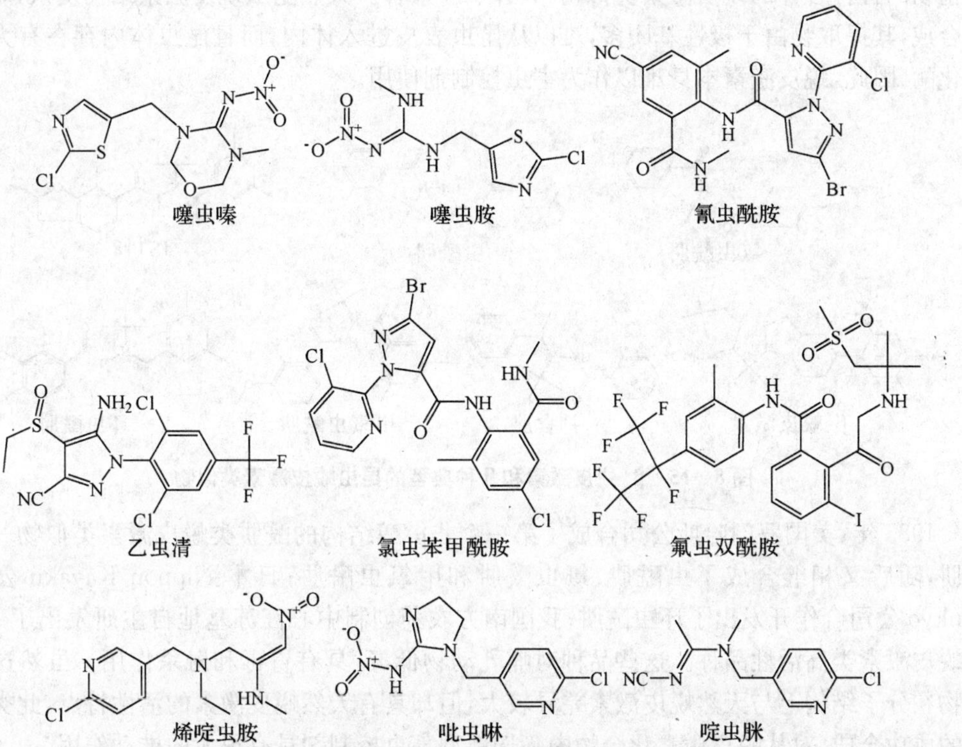

图 8-13 典型的含氮杂环类杀虫剂

⑧ 昆虫保幼激素类似物。天然保幼激素是由昆虫咽侧体分泌的控制昆虫生长发育的重要内源激素之一。1973年人工合成了第一个商品化的昆虫保幼激素类似物——烯虫酯（图8-14），它比天然保幼激素更稳定，对鳞翅目、双翅目、鞘翅目、同翅目多种昆虫有效，已成功地用于防治蚊、蝇等卫生害虫，及烟草螟蛾等贮藏期的害虫。

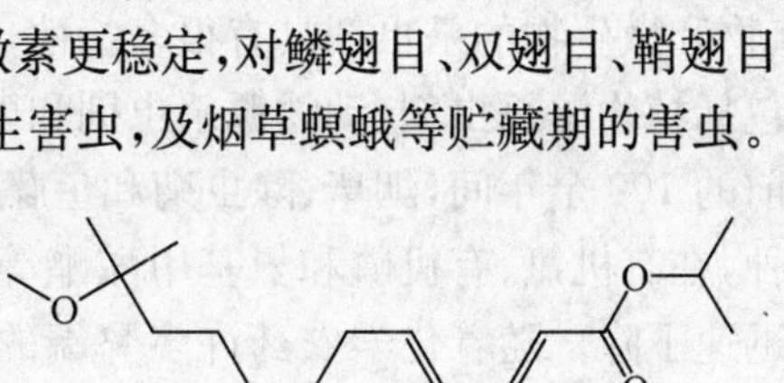

图 8-14 烯虫酯的化学结构式

⑨ 昆虫蜕皮激素类似物。蜕皮激素是由昆虫前胸腺分泌的另一类昆虫内激素，是一类非甾族的蜕皮激素类似物，对鳞翅目害虫有很高的杀灭活性，可以用于防治多种农林害虫。1954年，从家蚕蛹中首次分离得到了 α-蜕皮激素，此后，又从蚕蛹和烟草天蛾中分离得到了 β-蜕皮激素（图8-15）。至今已从昆虫体内分离了15种蜕皮激素类似物，另外，尚有来

自植物的各种各样的蜕皮激素类似物,共计 100 余种。天然昆虫蜕皮激素结构复杂,难以人工合成,其提取物由于极性基团多,难以从昆虫表皮进入体内,而且昆虫体内存在有大量的钝化酶,因此,蜕皮激素本身难以作为害虫控制剂使用。

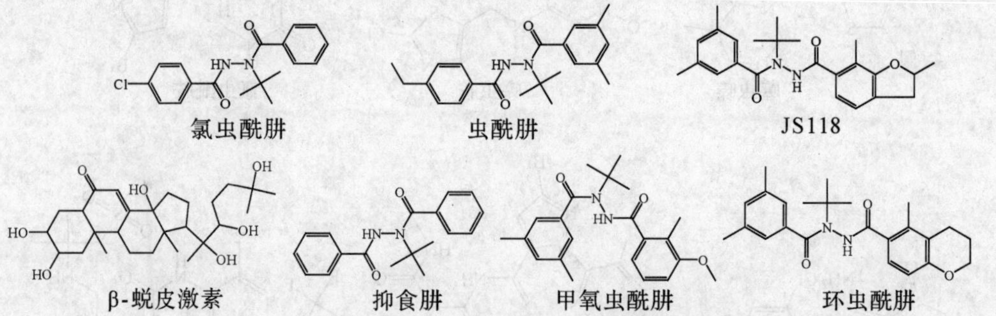

氯虫酰肼   虫酰肼   JS118

β-蜕皮激素   抑食肼   甲氧虫酰肼   环虫酰肼

图 8 – 15   β-蜕皮激素和几种典型的昆虫蜕皮激素类似物

1985 年,美国罗门哈斯公司合成了第一个非甾醇结构的酰肼类蜕皮激素类似物——抑食肼,随后又相继合成了虫酰肼、氯虫酰肼和甲氧虫酰肼;日本 Nippon Kayaku 公司和 Sankyo 公司合作开发出了环虫酰肼;我国南方农药创制中心江苏基地自主研发出了 JS118 等蜕皮激素类高活性品种。这些品种对哺乳动物低毒,具有胃毒和触杀作用。虽然这些化合物在分子结构上与天然蜕皮激素差异较大,但却具有天然蜕皮激素的活性特点,此类化合物的成功合成,对从蜕皮激素化合物中筛选新型害虫控制剂具有很大的推动作用。

⑩ 杀虫抗生素及其类似物。自 20 世纪 70 年代以来,作为杀虫剂的农用抗生素的研发取得了很大进展,目前已工业化生产的杀虫抗生素有杀螨素、阿维菌素等。阿维菌素不但有优异的家畜驱虫作用、杀线虫作用,还对多种农业害虫、害螨也有毒杀作用。

此外,来源于天然动植物和微生物的杀虫剂具有很多特性,已发展成为杀虫剂的重要组成部分。天然产物杀虫剂包括植物源杀虫剂、动物源杀虫剂和微生物源杀虫剂三大类。

在 20 世纪 40 年代以前的 100 余年间,烟草、除虫菊和鱼藤等三大植物源杀虫剂一直是工业化国家重要的农药品种,在有机氯、有机磷和氨基甲酸酯等杀虫剂问世后,植物源杀虫剂在农药市场所占份额才迅速下降。随着化学农药许多弊端的日益显现,加之新农药开发难度的加大,植物源农药迎来了新的发展契机。植物源农药来源于自然,对人、畜安全,环境污染小。主要的植物源杀虫剂有:烟碱、除虫菊素、鱼藤酮、印楝素等。

动物源杀虫剂主要指动物体的代谢物或其体内所含有的具有特殊功能的生物活性物质,主要包括动物毒素如蜘蛛毒素、黄蜂毒素、沙蚕毒素等,以及调节昆虫的各种生理过程的昆虫激素、昆虫信息素如棉铃虫性诱剂和甘蔗条螟性诱剂等。动物毒素及昆虫激素目前直接商品化的很少。

微生物源杀虫剂是指由微生物代谢产生的杀虫活性物质,常将其称为"杀虫抗生素"。

有关抗生素杀虫的研究始于 1950 年发现抗霉素 A 具有杀虫杀螨的作用。抗霉素 A 是由多种链霉菌产生的一种抗真菌毒素，除对真菌有抑制作用外，对家蝇、红蜘蛛等有良好的杀灭效果，但对哺乳动物和鱼类的毒性也很高。20 世纪 60 年代国外报道的杀虫抗生素有卟啉霉素（又称紫菜霉素）、密旋霉素、稀蔬霉素和莫能菌素等。1972 年，浙江农科院微生物所从天目山竹林土壤中分离出了杀螺素的同系物之一——杀蚜素，这是我国首次报道的一种杀虫抗生素。1979 年，上海农科院植保所从广东韶关地区土壤的浅黄链霉菌韶关变种菌丝体中分离纯化得到了具有高杀虫活性的 A 和 B 组分。

2. 杀菌剂

杀菌剂是用于防治因各种病原微生物引起的植物病害的一类农药，一般指杀真菌剂。国际上，通常把防治各类病原微生物的药剂总称为杀菌剂。随着杀菌剂的发展，又区分出了杀细菌剂、杀病毒剂、杀藻剂等亚类。据调查，全世界对植物有害的病原微生物包括真菌、强菌、立克次氏体、支原体、病毒、藻类等共有 8 万多种。

杀菌剂常根据其来源、作用及化学组成来分类，可分为保护性杀菌剂和内吸性杀菌剂。保护性杀菌剂是指在病原菌侵染前先在寄主表面施用，以保护或防御农作物不受病原菌侵染的杀菌剂。此类杀菌剂对气流传播病菌尤为有效，如用波尔多液防治多种农作物的霜霉病；三唑酮拌种可防治禾谷类黑穗病；多菌灵浸蘸甘薯幼苗防治苗期病害；福美双、多菌灵处理土壤可防治多种农作物的猝倒病和立枯病等。保护性杀菌剂品种不多，目前使用的主要有二硫代氨基甲酸酯类、酞酰亚胺类及取代苯类。内吸性杀菌剂是指能通过植物叶、茎、根部吸收进入植物体，在植物体内输导至作用部位发挥功效的杀菌剂。按药剂的运行方向又可分为向顶性内吸输导作用和向基性内吸输导作用的杀菌剂。杀菌剂以内吸性杀菌剂为主，主要有以下几类：

① 苯并咪唑类。主要品种有多菌灵、苯菌灵、甲基硫菌灵等。该类杀菌剂的内吸作用强，其作用机制是与微管蛋白相结合抑制细胞分裂。病原菌易对这类杀菌剂产生抗药性。

② 甲酰亚胺类。主要品种有异菌脲、菌核利等，与苯并咪唑类杀菌剂类似，病原菌也容易对这一类杀菌剂产生抗药性。

③ 苯基酰胺类。主要品种有甲霜灵和噁霜灵。该类杀菌剂具有药效高、内吸性强、残效期适中、兼有保护与治疗等特点，主要用于防治蔬菜、果树、经济作物等因藻菌纲真菌引起的病害，尤其对各种霜霉病防治效果显著。

④ 有机磷类。主要品种有稻瘟净、异稻瘟净、乙苯稻瘟净、甲基立枯磷等，其中，稻瘟净、异稻瘟净、乙苯稻瘟净主要用于防治水稻稻瘟病；甲基立枯磷主要用于防治苗立枯病、菌核病及雪腐病等。

⑤ 甾醇生物合成抑制剂。它是 20 世纪 60 年代后期研发的一类杀菌剂，根据其结构可分为：吗啉、嘧啶、吡啶、吡唑、吡嗪、三唑等几类，特别是三唑类杀菌剂是一类广谱、高效、产生抗性缓慢的优良杀菌剂，代表品种有：戊唑醇、三唑醇、氟环唑、环丙唑醇等。

⑥ 黑素生物合成抑制剂。主要品种有三环唑、氰菌胺等,是防治水稻稻瘟病的特效杀菌剂,内吸性强,其机理是抑制附着孢中黑素的生物合成。

⑦ 防御素激活剂。主要品种有活化酯、三乙膦酸铝。该类杀菌剂本身并不具有杀菌功能,但可以刺激植物产生抵御性物质以抵抗病原菌。

⑧ 甲氧丙烯酸(酯或酰胺)类杀菌剂。1997 年 Anke 和 Oberwinkler 从担子菌中发现甲氧丙烯酸(酯或酰胺)类先导化合物 Strobilurin 对灰霉病和根腐病有良好的抑菌作用,此后甲氧丙烯酸(酯或酰胺)类杀菌剂的研发受到了广泛关注。目前,该类杀菌剂在全球杀菌剂市场上占有主导地位,已有 8 个杀菌剂进入市场,其中 6 个品种的销售额达上亿美元,最主要的有:嘧菌酯、苯氧菌酯、啶氧菌酯、吡唑醚菌酯、醚菌酯等。

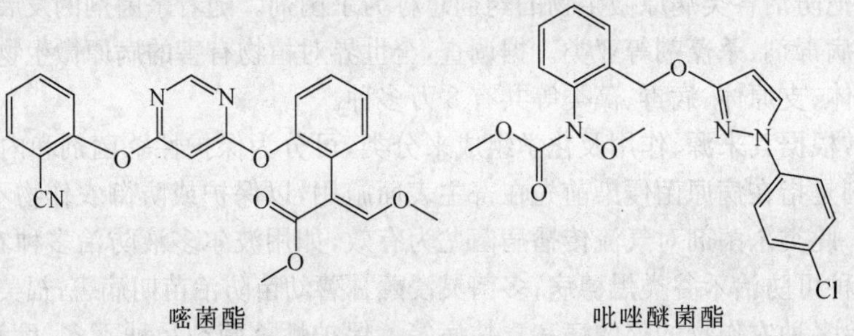

嘧菌酯   吡唑醚菌酯

图 8－16　典型的 Strobilurin 杀菌剂

⑨ 琥珀酸脱氢酶(SDH)抑制剂型酰胺类。是一类作用于病原菌琥珀酸脱氢酶而抑制其呼吸作用的吡唑酰胺类杀菌剂,目前已开发成功的至少有 15 个品种,化学结构新颖,广谱高效,作用方式独特。该杀菌剂的开发源于 20 世纪 90 年代日本住友化学和三井化学的相关研究,目前,SDH 抑制剂型酰胺类杀菌剂主要有:呋吡菌胺、吡噻菌胺、吡唑酰胺类杀菌剂 Isopyrazam、琥珀酸脱氢酶抑制剂 Bixafen、Penflufen、Fluxapyroxad 等。

⑩ 农用抗菌素。农用抗菌素是微生物(主要是真菌)的代谢产物,有内吸作用,一般都具有水溶性,例如春雷霉素、多氧霉素、灭瘟素、公主岭霉素等。在我国使用面积最大、效益最显著的是井冈霉素,是防治纹枯病的主要药剂。

3. 除草剂

农田中农作物以外的非栽培植物即为杂草。尽管杂草在覆盖土壤,减少水土流失,防止土壤养分淋失,稳定生态系统等方面也有一定的益处,但若不加以控制,杂草就易泛滥,与农作物争夺养分、水分、阳光和空气,严重影响农作物生长和发育,使农作物的产量和质量受到影响。此外,许多杂草还是农作物病菌、病毒和害虫的宿主,易引起病虫害在农作物中的蔓延,因此,杂草的防除在农业生产中至关重要。

能防治杂草和有害植物的药剂称为除草剂,根据用途可分为灭生性除草剂和选择性除草剂。前者对植物没有选择性,可消灭一切植物,主要用于非耕地,清除路边、场地、森林防火带的杂草、灌木等;后者只对某些科属植物有毒杀作用,对其他科属植物无毒或毒性较低,是一类广泛使用的除草剂。目前,全球有 300 多个除草剂品种,销售额约占所有农药的47%以上。常用的除草剂主要有:苯氧羧酸类、苯甲酸类、苯醚类、酰胺类、脲类、三氮苯类、氨基甲酸酯和硫代氨基甲酸酯类、有机磷类、联吡啶类、环己烯酮类、磺酰脲类和磺酰胺类等多种类别。

4. 杀鼠剂

据世界卫生组织统计,全世界共有 1 687 种鼠类动物,其中大多数品种都与人类疾病有关。全世界每年被鼠类动物损耗的库存谷物约达 3 300 万吨,鼠类动物还破坏草原,咬坏物件、电缆,破坏堤坝等,造成的损失难于估算,所以,鼠类危害不容忽视。

杀鼠剂是一类用来防控鼠害的药剂,包括通过胃毒和熏蒸作用直接毒杀或通过化学绝育和趋避作用间接防治鼠害的各种药剂,早期使用的主要是无机化合物,如黄磷、亚砷酸、碳酸钡等,以及植物性药剂如红海葱、马钱子等,药效低、选择性差。20 世纪 40 年代后期陆续出现了有机合成杀鼠剂,种类繁多,性质各异。50 年代初又出现了新的杀鼠剂类型——抗凝血剂,大大提高了大规模灭鼠的效果,并减少了对其他动物的危害,也不易引起人畜中毒。第一代抗凝血杀鼠剂以杀鼠灵为代表,曾大量推广使用。第二代抗凝血杀鼠剂以 70 年代英国和德国先后开发的鼠得克、大隆和溴敌隆为代表,其特点是杀鼠效果好,且兼有急性和慢性毒性,对其他动物安全,成为第二代抗凝血杀鼠剂的典型代表品种。

根据鼠类的生物学特性,杀鼠剂除了具有强大的毒力外,理想的杀鼠剂还应具有以下特点:选择性强,对人及畜、禽等毒性低,适口性好,无二次中毒危险,在环境中较快分解,不易产生抗药性,性质稳定,使用方便,易于制造,价格低廉等,具有这些特点的杀鼠剂是未来新品种开发的方向。目前,兼有急性和慢性毒性的第二代抗凝血剂正在大力研制,不育剂、驱鼠剂、鼠类外激素、增效剂等新型化学灭鼠药剂也在探索之中。

5. 植物生长调节剂

植物生长调节剂是用来促进或抑制植物生长和发育的药剂,包括从生物体中提取的天然激素和人工合成的化合物。根据用途可分为:催熟剂、保鲜剂、摧芽剂、脱叶剂、抑制剂等,在农业生产上使用可影响和调控植物的生长和发育,包括从细胞生长、分裂到生根、发芽、开花、结实、成熟和脱落等一系列生命过程,有的能提高植物的蛋白质、糖的含量;有的可以增强植物的抗旱、抗寒、抗盐碱、抗病害的能力;有的可以促进生长,有的可以控制萌芽和休眠,抑制生长等等,以达到稳产增产,改善品质,增强农作物抗逆性等目的。天然存在的植物生长调节剂有吲哚乙酸、吲哚乙腈等,但含量极少,因此,一般采用人工合成方法制备类天然生长调节剂,目前主要有:吲哚丙酸、吲哚丁酸、萘乙酸、萘氧乙酸、二氯苯氧乙酸、4 -氯苯氧乙酸钠(CPA - Na)、4 -碘苯氧乙酸等,其中 CPA - Na 俗称促生灵、番茄素、防落素,在我国已被允许使用,多用于无根豆芽的生产,在豆芽中允许的残留量为 1 mg/kg。每种植物生长调节剂都有特定的用途,只有在一定条件下才能对植物产生特定的功效。对于不同植物及同一植物的不同生育期,施用同种调节剂(包括不同浓度),效果可能差异很大,施用时须考虑不同的对象,选用不同的调节剂或浓度。

8.2.3 农药的研发

自 20 世纪 80 年代以来,现代农业生产对农药的性能提出了越来越高的要求,如生物活性高、对非靶标生物安全、环境相容性好等。目前,我国自主创制的农药品种在国内农药市场上的份额仅占 2% 左右,远不能满足现代农业的要求。新农药的研发是一项复杂的系统工程,涉及化学、化工、生物、农学、医学和环境科学等多个学科,需要相关学科的科研人员分工协作完成。新农药的研制过程大体可分为"研究"与"开发"两个阶段,其中,研究阶段的工作重点是从大量的新化合物中筛选出具有农药活性的先导化合物,经结构优化,筛选出候选化合物。在开发阶段,则主要是对候选化合物进行开发试验和安全性评价,选定农药新品种,进行工业化开发并推广应用。

(1) 农药先导化合物及其发现的方法和途径。先导化合物是指通过生物活性测定,从众多的候选化合物中发现和选定的具有药理学或某种生物学活性的新化合物。这些化合物被用作起始研究模型,要求其化学结构能被进一步改造和修饰,以期提高药效、选择性,改善药物动力学性质。发现先导化合物的方法和途径主要有:随机合成、类同合成、天然生物活性产物模拟和生物合理设计等。

(2) 先导化合物的展开。通过各种途径和手段得到的具有某种生物活性和化学结构的先导化合物是新药研究的出发点,这些先导化合物也许存在某些缺陷,如活性不高、化学结构不稳定、毒性较大、选择性不好、药物动力学性质不合理等,对这些化合物的分子结构不断进行改造,将药性提高至足以进行生物试验的程度,从中筛选出可供开发的候选化合物,进一步反复进行优化,产生更高层次的先导化合物,这个过程称为先导化合物的展开。这样,从一个原始的先导化合物通过展开产生多个层次的先导化合物,获得多个候选化合物,使获得理想药物的机会大为增加。

(3) 小试和中试研究。在先导化合物的发现及优化阶段,化学合成的目的是获得供生物筛选的目标化合物,在小试研究阶段,目的在于选择适合于所选定化合物的合成路线、工艺条件,尽可能提高质量和收率,并确定分析方法、三废治理措施等,同时结合药效、毒性等试验结果,为中试提供依据。中试是在小试的基础上,在一定规模的反应装置中试制一定数量的药物,确定其制备和加工工艺、设备选型、能量消耗、三废治理方案,从经济和技术角度进行工业性研究的过程。中试的目的主要是验证小试所确定的工艺条件,解决化工放大技术和生产控制方法等问题,并从工业化角度进行技术和经济评价。

8.2.4　我国新农药研制的现状及发展趋势

我国是农药生产和使用大国,虽然产量占据世界农药市场的主导地位,但绝大部分是仿制品种,创新农药的品种和数量有限。近几年,农药行业正在面临转型升级,依靠科技进步,加快农药产品的结构调整成为我国农药产业转型升级的关键。我国于1995建立了国家南方农药创制中心(浙江、上海、江苏、湖南四个基地)和农药国家工程研究中心(沈阳、天津),中心的主要任务和目标是创制新农药,提高我国农药研究水平和创新开发能力;开展新农药的工程化研究,加速农药科技成果的工业化过程;研究解决农药生产中的关键和共性技术,开展农药老品种的技术改造,提高产品质量和工艺技术水平;开展科技攻关,对引进技术进行消化吸收和创新;加强农药安全技术和环境影响的评价;对新农药进行生物测定和药效评价、农药安全性评价、制剂加工、分析测试。农药中心的建立,显著改善了农药研究的设施与实验条件,提升了我国农药研究的原始创新能力,对农药产业的技术进步和产业结构的优化升级起到了支撑作用,在国际上产生了一定影响。经十多年的运行,中心已取得了丰硕的研究成果。

尽管如此,目前我国尚无具有较大影响且市场占有率高的重要农药品种,制定适合我国国情的农药创制战略,不断加强农药创新能力,尽快取得具有市场价值的创新产品,仍有很长的路要走。国家工信部制定的《农药工业"十二五"发展规划》指出,到2015年,我国重点农药企业研发投入占销售收入的比例要达到5％以上,整个农药行业的研发投入要占到销售收入的2％以上,农药创新品种累计达到50个以上。该《规划》为新农药的开发明确了方向和目标,相信我国农药行业一定会走出一条健康的、适合国情的发展道路。

8.2.5　化学农药的科学使用

近年来,我国农药的施用面积和施用量逐年递增,为保证农产品的产量和质量提供了有力保障,但不当使用或滥用农药的现象十分普遍,造成了许多负面效应甚至危害,如农作物天敌遭到杀伤,生态环境受到破坏,食品安全受到威胁等,因此,学习农药知识,提高农药施用技术水平,科学合理用药迫在眉睫。

1. 不当施用农药造成的危害

(1) 不当施用农药对农作物的影响。农药使用不当会对农作物产生各种药害,如影响种子发芽、叶片发黄、叶片畸形,甚至全株枯死,造成农作物生长缓慢,落花、落果等。

(2) 不当施用农药对农产品安全的影响。长期以来,我国农民缺乏科学施用农药的知识,也缺乏安全用药意识,普遍认为毒性越高的农药效果就越好,用药量越大效果就越好,不当或滥用农药,甚至使用禁用农药,也不注意安全间隔期收获,很容易造成农药在各种食品原料及饲料中的残留超标,威胁食品安全,直接或间接地导致人、畜中毒。

为整顿和规范农药市场秩序,打击非法制售禁限用高毒农药行为,保障农产品质量安全、人畜安全和环境安全,在农业部以前已发布的多个高毒性农药限、禁用公告的基础上,2010 年 4 月 15 日,农业部、最高人民法院等 10 个国家部委又联合发出通知(农农发[2010]2 号),重申禁止生产、销售和使用已公布的 HCH、DDT、甲胺磷、对硫磷等 23 种禁用农药。同时,禁止甲拌磷、甲基异柳磷等 12 种含磷农药及克百威和涕灭威在蔬菜、果树、茶叶、中草药材上使用;禁止氧乐果在甘蓝上使用;禁止三氯杀螨醇和氰戊菊酯在茶树上使用;禁止丁酰肼(比久)在花生上使用;禁止特丁硫磷在甘蔗上使用。除卫生用,以及玉米等部分旱田种子包衣剂外,禁止氟虫腈在其他方面的使用。

为进一步加强对高毒农药的管理,农业部公告要求从 2011 年起停止生产苯线磷、地虫硫磷、甲基硫环磷、磷化钙、磷化镁、磷化锌等 10 种农药,自 2013 年 10 月 31 日起停止销售和使用。2013 年又发布了第 2032 号公告,决定对氯磺隆、胺苯磺隆、甲磺隆、福美胂、福美甲胂、毒死蜱和三唑磷等 7 种农药采取进一步禁限用管理措施。

(3) 不当施用农药对农作物天敌的影响。农作物的天敌能够非常有效地控制农作物害虫的数量,起到减少农药用量和用药次数、降低防治成本、减轻环境污染等效果;如田间的瓢虫、食蚜蝇等是麦田蚜虫的天敌,当益害比在 1:(80~100)时可以不施药防治。不当施用农药会危害农作物的各种天敌,甚至会给它们带来灭顶之灾,造成生态环境恶化,食物链中断,反而使农作物的病虫害更加严重,所以,应尽量少施用广谱性触杀剂,选用内吸性杀虫剂;尽量少施用兼治性杀虫剂,选用专一性杀虫剂,同时,要改进施药方法,如改喷雾施药为拌种或涂茎施药方式等。

(4) 不当施用农药对环境的影响。不当施用农药或施用高毒性、难降解的农药,会对水和大气环境造成严重污染。自然界对许多农药的降解能力有限,一旦污染就会造成长期危害,如 HCH、DDT 等农药在停用后的数十年后仍可在许多河流中检测出来。此外,难降解的农药进入土壤后会不断蓄积,长期残留在土壤中,进而在农作物体内蓄积,最终影响食品安全。同时,还对土壤中的有益微生物产生严重危害,影响土壤特性,从而影响农作物生长。一般来说,水溶性的农药较易被农作物吸收,而脂溶性的农药则多残存于土壤中。

2. 科学使用农药的措施

(1) 正确选用农药。应针对病虫害的发生特点及不同农药的特性,选择使用合适的农药,不能盲目地见虫就杀、见病就防、遇药就用,以至于影响防治效果,造成无谓的浪费,还会造成各种危害。

(2) 适期施用农药。农作物在生长期间,随时都可能发生病虫害,要根据不同病虫害的特点和农药的性能,抓住时机,适时施用农药进行防治,可获得事半功倍的效果。例如用触杀性杀虫剂防治钻蛀性害虫,一般应在害虫卵孵化高峰期施药;使用预防性杀菌剂,应在病菌尚未侵入农作物组织前施药;用触杀性除草剂防除杂草,应在杂草出苗后的幼苗期施药等。

（3）使用高效、低毒农药。在各种农药品种中，约 30％的品种属于高效、低毒、低残留的农药，使用这些农药可大大减轻甚至避免各种药害，高效、低毒农药是农药研发的目标和方向。国家农业部于 2002 年发布的《无公害农产品施用农药规定》中，推荐了一批在果树、蔬菜、茶叶上使用的高效、低毒农药品种，涵盖了杀虫、杀螨、杀菌三个类别。

（4）交替轮换用药。长期使用单一农药易使害虫产生抗药性，因此，效果再好的农药也不应长期单一使用，应注意因地、因时、因病虫，交替轮换地使用不同杀虫机理的农药。

（5）采用先进施药技术。要不断学习农药知识及农药施用新技术，以提高农药的防治效果和利用率，减少农药用量，减少和避免农药造成的各种危害。

（6）科学合理混用农药。因气候变化等原因，各种农作物的病虫害常会集中发生，根据病虫害的种类和特点，可采用混合使用农药的方法加以防治。混合用药具有防治多种病虫害、提高防治效果、节约成本、节省劳力等优点，但在应用时应充分掌握各农药的特性，不可随意混用，否则达不到预期的效果，还会产生很多问题。农药混用要遵循以下原则：① 混合后不发生不良的化学、物理变化，如遇酸（碱）性物质分解的农药，不能与酸（碱）性农药混用，可湿性粉剂不能与乳剂农药混用等；② 混合后对农作物不产生不良影响；③ 混合后不能降低药效。

（7）合理使用农药浓度，防止产生药害。农药施用的浓度并非越大，防治效果就越好，随意加大用药浓度，不仅会造成浪费，而且可能对农作物产生药害，使害虫的抗药性增强。因此，要严格按照农药配制的标准进行配比，大力推广应用施药新技术。

（8）加强农药生产、经营和使用管理。农药是具有某种生物和化学毒性的化学物质，若能科学管理和使用就会给人类带来福音，否则就可能会带来灾难。各级农业行政管理部门应不断加强农药知识、施药新技术的宣传和推广，加强国家相关法规的教育和宣传，依法加强农药生产、经营和使用管理。按照《农药管理条例》等法规，严格执法，加大对高毒农药的监管力度。引导农药生产者、经营者和使用者增强社会责任心，加大投入，积极研发安全、高效、低残留的农药新产品，促进农药品种结构调整步伐，从源头控制好农药的生产与销售。同时，积极引导农民科学使用农药，对农产品实行从农田到餐桌全过程的质量安全控制。

参考文献

1. 宋志伟. 土壤肥料［M］. 北京：高等教育出版社，2009.

2. 夏立江，王宏康. 土壤污染及其防治［M］. 上海：华东理工大学出版社，2001.

3. 赵义涛. 土壤肥料学［M］. 北京：化学工业出版社，2009.

4. 张一宾，张怿，武贤英. 世界农药新进展［M］. 北京：化学工业出版社，2010.

思考题

1. 化肥在农业生产中发挥什么作用?
2. 化肥的特点是什么? 氮肥分为哪几类? 什么叫做复合肥?
3. 什么叫做中量元素肥?
4. 硅元素在农作物生长中的作用是什么?
5. 不当施用肥料对土壤和农作物分别有哪些危害? 如何科学使用化肥?
6. 测土配方施肥的重要性是什么? 如何提高施肥技术?
7. 农业部已经禁用的农药有哪些? 限用的农药有哪些?
8. 不当使用农药会产生哪些危害? 如何科学使用农药?

第9章 化学与食品安全

食品是人类赖以生存和发展的首要物质基础。"民以食为天,食以安为先",食品安全不仅是一个重要的公共安全问题,也是全球重大的战略性问题,是关系到国计民生、社会和谐的大事。食品从原料的种植或养殖开始,一直到加工、储藏、运输、销售、烹饪等,即从"农田到餐桌"的每个环节都涉及到安全问题。危害食品安全的因素很多,其中大部分都与有毒有害化学物质有关,食品安全与化学密不可分。

§9.1 食品安全及其危害因素

9.1.1 食品安全的概念

食品,指各种供人食用或者饮用的成品和原料,以及按照传统既是食品又是药品,但不包括以治疗为目的的物品。联合国粮食及农业组织(FAO)早于1974年在罗马召开的世界粮食大会上就正式提出了食品安全的概念。FAO指出:食品安全是人类的一种基本生存权利,应当"保证任何人在任何地方都能得到为了生存与健康所需要的足够的食品"。WHO于1984年在题为《食品安全在卫生和发展中的作用》的文件中首次把"食品安全"与"食品卫生"作为同义语,提出:"生产、加工、储存、分配和制作食品过程中确保食品安全可靠,有益于健康并且适合人消费的种种必要条件和措施。"1996年WHO在《全球食品安全战略草案》中再次提出"食用安全的食品可增进健康,同时也是一个基本的人权问题",在其《加强国家级食品安全计划指南》中,将食品安全与食品卫生加以区分,对食品安全解释为:"对食品按其原定用途进行制作或食用时不会使消费者健康受到损害的一种担保。"目前,国际上对食品安全的概念已基本形成共识,即:食品(食物)的种植、养殖、加工、包装、贮藏、运输、销售、消费等活动符合国家强制标准的要求,不存在可能损害或威胁人体健康的有毒有害物质而导致消费者病亡或危及消费者及其后代的健康。我国政府高度重视食品安全,早在1995年就颁布了《中华人民共和国食品卫生法》,在此基础上,于2009年颁布并实施了《中华人民共和国食品安全法》,确立了以食品安全风险监测和评估为基础的科学管理制度,明确食品安全风险评估结果作为制定、修订食品安全标准和对食品安全实施监督管理的科学依据,从制度上解决了现实生活中存在的食品安全问题。为适应新形势的发展,2013年启动了《食品安全法》的修订工作,2014 年 5 月 14 日,国务院常务会议原则通过了《食品安全法(修订草案)》,如何重典治乱成为全社会的焦点。

9.1.2　食品安全的危害因素

食品安全危害可发生在食物链的各个环节,食品中对人体健康造成危害的因素通常包括三类:生物性危害、化学性危害和物理性危害,这些因素可单一或综合地危害食品安全。

1. 食品中的化学性危害

食品中的化学性危害,主要是指有毒有害化学物质对食品的污染,这些污染物主要来源于环境污染、天然存在和人为添加及在食品加工等过程中引入的有毒有害物质。

环境污染是造成食品安全问题的首要因素。人类的各种活动,如工农业生产、采矿、能源、交通等带入大气、土壤及水等环境中的污染物,通过多种途径迁移到各种食品原料或食品中,通过食物链或直接污染食品,最终威胁人类健康。环境污染物危害又可分为无机污染物危害和有机污染物危害,其中环境来源的无机污染物包括铅、镉、汞、砷等重金属离子和一些放射性物质;有机污染物则包括二噁英、多环芳烃、有机磷、多氯联苯等物质,大多具有强毒性。二噁英是全球最关注的环境污染物之一,它是多氯联苯二噁英(PCDD)和联苯呋喃(PCDF)的俗称,同系物的数量很多,其中以 2,3,7,8 -四氯联苯二噁英的比例最大,已被证明具有毒性和致癌性。一般含氯或其他卤素的有机物或无机物受热($200℃ \leqslant T < 600℃$)会形成二噁英。多环芳烃类化合物常见的有 1,2 -苯并蒽、苯并芘、苯并吖啶、哌啶、荧蒽等,都具有不同程度的致癌性,分子中联苯环上的氢被氯取代就形成了多氯联苯化合物(PCBs)。PCBs 是人工合成的有机物,在工业上用作热载体、绝缘油和润滑油等。以 PCBs 为原料的化工生产排放的废弃物是 PCBs 污染的主要来源。如美国、日本等每年生产的 PCBs 只有 20%～30% 在使用中消耗掉,其余 70%～80% 排入了环境。PCBs 约有 55 种不同的化合物,其毒性与氯含量、氯在苯环上的位置及化合物的组成相关,含氯越多,其毒性就越大。PCBs 的化学性质稳定,脂溶性高,易在土壤、大气和水等环境及野生动物、水产品中富集和蓄积。

天然存在的化学危害是指食品中或用作食品原料的植物、动物或微生物体内存在的天然毒素,如蛋白酶抑制剂、生物碱、氰苷、有毒蛋白和肽等,以及在储存过程中产生的过氧化物、醛和酮类等有害物质。

除了环境污染物和天然存在的有害物质对食品产生的污染外,在食品生产环节中人为造成的化学危害也是威胁食品安全的重要因素。人为化学危害是指为特定的目的,在原料种植及食品加工、包装、储藏等环节中人为加入的物质残留造成的食品污染,如在种植或养殖过程中使用的农药、兽药残留物,食品加工中违规加入的食品添加剂等。现代农业生产能否丰收除了自然条件外,在很大程度上取决于预防和控制危害农业的病、虫、草和其他有害物的攻击,使用农药和兽药成为农业生产的重要保障,但大量使用或不当使用农药和兽药会造成土壤、水、大气中药物的大量残留，以及农作物和禽、畜、鱼等养殖动物体内的药物残留。这些残留药物通过食物链最终进入人体，会不同程度地影响人体健康。

食品在加工过程中，为满足防腐保鲜、保色、清洁、杀菌消毒等不同需要和目的，会用到很多化学物质，但若滥用或不当使用这些物质同样会造成食品污染，影响人体健康。

此外，食品在加工过程中所使用的管道、容器及各种包装材料等均有可能带入有害物质。如聚苯乙烯材料中的单体苯乙烯、聚碳酸酯材料中的双酚 A、增塑剂或胶黏剂中的邻苯二甲酸酯等，用荧光增白剂处理过的包装纸中残留的有毒胺类化合物，陶瓷器皿盛放酸性食品时容器表面釉料中所含的铅、镉和锑盐的溶出等，这些均是人为化学危害。

2. 食品中的生物性危害

食品中的生物性危害，主要是指食品或食品原料在生产、储存过程中，因受到环境中的或在适宜条件下产生的微生物污染所引起的危害。根据微生物引起的食物中毒途径，一般将食源性微生物分为感染型和病毒型两大类。前者是指可在人的肠道内增殖的微生物，主要有沙门氏菌、疟疾志贺氏菌、大肠埃希氏杆菌等；后者是指可在食物或人的肠道中产生毒素的微生物。

3. 食品中的物理性危害

与化学性危害和生物性危害相比，食品中的物理性危害往往能够通过视觉观察到，包括任何夹杂在食品中的不正常的、有潜在危害的外来物，如碎石、铁屑、木屑、头发、昆虫的残体、鸟和鼠粪等等。物理性危害往往会立即发生或食后不久发生，并且伤害的来源容易确认。一般来说，只要加强食品加工企业的生产过程管理，严格执行操作规范，物理性危害是可以避免的。

§9.2 食品原料中的安全危害物质及其控制

9.2.1 植物源食品原料中的安全危害物质

1. 抗营养物质

植物性食品原料在生长代谢过程中所产生的干扰人体对食物中营养成分吸收和利用的物质，称为抗营养物质，主要包括三类：① 干扰蛋白质消化或氨基酸吸收和利用的物质，如蛋白酶抑制剂、植物凝集素和皂角苷等；② 干扰矿物质吸收、代谢和利用的物质，如植酸、草酸盐、致甲状腺素、膳食纤维等；③ 影响维生素吸收和利用的物质，如抗维生素 A 的脂肪氧化酶、植酸钠、尿素酶。蛋白酶抑制剂主要存在于豆类、花生、菜籽等油料作物的种子及禽蛋的蛋清中。蛋白酶抑制剂本身也是一种蛋白质，因此，可通过加热的方法使其失活而得到有效去除。可见,豆类、鸡蛋等食品不宜生吃,应经热加工熟后食用。目前,国内外出现了通过育种的方法降低植物中胰蛋白酶抑制剂的技术,发展前景广阔。抗矿物质吸收的植酸、草酸盐等物质普遍存在于谷类食品的麸皮中,它们具有较高的热稳定性,一般很难通过普通加热的方法去除,因此,婴幼儿不宜食用过多的杂粮和糙米。抗维生素吸收和利用的物质也主要存在于豆类和谷物中,这类物质大都可通过加热的方法去除。

不同类型食物原料中的抗营养物质是不同的,了解这些物质的来源和性质有助于帮助我们采取针对性的方法以有效地消除它们的危害。

2. 有毒生物碱

生物碱也称植物碱,是一类存在于植物体中的碱性含氮物质,是植物生长过程中的次级代谢物之一,已知的约有1万多种。生物碱分子具有环状结构,难溶于水,有一定的旋光性,呈无色结晶状,少数为液体,大多有苦味,与酸反应可以形成盐。生物碱对生物机体有毒性或强烈的生理作用,存在于食物中的有毒生物碱主要有龙葵素、秋水仙碱、麦角碱和咖啡碱等,能引起轻微的肝损伤,中毒症状表现为恶心、腹痛、腹泻等。

3. 食品过敏原与植物性红细胞凝聚素

(1) 食品过敏原

过敏原又称为变应原、过敏物、致敏原,是指能够导致人体发生过敏反应的抗原。当人体接触过敏原一定时间后,会导致机体敏感,在致敏期内没有临床症状,但当再次接触过敏原后,机体就会发生过敏反应,若反复接触,症状一般会逐渐加重。引起过敏反应的抗原物质大约有2 000～3 000种,最常见的有:植物花粉、霉菌孢子、昆虫蜇后释放的毒液、某些食品、药物、化妆品、染发剂、油漆、尘螨的排泄物、动物毛皮和皮屑、蟑螂的萼等等。

食品过敏原指食品中能够引起特定人群机体免疫反应异常或产生过敏反应的成分。已知结构的食物过敏原多为食品中的蛋白,相对分子质量大都介于1万～7万之间。食品过敏原一般仅占食品总蛋白量的极少一部分,但这种微量的食品成分就可能使部分过敏体质的人产生严重的过敏反应。食品过敏原产生的过敏反应包括呼吸系统、肠胃系统、中枢神经系统、皮肤等不同形式的临床症状,并可能产生过敏性休克,甚至危及生命。常见的过敏症状有:慢性腹泻、肠绞痛、胃胀、恶心、呕吐、呼吸困难、嘴唇和舌头或咽喉肿胀、血压骤降等。一般含有过敏原的食品有:海鲜、鱼虾、异体蛋白、奶制品、豆制品、鸡鸭、牛羊肉、大米、面粉、香油、香椿、葱、姜、蒜、动物脂肪、酒精、干果、蔬菜、蜜饯以及桃子、梨等各种水果等。食品过敏反应与特定人群和个体的身体特质密切相关,不同国家或地区的人的遗传特征、接触到的食品种类和频率各异,所以各个国家或地区划定的过敏原食品种类也不尽相同。我国在标准 GB 7718 - 2004《预包装食品标签通则》中列举了八类可能引发过敏的产品,包括含有麸质的谷物如小麦、黑麦、大麦其及制品等;甲壳纲类动物如虾、龙虾、蟹及其制品;鱼类及其制品;蛋类及其制品;花生及其制品;大豆及其制品;乳及其乳制品包括乳糖;坚果及其果仁类制品。本标准要求强制执行标识食品过敏原制度。

(2) 植物血细胞凝集素

简称植物血凝素,是存在于植物种子中的低聚糖与蛋白质的复合物,属糖蛋白类物质,对红细胞具有一定凝集作用,故又称为植物性血细胞凝集素。迄今已分离出了几百种血凝素,常见的有十多种,包括蓖麻毒素、巴豆毒素、大豆凝集素、菜豆素等。最新研究发现,这种血凝素不仅存在于植物中,也存在于动物和微生物中。

研究表明,血凝素能激活小淋巴细胞转化为淋巴母细胞,继而分裂增殖,释放淋巴因子,并能提高巨噬细胞的吞噬功能。在临床上可用于治疗免疫功能受损引起的疾病,如急性白血病、恶性葡菌胎、乳癌、肠癌、鼻咽癌、再生障碍性贫血、迁延性肝炎等。但是,进入肠胃的血凝素会破坏小肠黏膜,干扰多种酶的分泌,影响蛋白质的正常代谢,严重抑制小肠的消化吸收功能,导致小肠黏膜损伤,甚至引起消化道出血。小肠粘膜损伤会导致黏膜上皮细胞的通透性增强,使血凝素和其他的一些有毒物质进入体内,对器官和机体产生危害。血凝素含量最高的食品是红肾豆(又名花豆、虎豆、大红豆等),生的红肾豆含有约 2 万～7 万个凝集素单位,此外,芸豆、四季豆、刀豆中也含有血凝素。大多数血凝素不易被蛋白酶水解,但在高温下会受到破坏,因此,这些食品不能生食,须经较长时间加热蒸煮,熟后食用。

4. 反式脂肪酸、芥子苷和芥酸

反式脂肪酸、芥子苷和芥酸都是油脂中的成分,油脂可分为植物性油脂和动物性油脂两大类,这些物质在不同来源的油脂中的含量不同。油脂是人类日常膳食中必不可少的组成部分,也是人体的热能来源,对人类健康发挥着重要的作用,同时还是食品工业必不可少的原料。但是,如果油料选用不当,储藏或加工方法不正确,就可能导致食用油中反式脂肪酸、芥子苷和芥酸的含量超标,从而对人体健康造成不同程度的危害。

(1) 反式脂肪酸

油脂的主要成分是脂肪酸,脂肪酸可分为饱和脂肪酸和不饱和脂肪酸两类。其中,不饱和脂肪酸根据其分子中不饱和碳原子的结构可分为顺式和反式两种结构(图 9-1)。顺式脂肪酸的熔点较低,多为液态,而反式脂肪酸的熔点较高,多为固态或半液态。研究表明,反式脂肪酸在人体内的代谢会影响体内必需的脂肪酸和其他脂质的代谢,增加低密度脂蛋白(LDL)-胆固醇的含量,减小高密度脂蛋白(HDL)-胆固醇的含量,使动脉粥样硬化和冠心病发病风险增加。此外,还会增加 II 型糖尿病的患病风险,抑制婴幼儿的生长发育。

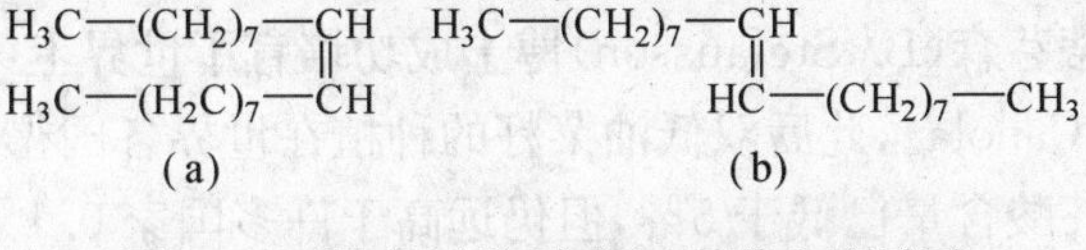

$$
\begin{array}{ll}
\text{H}_3\text{C}-(\text{CH}_2)_7-\text{CH} & \text{H}_3\text{C}-(\text{CH}_2)_7-\text{CH} \\
\qquad\qquad\qquad\ \|\, & \qquad\qquad\qquad\ \| \\
\text{H}_3\text{C}-(\text{H}_2\text{C})_7-\text{CH} & \text{HC}-(\text{CH}_2)_7-\text{CH}_3 \\
\qquad\quad (\text{a}) & \qquad\quad (\text{b})
\end{array}
$$

图 9-1 顺式(a)和反式(b)不饱和脂肪酸

　　反式脂肪酸在动物油脂中的含量高于植物油脂。在油脂工业中,为了防止油脂的酸败,延长保质期,常将动植物油脂部分氢化,使液态不饱和油脂中的双键变为单键,从而使油脂变成固态,即氢化油。在该过程中,不饱和双键同时会被异构化,产生反式脂肪酸,如在人造奶油中可检出 7.1%～17.7% 的反式脂肪酸,最高可达到 31.9%。此外,植物油在精炼脱臭工艺中需经高温处理,过程中也会产生一定量的反式脂肪酸。

　　国家标准 GB 7718－2004《预包装食品标签通则》强制要求,在以氢化油为配料的食品营养表中须标出反式脂肪(酸)的含量;食品配料中含有或在生产过程中使用了氢化和(或)部分氢化油脂时,在营养成分表中应标示出反式脂肪(酸)的含量。加强氢化油的管理、减少相关产品的摄入是防止反式脂肪酸危害人体健康的主要措施。

　　(2) 芥子苷和芥酸

　　油菜是我国传统的油料作物之一,属于十字花科植物。由油菜籽压榨得到的菜籽油与大豆油、花生油等不同,其中往往含有芥子苷和芥酸,它们是十字花科植物中特有的化学物质。芥子苷又叫硫甙葡萄糖苷,俗称硫甙,是一类葡萄糖衍生物,芥子苷又可分为饱和脂肪烃族、不饱和脂肪烃族、芳香族和杂环芳香族四大类。迄今为止已鉴定出了 100 多种芥子苷,在油菜籽中已发现了 11 种,其中主要有 8 种,分别为:丙烯基、丁－3－烯基、戊－4－烯基、2－羟－丁－3－烯基、2－羟－戊－4－烯基、吲哚－3－甲基、1－羟－3－吲哚甲基、4－甲氧基－吲哚－3－甲基芥子苷。芥子苷主要以钾盐的形式存在于油菜籽或饼粕中,本身并不具毒性,但油菜籽在榨油过程中及在动物肠道内或环境中微生物的作用下,以及高温、酸碱条件下,芥子苷会在与其并存的芥子酶催化作用下发生水解,生成异氰酸酯、噁唑烷硫酮和腈类等,这些水解产物会在人体内产生毒性,引起甲状腺肿大和功能紊乱。芥子苷大都为极性化合物,主要存在于榨油后的饼粕中,含量约 3%～8%,而在菜籽油中的含量极低,所以,当菜籽饼粕用作动物饲料时要注意芥子苷对动物的毒性。

　　芥酸又称水芥油酸,化学名是顺－13－二十二碳烯酸,主要存在于十字花科植物种子中,是一种脂溶性的化合物,所以在菜籽油中的含量较高。芥酸可用于制造人造纤维、聚酯及纺织助剂、PVC 稳定剂、油漆干性剂以及加工山嵛酸、芥酸酰胺等,还可用于化妆品制造业等。但动物实验证明,大量摄入芥酸可致动物心肌纤维化,引起心肌病变、增重迟缓、发育不良、生殖力下降、血小板下降等症状。FAO 及 WHO 已对菜籽油中的芥酸含量作出限量规定,要求菜籽油中芥酸的含量低于 5%。

　　通过油菜籽的现代基因改良技术可实现降低菜籽油中芥酸含量的目的。1974 年加拿大曼尼托巴大学的斯蒂芬森(B. Stefansson)博士成功培育了世界上第一个低芥酸和低芥子苷的"双低油菜"品种(Canola),此后双低油菜籽的种植在世界各国得到了推广。目前,我国低芥酸菜籽油产品中芥酸含量已低于 5%,但仍远高于许多国家 0.1% 的要求。

9.2.2 动物源食品原料中的安全危害物质

1. 河豚毒素

河豚营养丰富,有长江第一鲜之称,食用河豚在中国、日本等亚洲国家有着悠久的历史。然而,河豚体内含有河豚毒素(TTX),如在食用前处理不当,会引起严重的食物中毒事故。

TTX 是豚鱼类及其他多种生物(如蟹、鞘、毛颚类、腹足类、软体动物、棘皮类、两栖类、海藻等)体内含有的一种重要的天然毒素。河豚体内的 TTX 主要存在于肝脏、卵巢、皮肤、肠、肌肉、精巢、血液、胆囊和肾等多个器官或组织内。

TTX 是一种氨基全氢喹唑啉型生物碱(分子结构通式见 9 - 2),为白色结晶,无臭无味,无固定熔点,220℃ 以上发生炭化,不溶于有机溶剂,只溶于酸性水溶液或醇溶液,对酸和胰液酶、唾液淀粉酶、乳化酶、糖转化酶等酶类作用稳定,但遇碱分解,在 5% 氢氧化钾(KOH)溶液中于 90～100℃ 下可分解成黄色结晶 2 -氨基-羟甲基- 8 -羟基-喹唑啉。TTX 是目前所发现的自然界中毒性最强的非蛋白类神经毒素之一,其毒性比剧毒的氰化钠(NaCN)还要高 1 250 多倍,

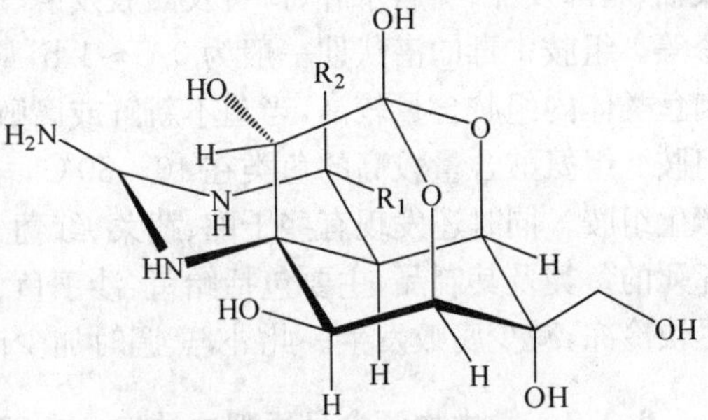

1 $R_1 = OH$, $R_2 = H$;   2 $R_1 = H$, $R_2 = OH$;
3 $R_1 = NH_2$, $R_2 = H$;   4 $R_1 = H$, $R_2 = H$;
5 $R_1 = OCH_3$, $R_2 = H$;   6 $R_1 = OCH_2CH_3$, $R_2 = H$

图 9 - 2 河豚毒素的分子结构通式

0.5 mg 即可致人死命。动物实验显示,该毒素经腹腔注射对小鼠的 LD_{50} 为 8 $\mu g/kg$。TTX除了直接作用于胃肠道引起局部刺激症状外,一旦被机体吸收进入血液后,能迅速作用于末梢神经和中枢神经系统,使神经传导产生障碍,首先感觉神经麻痹,继而各随意肌的运动神经麻痹,严重者脑干麻痹,导致呼吸循环衰竭,致死率很高,中毒后也缺乏有效的解救措施,轻微中毒者经救治后完全康复需要 7 天。TTX 中毒的潜伏期很短,一般为 10～30 min,发病急,如果抢救不及时,中毒后最快的 10 min 内死亡,最长约 4～6 h 死亡。

我国于 1990 年颁布实施了《水产品卫生管理办法》,禁止食用鲜河豚。江苏省地方标准DB32/T543 - 2002《无公害家化暗纹东方豚安全加工操作规范》规定该品种豚的肌肉中TTX 含量应低于 10 MU/g,其余部位包括卵巢、肝脏、脾、肾、血液、眼球、胆、胃、肠、心脏、腮等均需作为有毒废弃物处理。

值得注意的是,科学家们发现 TTX 具有镇痛、降压、抗心律失常、局麻、戒毒及抑瘤的功效,极具药物价值,国内外科学家们一直在开展 TTX 的分离提取及人工模拟合成研究,相关生物学和药学方面的研究也受到了世人的广泛关注。

2. 组胺

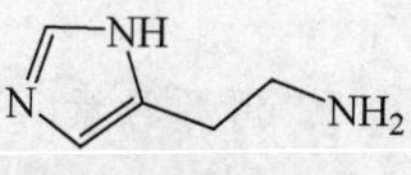

组胺又称鲭精毒素,是广泛存在于动植物体内的一种生物胺(见图 9-3),通常贮存于组织的肥大细胞中。在体内,组胺是一种重要的化学递质,当机体受到某种刺激引发抗原-抗体反应时,会引起肥大细胞的细胞膜通透性改变,释放出组胺,与组胺受体作用产生病理生理效应。组胺的合成过程主要发生在肥大细胞、嗜碱细胞、肺部、皮肤和胃肠黏膜中。

图 9-3 组胺分子

食用了含有组胺的食物,可引起人体局部或全身毛细管扩张、通透性增强、支气管收缩,主要症状为头晕、头痛、心慌、胸闷、呼吸急促等,部分病人出现眼结膜充血、瞳孔散大、视物模糊、脸部发涨、嘴唇水肿、口舌及四肢发麻、恶心、呕吐腹泻、全身潮红、血压下降,出现荨麻疹等。组胺中毒的潜伏期一般为 0.5～1 h,最短为 5 min,最长达 4 h。海产鱼中的青皮红肉鱼类体内组胺含量较高,当鱼不新鲜或腐败时,鱼体中游离的组氨酸经脱羧酶的作用产生组胺。组氨酸含量较高的鱼类在 10～30℃,盐分 3%～5%,pH 6.0～6.2 的环境下最容易产生组胺。同时还发现有些干酪、蔬菜、红葡萄酒等也含有组胺。组胺中毒多见于食用组织坏死的鱼类及其制品,主要包括鲐鱼、沙丁鱼、鲣鱼、黄鳍、竹夹鱼等。因此,鱼类在捕捞后应尽快冷冻,减少腐败发生。此外,烹调时加少许醋可以减少组胺的含量。

9.2.3 微生物源食品原料中的安全危害物质

1. 蘑菇毒素

食用蘑菇富含人体必需的氨基酸、矿物质、维生素和多糖等营养成分,是一种高蛋白、低脂肪的天然多功能食品,但是,含毒蘑菇(简称毒蘑菇)却会对人体健康造成危害,其原因是其中含有蘑菇毒素。

目前,已确定的部分蘑菇毒素分别是:环型多肽、毒蝇碱、色胺类化合物、异恶唑衍生物、鹿花菌素、鬼伞素及奥来毒素等七类。

识别毒蘑菇并不容易,当误食了毒蘑菇发生中毒后,应及时治疗,方法是首先应尽快帮助病人采取各种办法排除体内毒素,防止毒素进一步吸收而加重病情,一般步骤如下:

(1) 使用物理方法或药物催吐,例如先让病人服用大量盐水或 1% 硫酸镁水溶液,再用工具刺激咽部,促使呕吐,或者在医护人员的指导下,用硫酸铜、吐根糖浆、注射盐酸阿扑吗啡等药物催吐。

(2) 如呕吐次数不多需进一步洗胃,洗胃一般采用温开水和生理盐水,也可以用1:(2 000～5 000) 高锰酸钾液。洗胃后可灌入活性炭吸附剂,用法是取 30～50 g 活性炭放入 500 mL 温开水中调拌成悬浮液,分次口服或胃管注入胃内,或用蛋清等以吸附毒物。

(3) 导泻,以清除肠道停留的毒物。通常可口服 10% 硫酸钠或硫酸镁水溶液进行导泻,但有中枢神经系统、呼吸、心脏抑制的患者或肾功能不良者不宜用硫酸镁。还可以使用甘露醇或山露醇作为导泻剂,特别是灌入活性炭后,更能增加未吸收毒物的排出效果。

(4) 对未发生腹泻的患者可用盐水或肥皂水高位灌肠,每次约 300 mL,连续 2～3 次。

(5) 输液和利尿。早期可采用大量输液,使毒素随尿液排出。输液可用 10％葡萄糖、生理盐水等,同时采用静脉注射利尿剂。以上过程最好在医生监护下进行,防止出现意外。

2. 贝类毒素

贝类软体动物本身并不产生毒素,但在水体中摄取了含有毒素的浮游藻类就会产生毒素,如原膝沟藻、涡鞭毛藻、裸甲藻等均含有毒素,随着近海海域的富营养化日趋严重,这些藻类体内毒素的毒性也变得更强。贝类一旦染上毒素,需要很长时间排除,若食用了这些贝类食品,就可能导致人体中毒,我们将这类毒素称为贝类毒素。

根据食用贝类食品发生中毒后的症状,将贝类毒素分为四类:麻痹性贝类毒素(PSP)、腹泻性贝类毒素(DSP)、神经性贝类毒素(NSP)和健忘性贝类毒素(ASP)。贝类毒素的毒性大、中毒快、毒害具有突发性和广泛性,很少有适宜的解毒剂。毒素导致中毒的症状多种多样,具体临床表现取决于毒素的种类、毒素在食物中的含量以及摄入量。

排除贝类毒素的方法很多,PSP 是贝类毒素中毒性最强的一种,其危害也最大,因此,贝类毒素的排除主要是针对 PSP。排除 PSP 的最好方法是将贝类转移到清洁水体中使其自净,但排毒效果与贝类的种类有关,有些贝类在相当长的时间后仍有较高的毒性,还有一些贝类在转移后毒性水平反而上升。高温可明显促进毒素的排除,其他一些物理、化学的排毒方法配合使用也可发挥一定的效果,如温度刺激、盐度胁迫、电击处理、降低 pH、紫外线杀毒、含氯消毒剂处理以及臭氧处理等。在烹饪过程中,采用煮、蒸、炸等方法对毒素水平较低的贝类食品中的毒素排除很有效果。

§9.3　食品添加剂与食品安全

食品添加剂是现代食品加工业的重要组成部分,对于改善食品的色、香、味、形等感官性质,保持原料及食品的新鲜和稳定,提高食品的营养价值等发挥重要作用。但是,必须科学使用,严格管理,否则就会适得其反,造成人体危害。

9.3.1　食品添加剂的定义及其分类

1. 食品添加剂的定义

FAO 和 WHO 食品添加剂联合专家委员会(JECFA)对食品添加剂的定义是:本身不作为食品消费,也不是食品原料中的任何特有成分,不管其有无营养价值,在食品的生产、加工、调制、处理、充填、包装、运输、储藏等过程中,由于技术(包括感官)目的而有意加入的会直接或间接成为食品中的一部分的物质,它不包括污染物或者为保持、提高食品营养价值而加入食品中的物质。联合国食品添加剂法典委员会(CCFA)的定义是:有意识加入食品中,以改善食品的外观、风味、组织结构和储藏性能的物质。我国《食品添加剂使用标准》(GB 2760-2011)将食品添加剂规定为：为改善食品品质和色、香、味以及为防腐和加工需要而加入食品中的化学合成或天然物质，营养强化剂、食用香精、胶基糖果中的基础物质、食品工业用加工助剂也包含在内。世界各国和组织对食品添加剂的定义不尽相同，但含义相近。值得注意的是，为了满足某一人群中普遍供给不足的，或由于地理环境因素造成地区性缺乏的，或由于生活环境、生理状况变化造成的对某些营养素供给量有特殊要求的需要，往往在普通食品中加入"营养强化剂"，中国、日本和美国都将其归属到食品添加剂的范畴，而JECFA 和 CCFA 定义的食品添加剂却不包括营养强化剂。

2. 食品添加剂的分类

食品添加剂可以按照来源和功能进行分类，其中，按照来源可分为天然和化学合成两大类。天然食品添加剂是指利用动、植物或微生物的代谢产物为原料，经分离所提取的物质，主要有天然香料和色素。化学合成添加剂是指利用化学方法合成得到的物质，可分为一般化学合成品和人工合成天然等同物。天然等同物即用化学手段合成，但产物的分子结构与天然物质相同，如天然等同香料、色素等。

不同食品添加剂的功能不同，因各个国家和组织对食品添加剂的定义不同，功能分类情况也有所不同。我国在《食品添加剂使用标准》(GB 2760-2011)中按功能将食品添加剂分成 23 类，共 2 000 多种。

9.3.2　食品添加剂与食品安全

1. 食品添加剂的安全性评价

随着食品工业的发展，食品添加剂的种类越来越多，产量也在不断提高。但无论如何，安全性始终都应是食品添加剂发展的根本，一般地，对食品添加剂的使用有如下基本要求：

（1）不得对消费者产生急性或潜在性的危害，必须严格按照食品添加剂允许使用的范围和用量添加；

（2）不得掩盖食品本身或加工过程中的质量缺陷；

（3）不得降低食品本身的营养价值；

（4）不得有助于食品的假冒；

（5）在能达到预期效果的同时，尽可能降低用量；

（6）食品工业用加工助剂一般应在制成成品后除去，有规定食品中残留量的除外。

为了保证食品安全和食品质量，食品添加剂（包括营养增强剂）在使用前必须对其安全性进行评价。食品添加剂的安全性评价主要包括化学评价和毒理学评价。化学评价是对食品添加剂的纯度、杂质、生产工艺、化学成分及在食品中发生的化学作用进行评价。毒理学评价是应用毒理学方法对食品添加剂的急性毒性、遗传学毒性、亚慢性毒性及慢性毒性（包括致癌、致畸、致突变等毒性）等进行研究，以获得添加剂的各种毒性参数

(半数致死量 LD_{50}、绝对致死量 LD_{100}、最小致死量 MLD、最大耐受量 MTD、最小有作用剂量及最大无作用剂量等)和安全限值。毒理学评价又可分为体外毒理学评价和动物毒理学评价,通过动物毒理学评价确定该添加剂的人体每日容许摄入量(ADI),以评估它对人体的危害性及危险性。应注意的是,ADI 值并没有考虑到人群对某食品添加剂消费量的差异和个体体质的差异,因此,一般只有在平均摄入量远低于已确定的 ADI 值时,该添加剂才被认为是安全的。如果高于 ADI 值,该添加剂就变成了毒物,所谓"毒物"就是在一定条件下,一定量的某种物质与机体接触或进入机体,引起机体机能性或器质性病理变化,甚至造成死亡的物质。

毒理学评价是分析和判断食品添加剂对人体危害性的主要数据来源,联合国 CCFA 将食品添加剂按毒性大小分为 A、B、C 三类,每类可再分为 2 亚类,分别是:

A 类:① 毒理学资料清楚,已制定人体 ADI 值或认为毒性有限,无需规定 ADI 值;② 已规定 ADI 值,但毒理学资料不够完善。

B 类:① JECFA 曾进行过安全性评价,但未建立 ADI 值;② 未进行安全评价者。

C 类:① JECFA 根据毒理学资料,认为在食品中使用不安全者;② JECFA 认为应该严格限定在某些食品中做特殊应用者。

2. 安全性较低的食品添加剂与食品安全

在我国《食品添加剂使用标准》(GB 2760 - 2011)允许使用的添加剂中,有一些是安全性比较低的,主要包括护色剂、膨松剂、漂白剂三类,但因这些添加剂的功能特殊,目前尚无更好的替代物。对于这些添加剂,在使用时应严格控制其适用范围和使用量。

(1) 护色剂对食品安全的影响。使用护色剂的目的是在食品加工和储藏过程中使食品中的呈色物质不被分解、破坏,例如用于肉制品加工中的硝酸钠(钾)和亚硝酸钠(钾)。在肉制品加工过程中,硝酸盐会在其中的硝酸盐还原酶作用下生成亚硝酸盐,再与肉中的乳酸作用生成亚硝酸。亚硝酸不稳定,在常温下易分解生成亚硝基(NO·),NO· 很快与肌红蛋白和血红蛋白结合,生成稳定的亚硝基肌红蛋白和亚硝基血红蛋白,使肉制品呈现刚宰杀时的鲜红色。此外,硝酸盐在腌肉制作中广泛使用,具有延长腌肉的货架期、防止肉毒梭状芽孢杆菌生长、去除原料肉腥味、提高腌肉风味等作用。但是,亚硝酸盐具有较强的毒性,过量的亚硝酸盐会使血液中正常携氧的亚铁血红蛋白氧化成高铁血红蛋白,失去携氧能力,从而引起组织缺氧性中毒,症状表现为呼吸中枢麻痹、血管扩张、血压降低,严重时可致内窒息死亡。人体摄入 $0.3 \sim 0.5$ g 亚硝酸盐即可引起中毒,3.0 g 可致人死亡。亚硝酸根离子在肠胃道中还会形成具有强致癌性的 N -亚硝基化合物。因此,控制亚硝酸盐的前体硝酸盐的量,可一定程度上降低亚硝酸盐导致食物中毒风险的发生。

(2) 膨松剂对食品安全的影响。膨松剂是在食品加工过程中加入的、能使食品具有蓬松、柔软或松脆口感的物质,一般是在以谷物为原料的焙烤食品生产过程中加入,包括生物和化学膨松剂两大类。前者通常使用的是酵母,一般是安全的,后者是化学合成物,如

$NaHCO_3$、NH_4HCO_3 等,在加热时能分解产生气体,使产品蓬松。我国允许使用的化学膨松剂有 $NaHCO_3$、NH_4HCO_3、碳酸氢钾($KHCO_3$)、碳酸钾(K_2CO_3)、轻质碳酸钙、$Ca(H_2PO_4)_2$、硫酸铝钾(俗称明矾,$KAl(SO_4)_2 \cdot 12H_2O$)、复合膨松剂等。如果超标加入这些膨松剂就会对人体健康产生危害,如含铝膨松剂泡打粉(主要成分硫酸铝钾或硫酸铝铵),若铝的残留量超过国家标准规定的 100 mg/kg,就可能会造成神经系统损伤。此外,若超标加入含磷酸根的膨松剂,如 $Ca(H_2PO_4)_2$ 等,使人体内磷含量增加,引起钙、镁离子的流失,导致骨质疏松等疾病。

(3)漂白剂对食品安全的影响。漂白剂指能破坏或抑制食品中的有色成分,使其褪色或使食品免于褐变的物质,它们除了可改善食品色泽外,还具有抑菌、防腐、抗氧化等多种功能,在食品工业中广泛应用。漂白剂可分为氧化型和还原型两种,其中除了已被禁用的过氧化苯甲酰(曾用作面粉增白剂)等少数品种为氧化型外,大都为还原型漂白剂,使用最多的是亚硫酸(H_2SO_3)及其盐类,这类漂白剂受热时分解产生二氧化硫(SO_2),将有色物质还原,起到漂白作用。过程中若 SO_2 残留量过高,就会对人体健康产生危害。美国规定食品中亚硫酸盐(以 SO_2 计)的残留量≤10 mg/kg,我国《食品添加剂使用标准》(GB 2760 - 2011)规定,食品中亚硫酸盐残留量(以 SO_2 计)≤ 10～400 mg/kg。

3. 禁用添加物对食品安全的影响

近年来,在食品中非法添加非食用物质而导致的食品安全事件频发,使消费者谈添加剂色变,如三聚氰胺奶粉事件、苏丹红事件、尿素豆芽、塑化剂食品等,均源于将非食用物质用作食品添加剂。为此,卫生部于 2008 年 12 月开始分批公布了部分食品中可能违法添加的非食用物质和易滥用的食品添加剂品种名单,见表 9 - 1～表 9 - 5。

表 9 - 1 食品中可能违法添加的非食用物质名单(第一批)

序号	名称	主要成分	可能添加的主要食品类别	可能的主要作用
1	吊白块	次硫酸钠甲醛	腐竹、粉丝、面粉、竹笋	增白、保鲜、增加口感、防腐
2	苏丹红	苏丹红Ⅰ	辣椒粉	着色
3	王金黄、快黄	碱性橙Ⅱ	腐皮	着色
4	蛋白精、三聚氰胺	—	乳及乳制品	虚高蛋白含量
5	硼酸与硼砂	—	腐竹、肉丸、凉粉、凉皮、面条、饺子皮	增筋
6	硫氰酸钠	—	乳及乳制品	保鲜
7	玫瑰红 B	罗丹明 B	调味品	着色
8	美术绿	铅铬绿	茶叶	着色
9	碱性嫩黄	—	豆制品	着色
10	酸性橙	—	卤制熟食	着色

续表

序号	名称	主要成分	可能添加的主要食品类别	可能的主要作用
11	工业用甲醛	—	海参、鱿鱼等干水产品	改善外观和质地
12	工业用火碱	—	海参、鱿鱼等干水产品	改善外观和质地
13	一氧化碳	—	水产品	改善色泽
14	硫化钠	—	味精	生产味精中除铁即残留
15	工业硫黄	—	白砂糖、辣椒、蜜饯、银耳	漂白、防腐
16	工业染料	—	小米、玉米粉、熟肉制品等	着色
17	罂粟壳	—	火锅	增味

表 9-2　食品加工过程中易滥用的食品添加剂品种名单（第一批）

序号	食品类别	可能易滥用的食品添加剂品种或行为
1	渍菜（泡菜等）	着色剂（胭脂红、柠檬黄等）超量或超范围（诱惑红、日落黄等）使用
2	水果冻、蛋白冻类	着色剂、防腐剂的超量或超范围使用，酸度调节剂（己二酸等）的等量使用
3	腌菜	着色剂、防腐剂、甜味剂（糖精钠、甜蜜素等）超量或超范围使用
4	面点、月饼	馅中乳化剂的超量使用（蔗糖脂肪酸酯等），或超范围使用（乙酰化单甘脂肪酸酯等）；防腐剂，违规使用着色剂超量或超范围使用甜味剂
5	面条、饺子皮	面粉处理剂超量
6	糕点	使用膨松剂过量（硫酸铝钾、硫酸铝铵等），造成铝的残留量超标准；超量使用水分保持剂磷酸盐类（磷酸钙、焦磷酸二氢二钠等）；超量使用增稠剂（黄原胶、黄蜀葵胶等）；超量使用甜味剂（糖精钠、甜蜜素等）
7	馒头	违法使用漂白剂硫黄熏蒸
8	油条	使用膨松剂（硫酸铝钾、硫酸铝铵）过量，造成铝的残留量超标准
9	肉制品和卤制熟食	使用护色剂（硝酸盐、亚硝酸盐），易出现超过使用量和成品中的残留量超过标准问题
10	小麦粉	违规使用二氧化钛、超量使用过氧化苯甲酰、硫酸铝钾

表 9-3　食品中可能违法添加的非食用物质名单（第二批）

序号	名称	主要成分	可能添加的主要食品类别	可能的主要作用
1	皮革水解物	皮革水解蛋白	乳及乳制品、含乳饮料	增加蛋白质含量
2	溴酸钾	溴酸钾	小麦粉	增筋
3	β-内酰胺酶（金玉兰酶制剂）	β-内酰胺酶	乳及乳制品	隐蔽抗生素
4	富马酸二甲酯	富马酸二甲酯	糕点	防腐、防虫

表9-4　食品中可能违法添加的非食用物质名单(第三批)

序号	名称	主要成分	可能添加的主要食品类别	可能的主要作用
1	废弃食用油脂		食用油脂	掺假
2	工业用矿物油		陈化大米	改善外观
3	工业明胶		冰淇淋、肉皮冻等	改善形状、掺假
4	工业酒精		勾兑假酒	降低成本
5	敌敌畏		火腿、鱼干、咸鱼等制品	驱虫
6	毛发水		酱油等	掺假
7	工业用乙酸	游离矿酸	勾兑食醋	调节酸度

表9-5　食品加工过程中易滥用的食品添加剂品种名单(第三批)

	食品添加剂品种	食品类别	检测方法
1	滑石粉	小麦粉	GB 21913-2008 食品中滑石粉的测定
2	硫酸亚铁	臭豆腐	

9.3.3　食品添加剂的监管

食品工业中适当使用食品添加剂是必要的,在允许范围内按要求使用是安全的,但不当使用甚至滥用必然会对人体产生各种毒害作用。近年来频繁出现的食品安全问题不少都与食品添加剂有关,加强食品添加剂及其使用的管理迫在眉睫。我国先后制定了一系列有关食品添加剂的法律法规,并颁布实施了一系列相关国家标准,对食品添加剂的生产、储存和使用进行了严格规定,图9-4是我国有关食品添加剂管理的法律法规沿革图。

随着我国食品工业的发展,相关法律法规在逐步完善,如在2009年施行的《中华人民共和国食品安全法》、2010年发布的《食品添加剂新品种管理办法》及同年发布的《食品添加剂生产监督管理规定》等对食品安全标准及管理法规、行业活动许可、生产管理、标签标识、食品添加剂新品种生产许可的申请流程等都做了严格规定。我国《食品添加剂使用标准》(GB 2760-2011)对目前允许使用的食品添加剂种类、适用范围、最大用量、残留量都做出了明确规定。这些法律法规及标准对规范食品添加剂的生产和使用,保证食品安全和食品质量发挥了巨大作用,但仍需在具体实施环节上不断加大管理力度,并与时俱进,不断健全和完善相关法规和标准,以确保食品安全,不让老百姓谈添加剂而色变。

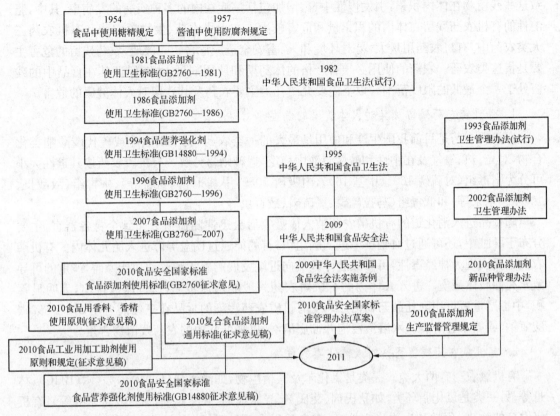

图 9 - 4　我国食品添加剂法律法规发展历程图

§9.4　农药和兽药残留与食品安全

农药、兽药及生长调节剂等农用产品在抵御农作物和养殖动物的各种灾害与疾病、保证农产品产量、控制某些人类疾病、推动农业现代化进程、促进国民经济的发展中发挥着极为重要的作用。但是,如果这些农用产品使用不当,则会在农产品中的残留浓度超标,最终对人体健康造成危害,甚至灾难。其中农药和兽药在农产品和畜、禽、渔产品中的残留是对食品安全危害较大的因素之一。

9.4.1　常用农药及其残留对人体健康的危害

农药残留指在农业生产中农药在使用后,部分未被分解的农药原体、有毒代谢物及降解物等残留于谷物、蔬菜、水果、畜产品、水产品及环境中。长期食用含有农药残留的食品可导致这些残留物在体内积累,引发慢性中毒,增加包括癌症在内的多种疾病的发病率,其中,脂溶性的有机农药残留在体内的积累量和危害较大。在无机农药、生物源农药和有机农药三大类农药中,有机农药用量大,易对环境和人、畜安全造成危害。一般地,农药残留的危害主要是指这类农药。农药的使用必须有严格的休药期和使用剂量,才能保证其在食品中的残留处于一个最低的限度范围。以下简要介绍几类主要农药及其残留对人体健康的危害。

1. 有机磷农药残留及其对人体健康的危害

有机磷农药是目前我国生产和使用量最大的一类农药,属于磷酸酯或硫代磷酸酯类化合物,对光、热、氧气及在中性和酸性溶液中稳定,遇碱则易分解。有机磷农药按其毒性大小可分为剧毒组(对硫磷 1605、甲基 1605,内吸磷 1059,甲基 1059,特普等)、中毒组(敌敌畏、二嗪农、乐果等)和低毒组(马拉硫磷、氯硫磷、敌百虫等)。

随食品进入消化道的有机磷农药被人体吸收后会迅速随血流分布到全身各器官,主要分布于肝脏中,还可通过血脑屏障进入脑组织,有的能通过胎盘屏障进入胎儿体内。有机磷农药主要表现为神经毒性,可导致肢体远端向近端发展的感觉和运动功能障碍,严重的可导致永久性肢体瘫痪。进入人体内的有机磷农药一般能快速转化,通过尿液排出,无明显蓄积,中毒严重者可用阿托品药物治疗。受有机磷农药污染的食品在烹饪前可用 2‰～5‰碳酸氢钠(或氨水、漂白粉)水溶液浸泡并彻底清洗,以降低其中的农药残留物含量。

2. 有机氯农药残留及其对人体健康的危害

有机氯农药有两大类。一类是氯化苯及其衍生物,如滴滴涕(DDT)、六六六(BHC)、林丹等;另一类是氯化脂环类,如狄氏剂、艾氏剂、异狄氏剂、异艾氏剂、氯丹及毒杀芬等。有机氯农药的物理、化学和生物稳定性高,在自然界中不易降解,属高残留品种,对环境污染严重,我国已于 1984 年开始全面禁用。残留在水和土壤中的有机氯农药可进入食物链,并能发生生物富集作用。研究表明,有机氯在藻类中的生物浓缩高达 500 倍,在鱼类和贝类中高达 2 000～3 000 倍。尽管有些有机氯农药已停用了几十年之久,但对食品的污染依然存在,特别是在畜禽、水产、蛋和乳制品等动物性食品中的残留量较高。目前,在肉、蛋、大米和茶叶等食品中时常会检出有机氯农药超标,伴随着这些食品的摄入,残留的有机氯农药经小肠很容易被人体所吸收,在肝脏、肾脏、心脏等器官的脂肪组织中蓄积,还可通过血胎屏障传递给胎儿,影响胎儿发育。动物实验表明,有机氯农药可导致肝脏和肾脏的损伤及生殖毒性,诱发肝癌。有机氯农药的毒性在人体内潜伏期长,其危害主要为慢性毒性。其中,氯化环脂类对哺乳动物的毒性比氯化环苯类高。

3. 氨基甲酸酯农药残留及其对人体健康的影响

氨基甲酸酯为氨基甲酸的 N-甲基取代酯类化合物,是针对有机磷农药的缺点而研制的,广泛用于杀虫、杀螨、杀线虫及除菌和除草。这类农药可溶于有机溶剂,在水中微溶,在碱性条件下易水解,受热可加速水解作用,大多数为低、中等毒性,但其中"西维因"和"滴灭威"等的毒性较大,具有诱发大鼠肿瘤和致畸作用。与有机磷类相似,该类农药具有神经毒性,但恢复快、无迟发性神经毒性,中毒刚开始时感觉不适并可能有恶心、呕吐、头痛、眩晕、疲乏等症状,随后开始大量出汗和流涎,视觉模糊,抽搐,心跳过速或变缓,少数病人出现阵发痉挛和昏迷。残留药物在体内经代谢、水解、氧化和结合等途径后经尿液排出体外,经 24 h 后绝大部分(约 70%~80%)可排出,症状完全恢复,无后遗症。阿托品是治疗氨基甲酸酯类农药中毒的首选药物,疗效甚佳。

4. 拟除虫菊酯类农药残留及其对人体健康的影响

拟除虫菊酯类农药是根据天然菊素的结构所合成的一类低毒、低残留、高效、广谱杀虫剂。这类农药在酸性溶液中稳定、遇碱分解,在光和土壤微生物的作用下易转变成极性化合物而不易造成环境污染。进入哺乳类动物体内后,在酶作用下能发生水解和氧化,且大部分代谢物可迅速排出体外,与氨基甲酯类农药类似,在体内代谢转化快,蓄积少,是一类较安全的农药,但多数拟除虫菊酯类农药品种对蜜蜂、鱼类及天敌昆虫的毒性较大。

5. 植物生长调节剂残留及其对人体健康的影响

植物生长调节剂,又称为植物生长素,是指天然或人工合成的在较低浓度下能促进植物生长和发育的化学物质。植物生长调节剂的种类繁多,应用广泛。

植物调节剂对健康的危害目前还研究得较少,但有研究显示,用于增强种子发育、促进瓜果植物的坐果率或无核果形成的赤霉素能加快老鼠的生长速度,诱发肿瘤;用于小麦和棉花生长的矮壮素则可能导致慢性毒性及致癌和致畸后果。目前,美国、日本等国家已对一些常用的生长调节剂制定了农药残留标准。我国只在标准 GB 2763 - 2014《食品中农药最大残留限量》中对矮壮素、2,4 - 二氯苯氧基乙酸、乙烯利、多效唑在部分水果、蔬菜、谷物中的残留量做了规定,与国际食品法典委员会(CAC)及一些贸易伙伴国相比,我国在植物调节剂的种类和适用范围等许多方面的管理都还存在着严重不足。

9.4.2 常用兽药及其残留对人体健康的危害

兽药是指在畜、禽等动物的养殖过程中,用于预防、治疗和诊断其疾病,有目的地调节其代谢和生理机能,并规定用途、用法、用量的物质(含饲料药物添加剂)。兽药对于减少畜禽的发病率和死亡率,促进生长,提高产量,增加经济收益等都具有重要意义。但若不合理使用或滥用兽药,甚至使用违禁药物,就会导致兽药在动物性食品中的残留超标。动物性食品中低含量的兽药残留通常不会造成急性毒性,但若长期食用可能导致药物在人体内的积累,造成各种慢性中毒,如过敏反应、"三致"(致畸、致突变和致癌)作用、免疫毒性、发育毒性等。动物性食品中的兽药残留主要包括抗菌类药物和抗寄生虫类药物的残留,前者又包括抗生素、磺胺类药物、呋喃类药物及其他抗菌类药物的残留;后者主要为苯并咪唑类驱虫药物的残留。

1. 抗菌类药物残留及其对人体健康的影响

(1) 抗生素

由微生物(包括细菌、真菌、放线菌属)或高等动植物在生长代谢过程中所产生的能抑制或杀灭其他病原微生物的化学物质。目前,抗生素药物不仅可从各种微生物或高等动植物体内提取,如β-内酰胺类抗生素、大环内酯类抗生素、胺苯醇类抗生素、四环素类抗生素等,还可通过人工合成得到,如磺胺类、硝基呋喃类、喹诺酮类和孔雀石绿等。自20世纪中期发现抗生素对动物生长有促进作用以来,抗生素在制药和畜禽养殖业中得到了广泛应用,但同时也带来了许多问题,如药物残留使微生物的耐药性提高而破坏了微生态平衡,降低了受药动物机体的免疫力,同时造成了食品安全威胁等。

目前在畜禽养殖中使用的抗生素主要有:β-内酰胺类、四环素类、大环内酯类、氨基糖糖苷类、氯霉素类等。抗生素被动物吸收后,抗生素原体及其代谢物就会在动物的组织及器官内蓄积,主要分布在肝、肾、脾等组织中,也可通过泌乳和产蛋过程迁入乳、蛋中,最终威胁食品安全,这是抗生素应用中存在的主要问题。人体长期摄入低剂量残留抗生素的畜禽食品后,抗生素会在体内逐渐蓄积,导致各种慢性毒性作用、过敏与变态反应、细菌耐药性、"三致"作用等多种毒性作用。例如链霉素对听神经具有明显的毒性作用,能导致耳聋,对胎儿影响更为严重;氯霉素可抑制骨髓造血细胞线粒体内蛋白质合成,引起不可逆的再生障碍性贫血和可逆性粒细胞减少等疾病;四环素类抗生素具有很强的溶血和肝毒作用,还可能会导致肾衰竭(强力霉素和米诺环素除外),使重症肌无力患者病情加重等。其降解产物同样有毒,能导致范康斯尼综合征,影响人肾近端小管功能等等。

(2) 硝基呋喃类药物

人工合成的一类广谱抗菌药物,其主要产品的分子结构式见图9-5。该类药物对大多数革兰氏阴性菌和阳性菌、某些真菌和原虫均有作用,且不易产生抗药性,与其他抗菌药物也无交叉耐药性,因此曾在养殖业中得到了广泛应用,用于预防和治疗家禽、犊牛和仔猪的传染病,以及用作饲料添加剂。这类药物在进入动物或人体后大部分能迅速分解,部分以原药的形式通过尿液排出,但它们的代谢产物极易与细胞膜蛋白结合,可在体内长期滞留,遇酸则会从结合蛋白上释放出来,因此,当人食用了含有硝基呋喃类药物残留的食物后,这些代谢产物会在胃酸作用下释放出来,被人体吸收,从而危害人体健康。其危害症状主要是胃肠反应和超敏反应,剂量大时可能会对肾功能不全者产生严重的毒性反应,表现为周围神经炎,嗜酸性白细胞增多,溶血性贫血等。此外,该类药物还具有"三致"作用,其中呋喃它酮为强致癌物,呋喃唑酮为中等致癌物。欧盟兽药委员会(CVMP)于1993年起将呋喃它酮、呋喃妥因、呋喃西林列为禁用药物,1995年又将呋喃唑酮列为禁药。我国于2002年将硝基呋喃类药物列为禁药。

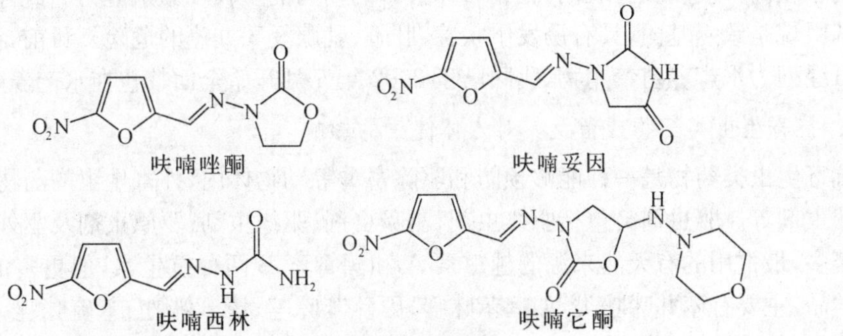

图 9－5 典型的硝基呋喃类药物

（3）磺胺类药物

人工合成的一类用于预防和治疗细菌感染性疾病药物的总称，具有对氨基苯磺酰胺结构（图 9－6），一般为白色或淡黄色粉末，化学性质稳定、遇强光颜色变深，除乙酰磺胺外，大多难溶于水，溶于酸和碱。磺胺类药物属广谱抗菌药物，对大多数革兰氏阳性和阴性菌均有较好的抑制作用，

图 9－6 磺胺类药物

与抗菌增效剂（多为金霉素、土霉素等抗生素）联合使用可增强抗菌效果。同时，这类药物还可提高饲料利用率，促进动物生长，常以亚治疗剂量作为饲料添加剂使用。在畜禽养殖中应用较多的有磺胺嘧啶、磺胺间甲氧基嘧啶、磺胺二甲氧基嘧啶、磺胺二甲基嘧啶、磺胺喹啉噁啉、磺胺甲氧嗪、磺胺甲噁唑等。

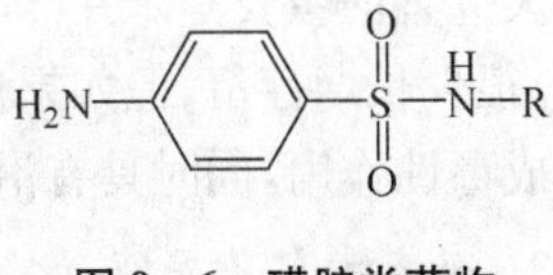

摄入畜禽体内的磺胺类药物大部分可以药物原体形式由机体排出体外，但这类药物在环境中不易被生物降解，会进一步污染环境。近年来，磺胺类药物在肉类食品中的超标现象日趋严重。该类药物可损伤人体的血液系统，导致白细胞、血小板减少和再生障碍性贫血，甚至损伤肝脏功能。同时，还可能引起人的过敏反应，使人皮肤瘙痒，严重的可导致脱落性皮炎，少数会出现红斑。有研究表明，磺胺类药物还有"三致"作用，易通过血胎屏障传给胎儿，导致胎儿畸形。我国规定动物性食品中单个磺胺类药物的最高残留限量（MRL）为 0.1 mg/kg，欧盟则规定肉类和蛋、乳中单个磺胺类药物的 MRL 为 0.025 mg/kg，总药残留量不超过 0.1 mg/kg，要求非常严格。

（4）孔雀石绿

又称为碱性绿、孔雀绿等，化学名为四甲基代二氨基三苯甲烷，是一种有金属光泽的绿色结晶体，易溶于水、甲醇和乙醇，水溶液呈蓝绿色。孔雀石绿过去常作为陶瓷、纺织、皮革业中的染色剂，1933 年起用作驱虫剂、杀菌剂、防腐剂，在水产养殖业中用于防治各类水产动物的水霉病、鳃霉病和小瓜虫病，同时也曾用于育苗过程中苗种的消毒。孔雀石绿可长期残留在水产品和土壤环境中，其毒性最早发现于英国生产孔雀石绿的工人，这些工人膀胱癌的发病率较高。动物实验表明,孔雀石绿会影响动物的生长和繁殖能力。此外,孔雀石绿中的三苯甲烷是致癌基团,具有诱发甲状腺、肝脏、乳腺及睾丸癌的危险。目前,许多国家都将孔雀石绿列为水产养殖禁用物,我国已于 2002 年 5 月开始全面禁止在水产养殖中使用。

2. 抗寄生虫类药物残留及其对人体健康的影响

抗寄生虫类药物是一种能够预防和驱除畜禽等动物体内、外寄生虫的药物,包括驱虫剂和抗球虫剂等。驱虫剂又包括驱线虫剂、驱吸虫剂、驱绦虫剂、驱原虫剂及驱外寄生虫剂等,种类繁多,最常用的有天然来源的越霉素 A 和潮霉素 B 两种抗生素,但更多的是人工合成的化学品,主要有苯并咪唑类,如噻苯咪唑、丙硫苯咪唑、康苯咪唑、苯硫咪唑、氟苯咪唑、甲苯咪唑、氧苯咪唑、丁苯咪唑、磺唑氨酯、苯硫脲酯等;另一类是吩噻嗪类,包括哌嗪、咪唑并噻唑、苯硫氨酯、左旋咪唑、噻吩嘧啶、甲噻嘧啶等。这些化学抗虫剂的毒性较大,只能在畜禽发病时作为药物用于治疗,不能长期用作饲料添加剂。目前,在畜禽食品中残留并对人具有较大危害的主要是苯并咪唑类驱虫剂。这类驱虫剂及其代谢物从畜禽体内的组织中消除很快,很少长期存留,但如果使用后不经休药期就会在畜禽食品中残留,进入人体后会对肝脏造成毒性作用,同时具有潜在的致畸性和致突变性。

3. 激素类兽药残留及其对人体健康的影响

激素类药物用来作为畜禽及水产养殖动物的生长促进剂,以加快生长发育速度、提高饲料转化率、增加体重、改进胴体品质(瘦肉与脂肪比例)及促使动物同期发情等,提高养殖业的经济效益。激素类药物包括性激素和皮质激素,以性激素使用较多,包括雌激素、孕激素和雄激素等。在养殖业中常用的激素类药物主要有性激素和生长激素两大类。

(1) 性激素

自 20 世纪 50 年代以来,性激素被世界各国广泛用于畜禽及水产养殖业,并取得了明显的经济效益。目前使用的性激素根据化学结构和来源分有三类:① 内源性性激素,即动物体内天然存在的性激素,如孕酮、睾酮、雌二醇、甲基睾酮等;② 人工合成的类固醇类化合物,如丙酸睾酮、甲基睾酮、苯甲酸雌二醇、醋酸甲烯雌醇、单棕榈酸雌二醇等;③ 人工合成的非类固醇类激素,具有性激素的某些特征的化合物,其化学结构与内源性性激素不同,如右环十四酮醇、己烯雌酚、己烷雌酚、双烯雌酚等。研究发现,性激素及其衍生物的大量使用会在畜禽体内残留,随食物链进入人体后会产生不良后果,例如,类固醇类激素对人体的危害主要有:① 影响生殖系统和生殖功能,如雌性激素能引起儿童性早熟、男性女性化等;② 诱发癌症,若长期食用含有雌激素的食物会增加白血病、女性乳腺癌、卵巢癌和子宫癌、男性睾丸癌等的发病风险;③ 对肝脏有一定的损害作用。

(2) 生长激素

由动物脑垂体前叶分泌产生的一类天然蛋白质,主要作用是调节动物机体物质代谢,促进葡萄糖吸收、碳水化合物和脂肪分解以及核酸与蛋白质的合成,对动物具有明显的增长效果,是一种效果显著的生长促进剂和酮体品质改良剂,但大量使用生长激素会增加动物热应激的发生率。研究发现,经生长激素处理的奶牛具有较高的平均体温,在较高的环境温度中,体温升高加剧;使用生长激素的猪皮下脂肪变薄,对环境温度变化的敏感性显著增加。此外,生长激素还具有直接导致奶牛发生酮病的毒副作用。如果食用含有生长激素残留的食品,会在人体内蓄积,产生类似的毒性作用。

（3）β-兴奋剂

全称β-肾上腺素能兴奋剂,又称β-激活剂,是一种化学结构和生理功能类似肾上腺素和去甲肾上腺素的苯乙醇类衍生物（图9-7）,它能与动物体内大多数组织胞膜上的β-肾上腺素受体相结合,激活β-肾上腺激导性受体,从而改变整个细胞代谢过程。

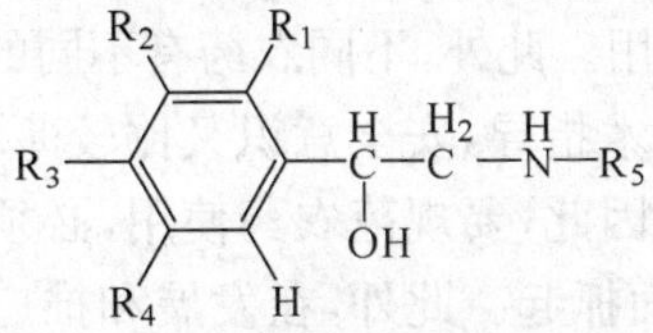

图 9-7　β-兴奋剂分子结构通式 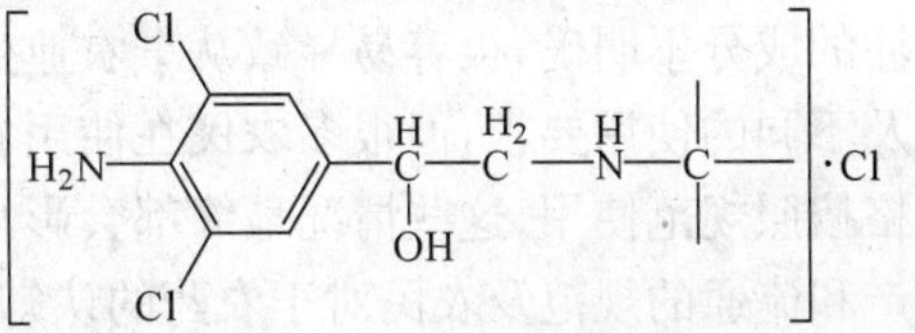　　　　　图 9-8　盐酸克伦特罗

β-兴奋剂能促进动物机体蛋白质沉积,抑制脂肪沉积,有效提高动物酮体瘦肉率,改善酮体品质,同时还能提高饲料转化率,促进动物生长,因而受到动物营养界的极大关注。目前常用的β-兴奋剂有克伦特罗（CLB,图9-8）、沙丁胺醇、莱克多巴胺等,它们的化学性质稳定,易被动物组织吸收并在内脏中累积。CLB在临床上被用作解除支气管痉挛、防治支气管哮喘的主要药物。该药物添加到饲料中可明显促进动物生长,减少饲料用量,并增加瘦肉量,故得名“瘦肉精”,但其剂量要达到治疗剂量的5～10倍才有显著效果,导致了该药物在动物体内的高浓度残留。食用了残留有CLB的肉类食品后会产生毒性作用,急性中毒的症状一般为头晕、乏力、四肢肌肉颤动,甚至不能站立,同时还会出现心肌收缩加强、心率加快,对高血压患者危害更大。CLB可将脂肪分解成游离脂肪酸进入血液,使血管壁弹性降低,引起血压升高,还可引起人内脏横纹肌和平滑肌兴奋性增强,表现为呕吐和腹泻。对患有心脑血管疾病、糖尿病、甲状腺亢进、青光眼、前列腺肥大者可造成生命威胁。孕妇中毒可导致癌变、胎儿致畸等。其他具有类似功能的药物还有沙丁胺醇和特布他林等,对人体健康危害更大。欧盟、美国早于1987年已宣布禁止使用CLB作为兽用饲料添加剂,我国也于1997年在《关于严禁非法使用兽药的通知》中明确禁止在任何饲料中添加使用CLB。国务院食品安全委员会于2011颁发的《“瘦肉精”专项整治方案》中对禁用的“瘦肉精”品种做了明确规定,包括:盐酸克伦特罗、莱克多巴胺、沙丁胺醇、硫酸沙丁胺醇、盐酸多巴胺、西马特罗、硫酸特布他林、苯乙醇胺A、班布特罗、盐酸齐帕特罗、盐酸氯丙那林、马布特罗、西布特罗、溴布特罗、酒石酸阿福特罗、富马酸福莫特罗。农业部分别于2001年、2002年先后两次

发文禁止 β-兴奋剂类药物作为畜禽饲料添加剂。尽管如此,部分养殖户为了谋取利益,仍在非法使用该类药物。2006 年,在我国上海曾发生了因食用含有瘦肉精食品而导致三百多人中毒的恶性事件,影响甚大。

9.4.3 农、兽药的监管及食品中药物残留的控制

美国 FDA 从 1987 年开始每年进行农药残留的监测,我国也早已制定了《农药管理条例》、《农药管理条例实施办法》、《农药合理使用准则》和《农药安全使用规定》等一系列法律法规,同时还颁发了《食品中农药最大残留限量》国家标准(GB 2763 - 2005),其中明确了如何根据农药性质严格控制使用范围和用量,以及严格控制农作物收获前最后一次施药的安全间隔期等,然而,由于农药种类繁多、产品混杂,市场上很多农药是多组分混合物,标签上标注的成分不明确,很容易导致从事农业生产的农民误用。此外,不同农药有不同的施用对象及不同的使用要求,但很多农民在使用农药时缺乏技术指导,安全意识又比较薄弱,不能严格按照规范使用,这些情况最终都会影响食品安全。因此,要规范农药使用,必须从农药生产和流通的规范及农民对于农药的认知提高等多方面抓起。此外,在发展和推广高效低毒新农药产品的同时,要加强食品中农药残留的检测水平,促进快速检测技术的应用和推广,加大微生物对农药降解方面的课题研究。在我们日常生活中,要注意采用各种方法和手段来降低食品中的农药残留,以保证饮食安全。

兽药残留一般容易通过食物在人体内不断累积,从而危害人体健康,为了保证动物食品的安全性,早在 1986 年 FAO/WHO 就成立了食品中兽药残留委员会(CCRVDF),制定了动物组织和产品中的兽药残留最高限量法则和休药期,即畜禽停止给药到许可屠宰和它们的产品(乳、蛋)许可上市的间隔时间。我国于 1999 年制定了《中华人民共和国动物及动物性食品中残留物质监控计划》,发布了一系列相关标准(GB 2762 - 2005《食品中污染物限量》等),规定了上百种兽药的残留限量。农业部又于 2002 年发布了《食品动物禁用的兽药及其他化合物清单》,明确了禁用兽药和禁用饲料添加剂的名目。《中华人民共和国食品安全法》对农药和兽药的生产、销售、使用及食品中农、兽药残留的限量及其检验方法与规程都做了明确规定。只有严格遵守国家相关法律法规及标准,建立并完善农、兽药和饲料添加剂的监控体系,采取有效的控制手段和监测措施,切实加强管理和监督,才能筑起食品安全的防线。

§9.5 有毒元素污染与食品安全

在人类漫长的进化过程中,人体选择了各种不同的化学元素以维持正常的生理活动。研究发现,人体内大约含有 80 多种元素,根据人体每天所需要的量,可分为常量元素和微量元素两大类。常量元素是人体正常生理活动所不可缺少的元素,又称为必需元素,如磷、钾、

钠、钙、镁等,大约每天需要 100 mg 以上。微量元素是人体每天需要量在 100 mg 以下的元素,如锌、铁、铜、锰、铬、钒、硒、碘、氟、硅等,除了铁和锌的日需要量为几十毫克外,其余元素的需要量大多为几微克到几十微克,甚至更少。这些微量元素仅占人体内所有元素总量的 0.05%,不同微量元素的安全范围是不同的,如硒的最佳摄入量为 $50 \sim 200 \ \mu g$,氟为 $2 \sim 10 \ \mu g$,一旦超过了安全范围就会对人体正常代谢及婴儿发育造成危害。除了这两类元素以外的所有元素均会对人体产生毒害,称为有毒元素。

9.5.1　食品中有毒元素的来源

食品中有毒元素对人体的危害属于化学性危害,来源于以下几个渠道:

(1) 来源于水、土壤和大气环境,这是食品中有毒元素的主要来源。环境中的有毒元素主要源自工业的废气、废水和废渣等三废排放,此外,还来源于含砷、铜、汞等农、兽药和化肥在环境中的残留。进入环境中的各种有毒元素被农作物及水生动物吸收,进而产生生物累积,造成食品污染。

(2) 食品加工过程中超量和非法使用的含有毒元素的违禁添加物。

(3) 食品加工、运输和储存的容器和管道中含有的少量或微量有毒元素,在一定条件下也可能会迁入食品中,导致食品污染。

(4) 在一些传统食品的制作工艺中人为加入的有害元素,如中国老百姓喜爱的皮蛋,在传统制作工艺中要加入主要成分为氧化铅(PbO)的“黄丹粉”,造成皮蛋中含有超标的铅。近年来,采用食品添加剂级的硫酸铜替代“黄丹粉”,但若使用不当又会造成皮蛋铜污染。在粽子的制作过程中,往往使用硫酸铜溶液浸泡粽叶,使失去原色的粽叶色泽鲜绿,这种粽子通常含有超标的铜元素。

(5) 土壤和水中自然本底存在的有毒元素,通过食物链迁移到食品中,造成食品污染。

有毒元素的毒性一方面来自其本身,另一方面来自于它们与其他物质反应后生成的各种产物。元素的形态不同,则毒性也不同,如镉离子的毒性远大于金属镉、有机汞的毒性远大于无机汞等。此外,同一种有毒元素对不同人群的健康危害程度也不相同,如婴幼儿的肠胃道黏膜未发育完全,对铅、镉等有毒元素的吸收较强,毒害也更大。

9.5.2　食品中常见的有毒元素及其对人体健康的危害

1. 镉的食品污染及其对人体健康的危害

镉在自然界中含量较低,但分布广泛,自然本底值一般为 $0.15 \sim 0.5 \ \text{mg/kg}$,大多以镉离子($Cd^{2+}$)形态存在,镉及其化合物广泛应用于电镀、化工、电子及核工业等领域。水及土壤中的镉污染主要来源于铅锌矿开采及冶炼厂的废渣、废水排放,大气中的镉主要来自于煤和石油等化石燃料的燃烧以及都市垃圾的焚烧。空气中的镉粒子可以飘至千里之外,然后自然沉降或随雨雪降落到地面上。一般矿业开采和金属冶炼工业较发达的地区,镉污染普遍较为严重,如我国的贵州普安、江西大余、浙江温州和遂昌、湖北大冶等地。

研究表明,与其他重金属离子相比,镉更容易被农作物吸收。当环境受到镉污染后,镉可在生物体内富集,在 32 种淡水植物中,镉的富集系数平均可达 1 620,浮游和海藻类生物的镉富集系数为 900,鱼类的富集系数约为 10。在海产品、动物内脏中镉的含量较高,如日本东京湾的海水中镉含量为 0.1～0.3 μg/kg,但在该水域捕获的鱼体中镉含量却达到了 0.1～0.3 mg/kg。镉污染严重的海域中牡蛎体内的镉含量可达到 200～300 mg/kg。据 WHO 定期提供的数据显示,贝类是镉污染最严重的食品。农作物中镉的污染与土壤和农作物的品种有关,一般镉易溶于有机酸,因此,酸性土壤中的镉较易被农作物吸收。烟草植物也具有较强的镉富集能力。表 9-6 是国家标准 GB 2762-2012《食品中污染物限量》中规定的各类食品中镉含量的限量标准。

表 9-6　GB 2762-2012 规定的食品中镉的限量(MLs)　(mg/kg,以 Cd 计)

品种	指标	品种	指标
大米、大豆	0.2	根茎蔬菜(芹菜除外)	0.1
面粉、杂粮(玉米、小米等)	0.1	叶菜、芹菜、食用菌	0.2
水果	0.05	蛋	0.05
肉、鱼	0.1	花生	0.5

镉通过食物链进入人体后,首先在肾脏内积蓄,导致肝肾和生殖器官功能损伤,再逐渐分布到身体各个部位,引起慢性中毒。镉离子能够置换体内的钙,使骨头逐渐变形,初期症状表现为腰、背和下肢疼痛,以后逐渐加剧,甚至导致步行时左右摇摆,发生骨折,患者常因全身疼痛不能入睡,因此又称骨痛病。镉的生物半衰期可达 18 年之久,骨痛病的潜伏期一般为 2～8 年。20 世纪 50 年代,日本就曾因镉污染出现过令人震惊的骨痛病。镉还能与体内含巯基的蛋白分子结合,降低和抑制许多酶的活性,使得蛋白质和脂肪难以消化,引起高血压和心血管疾病。此外,镉还能置换锌,改变一系列需要锌离子参与的生化反应,造成尿蛋白病、糖尿病等疾病。

2. 汞的食品污染及其对人体健康的危害

汞在自然界中主要以单质和化合物两种形式存在。化合物形态的汞又分为无机汞和有机汞两类,无机汞化合物主要有氯化物、硫酸盐和硝酸盐等,汞的氧化态为 +1 或 +2。有机汞化合物主要有甲基汞、乙基汞、丙基汞、氯化乙基汞、醋酸苯汞等,大多具有挥发性和较强的脂溶性,因此,有机汞更易被动植物所吸收并在体内蓄积,毒性比无机汞大得多。一些微生物可将水或土壤中的无机汞转化成有机汞。汞在自然界中的含量并不高,只有 0.2 mg/kg,土壤和水域中的汞污染主要来源于汞矿的开采和冶炼、煤和石油的燃烧、含汞农药的使用,以及造纸、电子、电池、塑料、油漆、制药、染料等多种工业用汞及这些行业的"三废"排放。汞通过污染大气、水域和土壤,最终进入食物链,污染食品。不同植物对汞的吸收和累积程度不同,如从汞污染的土壤中生长的几种常见农作物和蔬菜中检测出的汞含量顺序为:稻谷＞高粱＞玉米＞小麦;根茎类蔬菜＞叶菜类蔬菜＞果菜类蔬菜。此外,鱼和贝类可使水体中的汞浓缩上千倍,体内汞含量很高。

20 世纪 50 年代,日本和瑞典曾分别发生过大规模的汞中毒事件。汞一般是以有机汞的形式被人体摄入,易在人脑中积累,主要影响人体内多种酶的活性、蛋白质和核糖核酸的合成以及脑神经传递质的代谢,中毒后主要影响神经系统和生殖系统,急性中毒的症状表现为急性肺炎、乏力、记忆力减退、精神障碍,直至死亡。甲基汞是毒性最强的有机汞化合物,具有神经毒性,主要损伤中枢神经系统,可造成语言和记忆能力障碍等,在人体中的半衰期为 80 天,在脑组织中的半衰期可达 200 天,对胎儿的毒害更大,孕妇若甲基汞中毒时,胎儿体内甲基汞的浓度要高出母体 20%,导致婴儿的智力低下,反应迟钝,甚至发生脑瘫。无机汞化合物中毒主要影响肾脏功能,饮食中汞含量超过 175 mg/kg 即可引起尿毒症。极性无机汞中毒的早期症状为肠胃不适、腹痛、恶心、呕吐、血性腹泻等。

汞中毒通常采用 EDTA 二钠盐、二巯基丙醇来解毒。研究发现,硒对汞有明显的拮抗作用,食用含适量硒的食品可在一定程度上减轻汞中毒的症状。我国国家标准 GB 2762 - 2012 中规定了不同食品中汞的限量,见表 9 - 7。

表 9 - 7　标准 GB 2762 - 2012 对食品中汞的限量　（mg/kg,以 Hg 计）

品种	指标	品种	指标
谷物及其制品	0.02	乳及其制品	0.01
新鲜蔬菜	0.01	调味品	0.1
食用菌及其制品	0.1	蛋及其制品	0.05
肉	0.05	婴幼儿罐装辅助食品	0.02

3. 铅的食品污染及其对人体健康的危害

铅在地壳中的含量占重金属之首,平均含量为 16 mg/kg,在天然水中的含量约为 0.01 μg/L,主要以化合物形式存在。铅的工业用途非常广泛,如铅蓄电池、保险丝、铅基合金等;铅的化合物,如氧化铅、硫酸铅、氯化铅等是各种颜料、涂料和油漆的主要原料;铅的一个重要有机化合物四乙基铅用作车用汽油的防爆剂。铅矿开采和冶炼企业的"三废"及含铅汽油的尾气排放是环境中铅污染的主要来源。

铅被认为是对人类危害最大的一种有毒金属元素。无机铅会引起造血器官、肾脏、消化系统和中枢神经毒性,而有机铅会引起中枢神经毒性。铅随食品进入人体后经小肠吸收,可分布在血液、骨骼及软组织中,其中在骨组织中所占的比例高达约 90%。铅在血液中的半衰期为 25～35 天,在软组织中的半衰期为 30～40 天,而在骨骼中的半衰期可达 10 年左右。铅会损害孕妇和胎儿健康,引起孕妇流产、早产和胎儿死亡。胎儿期和出生早期的婴儿若受到铅污染,可能会对智力发育产生难以逆转的危害。成人一般仅吸收食品中铅的 5%~10%,但儿童对铅的吸收可达到 30%~50%。儿童对铅的敏感性也更强,血铅水平在 100 μg/L 时就可能对儿童的生长发育造成影响,引起生长迟缓、神情呆滞、脑性瘫痪和神经萎缩等症状。我国规定生活居住区的大气中含铅量应低于 0.1 mg/L,每人每日单位体重(kg)允许的摄入量应低于 0.05 mg。GB 2762-2012 标准对各类食品中铅的限量做了明确规定,见表 9-8。

表 9-8　标准 GB 2762-2012 对食品中铅的限量　(mg/kg,以 Pb 计)

品种	指标	品种	指标
谷物及其制品	0.2	豆类	0.2
麦片、面筋、八宝粥罐头、带馅(料)面米制品	0.5	豆类制品	0.5
叶菜蔬菜	0.3	豆浆	0.05
豆类蔬菜、薯类	0.2	肉类(畜禽内脏除外)	0.2
蔬菜制品	1.0	畜禽内脏	0.5
新鲜水果	0.1	肉制品	0.5
浆果和其他小粒水果	0.2	鲜、冻水产动物(鱼类、甲壳类、双壳类除外)	1.0(去除内脏)
水果制品	1.0	鱼类、甲壳类	0.5
食用菌及其制品	1.0	双壳类	1.5
生乳、巴氏杀菌乳、灭菌乳、发酵乳、调制乳	0.05	蛋及蛋制品(皮蛋、皮蛋肠除外)	0.2
乳粉、非脱盐乳清粉	0.5	皮蛋、皮蛋肠	0.5
其他乳制品	0.3	油脂及其制品	0.1
婴幼儿配方食品(液态产品除外)	0.1(以粉状产品计)	婴幼儿液态产品	0.02(以即食状态计)
酒类(蒸馏酒、黄酒除外)	0.2	调味品(食用盐、香辛料类除外)	1.0
蒸馏酒、黄酒	0.5	食用盐	2.0
焙烤食品	0.5	香辛料类	3.0

4. 砷的食品污染及其对人体健康的危害

砷同时具有金属和非金属性质,是一种"类金属"元素,在自然界中以多种形态存在。自然界中最常见的砷是氧化态为 +3 的三氧化二砷(As_2O_3,俗称砒霜)、亚砷酸钠($NaAsO_2$)、三氯化砷($AsCl_3$)和 +5 的五氧化二砷(As_2O_5)、砷酸($H_3AsO_4 \cdot 1/2H_2O$)及其盐类。有机砷的主要氧化态为 +5,如甲砷酸、对氨基苯砷酸和甲次砷酸。无机砷在环境或生物体中可转化成有机砷。与汞相似,砷可作为合金元素生产铅制弹丸、印刷合金、蓄电池栅板、高强度结构钢及耐蚀钢等。高纯砷是制备砷化镓、砷化铟等半导体的原料,也是半导体材料锗和硅的掺杂元素。砷的化合物还用于制造农药、防腐剂、染料和医药等。小剂量 As_2O_3 还可用于治疗早幼粒细胞的细胞性白血病。

自古以来，人们就知道砷是一种剧毒物质，砷的平均自然本底值为 0.5 mg/kg，自然界存在的砷一般不足以危害到人体健康，但如果水和土壤受到砷污染，砷就会直接地或通过食物链间接地危害人体健康。在砷的各种形态中，单质砷的毒性极低，而砷的化合物均有毒性，无机砷的毒性大于有机砷，而氧化态为＋3 的砷毒性大于＋5 的砷。砷的毒性表现为血管系统毒性、神经毒性、皮肤毒性、呼吸系统毒性、生殖系统毒性和"三致"作用。砷急性中毒达到致死量会立即导致死亡；砷慢性中毒的主要症状是贫血、皮疹、色素沉着、肝肿大、呕吐发烧。要控制食品中的砷污染，首先要对各种含砷的废水、废渣和废气进行严格管理，禁止使用含砷的农药和化肥，强化环境和食品中砷的监控。我国标准 GB 2762 - 2012 对各类食品中的砷的限量进行了规定，见表 9 - 9。

表 9 - 9 标准 GB 2762 - 2012 对食品中砷的限量 （mg/kg，以 As 计）

品种	总砷	无机砷	品种	总砷	无机砷
谷物（稻谷 PaP 除外）	0.5	—	新鲜蔬菜	0.5	—
谷物碾磨加工品（糙米、大米除外）	0.5	—	食用菌及其制品	0.5	—
稻谷 PaP、糙米、大米	—	0.2	肉及肉制品	0.5	—
水产动物及其制品（鱼类及其制品除外）	—	0.5	婴幼儿罐装辅助食品		0.02
生乳、巴氏杀菌乳、灭菌乳、调制乳、发酵乳	0.1	—	水产调味品（鱼类调味品除外）		0.5
乳粉	0.5	—	鱼类调味品		0.1
油脂及其制品	0.1	—	食糖及淀粉糖	0.5	—
调味品（水产调味品、藻类调味品和香辛料类除外）	0.5	—	包装饮用水	0.01 mg/L	—
可可制品、巧克力和巧克力制品	0.5	—	婴幼儿谷类辅助食品（添加藻类的产品除外）		0.2
婴幼儿罐装辅助食品（以水产及动物肝脏为原料的产品除外）	—	0.1	添加藻类的产品		0.3

5. 铝的食品污染及其对人体健康的危害

铝是地壳中含量最多的金属元素之一，也是我们日常生活中接触最多的金属之一，其工业用途更加广泛，从飞机、火箭、汽车用的合金材料到电缆、建筑用材等都离不开铝。

在潮湿空气中铝易被氧化，形成一层致密的氧化铝保护膜，因此，一般情况下铝制品中的铝不会溶出，对食品是安全的，但如果用来储存酸性或碱性食物时，这层氧化膜能被溶出，变成铝离子而迁移到食品中。食品中的铝主要来源于铝制包装材料、储存容器及炊具等。

一些食品在加工过程中会使用含铝的食品添加剂,如油条和膨化食品在制作过程中加入的明矾膨松剂,如果添加过量就会导致铝含量超标。此外,铝产品生产场所的铝粉尘也会造成周围环境的污染,导致土壤和饮用水中铝超标。

一般认为,长期摄入铝会影响细胞和组织的磷酸化过程,也会影响某些消化酶的活性,使消化功能减退,降低食欲,还可能引起贫血。铝在人体内的积蓄还会导致钙磷代谢紊乱、磷酸盐浓度降低,严重的磷缺乏会使矿化速度减慢,影响骨质的形成,导致骨软化。动物实验还表明,铝可能还具有神经毒性,导致学习记忆力减退、运动协调能力下降、反应迟钝。研究还表明,老年痴呆病人脑组织中铝的含量明显高于健康人,因此,铝摄入过多可能是导致老年痴呆的一个潜在因素。但铝的肠道吸收能力很低,约99%会被排出体外,因此也不必谈铝色变。WHO规定,每日的铝摄入量应小于1 mg/kg,我国对于食品中铝的限量标准为:面食品100 mg/kg、饮用水0.2 mg/L、粉条粉丝中不得检出。据国家疾控中心的调查显示,我国居民铝的日均摄入量约34 mg,这对成人来说是安全的,但超过了儿童的承受能力。很多儿童食品都是膨化食品,因此,严格控制其中的铝含量极为重要。

在日常膳食中,食品中通常含有丰富的维生素C、蛋白质和植酸等,这些物质能与某些有毒金属粒子螯合,可不同程度地降低这些离子的毒性。

§9.6 食品加工与食品安全

在食品加工和储藏过程中,若加工工艺和储藏方法不当,可能会产生有毒有害物质,威胁食品安全,如用高温油处理淀粉类食品可能产生丙烯酰胺、杂环胺等;腌制过程中会产生亚硝酸盐;烟熏、烧烤过程中会产生多环芳烃等,这些都是具有很强致癌性的物质。此外,因储藏方法不当或加工设备受到污染还可能引起微生物污染,导致食源性疾病的产生。以下简要介绍在食品加工过程中所产生的常见有害化学物质及其控制办法。

1. N-亚硝基化合物的产生及其对食品的污染

N-亚硝基化合物是具有 $\overset{\diagdown}{\underset{\diagup}{N}}{-}N{=}O$ 基团的一类化合物,根据结构不同,可分为N-亚硝胺和N-亚硝酰胺两类(图9-9)。研究表明,N-亚硝基化合物是引起人胃癌、食道癌、肝癌和鼻咽癌的危险因素,在已知的300多种N-亚硝基化合物中,约90%具有致癌性。天然存在

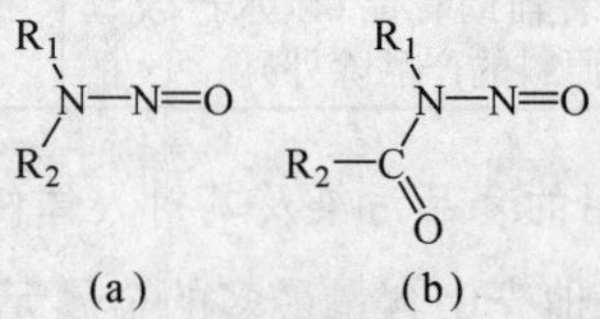

图9-9 N-亚硝胺(a)和N-亚硝酰胺(b)的分子结构式

的N-亚硝基化合物并不多,一般是在一定条件下由两类前体化合物——有机胺化合物(仲

胺和酰胺,是蛋白质分解的产物)及硝酸盐和亚硝酸盐在人体内或体外产生的。硝酸盐、亚硝酸盐与亚硝胺之间可以相互转化,见图 9-10。食品中天然存在的 N-亚硝基化合物一般在 10 μg/kg 以下,但它的前体化合物硝酸盐和亚硝酸盐却广泛存在,在蔬菜和腌制的蔬菜中含量较高。此外,硝酸盐和亚硝酸盐还常常被用作肉制品的护色剂而残存于肉类食品中;另一类前体化合物有机胺也广泛存在于自然界中。一般新鲜的肉、鱼类食品中的有机胺化合物含量较低,但在腌制、烘烤过程中会由蛋白质、脂肪等分解形成,当与同时存在的硝酸盐和亚硝酸盐发生作用就更容易产生 N-亚硝基化合物。

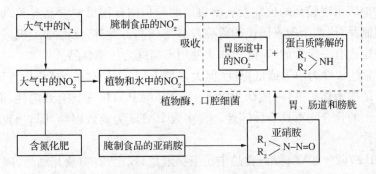

图 9-10 硝酸盐、亚硝酸盐和亚硝胺之间的相互转化

要减小 N-亚硝基化合物对食品的污染,首先要严格控制食品加工过程中硝酸盐和亚硝酸盐的人为添加量,防止微生物污染,减小蛋白质分解产生的胺类化合物量。第二则要尽可能阻断 N-亚硝基化合物的生成反应。研究发现,维生素 C 可以与亚硝酸盐发生氧化还原反应,将亚硝酸根还原为一氧化氮气体排出,能有效降低亚硝酸根的浓度。因此,食用维生素 C 对健康有益,具有类似功能的还有含大蒜素的大蒜和洋葱等蔬菜。第三是改进储藏和加工方法,如肉类、鱼类等含硝酸盐较多的食物应尽量低温储存,以防止微生物滋生而导致亚硝酸盐含量增高和亚硝胺的形成;腌制的蔬菜在食用前要用水尽量冲洗干净;烘烤啤酒麦芽和豆类食品尽量采用低温和间接加热的方式等。

2. 多环芳烃化合物的产生及其对食品的污染

多环芳烃化合物(PAHs)是一类分子中含有 2 个或 2 个以上苯环的化合物,可分为芳香稠环及芳香非稠环两类。图 9-11 是几个常见 PAHs 的分子结构式。

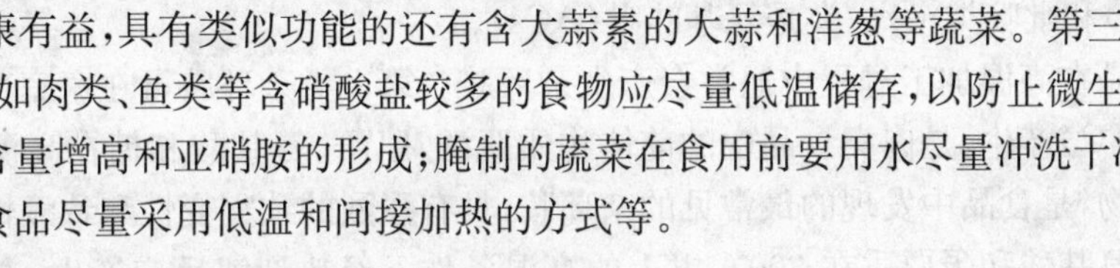

菲　　　　　联苯　　　　7,12-二甲基苯并(a)蒽　　　苯并(a)芘

图 9-11 几种典型的多环芳烃化合物

PAHs 一般是由石油、煤炭、木材及有机高分子化合物在不完全燃烧条件下产生的,但一些食品在高温加工过程中也会产生 PAHs,如肉类和鱼类食品在烤、烧、熏、炸等加工过程中都会产生 PAHs。在 PAHs 中,苯并芘具有强致癌性,与黄曲霉素、亚硝胺一同被世界公认为三大强致癌物质。有研究表明,直接火烤比间接烘烤产生的 PAHs 多,脂肪含量高的食品比脂肪含量低的产生的 PAHs 高。食品在烧烤过程中若发生炭化和焦糊时苯并芘的含量会显著提高,并随着温度的升高而增加。油脂在高温下发生裂解或聚合反应也可产生苯并芘。烟熏是食品在加工中产生 PAHs 的主要原因,烟熏食品往往含有较高的苯并芘。在一些国家和地区出现较高的癌症发病率很可能与长期食用熏制食品有关,如日本和冰岛人大都爱吃熏制品,这两个国家国民的胃癌发病率较高。此外,食品加工机械用润滑油、打印用的油墨中也含有一定量的苯并芘,如果使用不当就会污染食品。

PAHs 的急性毒性为中等或低毒性,但大多数 PAHs 具有"三致"作用。PAHs 的致癌作用与其分子结构密切相关,一般认为含 3～7 个环的 PAHs 才具有致癌性,而含 2 个环以下和 7 个环以上的化合物不具有致癌性。大多数 PAHs 为前致癌物,即它们在体内代谢的产物具有致癌性。

我国在 GB 2762-2012 标准《食品中污染物限量》规定:谷物及其制品、肉及其制品(包括熏烤肉)和水产品及其制品中苯并芘的限量为 $5\ \mu g/kg$,油脂及其制品中的苯并芘含量限量为 $10\ \mu g/kg$。我们在日常膳食中应尽可能多地了解 PAHs 的相关知识,尽量少吃含 PAHs 高的食物,如油炸和熏烤食品。

3. 杂环胺类化合物的产生及其对食品的污染

杂环胺化合物分为两大类:一类是氨基咪唑氮杂芳烃(AIAs),又包括了喹啉(IQ)类、喹喔啉类(IQX)和吡啶类;另一类是氨基咔啉(ACs)。

肉类食品在高温加工过程中通常会产生杂环胺。第一类杂环胺可在家庭普通烹饪条件下(150～200℃)产生,是肉类食品中的前体物质肌酸/肌酐、氨基酸和糖在高温下发生美拉德反应的产物,是食品中发现的最常见的杂环胺,具有强烈的致突变性和致癌性。第二类杂环胺主要是氨基酸和蛋白质在 300℃ 以上的高温条件下经热裂解反应产生,通常可在明火炙烤的肉类和鱼类的表面检测到。这类杂环胺一般在温度高于 100℃ 时开始产生,当温度从 200℃ 升到 300℃,生成的量可增加 5 倍。在较高温度下,大约前 5 min 杂环胺会快速生成,随后不再明显变化。第二类胺通常不是致癌物质,而是强诱变剂。目前国际上还没有对食品中杂环胺类化合物的限量标准,但已经开展了大量的相关研究。食品在烹饪前采用红酒腌制、微波处理和添加抗氧化剂等方法均能不同程度地降低杂环胺的量。

4. 丙烯酰胺的产生及其对食品的污染

丙烯酰胺(AA)在工业上用途广泛,是合成聚丙烯酰胺的主要原料。动物实验证明,AA 具有潜在的神经毒性、遗传毒性和致癌性等。2002 年,瑞典研究人员率先报道了在一些油炸和烘焙的淀粉类食品,如薯条、面包等中检出了 AA。2005 年 3 月,WHO 及 FAO 食品添加剂联合专家委员会(JECFA)对食品中的 AA 进行了系统的危险性评估,认为食物是人类摄入 AA 的主要来源,警告公众关注食品中的 AA。2005 年 4 月,我国卫生部也发出公告,建议人们改变不良的膳食习惯,减少 AA 对人体的潜在危害。WHO 和欧盟规定饮用水中 AA 的限量分别为 0.5 μg/kg 和 0.1 μg/kg,但目前还没有食品中的 AA 的限量标准。表 9 - 10 列出了 JECFA 从 24 个国家获得的 2002～2004 年间不同食品中 AA 的含量。

表 9 - 10 丙烯酰胺在食品中的含量(根据 JECFA)

食品种类	样品数	均值(μg/kg)	最大值(μg/kg)	食品种类	样品数	均值(μg/kg)	最大值(μg/kg)
谷类	3304	343	7 834	炸土豆片	874	752	4 080
水产	52	25	233	炸土豆条	1 097	334	5 312
肉类	138	19	313	冻土豆片	42	110	750
乳类	62	5.8	36	咖啡、茶	469	509	7 300
坚果类	81	84	1 925	咖啡(煮)	93	13	116
豆类	44	51	320	咖啡(烤、磨、未煮)	205	288	1 291
根茎类	2 068	477	5 312	咖啡提取物	20	1 100	4 948
煮土豆	33	16	69	咖啡、去咖啡因	26	668	5 399
烤土豆	22	169	1 270				

自从食品中检测出 AA 后,人们对食品中 AA 的形成机理进行了大量研究,目前普遍认为,食品中的天门冬酰胺和还原性糖在高温加热过程中通过美拉德反应产生 AA。

§9.7 食品储藏与食品安全

食品原料及食品在储藏过程中,因储藏条件控制不当可能引起微生物滋生,导致微生物污染,同样会威胁食品安全。微生物污染除了微生物本身,如致病菌直接污染食品外,这些微生物还会产生有毒有害的次级代谢产物,如细菌毒素和真菌毒素等,这些毒素可通过所污染的食品直接进入人体或通过所污染的饲料进入养殖动物体内,进而进入人体,对人体产生各种毒性,危害人体健康。

9.7.1 细菌毒素的污染及危害

细菌毒素是细菌的代谢产物,可分为两种:细菌外毒素和细菌内毒素。

细菌外毒素是指各种病原菌在代谢过程中释放到菌体外的毒素物质,大多是蛋白质,其中有的具有酶催化的作用,毒性不稳定,对热和化学物质敏感,容易受到破坏,用3%～4%的甲醛溶液处理可使毒性完全消失,主要是由一些革兰氏阳性菌,如金黄色葡萄球菌、白喉杆菌、破伤风杆菌、肉毒杆菌等代谢产生的毒素。细菌外毒素对组织的毒性作用具有选择性,因此不同的毒素引起的临床症状不同,如白喉杆菌外毒素能抑制人体细胞蛋白的合成,使细胞变性死亡,导致心肌炎、肾上腺出血和神经麻痹;破伤风杆菌外毒素能作用到脊髓和脑,引起肌肉痉挛;霍乱杆菌产生的外毒素肠毒素可作用到小肠黏膜,使黏膜细胞分泌加强,引起严重的腹泻和呕吐。

细菌内毒素是指细菌在代谢过程中产生的含在菌体内的毒素,只会在菌体受到破坏后释放出来。菌体内毒素的化学成分复杂,主体是来自细菌细胞壁的磷酸-多糖和蛋白质的复合体,性质较稳定,耐热,毒性一般比细菌外毒素低,没有组织选择性,因此不同病原菌所产生的内毒素引起的中毒症状大致相同,主要表现为机体体温升高、腹泻和出血性休克及其他组织损伤等。赤痢杆菌、霍乱弧菌及绿脓杆菌等产生的毒素主要是细菌内毒素。食品中常见的细菌毒素有下列几种:

(1) 沙门氏菌肠毒素。沙门氏菌食物中毒一般是食用了受大量沙门氏菌污染的食物所导致的,多由动物性食品引起。沙门氏菌毒素是内毒素,当沙门氏菌进入肠道后,菌体受到破坏而释放出肠毒素,毒素很少侵入血液。沙门氏菌在肉、乳、蛋等食品的基质中生长,产生具有臭味的吲哚类物质,不会分解蛋白,即使细菌已严重繁殖,被污染的食物在感官上也不易觉察,因此,对于存放时间较长的食物,应谨慎食用。

(2) 葡萄球菌肠毒素。在已发现的30余种葡萄球菌中,能产生内毒素的约有10种,其中最常见的是金黄色葡萄球菌。金黄色葡萄球菌是嗜热菌,生长温度为7～47.8℃,但在6～7℃的低温下也能生长,毒素产生的适宜温度为10～46℃。由金黄色葡萄球菌产生的毒素热稳定性好,需在100℃蒸煮约2 h才能破坏。葡萄球菌肠毒素中毒一般在食物摄入后2～3 h发生,主要表现为恶心、呕吐、痉挛及腹泻等症状,1～2天后可恢复正常。

(3) 肉毒杆菌毒素。肉毒杆菌毒素是肉毒杆菌产生的外毒素,属蛋白质类毒素,已知的有A、B、C、D、E、F、G七类,主要有A、B和E三类。肉毒杆菌是一种生长在常温、低酸和缺氧环境中的革兰氏阳性芽孢菌,其芽孢耐热,在不正确加工、杀菌、包装、储存的罐装或真空包装的动物性食品中容易产生肉毒杆菌。肉毒杆菌毒素的毒性很强,纯化的1 mg毒素可杀死2 000万只老鼠。这种毒素对热不稳定,一般在80℃加热30 min或100℃加热10～20 min即可完全杀灭。肉毒杆菌毒素食物中毒的临床表现有:恶心、呕吐及中枢神经系统症状,如眼肌、咽肌瘫痪,中毒者若抢救不及时,病死率较高。

9.7.2　霉菌毒素的污染及危害

1. 常见霉菌及其毒素的危害

霉菌毒素是霉菌的次级代谢产物,目前已知的霉菌毒素有300多种,许多毒素对人体所能产生的真实毒性还没有得到证实,但大量的动物实验和人体体外实验证明,其中一些毒素具有较强的致畸性和致癌性。1960 年,英国 10 万只火鸡因食用了从南美和非洲进口的花生粉饲料后全部死亡,这一事件促使人们开始研究霉菌及其毒素的毒性。科研人员从该饲料中分离出了一种真菌——黄曲霉和由这种霉菌产生的一种毒素,被命名为黄曲霉毒素。温度、湿度等条件对菌株的产毒能力影响显著,所以,霉菌中毒往往表现出明显的地方性和季节性的特征。与食品污染相关的霉菌毒素主要有:黄曲霉毒素、赭曲霉毒素、杂色曲霉毒素、黄天精、橘青毒素、展青毒素、单端孢霉素类等。粮油作物以及发酵食品通常容易滋生霉菌,产生霉菌毒素。据统计,全世界每年平均大约有 25% 的农作物受到霉菌的污染,其中 2% 的谷物发生霉变。食用受到霉菌污染的食品所引起的危害有两个方面:一是霉菌引起食品变质而失去营养价值,二是霉菌毒素引起中毒而危害人体健康。

(1) 黄曲霉毒素(AFT)

从黄曲霉中提取的一类分子结构中含有一个双呋喃环和一个氧杂萘邻酮基团的有毒化合物。AFT 最初是从黄曲霉中分离得到的,后来发现寄生曲霉、模式曲霉也能产生该毒素。目前已分离得到了 20 多种 AFT,常见的有六种,分别是黄曲霉毒素 B1、B2、G1、G2、M1、M2 (图 9-12),毒性顺序为:B1＞M1＞G1＞B2＞M2≈G2。研究表明,双呋喃环基团为基本毒素结构,氧杂萘邻酮基团则与致癌性相关。所有黄曲霉阳性菌都可产生黄曲霉素 B1,它是所有黄曲霉毒素中毒性最强的毒素。WHO 的癌症研究机构已于 1993 年将黄曲霉毒素划分为 I 类致癌物。

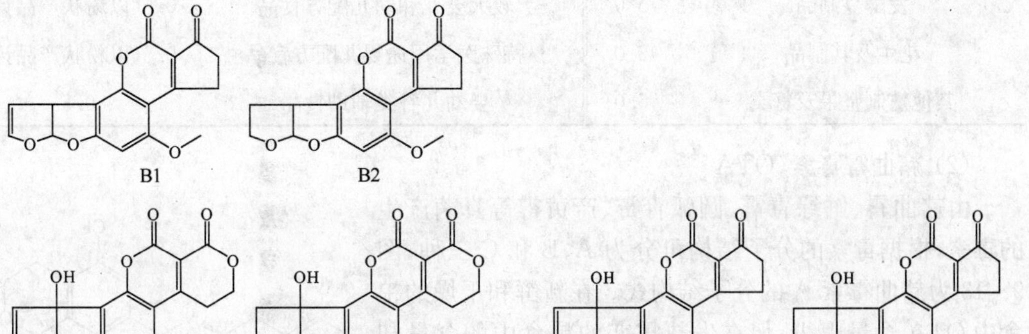

图 9-12　常见的 AFT

AFT 的产生除了与菌株有关外,还受食品基质、温度、pH、湿度等因素的影响,一般地,含糖量高的食品在有氧、弱酸性(pH 4.7)和相对湿度约为 89%～90% 条件下容易产生 AFT。该毒素对人体的毒性主要表现在对肝组织的破坏,影响细胞膜,抑制 RNA 的合成,干扰某些酶的功能。中毒的临床症状没有特异性,按症状的严重性不同可表现为:发育迟缓,腹泻、肝肿大、肝出血、肝硬化、肝坏死等。有关 AFT 的致癌性目前还缺乏直接证据,但大量流行病学数据证实,AFT 的高水平摄入与肝癌的发病率密切相关。如我国广西扶绥县为肝癌高发区,该地区黄曲霉素 B1 的阳性率为 48.8%,超标率为 27.1%。此外,江苏省启东市也为肝癌高发区,该市地处长江入海口北侧,三面环水,气候潮湿,粮食易于霉变。经调查发现,该地区的玉米和花生中黄曲霉素 B1 的含量大大超过了诱发动物肿瘤所需的剂量。AFT 耐热性强,当温度达到 280℃ 时下才能受到破坏,但是不耐碱性和紫外线辐射。黄曲霉菌也是空气和土壤中非常普遍的微生物,容易造成玉米、大豆、花生、坚果、小麦、大麦、稻谷等多种农产品污染,其中以花生和玉米最为严重。此外,用含 AFT 的饲料喂养的动物,其器官及所产的乳对人类也是有害的。表 9 - 11 摘录了我国标准 GB 2761 - 2011《食品中真菌毒素限量》对主要食品中黄曲霉毒素 B1 的限量规定。

表 9 - 11　GB 2761 - 2011 标准对食品中黄曲霉毒素 B1 的限量规定(μg/kg)

品种	限量	品种	限量
玉米、玉米面(渣、片)及玉米制品	20	植物油脂(花生油、玉米油除外)	10
稻谷、糙米、大米	10	花生油、玉米油	20
小麦、大麦、其他谷物	5.0	酱油、醋、酿造酱(以粮食为主要原料)	5.0
小麦粉、麦片、其他去壳谷物	5.0	婴儿配方食品	0.5(以粉状产品计)
发酵豆制品	5.0	较大婴儿和幼儿配方食品	0.5(以粉状产品计)
花生及其制品	2.0	特殊医学用途婴儿配方食品	0.5(以粉状产品计)
其他熟制坚果及籽类	5.0	婴幼儿谷类辅助食品	0.5

（2）赭曲霉毒素（OTA）

由赭曲霉、鲜绿青霉、圆弧青霉、产黄霉等真菌产生的毒素,根据毒素的分子结构可分为 A、B 和 C 三种,图 9 - 13 为赭曲霉素 A 的分子结构式。在新鲜和干燥的粮食中 OTA 含量很少,但在发热霉变的粮食中的含量却很高,主要是赭曲霉素 A。赭曲霉素 A 首先是从霉变的玉米中发现的,此后又相继从霉变的谷物和大豆中检测出来。该毒素广泛存在于各种食品中,是毒性最强的物

图 9 - 13　赭曲霉素 A

质之一,可诱发动物的肝、肾损伤,并有"三致"作用,目前还没有行之有效的防毒和解毒方法。1991 年 WHO 暂时规定谷物中赭曲霉素 A 的限量标准为 5 μg/kg,1995 年又暂定每人每周允许的摄入量为 100 μg/kg 体重,2002 年 CAC/FAO 在第 34 次食品添加剂和污染物质分会(CCFAC)会议上规定小麦和大麦中赭曲霉素 A 的最高限量标准为 5 μg/kg。我国

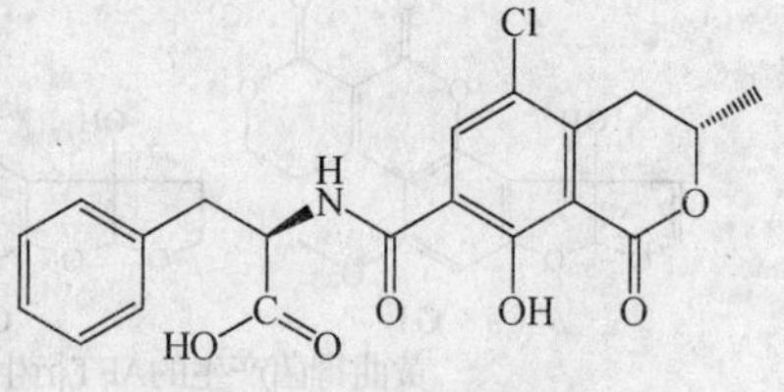

目前还没有食品中赭曲霉素 A 的最高限量标准,仅在 GB 13078.2-2006《饲料卫生标准 饲料中赭曲霉毒素 A 和玉米赤霉烯酮的允许量》中规定了用于生产饲料的玉米中赭曲霉素 A 的最高限量为 100 $\mu g/kg$。

(3) 杂色曲霉素(ST)

ST 是 1954 年首次从杂色曲霉菌中分离出来的一种毒素,结构与 AFT 相近(见图 9-14),但具有更强的毒性和致癌性。杂色曲霉广泛存在于自然界中,容易污染粮食、饲料等。在常见的粮食作物中,大米的杂色曲霉污染率约 72%,小麦和玉米的污染率均在 90% 以上。研究表明,ST 在人体内会转变成黄曲霉素 B1,ST 的毒性与 AFT 相似,为肝脏毒素,急性中毒的病变特征为肝脏和肾脏坏死,其致癌作用仅次于黄曲霉素 B1。

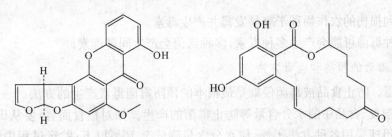

图 9-14 杂色曲霉素	图 9-15 玉米魃烯酮

(4) 镰刀菌毒素

镰刀菌属也称镰孢菌属,该菌属种类多,分布广,有很多是危害农作物的病原菌,还有些是危害人与动物的病原菌。镰刀菌在小麦、水稻、玉米等粮食及饲料和蔬菜中生长,具有腐生能力,能引起粮食、饲料和蔬菜腐烂变质,并产生毒素。这类毒素表现为细胞毒性、免疫抑制、生殖毒性、致畸和致癌作用,危害人和动物。现已发现十余种镰刀菌毒素,按化学结构可分为单端孢霉烯族化合物、玉米赤霉烯酮和丁烯酸内酯三类,图 9-15 给出了玉米魃烯酮的分子结构式。

(5) 青霉毒素

青霉菌与曲霉菌十分相似,分布广泛,在土壤、空气和腐败变质的食物中均有存在,是一类能导致粮食发热霉变的重要菌种。由青霉菌代谢产生的毒素包括:展青霉素、桔青霉素、黄绿青霉素、红色青霉素等,其中展青霉素是较为引人关注的一种毒素。展青霉素曾一度被开发用作广谱抗生素,可抑制多种革兰氏阳性和阴性细菌,但后来发现其毒性大于药用价值。展青霉素主要存在于水果及其制品中,具有免疫抑制毒性和"三致"作用。许多国家规定水果中展青霉素的最高限量为 50 $\mu g/kg$,我国标准 GB/T 23585-2009《预防和降低苹果汁及其他饮料的苹果汁配料中展青霉素污染的操作规范》对水果及其制品及果蔬汁饮料中展青霉素的限量规定也是 50 $\mu g/kg$。

2. 霉菌毒素产生的特点

(1) 需要一定的湿度。一般在空气相对湿度小于 80% 时霉菌毒素较难产生，在 80% 到 50% 之间时，毒素产生的量会随着湿度的降低而急剧下降，当在 50% 以下时则很难产生。

(2) 与食品的基质密切相关。一般霉菌容易在花生及蛋白质含量较低的谷物中生长，在植物性食品中含量较高。

(3) 与食品中水分含量相关。一般在食品含水量 10% 以下时不易产生毒素，而在含水量高于 25% 时极易产生。

(4) 与 pH 密切相关。在 pH＝4 时最易产出毒素，随着 pH 升高，毒素的产生能力随之下降。

(5) 受到损伤的农作物种子容易发霉并产生毒素。

(6) 一种霉菌可能会产生多种毒素，多种霉菌会产生同种毒素。

3. 霉菌毒素的预防和去毒方法

(1) 防霉。防止食品被霉菌侵染是最根本的预防霉菌毒素产生的方法。一般可通过控制空气相对湿度、食品中的水分含量等防止霉菌的产生。如对粮食而言，要从田间做起，粮食收获后要迅速采用各种方法干燥，使水分含量降低至 10% 以下；贮运过程中要注意采取通风、干燥、密闭、充氮等措施以达到防霉效果。

(2) 抗霉。添加抗霉剂以抑制霉菌的产生。同时应该注意，抗霉剂本身也具有一定毒性，在使用时要避免带来新的食品安全问题。

(3) 去毒。霉菌毒素的去毒方法包括物理法和化学法。物理法通常采取去除霉粒、碾压加工、活性炭吸附等方法；化学法包括用碱降解、氨熏蒸等方法。

因霉菌毒素大都比较稳定，一旦产生，较难去除，所以，应首先设法防霉，其次，应尽量避免食用已被霉菌污染的食品。同时，要严格按照食品安全限量标准中有关霉菌毒素的限量规定(如 GB 2761‐2011《食品中真菌毒素限量》、GB 2762‐2012《食品中污染物限量》等)进行管理，这样才能真正防止霉菌毒素危害人体健康。

总之，食品本身不应含有毒有害物质，但因环境或人为原因，食品在食物链的不同环节都可能受到各种有毒有害物质的污染。在所有环节中，食品安全与化学有着密切的联系，若能更多地学习和掌握化学知识，我们就可能会吃得更科学，吃得更安全。

参考文献

1. 曲径.食品安全控制学[M].北京:化学工业出版社,2011.

2. 严卫星,丁晓雯.食品毒理学[M].北京:中国农业大学出版社,2009.

3. 高彦祥.食品添加剂[M].北京:中国轻工出版社,2011.

4. 石阶平. 食品安全风险评估[M]. 北京：中国农业大学出版社，2010.

5. James M. Jay 编著，徐岩，张继民，汤丹剑等译. 现代食品微生物学[M]. 北京：中国轻工出版社，2001.

6. 张乃明. 环境污染与食品安全[M]. 北京：化学工业出版社，2007.

7. 姜培珍. 食源性疾病与健康[M]. 北京：化学工业出版社，2006.

思考题

1. 请列举 5 种本身含有毒素的食品原料，并说明如何避免这些食品中毒。

2. 请列举食品中的重金属污染离子的主要来源及危害，并说明如何减少食品中的重金属离子污染。

3. 食品在高温条件下加工易产生哪些主要的致癌类有害物质？在日常生活中应如何尽量避免或减少这类物质的产生？

4. 举例说明食品添加剂的应用。如何辩证地看待食品安全与食品添加剂的关系？

5. 目前禁用的食品添加剂有哪些？主要存在于哪些食品中？主要危害是什么？

6. 简述微生物污染的来源及其危害。

7. 目前禁用的农药有哪些？如何减少农药残留引起的食品安全危害？

8. 简述食品中的多氯联苯的来源及其危害。

9. 谈谈如何认识我国目前所存在的食品安全问题。

第10章　化学与消防

在当今世界的各种灾害中,火灾是发生频率较高的一种灾害。经济的发展,社会的进步都无法回避火灾的挑战。火灾是指失去控制的燃烧或化学爆炸所造成的灾害,其根源是发生了独特的化学反应并伴随着物理变化的过程。失控的化学反应会造成火灾,但有效地利用化学反应原理或化学反应发生的条件,却可以防火、灭火。化学与消防紧密相关,是消防工作的重要理论基础之一。

§10.1　物质的燃烧

众所周知,物质燃烧时通常会产生火,火本质上是可燃物在燃烧过程中所产生的光和热,是能量释放的一种方式。人类认识"火"经历了漫长的历史,自人类产生以来,火山喷发、闪电雷击等引起的天然火就受到了人们的关注。围绕火如何燃烧的问题,古代人提出了许多科学或不科学的猜测。在亚里士多德所提出的四元素说中,火曾被认为是一种元素,古印度和中国也有类似的学说。火在古代一直被看作是一切事物中最积极、最活跃、最能

图 10-1　钻木取火

动、最易变化的东西。起初人们害怕火,但经过长期的观察和接触后,人们逐渐发现火能带来光明、取暖御寒、驱兽熟食。因为天然火受到自然条件的限制,很难被人类利用,人类便发明了摩擦取火的方法,我国"燧人取火"的传说就是关于"燧人氏"发明了钻木取火(图 10-1)方法的故事。由于燃烧过程在生产中的普遍应用,促使人们开始研究燃烧反应的实质。三百年前,西方的化学家们提出了"燃素说",以解释燃烧现象,认为一切与燃烧有关的化学变化都可以归结为物质释放了一种"燃素"物质的过程。然而,有些物质在燃烧后,燃烧产物的重量不减反增,燃素说对燃烧现象正好做了颠倒的解释,把化学化合过程描述成

了分解过程。但"燃素说"却使当时的大多数化学现象得到了统一的解释,帮助人们摆脱了炼金术神秘思想的统治,使化学得到了解放。18 世纪后期,当发现氧气之后,拉瓦锡在实验的基础上,证实了燃烧是物质与空气中的氧气发生的化合反应,打破了"燃素学说"的束缚,揭示了燃烧现象的本质。

10.1.1　物质燃烧及燃烧的必要条件

1. 物质的燃烧

(1) 燃烧与氧化

燃烧,是指可燃物与氧化剂发生剧烈的、以发热和发光为特征的氧化还原反应。可燃物在燃烧中被氧化,生成了新的物质,如硫的燃烧:

$$S + O_2 \xrightarrow{燃烧} SO_2 \uparrow$$

燃烧不仅能够在氧气存在的条件下发生,在其他氧化剂存在下也能够发生,甚至燃烧得更加激烈,例如,氢气、金属钠在氯气中的燃烧:

$$H_2 + Cl_2 \xrightarrow{燃烧} 2HCl \uparrow$$

$$2Na + Cl_2 \xrightarrow{燃烧} 2NaCl$$

不同物质发生氧化反应的速度不同,剧烈反应会放热、发光,产生燃烧现象,而速度较慢的氧化反应,虽然也放出热量,但却随时被散发掉,因而没有发光或发烟的现象,则不是燃烧。因此,燃烧反应一定是氧化反应,而氧化反应不一定都能发生燃烧现象。燃烧反应具有三个基本特点:① 生成新物质。可燃物在燃烧后生成了与原来物质性质完全不同的新物质,如木材中纤维素燃烧后生成了木炭、灰烬(主要为无机盐)及 CO_2 和 H_2O(水蒸气);② 放热。在化学反应过程中,反应物分子中化学键(旧键)的断裂和生成物分子中化学键(新键)的形成总是伴随着能量的变化。旧键断裂时要吸收能量,新键形成时则放出能量。在燃烧所涉及的氧化还原反应中,旧键断裂所吸收的能量要比新键形成所放出的能量少,所以燃烧反应都是放热反应。但是,并非所有的放热反应都是燃烧反应,如电灯既可发光又可放热,但不是燃烧;③ 发光或发烟。大部分燃烧反应都伴随有光和烟的产生,但也有少数燃烧只发烟而不发光。

（2）燃烧的分类

按照不同的分类方法，燃烧通常可分为以下几类：

① 按照引燃方式，燃烧可分为点燃和自燃两种。点燃是指通过外部的激发能源引起的燃烧。当火源接近可燃物时，局部开始燃烧，然后开始传播的燃烧现象，包括局部引燃和整体引燃两种，如用火柴点燃烟头、燃气灶电子点火等都属于局部引燃，而在熬炼沥青、石蜡、松香等易熔固体时，当加热温度超过了引燃温度而发生的燃烧就属于整体引燃。物质由外界引燃源的作用而引发燃烧的最低温度称为引燃温度。自燃是指可燃物在没有外界火源的条件下，由于受热或自身发热并蓄热所发生的自动燃烧现象。根据热源的不同，物质自燃分为自热自燃和受热自燃两种。在通常条件下，一般可燃物和空气接触都会发生缓慢的氧化反应，但反应速度很慢，产生的热量也很少，同时还不断向四周环境传递，不能像燃烧那样发出光。如果温度升高或其他条件改变，氧化过程就会加快，产生的热量增多，若不能及时散发掉就会积累起来，使物质的温度逐渐升高，当到达该物质自行燃烧的温度时，就会燃烧起来。物质发生自燃的最低温度称为自燃温度，也称自燃点。

② 按燃烧现象，燃烧可分为着火、阴燃、闪燃、爆炸四种。着火是指在与空气共存的条件下，当达到某一温度时，可燃物与外界火源接触即能引起燃烧，并在火源撤离后仍能持续燃烧的现象，又称起火。着火是以释放热量并伴有烟或火焰或二者兼有的燃烧现象，如用火柴点燃柴草，煤气、煤等的燃烧。可燃物开始持续燃烧所需的最低温度叫做该物质的燃点或着火点。物质的燃点越低，越容易着火。可燃物在一定温度下开始发生氧化反应，放出热量，当进一步受热，氧化反应加剧，这时吸收的热量消耗于物质的升温、熔化、分解或蒸发，以及向周围散热。如果反应继续加快，放出的热量大于散失的热量，此时即使不再加热，氧化反应也能加速进行，物质的温度很快达到了燃点，在此温度下或稍高于此温度，物质便开始燃烧。阴燃通常是指在无可见光条件下，可燃固体因供氧不足而发生缓慢的氧化反应，产生以发烟和温度升高为特征的缓慢燃烧现象。闪燃是指可燃液体挥发的蒸气与空气混合达到一定比例时，遇明火发生一闪即逝的燃烧，或者将可燃固体加热到一定温度后，遇明火发生一闪即灭的燃烧现象。发生闪燃时的最低温度称为闪点。爆炸是指由于物质发生急剧氧化或分解反应，在极短的时间内出现温度升高、压力增大或二者兼有时，发生带有冲击力的快速燃烧现象。按其燃烧速度的快慢又分为爆燃和爆轰两种，燃烧以亚音速传播的爆炸为爆燃，燃烧以冲击波为特征，以超音速传播的爆炸为爆轰。常见易燃易爆液体及气体的闪点、自燃点见表 10 - 1。

表 10 - 1　常见易燃易爆液体及气体的闪点、自燃点 *

物质名称	蒸汽相对密度 (空气为 1)	闪点/℃	自燃点/℃	物质名称	蒸汽相对密度 (空气为 1)	闪点/℃	自燃点/℃
甲烷	0.55	气体	650	醋酸甲酯	2.56	−10	475
乙烯	0.97	气体	425	醋酸乙酯	3.04	−4.4	460
乙炔	0.90	气体	305	醋酸丙酯	3.52	10	430
苯	2.72	−15～10	555	醋酸丁酯	4.01	22	370
甲苯	3.22	6～30	535	苯胺	3.20	79	620
二甲苯	3.66	29	590	乙胺	1.55	−39	
氯甲苯	3.88	26	520	二乙胺	2.55	−26	315
甲醇	1.11	−1～32	430	亚硝基乙酯	2.59	−35	—
乙醇	1.59	9～32	421	甲酸	1.60	60	504
丙醇	2.20	22～45	377	冰醋酸	—	40	599
丁醇	2.56	27～34	337	汽油	3.51	−58	415
乙二醇	2.15	120	378	石油醚	—	−50	246
乙醛	1.50	−27	140	煤油	—	28	380
丙酮	2.00	−20	537	氨	0.59	气体	651
乙醚	2.60	−41～−20	170	氰	1.79	气体	—
乙酸	2.07	38	485	二硫化碳		−30	102
乙酐	3.50	40	185	硫化氢	1.19	气体	246
丙烯腈酸	1.83	−5	480	氢	0.07	气体	560
水煤气	0.54	气体	—	一氧化碳	0.96	气体	644
发生炉煤气	2.90	气体					

　＊数据引自《防火防爆》(化学工业出版社,2004)

　　③ 按燃烧时可燃物所呈现的状态,燃烧可分为气相燃烧和固相燃烧。可燃物的燃烧状态是指其燃烧时的状态,如乙醇在燃烧前为液体,在燃烧时则转化为蒸气燃烧,其状态为气相。气相燃烧是指燃烧时可燃物和氧化剂均为气体状态的燃烧。气相燃烧是一种常见的燃烧形式,如汽油、酒精、丙烷、石蜡等的燃烧。实质上,凡是有火焰的燃烧均为气相燃烧。固相燃烧是指燃烧时可燃物为固相的燃烧,又称表面燃烧。如镁条、焦炭的燃烧。只有固体可燃物才能发生此类燃烧,但并不是所有固体的燃烧都属于固相燃烧,对在燃烧时分解、熔化、蒸发的固体,都不属于固相燃烧,仍为气相燃烧。

　　(3) 燃烧极限

　　在一定温度和压力下,对于可燃性气体或蒸气与空气的混合气体,只有可燃性气体或蒸气的浓度在一定范围内才能被点燃并传播火焰,这个浓度范围就称为该可燃性气体或蒸气的燃烧极限。燃烧过程的化学反应速率或热能释放速率由可燃气体浓度与空气中 O_2 浓度的乘积所决定,其中任一浓度显著降低,就会使反应速率降低并使产生的热能不能及时补偿散失的热量,导致混合气体不能点燃。

通常把可燃性气体或蒸气点燃并传播火焰所需要的最低浓度称为该可燃烧性气体或蒸气的燃烧下限,而最高浓度称为其燃烧上限。常用可燃性气体或蒸气所占混合气体的体积百分比来表示,固体(粉尘)可燃物用单位容积的粉体重量(kg/m^3)来表示。一般情况下,燃烧极限由物质本身性质所决定,但当温度和压力等条件发生变化时,该可燃物的燃烧极限也会随之发生变化,如天然气—空气的混合气体,当压力增大,燃烧上限显著增大,燃烧极限变宽,表明燃烧和爆炸的危险性增大。

表 10-2 烃类和液体燃料在空气中的燃烧极限*

燃料名称	化学式	燃烧极限			
		按体积分数 φ /%		按质量浓度 ρ /(mg/L)	
		下限	上限	下限	上限
氢气	H_2	4.0	75	3.3	63
一氧化碳	CO	12.5	74	146	860
甲烷	CH_4	5.3	14	35	93
乙烷	C_2H_6	3.0	12.5	38	156
乙烯	C_2H_4	3.1	36	32	370
乙炔	C_2H_2	2.5	81	27	880
丙烷	C_3H_8	2.2	9.5	40	174
丁烷	C_4H_{10}	1.9	8.5	46	206
戊烷	C_5H_{12}	1.5	7.8	45	234
己烷	C_6H_{14}	1.2	7.5	43	270
环己烷	C_6H_{12}	1.3	8.0	44	270
苯	C_6H_6	1.4	7.1	46	230
庚烷	C_7H_{16}	1.2	6.7	50	280
甲苯	C_7H_8	1.4	6.7	54	260
辛烷	C_8H_{18}	1.0	—	48	—
二甲苯	C_8H_{10}	1.0	6.0	44	265
乙醚	$(C_2H_5)_2O$	1.9	48	59	1480
丙酮	$(CH_3)_2CO$	3.0	11	72	270
乙醇	C_2H_5OH	4.3	19	82	360
甲醇	CH_3OH	7.3	36	97	480
70 号车用汽油		1.3	7.1		
90 号航空汽油		1.3	7.25		
95/130 航空汽油		1.4	7.05		

（4）燃烧理论

活化能理论。燃烧是一种化学反应，而分子间发生化学反应的首要条件是相互碰撞，但是，只有少数活化分子碰撞后才会发生反应。当外界火源接触可燃物时，部分分子获得能量而成为活化分子，有效碰撞次数增多，因而发生燃烧反应。

过氧化物理论。燃烧反应中，氧在热能作用下被活化而形成—O—O—键，使可燃物质变为过氧化物。过氧化物不稳定，在受热、撞击、摩擦等情况下会分解而燃烧、爆炸。如氢在 O_2 中的燃烧反应，O_2 首先变成过氧化物，然后再与 H_2 反应生成水，反应式如下：

$$H_2 + O_2 \longrightarrow H_2O_2$$
$$H_2O_2 + H_2 \longrightarrow 2H_2O$$

链反应理论。气态分子的作用不是两个分子直接作用生成最后产物，而是活性分子自由基与另一分子作用产生新自由基，新自由基又迅速参加反应，如此延续下去形成一系列的链反应，包括直链反应和支链反应两种，任何链反应均由三个阶段构成，即链的引发、链的传递（包括支化）和链的终止。如氢在 O_2 中的燃烧反应：

链的引发　$H_2 + O_2 \longrightarrow 2 \cdot OH$ 　　　　　　　　　　（1）

　　　　　$H_2 + M \longrightarrow 2H \cdot + M$ 　　　　　　　　　（2）

链的传递　$\cdot OH + H_2 \longrightarrow H \cdot + H_2O$ 　　　　　　（3）

链的支化　$H \cdot + O_2 \longrightarrow O \cdot + \cdot OH$ 　　　　　　（4）

　　　　　$O \cdot + H_2 \longrightarrow H \cdot + \cdot OH$ 　　　　　　（5）

链的终止　$2H \cdot \longrightarrow H_2$ 　　　　　　　　　　　　　（6）

　　　　　$H \cdot + \cdot OH + M \longrightarrow H_2O + M$ 　　　（7）

慢速传递　$HO_2 \cdot + H_2 \longrightarrow H \cdot + H_2O_2$ 　　　　（8）

　　　　　$HO_2 \cdot + H_2O \longrightarrow \cdot OH + H_2O_2$ 　　　（9）

链的引发需要外部能量激发，分子中的化学键受到破坏后生成第一个自由基，如上式（1）、（2）；链的传递是自由基与分子反应，如式（3）、（4）、（5）、（8）、（9）所示；链终止即自由基消失的反应，如（6）、（7）所示，式中 M 为惰性分子。自由基的消失除了通过器壁碰撞及气相物质反应外，还可向反应体系中加入抑制剂，如现代灭火剂中的干粉和卤代烷等，就是自由基抑制剂。

根据燃烧的链反应理论，可燃物质的多数燃烧反应不是直接进行的，而需经过一系列复杂的中间过程，通过自由基的链反应，使燃烧的氧化还原反应持续进行。从链反应的三个阶段看，其特点是：链引发需外部提供能量；链传递可在瞬间自动地、连续不断地进行；链终止则只要销毁一个自由基，就等于剪断了一个链，终止了链的传递。在消防工作中由此可得到这样一些启示：① 引燃源可以提供和引发产生自由基，所以，控制和消除引燃源是防火工作的重点。应采取措施避免可燃物与引燃源的接触，防止自由基的形成；② 当燃烧已发生时，立即采取措施破坏继续提供能量和链传递的条件,中断链的传递;③ 不断探索新型工艺和设备,增加自由基与容器碰撞的概率,使自由基失去能量;不断研究阻燃技术和新型灭火剂,以有效抑制自由基的产生,并使已产生的自由基结合成稳定分子而消失,迫使链反应终止,使燃烧熄灭。

2. 物质燃烧的条件

燃烧是一种很普遍的自然现象,但燃烧并非在任何情况下都可以发生,而必须具备一定的要素和条件。

(1) 燃烧的内部条件。指制约燃烧发生和发展变化的内部因素。由燃烧的本质可知,制约燃烧的内部因素有可燃物和氧化剂。

① 可燃物。是指凡能与氧化合,发生放热反应,并能够燃烧的物质,如木材、棉花、酒精、汽油、甲烷、氢气、轻金属等。可燃物大部分为有机物,少部分为无机物。有机物中大部分含有 C、H、O 等元素,有的还含有少量的 S、P、N 等元素。可燃物在燃烧反应中都是还原剂,是不可缺少的重要因素,是燃烧得以发生的内因。

② 氧化剂。是具有强氧化性,能与可燃物质相结合导致燃烧的物质,是燃烧得以发生的必需要素。氧化剂的种类较多,按其状态可分为气体、固体或液体氧化剂,如 O_2、氯气(Cl_2)、氟气(F_2)等都是气体氧化剂;硝酸钾、硝酸锂等硝酸盐,高氯酸、氯酸钾等氯的含氧酸及其盐,高锰酸钾、高锰酸钠等高锰酸盐,过氧化钠、过氧化钾等过氧化物等是常见的固体氧化剂,都能够与可燃物发生剧烈氧化还原反应。

(2) 燃烧的外部条件。是指制约燃烧发生和发展变化的外部因素,一般包括两个方面:① 可燃物与氧化剂相互作用并达到一定的浓度比例,且未受化学抑制,例如,在室温 20℃ 的敞开条件下(有 O_2 存在),用火柴点汽油和煤油时,汽油会立刻燃烧起来,而煤油却不燃,这是因为煤油在该条件下的蒸气浓度较低,未达到燃烧极限;其次,如果空气中的 O_2 量不足时,煤油同样也不能燃烧。当空气中 O_2 的含量降低到 14%～16% 时,多数可燃物不发生燃烧或燃烧停止。对于有焰燃烧,燃烧过程中所涉及的自由基还必须未受到化学抑制,使链式反应能够进行,燃烧才能得以持续下去。② 具有足够能量和温度的火源。能够引起可燃物燃烧的热能源称为火源,火源有如下几种类型:

明火焰。是最常见而且较强的着火源,可点燃任何可燃物质。不同物质产生的火焰温度不同,一般约在 $700～2\,000℃$ 之间。

电火花。电火花能引起可燃性气体、液体蒸气和易燃固体物质着火。由于电气设备的广泛使用,这种火源引起的火灾事故越来越频繁。

炽热体。炽热体(如烧红的金属等)与可燃物接触引起着火,点燃过程是从一点开始扩及全面。燃烧传递的速度有快有慢,主要决定于炽热体的热量和可燃物的易燃性和状态。

火星。铁与铁、铁与石、石与石等物质在用力摩擦或撞击时产生火星,温度约 1 200℃,可引燃可燃气体或液体蒸气与空气的混合物,也能引燃某些固体物质,如棉花、布匹、干草、糠、绒毛等。

化学反应热和生物热。因化学反应或生物作用产生的热能得不到及时排除,也会引起着火甚至爆炸。

光辐射。太阳光、玻璃凸镜聚光热等热能只要具有足够的温度,就能点燃可燃物质。

大量实践表明,外部火源温度越高,越容易引起可燃物燃烧。表 10-3 列出了几种常见火源的温度。另外,不同可燃物燃烧时所需的温度和热量是不同的,例如,从烟囱冒出来的炭火星,温度约为 600℃,若落在易燃的柴草上即能引起燃烧,而落在木头上就会很快熄灭,不能引起燃烧。

表 10-3　几种常见的着火源的温度*

着火源名称	火源温度 / ℃	着火源名称	火源温度 / ℃
烟头中心	700~800	气体灯焰	1 600~2 100
烟头表面	250	酒精灯焰	1 180
机械火星	1200	煤油灯焰	780~1 030
汽车排气管火星	600~800	植物油灯焰	500~700
烟囱飞火	600	蜡烛焰	640~940
石灰与水反应	600~700	焊割焰	2 000~3 000
火柴焰	500~650	煤炉火焰	1000

*数据引自《消防安全技术》(化学工业出版社,2004)

10.1.2　化学自燃

如上述,在没有外界热源作用的条件下,依靠物质自身内部的一系列物理化学变化而发生的自动燃烧的现象,就是自燃。因可燃物发生自燃造成的潜在火灾的危险性很大,应特别注意。

1. 可燃物自燃的类型

按照发生的机理,可燃物自燃可分为以下几种类型:

(1) 氧化发热自燃。许多分子内含有双键的不饱和有机化合物能够吸收空气中的氧而发生部分氧化,过程中产生的反应热若不断蓄积,体系内温度就会升高,当达到自燃点时就会发生自燃。一些自燃点较低的物质,如黄磷、烷基铝、磷化氢等,在常温下与空气中的氧也能快速反应,发生自燃。

(2) 分解放热自燃。常温下能分解放热的物质,如硝化棉、硝化甘油等物质,在分解过程中放热,若蓄热充分,温度升高,不需外界氧参加反应,就会发生自燃现象。

(3) 聚合放热自燃。乙酸乙烯酯、丙烯腈等单体具有很强的化学活性,在聚合反应中大都伴随着放热,若热量不能及时散发,就会使聚合速度加剧,发生冲料或自燃爆炸。

（4）吸附放热自燃。碳粉类物质，如木炭、活性炭等，在研磨、风送或粉碎过程中，因其表面活性较大，暴露在空气中吸附氧时，除了产生吸附热外，吸附的氧还会与碳发生氧化反应，进一步发热，若吸附热和氧化热不能及时排放就会发生自燃。

（5）发酵放热自燃。一些植物纤维类物质，如稻草、籽棉、树叶、锯末等，由于内部微生物或酵素的作用，产生不稳定的分解产物，其中有些含有不饱和键的反应性很强的物质与空气中氧发生反应，释放热量使内部温度升高，当达到自燃点时就会发生自燃。

（6）活性物质遇水自燃。一些活性物质，如锌粉、碱金属、保险粉等，遇水或潮湿空气会发生反应，产生可燃性气体并释放热量，引起自燃。

（7）物质混合接触自燃。强氧化剂与强还原剂、强酸与氧化性盐等混合后会产生具有分解爆炸特性或强氧化性的不稳定产物，可引起燃烧或爆炸。

2. 不同物质的自燃

（1）植物的自燃

稻草、麦秸、粮食、籽棉、烟叶等植物及其果实，其表面往往附着有大量微生物，当长期大量堆积时就会因内部发热而导致自燃。实践证明，植物的自燃要经历下列三个阶段：① 微生物呼吸繁殖阶段。微生物在呼吸繁殖过程中会产生大量的热，由于植物的导热性很差，所产生的热量难以散发出去，使堆垛内温度逐渐升高，有的高达70℃左右，此时微生物便不能继续生存下去，微生物呼吸繁殖阶段就此终止。这一阶段往往要经历较长时间。② 物理化学阶段（吸附阶段）。在约70℃时，植物中有些不稳定的化合物开始分解，生成比表面积较大、吸附能力较强的黄色多孔性物质，能够吸附大量的蒸汽和气体。吸附过程是一个放热过程，使温度继续升高，有的高达150～200℃。③ 化学阶段（氧化阶段）。当温度达到150～200℃时，植物中的纤维素就开始分解并进入氧化阶段。该阶段同样会放出大量的热，使温度进一步升高，在积热不散时，温度一旦达到植物的自燃点就会发生自燃。

植物自燃应满足两个条件：① 一定的湿度。这是微生物生存和繁殖的必要条件，如果微生物不能生存和繁殖，也就不能发热引起自燃。② 一定量的堆积。一定量的植物堆积在一起才具有良好的蓄热条件，才有可能发生自燃。因此，应采取相应措施预防植物的自燃，具体包括如下几个方面：① 控制湿度。植物产品须晾干后才能堆垛，或先堆成小堆，经干燥后再并成大堆，保持干燥状态。② 注意通风，堆垛不能过大。在每个堆垛的垂直方向和横向都应设通风孔，堆垛之间要保持一定间距。③ 防雨、防潮。雨雪天气不能进行堆垛作业，堆垛不能出现渗漏，垛顶需封好。④ 加强堆垛监测。发现冒气、塌陷、有异味及温度达到40～50℃时，应重点监视，或倒垛散热。

（2）煤的自燃

除了无烟煤之外,烟煤、褐煤和泥煤都有自燃能力。煤的自燃能力大小,取决于煤中挥发性物质、不饱和化合物和硫化物的含量。一般含有 10% 以上的氢气、一氧化碳、甲烷等物质及含有一些易氧化的不饱和化合物和硫化物的煤,自燃的危险性都比较大。

关于煤的自燃机理,比较典型的有三种:① 黄铁矿导因说。该学说认为,煤层中的黄铁矿(FeS)包裹物在空气中的氧和水分作用下可能变成铁的硫化物并放出大量的热,灼烤煤炭直至自燃温度,使煤自燃;② 微生物导因说。该学说认为泥煤的自燃过程是由于微生物的呼吸繁殖过程而引起的,因为微生物的呼吸繁殖有助于煤中有机物的氧化作用;③ 煤氧复合物导因说。煤在自燃初期,主要由黄铁矿氧化反应发热使煤吸附某些气体、蒸气。当温度升高至 $60\sim75℃$ 后,主要是不饱和化合物氧化快速放热。一般认为当煤的温度超过 $60\sim75℃$ 时,就预示即将发生自燃。不论是矿内未开采的煤或是已开采出的煤堆,一旦与大气接触,在常温下就能够与氧发生相互作用。

预防煤自燃应采取以下基本措施:① 正确选择煤场。煤场一般应当选择在露天,且地势较高、平坦、干燥的地方,并设排水设施。堆煤场的地下,禁止敷设电缆、热力管道和可燃液体、气体管道;② 按煤的品种分类、分区存放。堆垛宜成梯形,并将煤压实,标明堆放时间;③ 经常检测煤堆的温度。检测时要从煤堆上、中、下及不同方位测定,若发现煤堆温度超过 $60℃$ 时,应采取适当措施,比如挖出热媒,用新煤填平;④ 控制煤的储存时间及煤垛的高度和宽度。

（3）铁硫化物的自燃

铁的硫化物通常有 FeS、FeS_2 和 Fe_2S_3,发生自燃的主要原因是它们能在低温下氧化发热,如 FeS_2 与空气中的氧接触能自行氧化,析出热量。

$$FeS_2 + O_2 \longrightarrow FeS + SO_2 \uparrow （放热）$$

上述反应热,若获得良好的积聚条件,就能引起 FeS_2 自燃。当空气湿度较大时,FeS_2 还能与一定量的水作用生成绿矾,引起体积增大,促使 FeS_2 碎裂,增大了氧化表面,从而加速了自燃现象的发生(如下列反应所示),其中,FeS 和 Fe_2S_3 比 FeS_2 的自燃危险性更大。

$$FeS_2 + O_2 + H_2O \longrightarrow FeSO_4 + H_2SO_4$$
$$FeS_2 + O_2 \longrightarrow Fe_2O_3 + SO_2 \uparrow （燃烧式）$$

铁硫化物的自燃通常不产生火焰,只发热到炽热状态,温度很高,会引起辐射范围内的可燃物质着火,例如,在盛有含硫的石油或石油制品的容器的壁、盖和底部都会生成一层铁的硫化物,当油的液面下降或容器检修时,铁硫化物暴露于空气中便可能氧化发热而自燃,当容器中还含有少量的石油产品时,一旦其浓度达到爆炸极限,就可能会引发爆炸事故。在

生产或使用 H_2S 的工厂中,如生产硫化染料、焦炉煤气、硫酸、硫化磷等工厂,同样也存在铁硫化物自燃的危险。对于铁硫化物的自燃应采取如下预防措施:① 在生产设备的内表面涂刷防腐漆,防止或减少生成铁的硫化物;② 及时清除铁的硫化物。

(4) 其他化学物质的自燃

很多活泼的单质及化合物,在与水或空气接触,或相互混合时,往往会发生剧烈反应,放出大量的热,可能引起自燃,甚至爆炸。较典型的有以下几类:

① 在空气中能自燃的物质。黄磷、烷基铝、碱金属、有机过氧化物、铝铁熔剂及硝酸纤维素制品等接触空气即能自行燃烧,其中一些是因具有较强的还原性,在常温下就易被 O_2 氧化而发热,如黄磷、烷基铝、碱金属等。常温下黄磷置于空气中很快就会被氧化而冒白烟,同时温度升高,当温度升至 30℃ 时便开始着火。有些物质本身极不稳定,吸潮时就会发生分解并放出大量的热,使温度升高而自燃,如有机过氧化物、硝化纤维制品等。在空气中能够发生自燃的物质,在储存和运输时就应防止与空气接触,例如,黄磷需存放在水中;烷基铝需存放在苯中;硝化棉可存放在水中或存放在低于 20℃ 的密闭容器中。

② 与水作用发生自燃的物质。碱金属、碱金属氢化物、硼烷、金属碳化物和金属磷化物,以及硼、锌、镁、铝等金属的烷基化合物等很多物质遇水会发生剧烈反应,同时放出大量的热和可燃气体,反应热能引起可燃气体着火甚至爆炸,例如钾、钠等碱金属接触水时会立即放出氢气并放出大量热量,氢气在反应热的作用下会立即发生爆炸性燃烧。

$$2K + 2H_2O \longrightarrow 2KOH + H_2 \uparrow$$
$$2Na + 2H_2O \longrightarrow 2NaOH + H_2 \uparrow$$
$$2H_2 + O_2 \longrightarrow 2H_2O$$

这类物质的共同特点是遇水反应产生大量热并放出可燃性气体,可燃气体在局部高温环境中与氧结合发生自燃。如果放出的热较少,局部温度达不到该可燃气的自燃点,则不会发生自燃。但因有大量可燃气放出,与空气形成预混气,遇火源仍会发生爆炸,十分危险。因此,这类物质在储存、运输中应防止包装破损而与水或酸类物质接触,以免发生自燃。这类物质一旦着火,一般应立即用干砂扑救。

③ 相互接触能发生自燃的物质。氧化剂和还原剂、强酸和强碱等物质相互接触可能发生自燃,尤其是强氧化剂和强还原剂接触容易发生自燃。常见的无机氧化剂有硝酸盐、亚硝酸盐、氯酸盐、高氯酸盐、亚氯酸盐、高锰酸盐、过氧化物、浓硫酸、浓硝酸、浓盐酸、氟、氯、溴、氧等;常见的还原剂有苯胺类、醇类、醛类、醚类、石油产品、木炭、金属粉末及其他有机高分子化合物等。乙炔、氢气、甲烷、乙烯等易燃气体与氯气混合时,有的一遇即燃,有的混合后在太阳光下发生着火,如乙炔遇氯气立即着火,氢与氯混合后在太阳光或燃烧的镁光作用下

亦会发生爆炸。

$$C_2H_2 + Cl_2 \longrightarrow 2HCl \uparrow + 2C$$

松节油、甘油、甲醇、乙醇等易燃液体遇到强氧化剂时也可引起自燃,如甲醇遇到过氧化钠会立即自燃。

有些易燃固体与氧化剂混合,在撞击或摩擦作用下能发生着火或爆炸,如硫与氯酸钾($KClO_3$)混合经撞击会爆炸;过氧化钠(Na_2O_2)或高锰酸钾($KMnO_4$)与硫粉(S)混合经摩擦立即燃烧;$KClO_3$与红磷混合,稍加摩擦即会发生爆炸。金属过氧化物与易燃固体混合,在水的作用下会自行着火。例如过氧化钠与硫(或棉花)混合遇水后会立即着火。

$$2Na_2O_2 + S + 2H_2O \longrightarrow 4NaOH + SO_2 \uparrow$$

很显然,互相接触能自燃的物质,在储运过程中要分开;在撞击或摩擦作用下能着火或爆炸的物质在运输过程要轻拿轻放、轻装轻卸。部分可燃物质的自燃点见表 10 - 4。

表 10 - 4　部分可燃物质的自燃点*

名称	自燃点/℃	名称	自燃点/℃	名称	自燃点/℃
黄(白)磷	34～60	沥青	280	布匹	200
赤磷	200	蜡烛	190	松香	240
噻璐珞	140	煤	400	木材	250～350
樟脑	70	纸张	130	木炭	350
硫	260	棉花	150	漆布	165

＊ 数据引自《消防安全技术》(化学工业出版社,2004)

10.1.3　化学爆炸及爆炸极限

化学爆炸是因物质发生化学反应产生大量气体,同时放出大量热量使物质温度急剧升高而发生的爆炸。化学爆炸往往伴随着燃烧,是消防工作的重点。

1. 爆炸极限

可燃气体、蒸气或粉尘与空气混合后,遇到火源产生爆炸的最高或最低浓度称为爆炸极限。爆炸极限通常用可燃气体或蒸气占空气混合气体的体积分数来表示,包括上限和下限,其中,能发生爆炸的最高浓度即为爆炸上限,最低浓度即为爆炸下限。当爆炸性混合物的浓度介于爆炸极限范围内时就会发生爆炸,高于爆炸上限或低于爆炸下限时,都不会发生爆炸。表 10 - 5 列举了部分可燃物的爆炸极限。

表 10-5 部分可燃物的爆炸极限*

物质名称	化学式	在空气中的爆炸极限/%		物质名称	化学式	在空气中的爆炸极限/%	
		下限	上限			下限	上限
甲烷	CH_4	5.3	15	环氧乙烷	C_2H_4O	3	100
乙烷	C_2H_6	3	16	一氯甲烷	CH_3Cl	7	19
丙烷	C_3H_8	2.1	9.5	氯乙烷	C_2H_5Cl	3.6	14.8
丁烷	C_4H_{10}	1.5	8.5	氢气	H_2	4.1	74
戊烷	C_5H_{12}	1.7	9.8	氨气	NH_3	15.7	27.4
己烷	C_6H_{14}	1.2	6.9	二硫化碳	CS_2	1	60
乙烯	C_2H_4	2.7	36	苯	C_6H_6	1.2	8
丙烯	C_3H_6	1	15	甲醇	CH_3OH	5.5	44
乙炔	C_2H_2	2.1	80	硫化氢	H_2S	4	46
丙炔	C_3H_4	1.7		氯乙烯	C_2H_3Cl	3.6	31
1,3-丁二烯	C_4H_6	1.4	16.3	氰化氢	HCN	5.6	40
一氧化碳	CO	12.5	74.2	二甲胺(无水)	C_2H_7N	2.8	14.4
甲醚	C_2H_6O	3.4	27	三甲胺(无水)	C_3H_9N	2	11.6

2. 影响爆炸极限的因素

不同的可燃气体或液体,因其理化性质不同,其爆炸极限也不相同,即使同种可燃气体或液体的爆炸极限也会因环境温度、压力等的变化而变化。以下简要介绍影响可燃物爆炸极限的几种因素。

(1) 温度。爆炸是一种链式反应,需要一定的活化能,升高温度能提高活化分子的比例,提高反应的速度,因此,升高温度能使爆炸极限变宽,更容易发生爆炸。

(2) 压力。压力对爆炸性混合物的爆炸极限的影响较为复杂,一般地,压力降低,爆炸极限范围变窄,反之变宽。当压力降至一定值时,爆炸上限和下限重合,这时的压力称为爆炸临界压力。一般当压力小于爆炸临界压力时,系统不会发生爆炸。不过,存在一些例外情况,例如,CO 的压力越高,爆炸范围越窄;磷化氢(PH_3)与 O_2 混合一般不发生反应,但若将压力降至一定值时,混合物却会突然爆炸。压力对爆炸上限的影响十分明显,对爆炸下限的影响较小。

(3) 惰性介质。若气体混合物中惰性气体的含量增加,爆炸极限范围变小。当惰性气体浓度提高到一定值时,气体混合物就不能爆炸。气体混合物中惰性气体量的增加对爆炸上限的影响比对下限的影响更为显著,因为惰性气体浓度增加,氧的浓度相对减小,而在上限时 O_2 的浓度本来就很小,故惰性气体的浓度稍微增加就能使爆炸上限显著下降。

(4) 容器。容器的材质、尺寸等对可燃物质的爆炸极限均有影响。容器、管道的直径越小,则爆炸范围越小。容器的材质对爆炸极限也有影响,如氢和氟在玻璃容器中混合,甚至在液化温度下于黑暗处混合也会发生爆炸,而在银制容器中,在常温下才能发生爆炸。

(5) 激发能源。引爆源的能量、热表面的面积与气体混合物的接触时间等,对气体混合物的爆炸极限均有影响。每种爆炸混合物都有一个最低引爆能量,如电压为 100 V,电流强度为 1 A 的电火花对甲烷气来说,无论在什么浓度下都不会爆炸,若电流强度为 2 A 时,则甲烷的爆炸极限为 5.9～13.6%。

3. 爆炸极限的实用意义

(1) 评价气体或液体的火灾危险性大小。可燃气体或蒸气的爆炸下限愈低,爆炸范围愈大,火灾危险性就愈大。例如乙炔的爆炸极限为 2.5%～80%,氢的爆炸极限为 4.1%～74%,氨的爆炸极限为 15%～27%,则这三种物质发生火灾的危险性顺序为:乙炔＞氢＞氨。

(2) 评定气体生产、储存的火灾危险性类别,选择电气设备的防爆类型。例如,生产、储存爆炸下限＜10%的可燃气体的火灾危险性类别为甲类,应选用隔爆型电气设备;生产、储存爆炸下限≥10%的可燃气体的火灾危险性类别为乙类,可选用任一防爆型电气设备。

(3) 确定建筑物的耐火等级、防火墙面积、安全疏散距离等。

(4) 确定生产安全操作规程。在生产和使用可燃气体、液体的场所,应根据其爆炸危险性,采取诸如密闭设备、加强通风、定期检查、开停机前后吹洗置换设备系统等防火安全措施。使用可燃气体或蒸气生产产品时(如氨氧化制硝酸),应使可燃气体或蒸气与氧化剂的配比处于爆炸极限以外。若处于或接近爆炸极限进行生产时,应充惰性气体稀释或保护。发生火灾时,应视可燃气体爆炸危险性的大小,采取诸如冷却降温、降压、排空泄料、停车、关阀、断料、使用相应灭火剂扑救等措施,阻止火势扩展,防止爆炸事故。

4. 化学爆炸的要素

爆炸性物质能否发生爆炸取决于以下三个要素:反应的放热量、反应的快速性和生成气体产物。这三个要素是发生爆炸反应的基本条件,缺一不可。

(1) 反应的放热量。化学反应若没有足够的热量放出,体系就不会发生爆炸。

(2) 反应的快速性。这是爆炸过程区别于一般化学反应过程的最重要的标志。

(3) 生成气体产物。爆炸体系通过高温高压气体的迅速膨胀实现对环境做功,反应生成大量气体是发生爆炸的一个必要因素。

10.1.4 灭火原理及灭火方法

火是一种自然现象,被驯服的火是人类的朋友,会给人类带来光明和温暖,并推动人类文明和社会进步,但火一旦失去控制,就会酿成灾难,造成生命和财产的巨大损失。掌握消防知识,减少和预防火灾发生,对每一个人都非常重要。

1. 火灾类别

根据可燃物的类型和燃烧特性，火灾可分为 A、B、C、D、E、F 六类。

(1) A 类：指固体物质燃烧的火灾。这种固体物质通常为有机物或具有有机物质的性质，一般在燃烧时能产生灼热的余烬，如木材、煤、棉、毛、麻、纸张等。

(2) B 类：指液体或可熔化固体物质的火灾。如煤油、柴油、原油，甲醇、乙醇、沥青、石蜡等发生的火灾。

(3) C 类：指气体火灾。如煤气、天然气、甲烷、乙烷、丙烷、氢气等发生的火灾。

(4) D 类：指金属火灾。如钾、钠、镁、铝、镁、铝镁合金等发生的火灾。

(5) E 类：指带电火灾。物体带电燃烧所发生的火灾。

(6) F 类：指烹饪器具内的烹饪物，如动植物油脂火灾。

2. 灭火原理及方法

灭火的基本原理是破坏可燃物的燃烧反应链，主要破坏氧化物、可燃物及降低温度，同时控制可燃物和氧化剂的量。灭火方法通常有冷却、窒息、隔离和化学抑制等四种：

(1) 冷却灭火：对一般可燃物来说，能够持续燃烧的条件之一就是在热量的作用下达到了着火温度，因此，通常将可燃物冷却到其燃点或闪点以下，燃烧反应就会中止。

(2) 窒息灭火：各种可燃物的燃烧都必须在其所需的最低 O_2 浓度以上进行，否则燃烧就不能持续，因此，降低可燃物周围的 O_2 浓度即可起到灭火的作用。通常使用的 CO_2、N_2、水等灭火的方法主要就是利用其窒息作用。

(3) 隔离灭火：把可燃物与火源或 O_2 隔离开来，燃烧反应就会中止。

(4) 化学抑制灭火：使用灭火剂与链式反应中的自由基反应，使燃烧的链式反应中断，从而使燃烧不能持续进行。常用的干粉灭火剂、卤代烷灭火剂就是利用化学抑制作用灭火。

§10.2　常用化学灭火剂及灭火器

10.2.1　常用化学灭火剂

1. 惰性气体灭火剂

主要有 CO_2 和烟烙尽灭火剂，其灭火原理是稀释 O_2，窒息灭火。二氧化碳灭火剂中 CO_2 的体积浓度约 $34\% \sim 75\%$，适于扑灭液体火灾、石蜡等可熔化固体火灾、电气火灾等。但 CO_2 会对人体健康造成一定危害，不适于有人工作和居住的场所灭火。烟烙尽灭火剂是美国研制的一种混合气体灭火剂，组成为：氮气 52%，氩气 40%，二氧化碳 8%（体积比）。

该灭火剂施放后不污染空气,对人安全,但投资大,适于一些重要的、经常有人停留和有贵重设备场所的灭火。此外,该灭火剂的灭火效力不高,不适于蔓延较快的火灾。

2. 干粉灭火剂

干粉灭火剂是一种干燥的、易流动的并具有很好防潮、防结块性能的固体粉末。干粉灭火剂与火焰接触时,发生一系列的物理和化学反应,将火扑灭。其灭火原理主要为化学抑制作用。干粉灭火剂通常分为两类:

(1) 普通干粉灭火剂(BC 干粉灭火剂),是由 92% $NaHCO_3$、4%活性白土及云母粉和防结块添加剂组成。

(2) 多用途干粉灭火剂(ABC 干粉灭火剂),是由 75% NaH_2PO_4、20%(NH_4)$_2SO_4$、催化剂及 3%防结块剂、1.85%活性白土、0.15%氧化铁黄组成。

3. 细水雾灭火剂

细水雾是指使用特殊喷嘴,通过高压喷水产生微小水粒,其灭火机理主要有两个方面:① 汽化吸热降温作用。由于细水雾的比表面积很大,因而表面换热系数大,受热时能迅速汽化而吸收大量的热量,使封闭空间内降温;② 隔绝 O_2 窒息作用。水雾在汽化时体积迅速膨胀,使水蒸气在空气中的分压迅速增大,O_2 的分压则迅速降低,当 O_2 体积百分比降至 15%时,就会造成隔阻 O_2 的窒息作用,达到灭火的目的。细水雾灭火剂灭火速度较快,对环境无污染,还可大大降低火灾中的烟气浓度及毒性,冷却火场温度,便于人员疏散。

4. EBM 气溶胶灭火剂

EBM 气溶胶灭火剂是我国于 20 世纪 90 年代研发的一种新型固体微粒气溶胶灭火剂,主要成分有金属氧化物(K_2O)、碳酸盐(K_2CO_3)或碳酸氢盐($KHCO_3$)、碳粒和少量金属炭化物。其灭火机理较复杂,包括气相化学抑制作用、固相化学抑制作用,以及 K_2O 与炭在高温下反应吸收燃烧火源的部分热量而使火焰温度降低。

EBM 气溶胶灭火剂可用于扑救下列物质的初期火灾:① 变(配)电间、发电机房、通讯机房、变压器、计算机房等场所的电气火灾;② 生产、使用或储存重油、变压器油、润化油、动物油、闪点高于 60℃的柴油等各种 B 类可燃液体的火灾;③ 不发生阴燃的可燃固体物质的表面火灾。不适用于爆炸危险区域、商场和候车厅等人员密集场所的火灾。

5. 易安龙灭火剂

易安龙灭火剂是一种新型绿色清洁灭火剂,由烟雾成分和固体成分组成。其中,主要固体成分为:KNO_3 62.3%,硝化纤维 22.4%,碳质 9%,工艺混合物 6.3%(质量比);烟雾成分为:固相(K_2CO_3 为主)7 000 mg/m³,N_2 70%,CO 0.4%,CO_2 1.2%,NO 0.004%~0.01%(体积比)。其灭火原理与卤代烷灭火剂类似,包括化学和物理两个方面:① 通过化学反应干扰火焰的链式反应;② 通过某些成分的分解吸热作用使火场降温。易安龙灭火剂对深部火灾具有很好的灭火效果,适于液体、固体、油类和电气设备等多种火灾,绿色环保。

6. FM-200 气体灭火剂

FM-200 气体灭火剂是美国研制的卤代烃灭火剂的一种,无色无味,可液化储存,其分解物能中断链式反应,灭火能力强,速度快,用于扑救液体或可熔化固体火灾,适于有人场所,对电器设备不造成损害。但该灭火剂的密度较空气轻,对深位火灾的灭火效果较差,此外,该灭火剂进入大气中可存留 30 年,英美等国已将其列入受控使用计划之列。

7. 氟碘烃灭火剂

氟碘烃灭火剂具有很好的灭火效果,适于有人的场所,其灭火机理为:① 化学灭火作用,即捕捉自由基,终止引起火焰传播的链式反应;② 物理灭火作用,即冷却火场温度。此类灭火剂基本上不导致温室效应,易分解,在大气中残留时间较短。

8. 水成膜泡沫灭火剂

水成膜泡沫灭火剂是以碳氢表面活性剂与氟碳表面活性剂为基料,能在某些烃类液体表面形成一层水膜的泡沫灭火剂,适于扑灭油类和极性溶剂类可燃物引起的火灾。这种灭火剂在扑灭油火时,能在油的表面上形成一层水膜;在扑灭极性溶剂(醇、酯、酮等)火时,能在其表面形成一层高分子胶膜,保护了上面的泡沫不被极性燃料破坏,依靠泡沫和防护膜的双重作用,迅速扑灭液体燃料火灾。氟碳表面活性剂可提高泡沫的流动性、耐油性、耐醇性,增强泡沫的扩展性和镇火、灭火能力。

10.2.2 常用灭火器及其选择

1. 灭火器的分类

灭火器按充装的灭火剂种类可分为五类:① 干粉型;② 二氧化碳型;③ 泡沫型;④ 水型;⑤ 卤代烷型(俗称"1211"和"1301"灭火器);按驱动灭火剂的压力形式可分为三类:① 贮气式。灭火剂是由灭火器上的贮气瓶释放的压缩气体或液化气体的压力驱动的灭火器;② 贮压式。灭火剂由灭火器容器内的压缩气体或蒸气压力驱动的灭火器;③ 化学反应式。灭火剂由灭火器内物质发生化学反应产生的气体压力驱动的灭火器;按移动方式可分为:手提式和推车式灭火器,前者又分为三种:干粉灭火器、二氧化碳灭火器和卤代烷型灭火器,其中卤代烷型灭火器因对环境影响较大,已不提倡使用。目前,在宾馆、饭店、影剧院、医院、学校等公众聚集场所使用的多为磷酸铵盐干粉灭火器和二氧化碳灭火器;在加油站、加气站等场所使用的是碳酸氢钠干粉灭火器和二氧化碳灭火器。推车式灭火器有:化学泡沫型、贮气瓶式干粉型、贮压式干粉型、二氧化碳型灭火器等。

2. 常用灭火器及其使用方法

灭火器种类繁多,适用范围各异,只有根据火灾的类型正确选择灭火器的类型,才能有效地扑救火灾。以下对常用的手提式灭火器做简要介绍。

（1）清水灭火器。灭火剂为水。水的热稳定性较高、密度较大、表面张力及蒸发热较高，主要依靠冷却和窒息作用灭火。水被汽化后体积膨胀约 1 700 倍，达到窒息灭火的目的。当水呈雾状时，比表面积大大增加，增强了水与火之间的热交换作用，从而强化了其冷却和窒息作用。另外，对一些易溶于水的可燃液体还可起稀释作用。采用强射流产生的水雾还能使可燃液体产生乳化作用，使可燃蒸汽产生的速度降低，进一步达到灭火的目的。

（2）简易式灭火器。是近年开发的一次性轻便型灭火器，灭火剂量约 500 g，压力约0.8 MPa。按灭火剂类型分为简易型、简易式干粉型和简易式空气泡沫型灭火器。前两种可扑救液化石油气灶、煤气灶及钢瓶阀等处的初起火灾，也能扑救废纸篓等固体可燃物火灾；后一种适于油锅、煤油炉和蜡烛等的初起火灾，也能对固体可燃物火灾进行扑救。

（3）手提式和推车式干粉灭火器。如图 10-2，使用干粉灭火器扑救可燃、易燃液体火灾时，应位于上风方向，在约 5 m 处对准火焰根部由近而远，并左右扫射，使喷射出的干粉流覆盖整个火焰表面。在扑救容器内可燃液体火灾时，应注意不能将喷嘴直接对准液面喷射，以防将可燃液体溅出而扩大火势。如果金属容器中的可燃液体燃烧时间过长，容器的壁温已高于可燃液体的自燃点时，极易造成灭火后复燃，此时应与泡沫类灭火器联用。用干粉灭火器扑救固体可燃物火灾时，应对准燃烧最猛烈处喷射，并上下、左右扫射。若条件许可，可沿燃烧物四周喷射，使干粉灭火剂均匀喷洒在燃烧物表面，以提高灭火效果。

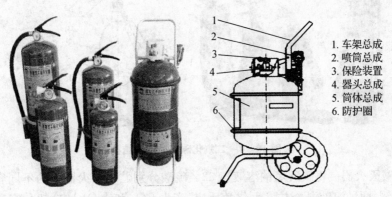

1. 车架总成
2. 喷筒总成
3. 保险装置
4. 器头总成
5. 筒体总成
6. 防护圈

图 10-2　干粉灭火器及结构

（4）泡沫灭火器。泡沫灭火器（图 10-3）的灭火剂由分别储存的硫酸铝和碳酸氢钠溶液组成，灭火时，将灭火器倒置，泡沫即可喷出，覆盖着火物而达到灭火目的。适于扑灭桶装油品、管线、地面的火灾，不适于电气设备和精密金属制品的火灾。

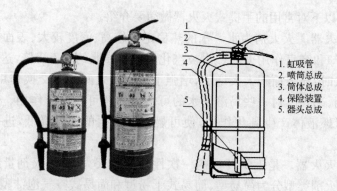

图 10-3　泡沫灭火器及结构

1. 虹吸管
2. 喷筒总成
3. 筒体总成
4. 保险装置
5. 器头总成

　（5）四氯化碳灭火器。四氯化碳（CCl_4）是无色透明、不导电的液体,气化后产生密度大于空气的 CCl_4 气体。灭火时,将灭火器倒置,喷嘴向下喷出 CCl_4 气体,适于扑灭电器和贵重仪器设备的火灾。CCl_4 毒性大,灭火人应位于上风口,室内灭火后应及时通风。

　（6）二氧化碳灭火器。内装液态 CO_2,CO_2 气体不导电,密度较空气大,灭火时,CO_2 气流喷射到着火物上,隔绝空气使火焰熄灭,适于精密仪器、电气设备等小面积火灾。液态 CO_2 气化时大量吸热,会产生极低温度（可达 $-80℃$）,灭火人员要避免冻伤。同时,CO_2 虽然无毒,但有窒息作用,应尽量避免吸入。

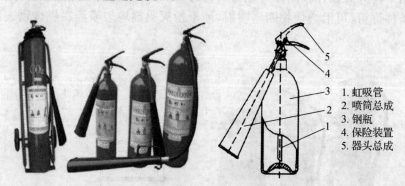

图 10-4　二氧化碳灭火器及结构

1. 虹吸管
2. 喷筒总成
3. 钢瓶
4. 保险装置
5. 器头总成

　（7）酸碱灭火器。将碳酸氢钠溶液与 62% 硫酸分别贮于灭火器内的不同容器中,灭火时将容器颠倒,两种溶液混合并发生化学反应,产生 CO_2 和水,通过冷却和窒息作用灭火,适用于竹、木、棉、毛、纸等一般性物品的火灾,不能用于油类、电器设备等的火灾。

　（8）手提式 1211 灭火器。1211 是二氟一氯一溴甲烷的代号。1211 灭火器属于储压式灭火器,利用装在灭火器内的 N_2 压力将 1211 灭火剂喷出灭火。因卤代烷会对大气造成污染,对人体有害,已逐步被二氧化碳灭火器取代。

　（9）自动灭火器。采用定温启动、热启动、电控启动等方式联动启动的灭火器。根据所填充的灭火剂,可分为超细干粉型、泡沫型、气溶胶型等。使用时只需将灭火器悬挂于保护区域或保护物上方,或直接投掷于火中就能发挥灭火的作用,可扑救 A、B、C、E 类火灾,适于汽车、办公室、车间、仓库、配电房、电缆、矿井、港口码头等场所。

图 10-5　几种自动灭火器

3. 灭火器的选择

（1）扑救 A 类火灾应选用水型、泡沫型、磷酸铵盐干粉型、卤代烷型灭火器。

（2）扑救 B 类火灾应选用干粉型、泡沫型、卤代烷型、二氧化碳型灭火器。需注意的是,因化学泡沫与醇、醛、酮、醚、酯等有机极性溶剂接触后大都会被迅速吸收而消失,不能起到灭火的作用,所以,化学泡沫灭火器不能扑灭 B 类极性溶剂火灾。

（3）扑救 C 类火灾应选用干粉型、卤代烷型、二氧化碳型灭火器。

（4）扑救 D 类火灾,目前我国还没有定型的扑救 D 类火灾的灭火器产品,通常采用干砂或铸铁沫灭火。国外使用的主要有石墨粉型和专用金属火灾干粉型灭火器。

（5）扑救 E 类火灾应选用磷酸铵盐干粉型、卤代烷型灭火器。

（6）扑救 F 类火灾,应使用窒息方式进行灭火,忌用水、泡沫及含水性灭火剂。

4. 灭火器材报废年限

灭火器从出厂日期算起,达到如下年限的,必须报废,其中,手提式化学泡沫灭火器:5 年;手提式酸碱灭火器:5 年;手提式清水灭火器:6 年;手提式干粉灭火器(贮气瓶式):8 年;手提贮压式干粉灭火器:10 年;手提式二氧化碳灭火器:12 年;推车式化学泡沫灭火器:8 年;推车式干粉灭火器(贮气瓶式):10 年;推车贮压式干粉灭火器:12 年;推车式二氧化碳灭火器:12 年。

5. 灭火器材的管理

火灾发生时,灭火器材是生命和财产的保护神,必须按照规定严格管理,主要包括以下内容:(1)定点摆放,不能随意挪动;(2)定期巡查,定期换药,确保处于完好状态;(3)专人管理;(4)经常普及消防知识;(5)经常训练灭火器材的使用技能。

火灾大多是在人不经意的时候就发生了,"隐患险于明火,防范胜于救灾,责任重于泰山",水火无情,只要每个人都能时时注意防范,灾难就一定会少很多。

参考文献

1. 徐厚生,赵双其. 防火防爆[M]. 北京:化学工业出版社,2004.
2. 郑瑞文,刘海辰. 消防安全技术[M]. 北京:化学工业出版社,2004.
3. 孙连捷,张梦欣. 安全科学技术百科全书[M]. 北京:中国劳动社会保障出版社,2003.
4. 和丽秋. 火灾与消防中的化学[J]. 化学教育,2003,(10):1-3.

思考题

1. 可燃物在什么条件下会发生燃烧?
2. 什么是化学爆炸? 举例说明如何避免化学爆炸?
3. 什么是爆炸极限? 请列举几种常见可燃、易燃气体的爆炸极限。
4. 请简述燃烧的链反应机理。如何扑救柴油、汽油等可燃液体火灾?
5. 你认为你的家里有哪些火灾隐患? 应该配置哪种灭火器?

第 11 章 化学与染料

染料是指在一定的介质中,采用适当的方法,能使纤维材料或其他物质染成具有鲜明而坚牢的颜色的有机化合物。染料大多可溶于水,或通过一定的化学处理转变成溶液,主要应用于纺织品的染色和印花。此外,染料还广泛应用于皮革、印刷、造纸、食品、塑料、墨水、橡胶制品、照相材料、医药和信息材料等工业领域。

§11.1 染料的发展

人类使用染料的历史非常悠久,古代人们就已会用天然染料将织物染成不同的颜色,除了美化生活,还以此来显示人的尊卑,特别是有了阶级以后,便以服饰的颜色来作为等级和阶层的重要标志。例如,无论是东方还是西方,紫色都象征着尊贵。在古罗马,紫色的服装只供奉给贵族穿着。在中国,紫色长期以来被认为是吉祥的象征,产生了许多与"紫色"相关的词汇,如"紫气东来"、"姹紫嫣红"、"紫绶金章"、"佩紫怀黄"等。人们最初是从天然材料中获取各种染料,即天然染料,严格说应是天然色素,从此,这个世界变得缤纷多彩起来。根据英国染色和印染工作者协会(SDC)给出的定义,天然染料是指从植物、动物或矿产资源中获得的、很少或没有经过化学加工的染料。人们根据天然染料的来源,将其分别命名为植物染料、动物染料和矿物染料,其中以植物染料为主,矿物染料和动物染料所占比例较少。天然染料主要适用于棉、麻、丝、毛等天然纤维的染色,其制备方法历代相传,沿用至今。

植物染料是从植物的根、茎、叶、花、果实中提取的含有不同化学成分的有色物质——色素。据统计,至少可从自然界中的 1 000~5 000 种植物中提取出色素,如紫草、栀子、茜草、苏木、红花、姜黄、大黄、黄柏、冬青、槐花、茶叶等,其中有不少植物可用作中草药,从这些植物中提取的色素除了可以作为染料使用外,还可用作抗菌消炎、活血化瘀等药物,所以,用植物染料染制的许多纺织品同时还具有一定的医疗保健功能。

纤维或织物被染料染色后的颜色称为色相。目前,植物染料以黄色、红色品种最多,其次是蓝色、紫色、绿色、黑色。黄色染料颜色生动,是自然界中原料最丰富的染料;红色染料大多存在于植物的根、树皮和花中,主要的红色植物染料来源有茜草、苏木、红花等;靛蓝是最主要和最常见的蓝色染料之一,通常从蓝草植物的叶子中提取;紫色染料的典型来源是紫草;绿色染料可从大荨麻、铃兰和紫洋葱皮中提取;黑色染料存在于桤木树皮和阿拉伯合金欢的树皮中。

我国是世界上应用植物染料染色最早的国家之一,已有几千年的使用历史。从公元前20世纪开始,我国人民就已经能够利用多种植物染料染出黄、红、蓝、绿、紫、黑色等多种颜色。在夏代,人们便开始种植蓝草,从中提取染料并染色;到了周代,民间已有专门从事丝帛染色的染匠,周王祭祀先帝时就穿着栀子黄染色的黄色祭服。在北魏农学家贾思勰所著的《齐民要术》卷五中,详细记载了多种植物染料的提取方法。1972年,我国湖南长沙马王堆古墓中出土的西汉服饰和丝织品中,就有用植物染料茜草染成的深红绢和长寿绣袍的底色,可见我国古代植物染料种类之丰富。

图 11-1 蓝草植物及靛蓝染料　　　　图 11-2 靛蓝染料的主要成分

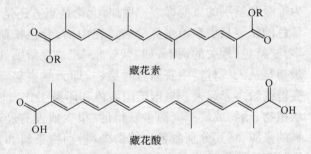

图 11-3 栀子植物及栀子黄色素　　　　图 11-4 栀子黄色素的主要成分

天然染料除少数品种外,大多对纤维的亲和力(染料从染液向纤维转移的趋势)或直接性(染料对纤维直接上染的性能)很差,必须与媒染剂作用后才能固着在纤维上。此外,天然染料还存在色泽单调、染色工艺繁杂、产量小及季节依赖性强的缺陷。19世纪中叶,世界纺织工业快速发展,天然染料无论在数量上还是质量上已远不能满足时代的需求,随着冶金工业的兴起,人们在炼焦副产煤焦油中发现了有机芳香族化合物,为合成染料提供了所需的各种原料。同时,四价碳和苯苯结构理论模型的确立,使人们能够通过分子结构设计有目的地合成染料。这几个契机促成了现代染料工业的产生和快速发展。

1856年,年仅18岁的英国皇家理科学院学生 W. H. Perkin 在制备奎宁的过程中,将苯胺硫酸盐与重铬酸钾进行反应,意外制得了有机合成染料——苯胺紫(图11-5)。他发

现苯胺紫能够很容易地将丝绸和毛料染成紫色,获得
比植物染料更加鲜艳的颜色,而且经过多次洗涤也很
难将紫色洗去。1857 年,Perkin 在哈罗建立了世界
上第一家生产苯胺紫的合成染料工厂,并将生产的苯
胺紫命名为"泰尔红紫"。苯胺紫被公认为是人类历
史上第一种化学合成染料,成为染料发展史上的第一
个里程碑。

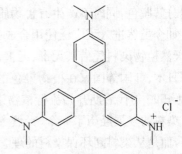

图 11-5　苯胺紫的分子结构式

　　此后,各种合成染料相继涌现。1868 年,人工合
成了一种金属络合染料母体——茜素(1,2-二羟基
蒽醌),1890 年合成出了靛蓝,1901 年发明了还原蓝,20 世纪 20 年代出现了分散染料,30 年
代产生了酞菁染料。1956 年,英国帝国化学公司发明了纤维素纤维染色用的活性染料,这
是染料发展史上的第二个里程碑。在这之前,染料与纤维都是基于某些物理作用相结合,而
通过化学键使染料分子结合到纤维分子上使纤维着色,这是现代染料发展史上的新概念。
活性染料的出现,开拓了染料化学的新领域。这一时期随着合成纤维的快速发展,更加促进
了各类染料的研究和开发,各国化学家们先后设计合成了上万种染料分子,其中有上千种被
实际应用,染料工业迅速成为精细化工领域中的一个重要分支。

　　进入 20 世纪 70 年代,染料工业面临了一些困难,如传统染料和中间体的生产中"三废"
污染较为严重,使许多产品无法投入生产;纺织品所需的染料已基本满足要求,在合成纤维
新品种没有获得突破性进展的情况下,没有必要大规模地开发染料新品种。与此相反,随着
电子和信息工业的飞速发展,染料在新的非染色领域(如功能染料)中的应用变得越来越重
要。从 20 世纪 80 年代开始,世界各大染料公司开始致力于开发应用在新技术领域的功能
性染料。一般而言,功能染料泛指具有特殊性能的染料(色素),是利用与染料分子结构有关
的各种物理和化学性能而产生某些特殊功能。功能染料主要包括:① 在光、热、电、磁场或
压力作用下使染料显示出颜色,如光致变色染料、热敏和压敏染料、红外摄像用染料、激光染
料和液晶染料等;② 能量转换染料,如光导电染料、太阳能电池用染料等;③ 其他如光盘信
息记录染料、有机非线性光学染料以及生物功能染料等。作为染料领域一个重要分支,功能
染料已得到了染料化学家的认可,被誉为染料发展史上的第三个里程碑。

　　近年来,在世界"绿色消费"浪潮的冲击下,环境和生态保护已成为染料工业可持续发展
的首要条件,世界各国的染料公司都在大力研究、开发各种环保染料和染料的清洁生产工
艺,这已成为染料工业发展的主攻方向。国际纺织品生态研究和检验协会于 1992 年制定了
生态纺织品标准 100(Eco-Tex Standard 100)作为纺织品生态性能的判别标准,对有关纺织
品中有毒物质的测试标准进行了具体规定。现代染料工业主要着眼于符合该标准的环保和
生态要求,不仅在生产和使用环节中无污染,而且在回收过程中能够在较温和的条件就可使

染料分解脱色,同时不产生有害物质。

如今虽然进入了广泛使用合成染料的时代,但对回归自然和绿色环保的呼声却越来越高,天然植物染料凭借其无毒、无害、与环境友好、生物降解性良好等特点,再度受到世人关注。日本、韩国等国家在植物染色的继承、保护、研究和推广方面一直在开展工作,美国于20世纪90年代后期开始流行植物染色的有机棉产品。

染料的发展经历了一个"天然→化学合成→天然"的发展循环,但这并不是一个简单的循环,而是从染料到环保染料的理念提升,是在染色技术水平日益提高的基础上的回归,具有了更丰富的科学内涵。

§11.2 染料的颜色

任何物质的颜色都是人的一种生理感觉,当物质受到光线照射后,就会吸收一部分光,而未吸收的部分则经过反射、折射后刺激人的眼睛,再经过人的脑神经将落在视网膜上的不同性质的光分辨出来,从而产生了颜色的感觉。所以,颜色不仅与物质分子本身的结构有关,还与照射到该物质上的光的性质有关,颜色的产生是一个综合作用的结果。

11.2.1 发色理论简介

自从1856年Perkin发明了苯胺紫染料以后,人们就对染料的颜色与其分子结构之间的关系开始了研究,并提出了各种理论,为近代发色理论的建立奠定了基础,具有代表性的早期发色理论有发色团与助色团理论、醌构理论等。

1. 发色团和助色团理论

早在1868年,Graebe和Liebermamm就提出了分子的不饱和性是导致有机物发色的原因。1876年,德国的O. N. Witt提出,有机物至少需要有某些不饱和基团存在时,才能显示出颜色,他将这些基团称为发色团,如: $\diagdown C{=}C\diagup$ 、 $-CH{=}N-$ 、 $\diagdown C{=}C\diagup$ 、 $\diagdown C{=}S\diagup$ 、 $-N{=}O$ 、 $-N{=}N-$ 等不饱和性基团,但并不是具有发色团的有机物就一定会有颜色,某种发色团还必须相互连结形成具有足够长的共轭体系或者同时连结有多种发色团时,才能显示出颜色。这些含有发色团的分子结构称为发色体。

Witt还发现,在发色体中引入某些基团时,会使整个分子的颜色变深、变浓,他把这些基团称为助色团。常见的助色团有:—OH、—OR、—NH₂、—NHR、—NR₂、—Cl、—Br等。

此外,像—SO₃Na、—COONa 等较特殊的助色团,它们对染料颜色无显著的影响,但可使染料具有水溶性,并使染料在水溶液里带负电荷,从而对某些纤维产生亲和力。

随着有机化学分子结构理论的发展,人们发现助色团并不是染料必不可少的条件,像紫蒽酮染料,分子结构中无任何助色团,但颜色也很深、很浓,其结构式如下:

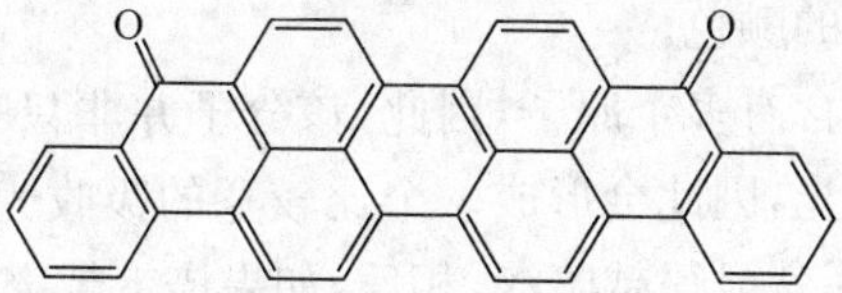

2. 醌构理论

1888 年,英国的 Armstrong 提出:有机物的颜色与芳香核的醌型结构有关,凡是具有醌型结构的化合物都有颜色。

Armstrong 的醌构理论在解释芳甲烷类及醌亚甲胺类染料时相当成功,例如孔雀绿,由于分子内醌型结构的存在,所以该化合物呈现很深的绿色,但将它还原后,分子不再具有醌型结构,便呈现无色。

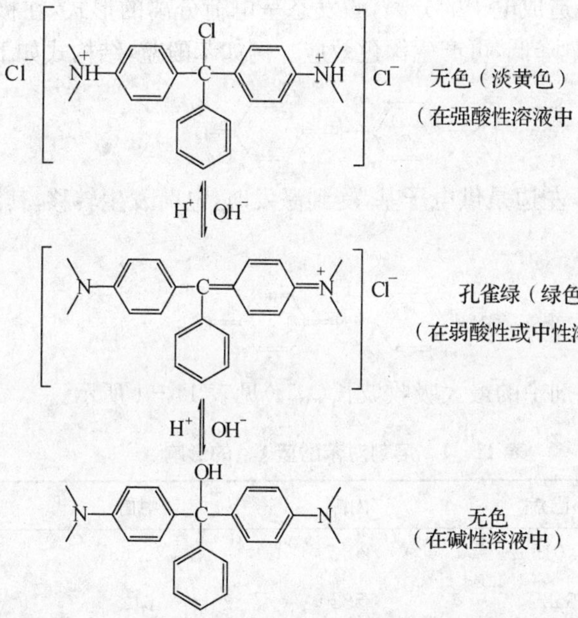

图 11-6 孔雀绿醌型结构的变化

由于很多染料都不具备醌型结构,显然,醌型结构不是有机物发色的必要条件。

3. 量子理论

染料分子的吸收光谱可看作电磁辐射与染料分子相互作用的结果,即染料分子选择性地吸收了一定波长的光辐射后,处于低能级分子轨道上的电子受到激发而跃迁到高能级的空轨道上,由于不同染料化合物分子的能级差不同,导致电子跃迁所吸收的光的波长不同,从而使不同染料显示出不同的颜色。

一个有机物分子中往往含有多个原子,因此,该分子并非只吸收某一波长的光,而是吸收可以发生各种电子跃迁的光,因此会形成一个比较宽的吸收光谱带,谱带越宽,吸收光的波长范围越广,其补色的色泽就显得越暗淡,相反,如果谱带越窄,说明染料分子对光吸收的选择性越强,其补色就会显得非常明亮、纯正,染料颜色也就越鲜艳。

11.2.2 外界条件对染料吸收光谱的影响

染料吸收光谱曲线的测定一般都是在稀溶液状态下进行的,溶剂的性质、溶液的浓度和温度等外在条件都会对吸收光谱曲线产生影响。

1. 溶剂的极性

一般 $\pi \rightarrow \pi^*$ 跃迁常会造成电子的分离,激发态呈电荷分离的形式,在极性溶剂中,电荷分离的形式趋于稳定,能量降低,可产生深色效应。例如苯酚蓝,结构式如下:

分子右边是吸电子基,左边是供电子基,受到激发时,电荷发生转移,其激发态可用下式表示:

苯酚蓝在不同极性溶剂中的最大吸收波长(λ_{max})见表 11-1 所示。

表 11-1 溶剂对苯酚蓝 λ_{max} 的影响

溶剂	环己烷	丙酮	甲醇	水
介电常数	2.015	20.7	32.63	79.45
λ_{max}(nm)	552	582	612	668

同理,染料在纤维上的颜色也会因纤维的极性不同而不同,一般来说,同一染料在极性高的纤维上呈深色效应,在极性低的纤维上呈浅色效应。例如,许多分散染料在醋酯纤维上的得色较在聚酰胺纤维上的得色浅,主要原因可能是聚酰胺纤维的极性比醋酯纤维的极性

大的缘故。

2. 染液浓度的影响

染液的浓度主要关系到染料分子在溶液中所存在的状态,包括单分子状态、缔合状态和聚集状态。当染液浓度很低时,染料主要以单分子状态存在,随着浓度的增大,染料分子间便通过分子间作用力而聚集,形成二聚体至多聚体。一般来说,聚集状态的分子的 π 电子流动性降低,其激发能提高,从而产生浅色效应。例如结晶紫单分子状态的 λ_{max} 为 583 nm,而其二聚体则为 540 nm。染料分子的缔合现象对颜色的影响也表现在纤维染色上,不溶性染料在纤维上的聚集会影响其颜色色光,所以染色后纤维要皂煮,使其色光稳定。染料分子的聚集程度还和染液的温度有关,通常温度升高,聚集程度降低,伴随深色效应。

11.2.3 染料分子的结构对染料颜色的影响

染料的颜色一般是指染料稀溶液的光吸收特性。由于染料分子结构的复杂性,加之分子内各基团间的相互影响,使染料结构与颜色之间的关系十分复杂。通过对不同结构染料的吸收光谱的测定,人们已探索出了一些规律,主要有以下几个方面:

1. 共轭系统

有机物分子中 π 电子的重叠会降低激发能,所以,在含有双键共轭系统中,共轭双键的长度增加,激发能降低,λ_{max} 发生红移,会产生不同程度的深色、浓色效应,即共轭双键越多,染料的颜色越深,例如:

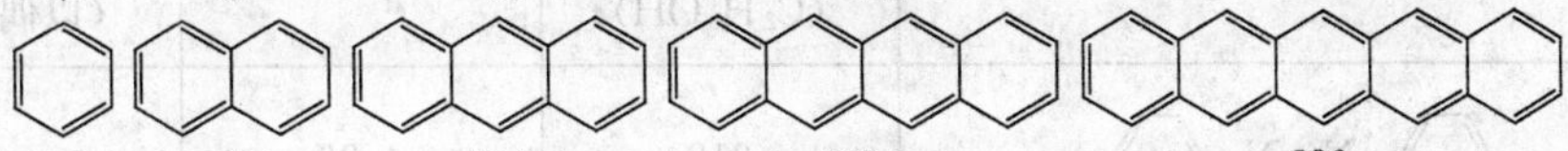

	苯	萘	蒽	丁省	戊省
λ_{max}(nm)	200	285	384	480	580
$\lg\varepsilon_{max}$	3.65	3.75	3.8	4.05	4.1
	无色	无色	无色	橙色	蓝色

偶氮染料的共轭双键系统是由偶氮基连接芳环而构成的,例如:

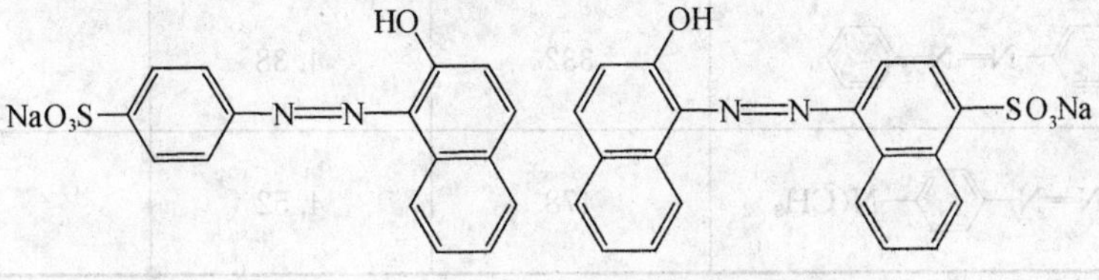

橙色　　　　　　　　　　　红色

2. 取代基的影响

很多染料的共轭系统上会接有—OH、—NH₂ 等供电子基团,这些基团上的孤电子对与共轭体系中的 π 电子相互作用降低了分子激发能,使其 λ_{max} 红移,产生深色效应;染料的共轭系统中还会具有如—NO₂、$C=O$ 等吸电子基,它们与发色体相连,增长了共轭系统,也会加深染料的颜色。这两种情况在颜色加深的同时,往往也伴随着吸收强度的增加,产生浓色效应。例如:

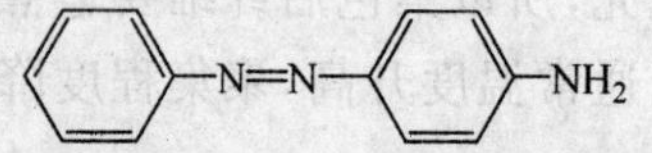

黄色 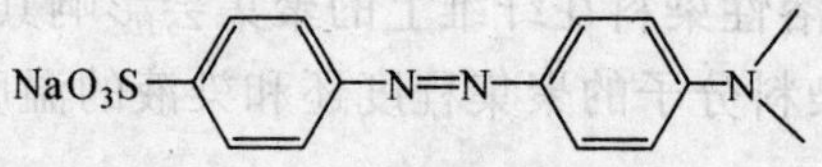   橙色

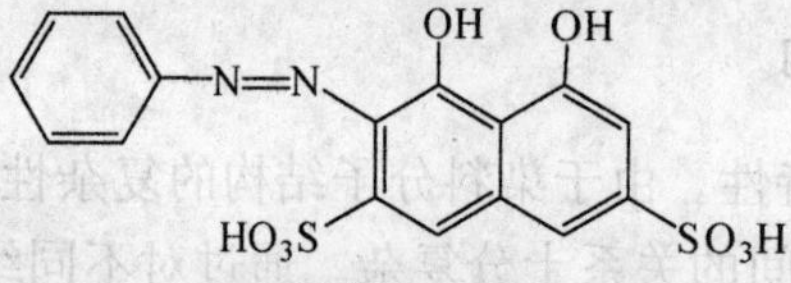

红色 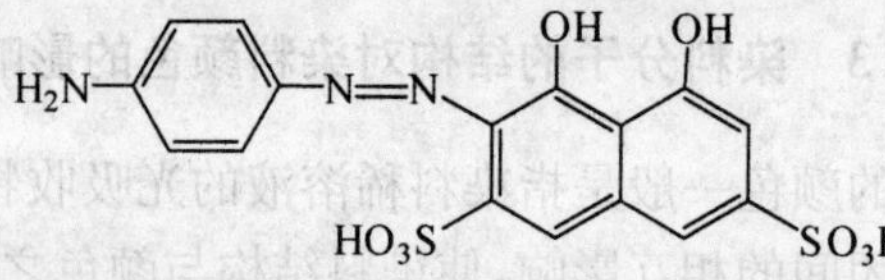   紫色

在共轭系统的两端同时存在供电子基和吸电子基团时,会产生分子内推拉电子效应,造成更明显的深色效应,甚至比它们各自单独作用时的加和还要大,这种作用使得染料分子激发态的能量大大下降,从而产生强烈的深色效应,见表 11-2 示例。

表 11-2　供、吸电子基团与分子 λ_{max} 和 ε_{max} 的关系

供、吸电子基	λ_{max}(nm) (C_2H_3OH)	$lg\varepsilon_{max}$	$\Delta\lambda$(nm) (以偶氮苯为参比)
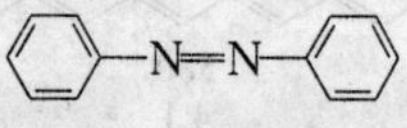	318	4.33	—
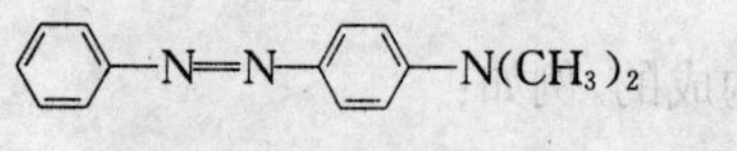	408	4.44	+90
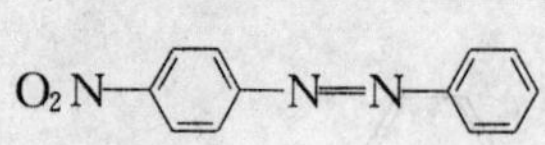	332	4.38	+14
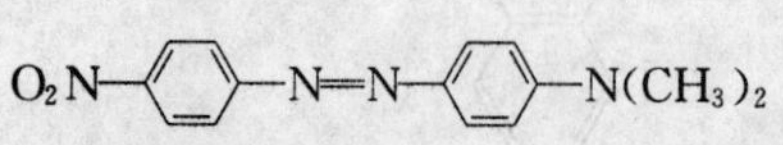	478	4.52	+160

如果供电子基与吸电子基之间能生成氢键,则深色效应更为显著,例如,在 CH_2Cl_2 溶剂中,氨基在蒽醌的 1 位上的深色效应比在 2 位上强。

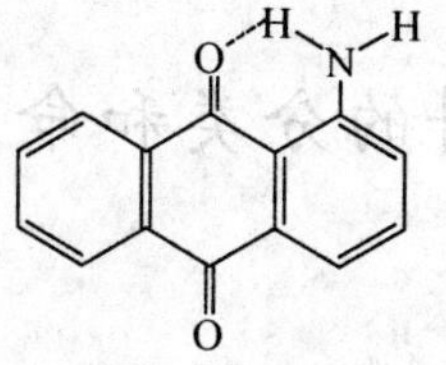

λ$_{max}$ = 465 nm　　　　λ$_{max}$ = 416 nm

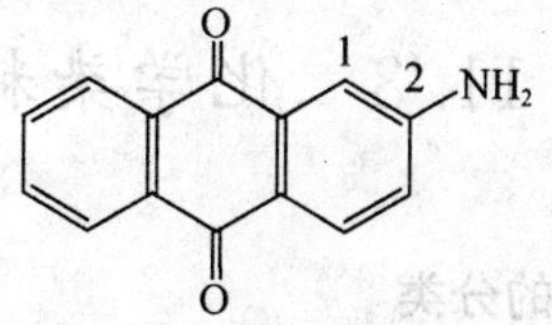

3. 共轭系统的"受阻"现象

如果在有机化合物的共轭体系中间插入某一给电子基团,则共轭系统发生"受阻"现象,会降低电子沿共轭系统的流动性,使吸收波长向短波方向移动,产生浅色效应。例如:

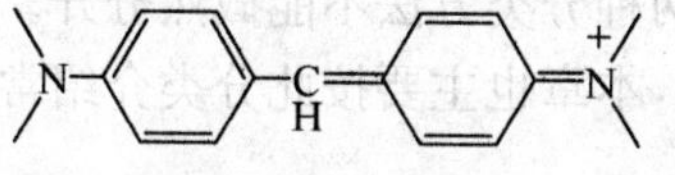

蓝色(λ$_{max}$ = 603.5 nm) 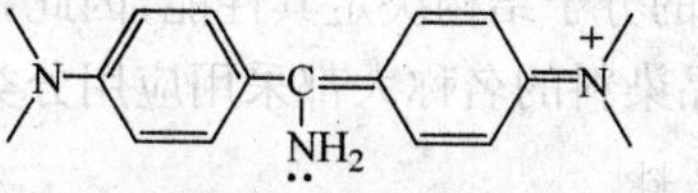　　　　黄色(λ$_{max}$ = 434 nm)

若将共轭系统中间的—NH_2乙酰化,则降低了其供电子的能力,颜色加深。

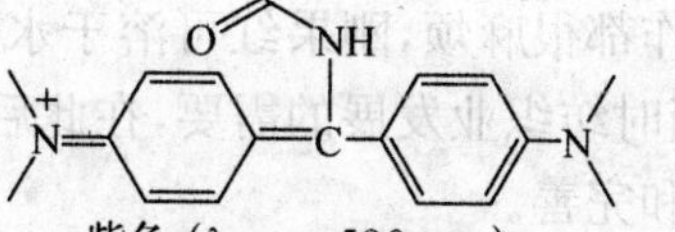

紫色(λ$_{max}$ = 590 nm)

4. 分子的平面结构

当某一化合物中的取代基与发色体的共轭体系中原子或基团处在同一平面时,共轭体系中各 π 电子云可得到最大程度的重叠,从而产生更大的共轭效应。若分子的平面结构受到破坏,π 电子相互重叠的程度就会降低,往往会产生浅色效应,例如:

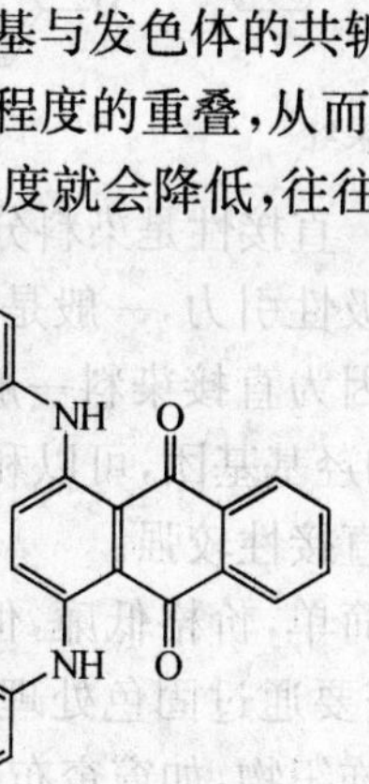

绿色 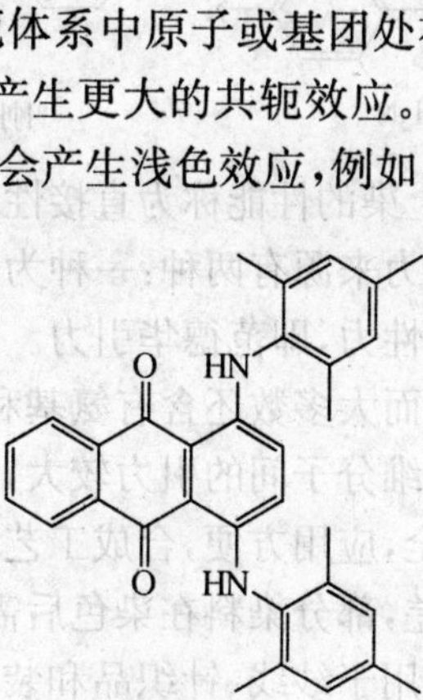　　　　　　　　　蓝色

§11.3 化学染料的分类和命名

11.3.1 化学染料的分类

染料一般有两种分类方法:一是根据各种染料分子结构的共性进行分类,称为结构分类,主要分为偶氮染料、蒽醌染料、芳甲烷染料、靛族染料、硫化染料、酞菁染料、硝基和亚硝基染料等,这种分类法适用于对染料分子结构和染料合成的研究;二是根据染料对某些纤维的应用性能和方法的共性进行分类,称为应用分类,这种分类法适用于染料应用性能的研究。由于染料的分子结构决定其性能,因此,两种分类方法不能截然分开。为了方便染料的使用,一般商品染料的名称大都采用应用分类,本章也主要按此分类介绍常用的化学染料。

1. 直接染料

含有水溶性基团如—SO₃Na、—COOH 的染料,在染纤维素纤维时,一般不需要媒染剂的帮助即可直接染色,这类染料称为直接染料。

Bottiger 于 1884 年通过化学合成制得了第一个直接染料——刚果红,此前,棉纤维用靛蓝和其他天然染料染色,操作都很麻烦,刚果红可溶于水,无需先用媒染剂处理就能直接上染棉纤维,工艺简单,符合当时纺织业发展的需要,在此后的一百多年里,直接染料不断发展,其染色理论也在不断深化和完善。

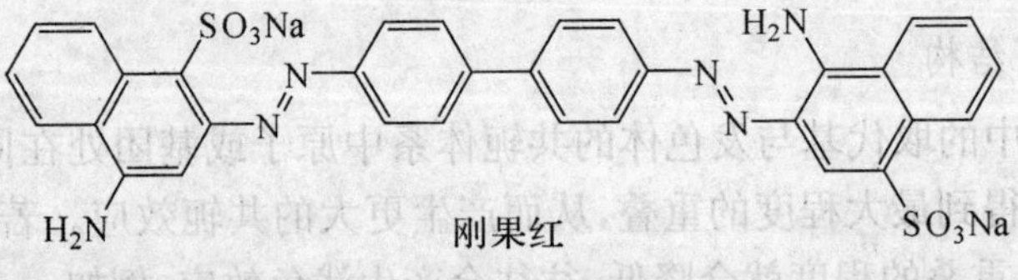

刚果红

染料对纤维直接上染的性能称为直接性。直接性是染料分子和纤维分子间的吸引力所造成的,分子间的吸引力来源有两种:一种为极性引力,一般是染料分子和纤维分子间产生的氢键;另一种为非极性力,即范德华引力。因为直接染料一般多为线性结构,分子中同一平面结构的部分较大,而大多数还含有氨基和羟基基团,可以和纤维素纤维中的羟基形成氢键,所以直接染料与纤维分子间的引力较大,直接性较强。

直接染料色谱齐全,应用方便,合成工艺简单,价格低廉,但缺点是色泽不够鲜艳,耐洗牢度及耐晒牢度均较差,部分染料在染色后需要通过固色处理提高染色牢度。在棉织物的染色中,直接染料主要用于纱线、针织品和装饰织物,如窗帘布、汽车座套以及工业用布。此外,直接染料还用于皮革及纸张的染色。直接染料除了对纤维素纤维具有亲和力外,还具有类似酸性染料的性质,可以在弱酸性和中性介质中上染蚕丝等蛋白质纤维。

根据化学结构,直接染料主要包括偶氮型、二苯乙烯型和金属络合型等几类,例如:

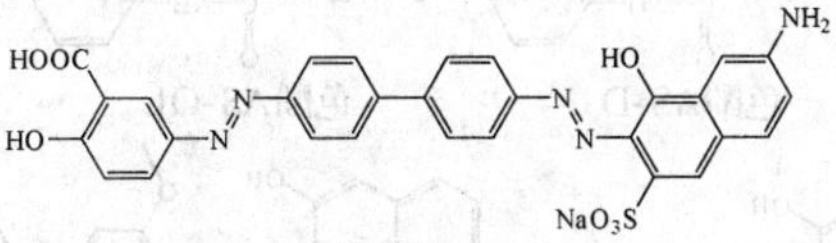

直接深棕M

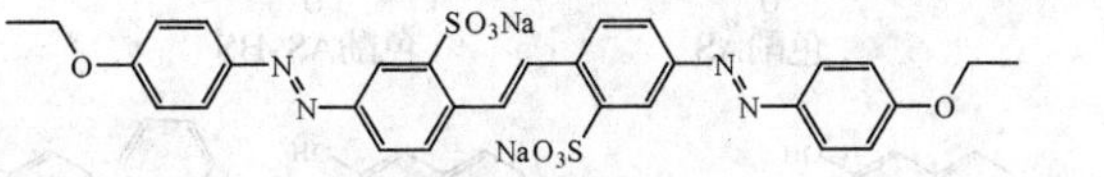

直接冻黄G

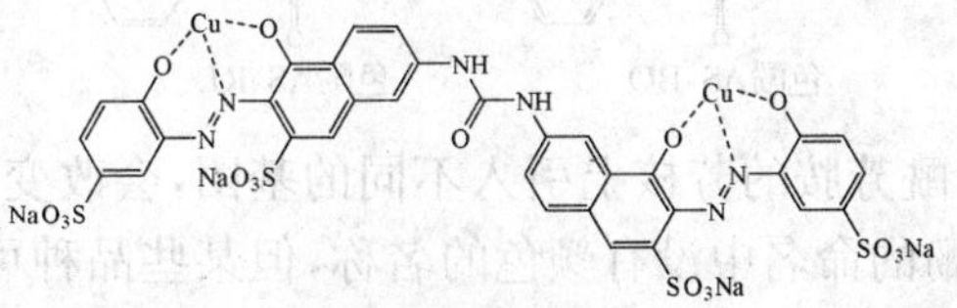

直接耐晒紫2RLL

最初的直接染料在化学结构上多为联苯胺类偶氮染料,20 世纪 60～70 年代,医学研究发现联苯胺对人体有严重的致癌作用,各国相继禁止了联苯胺的生产。此外,人们对直接染料染色牢度的要求不断提高,这一切都直接促使了直接染料的巨大变革,如瑞士 Sandoz 公司、Clariant 公司和日本的化药公司都相继推出了新型直接染料。新型直接染料的诞生,为直接染料注入了新的活力,进一步扩展了直接染料的应用范围。

2. 不溶性偶氮染料

不溶性偶氮染料是偶合剂(又叫色酚,Naphthol)和显色剂(又称色基,base)于适宜 pH 条件下在织物上发生偶合显色反应而形成的一类水不溶性染料。一般染色过程是先用色酚打底,色酚与纤维借助氢键和范德华力相结合,然后与色基重氮盐发生偶合反应而显色。色基重氮化时需用冰,故又被称为冰染料。

不溶性偶氮染料主要用于纤维素纤维的染色和印花,可获得各种浓艳的色谱,除绿色较少外,以橙色、大红、深蓝、紫酱和棕色等浓色为优,其水洗牢度好,只稍逊于还原染料,但价格更便宜,大多耐氯,也无加热升华的缺点,日晒牢度一般都在 5 级左右,有的高达 7 级,染色操作也较简单,因而得到了广泛应用。但因这类染料会在纤维上形成不溶性的色淀,固着在纤维上,所以摩擦牢度较差。此外,它们不宜染淡色,得色不够丰满。

(1)色酚

现在常用的色酚主要是 2 - 羟基萘 - 3 - 甲酰芳胺的衍生物,其结构通式为:

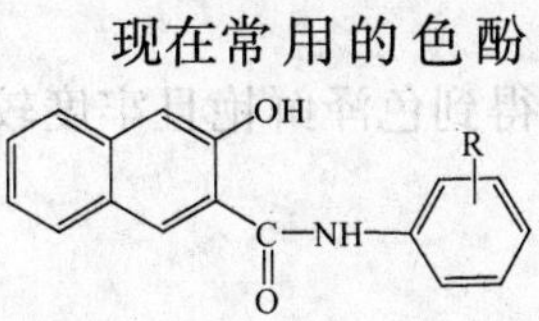

,主要有色酚 AS、AS - BS、AS - E、AS - BO、AS - RL、AS - ITR 等,

这类色酚主要用于生产红、紫、蓝等颜色的不溶性偶氮染料。

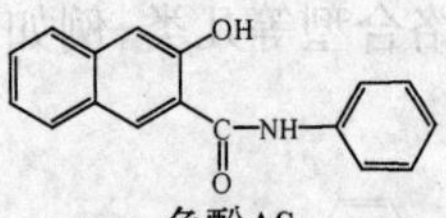

色酚AS 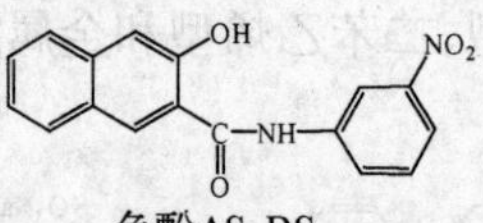　　　　色酚AS-BS 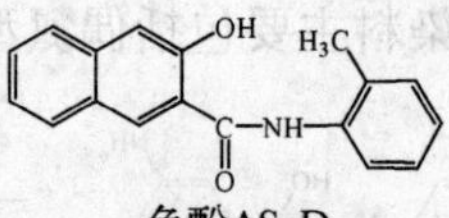　　　　色酚AS-D 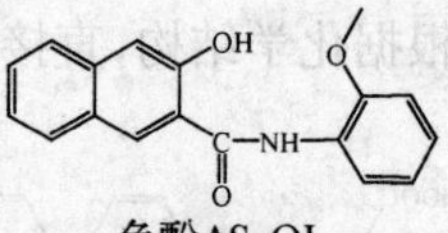　　　　色酚AS-OL

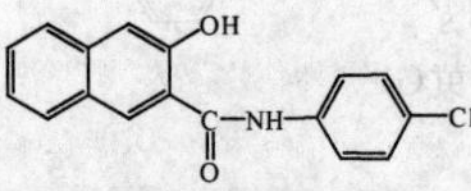

色酚AS-E 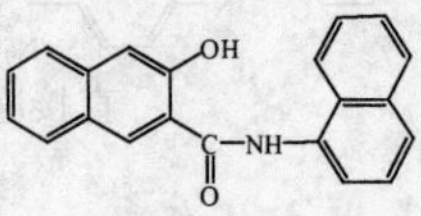　　　　色酚AS-BO 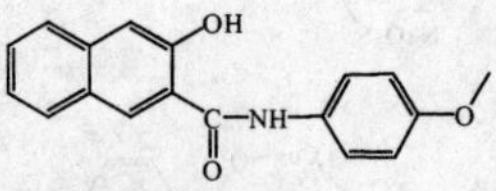　　　　色酚AS-RL 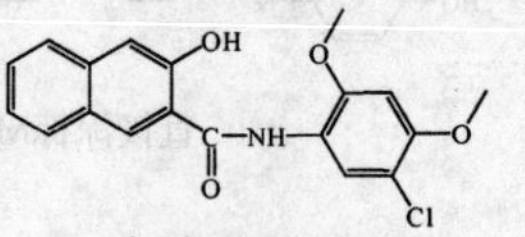　　　　色酚AS-ITR

在2-羟基萘-3-甲酰芳胺的芳核上引入不同的基团,会改变染料分子的共轭体系,使染料颜色发生变化。色酚的命名中没有颜色的名称,但某些品种可以从其名称的尾注字母的意义中看出对纤维进行染色获得的颜色,例如,色酚 AS-TR 主要适用于染红色(TR 为英文 Turkey Red 的首字母)。

色酚大多是乳白色、黄色或棕色的粉末,具有很弱的酸性,不溶于水,必须与强碱作用,形成钠盐才能溶解,如色酚 AS:

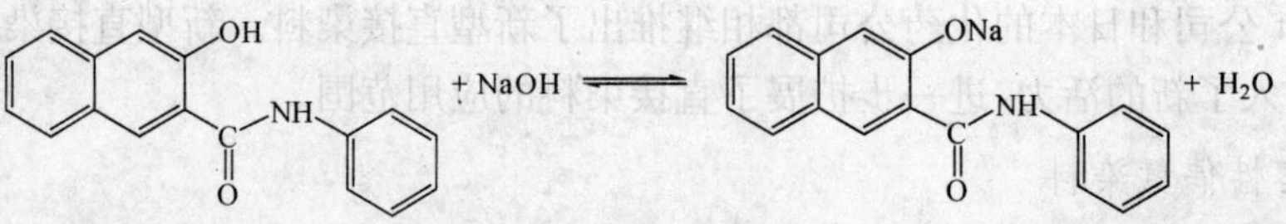

$+ NaOH$ ⇌ $+ H_2O$

(2) 色基

色基为不溶性偶氮染料的重氮组分,都是芳香族伯胺类化合物。一种色基与不同色酚偶合可得到不同颜色的染料。色基名称中的色称,是按此色基与某一适当的或常用的色酚偶合所生成的染料的颜色命名的,如黄色基 GC,与色酚 AS-G 偶合得到绿光黄色偶氮染料;若将黄色基 GC 与色酚 AS 偶合,则得到红色偶氮染料。同一色基和不同色酚偶合得到的产物,不但色泽不同,染色牢度也不尽相同。

色基结构中不含水溶性基团,常含有—Cl、—NO$_2$、—CN、—CF$_3$、—SO$_2$CH$_3$、—SO$_2$NH$_2$等取代基。根据化学结构不同,色基大致可分成下列三类:

① 苯胺衍生物

结构通式为: ,这类色基与色酚 AS 偶合后,一般可得到色泽鲜艳且牢度较

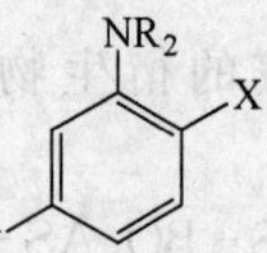

高的橙、红和紫酱色染料,如:

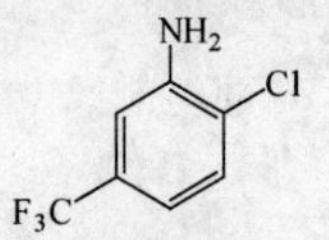

橙色基RD 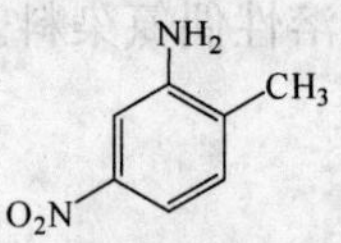　　　　大红色基G 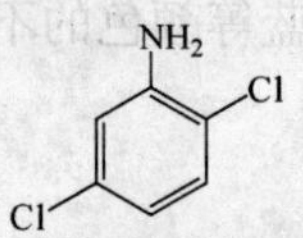　　　　大红色基GG 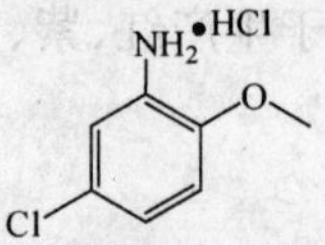　　　　红色基RC

② 对苯二胺 N 取代物

结构通式为：

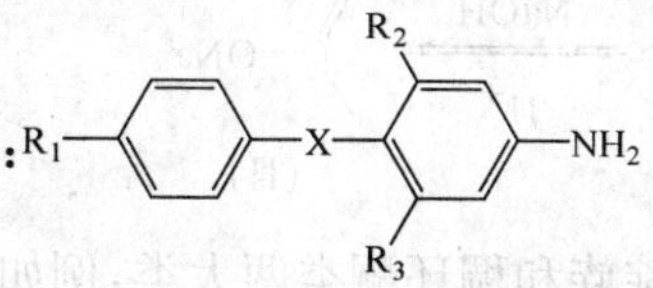

$X=NH$，$-H-C-$（带 O），这类色基与色酚 AS 偶合后，可得到紫、蓝、黑等深色染料，且色泽鲜艳，牢度好。例如：

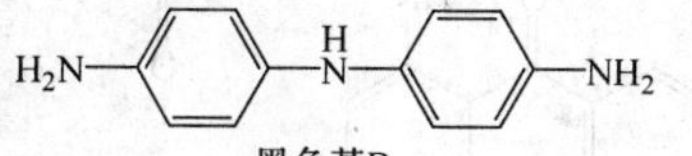

黑色基B 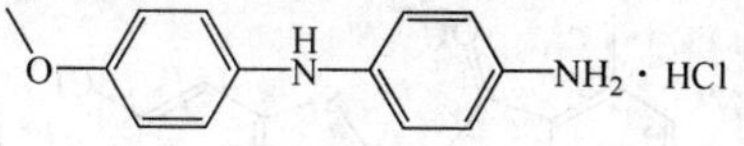　　　　　　黑色基B

③ 氨基偶氮苯衍生物

这是一类生成双偶氮染料的紫酱、棕、黑色等深色色基，如：

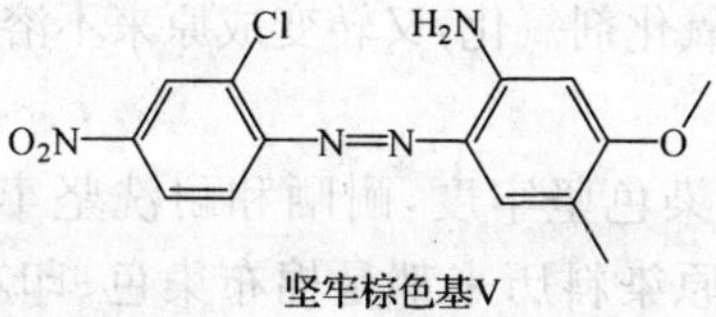

坚牢棕色基V 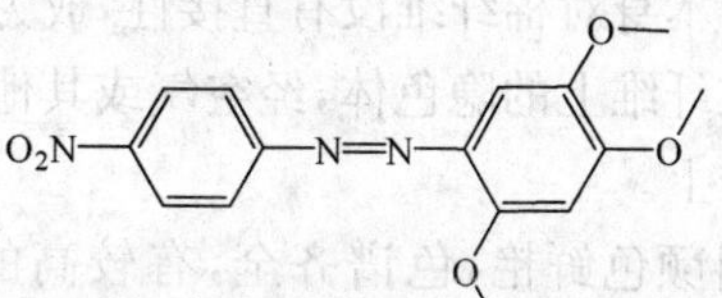　　　　　　坚牢黑色基K

3. 还原染料

还原染料本身不溶于水，须在碱性溶液中用强还原剂（如保险粉）还原后，转变成水溶性状态，才能上染纤维素纤维，故称为还原染料，也称士林染料。还原染料的应用历史悠久，天然染料中的靛蓝染料就是还原染料，据说我国劳动人民早在殷周时代就开始使用靛蓝染料进行染色，中国、埃及、印度等国家都有培植、提取和使用靛蓝染料的历史记载。1883 年，靛蓝结构式被确定，1897 年德国首先开始化学合成靛蓝并实现了产业化，而后美国、法国、意大利、前苏联等国相继生产靛蓝。

1901 年，R. Bohn 合成了第一个蒽醌还原染料，取名为阴丹士林，该染料色泽鲜艳，牢度优异，很快被开发为商品，名为阴丹士林蓝。阴丹士林的出现为发展还原染料开辟了新的技术途径，在此后 20 年间，先后发明了红、绿、橙、黄等色谱的还原染料。

还原染料多为不溶于水的多环芳香族化合物，其分子结构上含有两个或两个以上羰基（Ⅰ），羰基在碱性条件下被还原剂还原成羟基，该羟基化合物被称为隐色酸（Ⅱ），隐色酸在碱性水溶液中可转化为可溶性的隐色体钠盐（Ⅲ）。

$$\text{C=O} \xrightarrow[\text{[O]}]{\text{[H]}} \text{C-OH} \xrightarrow[\text{H}^+]{\text{NaOH}} \text{C-ONa}$$

$$（\text{I}）\qquad\qquad（\text{II}）\qquad\qquad（\text{III}）$$

按照化学结构,传统的还原染料一般分为靛族和稠环酮类两大类,例如:

还原桃红R　　　　　　　还原橙6RTK

　　还原染料本身对棉纤维没有直接性,成为隐色体后对纤维才具有亲和力,能上染纤维。染色后吸附在纤维上的隐色体,经空气或其他氧化剂氧化,又转变成原来不溶性的还原染料而固着在纤维上。

　　还原染料颜色鲜艳,色谱齐全,有较高的染色坚牢度,耐晒和耐洗坚牢度尤为突出,许多品种的耐晒牢度都在6级以上,因此,还原染料历来都是棉布染色、印花的一类重要染料,也可用于麻、黏胶、维纶等纤维的染色和印花。由于还原染料染色要在碱性介质中进行,故一般不适用于蛋白质纤维的染色。在染料工业中,还原染料是一类很重要的染料,也是颜料工业中的优质颜料,我国已有黄、橙、红、紫、蓝、绿、灰、棕和黑色等数十个还原染料品种的生产。还原染料的主要缺点是生产工艺复杂,流程长,"三废"污染严重,价格较贵,有些黄、橙、红等浅色染料品种有光敏脆损作用,采用这些染料染色或印花的棉织物,若经常受太阳照射,会在染色或印花处形成破洞;目前还没有找到一种有效的防治方法。还原染料隐色体对纤维素纤维有很高的亲和力,因此隐色体染色时匀染性和透染性较差,容易产生白芯现象。

　　4. 酸性染料

　　传统的酸性染料通常含有磺酸基,极少数含有羧基,它们的钠盐易溶于水,早期的这类染料都必须在酸性条件下染色,故被称为酸性染料。酸性染料结构较简单,分子中缺乏较长的共轭双键体系,分子共平面性或线性特征不强,对纤维素纤维的直接性很低,只有少数结构复杂的染料可以上染纤维素纤维。酸性染料主要用于羊毛、真丝等蛋白质纤维和锦纶的染色和印花,也可用于皮革、纸张、木材、化妆品和墨水的着色,少数用作食用色素和颜料。

　　酸性染料品种很多,色谱齐全,色泽鲜艳,但染料的湿牢度较差,尤其是深色需要经过固

色处理,方能达到牢度要求;日晒牢度随品种而异,具有蒽醌结构的染料耐晒性能较好,而三芳基甲烷结构的耐晒性能较差,例如:

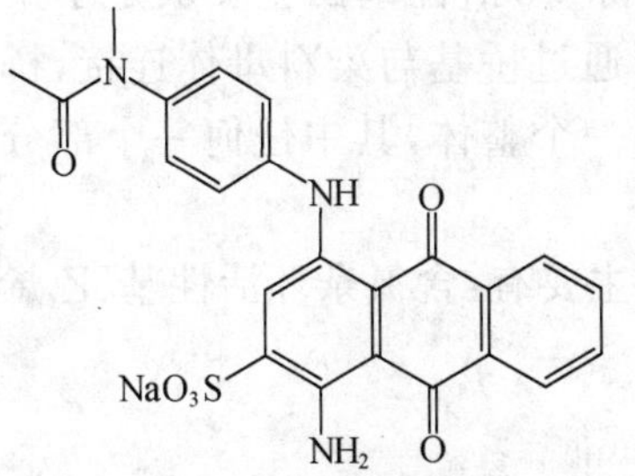

酸性蓝BR
耐光牢度:5~6级

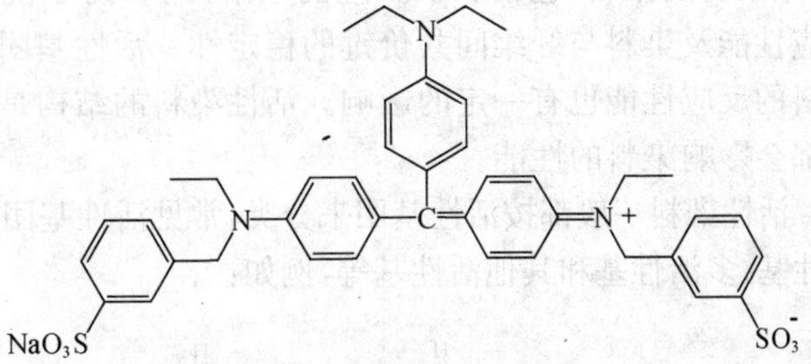

酸性紫4BNS
耐光牢度:1级

按照化学结构的不同,酸性染料可分为偶氮、蒽醌、三芳基甲烷等三类,其中偶氮类的品种较多,产量约占酸性染料总量的 50%,主要有黄、橙、红、藏青以及黑色等品种;蒽醌类和三芳基甲烷类各占 20% 左右,蒽醌类主要有紫、蓝、绿色等品种,三芳基甲烷类则以红、紫、蓝、绿色品种为主。

按染色 pH、匀染性、湿处理牢度等应用性能的不同,酸性染料又可分为强酸性浴染色、弱酸性浴染色和中性浴染色染料三类。

5. 活性染料

活性染料分子结构中含有一个或一个以上反应性基团(俗称活性基团),在一定条件下能和纤维素纤维中的羟基、蛋白质纤维和聚酰胺纤维中的氨基发生键合反应,使染料和纤维之间形成共价键,这类染料被称为反应性染料,国内习惯称为活性染料。

活性染料于 1956 年问世,此后各国相继开发出了多种活性染料,活性染料的发展一直处于领先地位。经过 50 多年的发展,活性染料已逐步取代了不溶性偶氮染料、直接染料、硫化染料和还原染料,成为纤维素纤维染色的主要染料,此外,还可用于蛋白质纤维、聚酰胺纤维的染色。国内活性染料的开发始于 1957 年,目前我国常见的活性染料类型有 X 型、K 型、KN 型和 M 型等,产品不仅能够满足国内印染工业的需要,每年还有大量出口。

活性染料分子结构简单、颜色鲜艳、色谱齐全、价格低廉、应用简便、匀染性能良好、适应性强,染料的湿处理牢度、摩擦牢度很好,现已成为棉用染料中最重要的染料品种。但是,活性染料在使用中仍存在着一些问题,如耐氯漂和耐日晒牢度一般不及还原染料,有的不耐酸碱,此外,活性染料在和纤维反应的同时,遇水还可发生水解反应,水解产物一般不能再与纤维作用,从而降低了染料的利用率,残液中染料含量可高达 30%~40%,染色时需加入大量中性电解质进行促染,解决这些问题是当前活性染料研发的工作重点。

活性染料的分子结构主要包括染料母体和活性基团两个主要组成部分,染料母体主要决定染料的亲和力、色泽鲜艳度、溶解度、扩散性能和耐日晒、气候等染色牢度。染料对母体的要求是:色泽鲜艳、牢度优良、扩散性较好、直接性较低,以及匀染和透染性能较好,未染着的染料(包括和水反应的水解产物)易于洗除等;活性基团主要决定了染料的反应性能及染料与纤维间共价键的稳定性。活性基团通过桥基与染料母体连接,桥基对染料的反应性能也有一定的影响。活性染料的结构是一个整体,其中任何一个部分的变化都会影响染料的性能。

活性染料一般都按活性基团来分类,常见活性基团主要有:含氮杂环活性基、乙烯砜型活性基、多活性基和其他活性基等,例如:

二氯均三嗪,X型　　一氯均三嗪,K型　　一氟均三嗪型

活性艳橙KN-4(活性基为β-羟基乙烯砜硫酸酯基)　　双活性基　　膦酸基型

6. 分散染料

分散染料是一类结构简单、相对分子质量较小、水溶性极低,在染浴中主要以微小颗粒分散体存在的非离子染料,它在染色时必须借助分散剂均匀地分散在染液中,才能对合成纤维进行染色。分散染料与水溶性染料的最大区别是水溶性极低。

分散染料早在20世纪20年代初就已问世,之后随着合成纤维特别是聚酯纤维(涤纶)的迅速发展,分散染料成为发展最快的染料之一。分散染料主要应用于聚酯纤维的染色和印花,同时也可用于醋酯纤维以及聚酰胺纤维(尼龙)的染色。经分散染料印染加工的化纤纺织产品,色泽艳丽,耐洗牢度优良。由于分散染料不溶于水,对天然纤维几乎无染色能力,对于化纤混纺产品通常需用分散染料和其他适用的染料配合使用。

分散染料有两种分类方法:一种是按应用性能分类,主要是依据染料对温度的敏感性(升华性能,分散染料分子结构简单,含极性基团少,分子间作用力弱,受热容易升华);另一种是按染料的化学结构分类。按照化学结构,分散染料绝大部分属于偶氮和蒽醌两类,其中单偶氮类占分散染料总量的50%以上,蒽醌类占25%左右。偶氮型分散染料中主要是黄、橙、红、黄棕、蓝、紫等色谱的品种,蒽醌类的主要有红、紫、蓝等品种。例如:

分散大红3GFL

分散桃红

由于合成纤维的物理结构和疏水性能各异，对染料的要求也不尽相同，一般地，疏水性强的纤维适合用疏水性强的染料染色。

7. 阳离子染料

阳离子染料是一类色泽浓艳且可电离出色素阳离子和无色阴离子的水溶性染料。首个合成染料苯胺紫和随后出现的结晶紫、孔雀石绿等都属于阳离子染料。

按照应用性能，阳离子染料可分为两类，一类为早期的碱性染料，这类染料发色强度高，颜色鲜艳，着色力强，为其他类型染料所不及，广泛用于皮革、纸张、羽毛、草制品等染色。除极少数品种外，大部分碱性染料在纤维纺织品，如蚕丝、羊毛或纤维素纤维（经单宁、吐酒石预处理）染色中，染色牢度差，不耐水洗，特别是耐日晒牢度极差，故在纤维纺织品中的应用受到限制。另一类为适用于腈纶等纺织品印染加工的染料，染色性能优良，各项牢度好，尤其是耐日晒牢度高。

20 世纪 50 年代随着腈纶的工业化生产，阳离子染料获得了迅猛发展。腈纶是仅次于涤纶和锦纶的重要合成纤维，第一单体为丙烯腈（ $CH_2{=}CH{-}CN$ ），第二单体为含酯基的化合物，用来改善纤维的弹性、韧性和柔软性，第三单体是含有各种可离子化的酸性基团，以达到改善纤维亲水性和染色性能的目的。阳离子染料对腈纶具有较高的直接性，可在腈纶上获得浓艳的色泽，是为腈纶开发的专用染料，此外，在锦纶、醋酯纤维和阴离子改性后的涤纶、真丝、棉、麻、丙纶等印染中也有应用。

阳离子染料的色素离子带有正电荷，多与氯离子、醋酸根、磷酸根、硫酸单甲酯等阴离子成盐，有的可与锌离子形成复盐。染料中的阳离子部分与水结合，使染料具有水溶性。在上染腈纶的过程中，一旦阳离子部分被腈纶的第三单体阴离子结合后，湿处理牢度很高。但阳离子染料在拼色时经常不易匀染成同一色光，易造成花斑和层差，所以要注意选择配伍性一致的染料。

阳离子染料分子中带正电荷的基团与共轭体系以一定的方式连接，再与阴离子基团成盐。根据正电荷基团在共轭体系中的位置，阳离子染料一般分为隔离型和共轭型两大类。

（1）隔离型阳离子染料

这类染料的母体和带电荷的基团通过隔离基相连接，常见的带电基团为取代的季铵盐，因正电荷位于季铵盐的氮原子上，所以也称为定域型阳离子染料。该类染料染色时，容易和纤维结合，导致匀染性欠佳，一般色泽不够浓艳，常用于染中、浅色。例如：

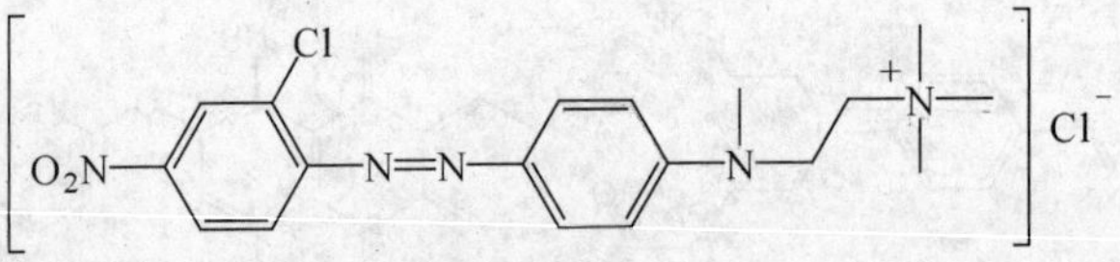

阳离子红GTL

(2) 共轭型阳离子染料

共轭型阳离子染料的正电荷基团直接连结在染料的共轭体系上,使正电荷发生离域。该类染料的色泽十分艳丽,占阳离子染料总量的 90% 以上。按发色团共轭体系结构的不同,主要有三芳基甲烷、噁嗪、菁型结构等,例如:

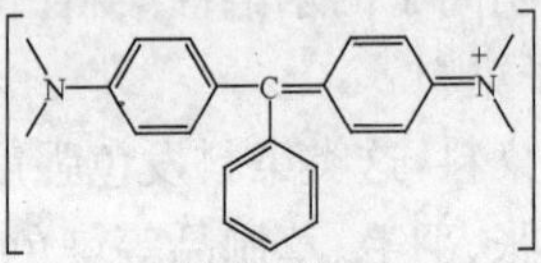

阳离子蓝G 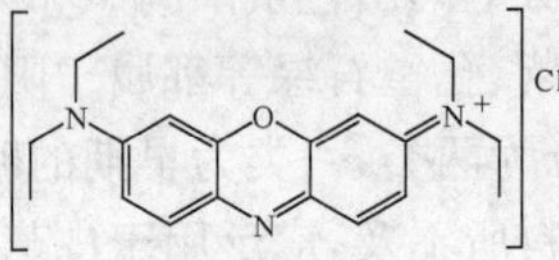　　　　　阳离子翠蓝GB 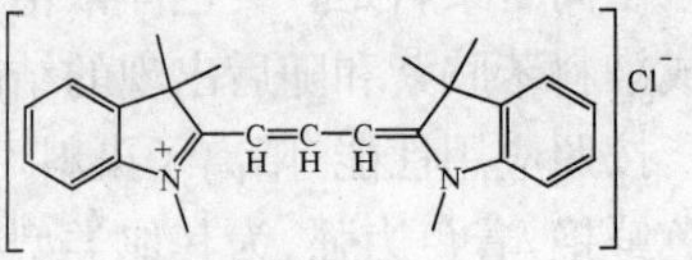　　　　　阳离子桃红FF

11.3.2　化学染料的命名

染料一般是分子结构比较复杂的有机芳香族化合物,有些化学结构还未确定,在工业生产上,染料又常含有异构体及其他添加物,因此,有机化合物的学名不能反映染料的颜色和应用性能,不能作为染料的名称使用,通常使用专用的名称。我国对染料采用统一命名法,名称通常由三部分组成:冠称、色称和字尾,即三段命名法。

(1) 冠称。主要表示染料的应用类别,是根据应用方法和性质分类的名称,例如,直接、酸性、活性、分散、还原等。我国染料的冠称有 31 种,对于国外染料,冠称基本上相同,但常根据各国厂商而异。

(2) 色称。色称即色泽名称,表示织物用该染料染色后所得到的颜色名称。国内统一规定的色称有 30 个,如嫩黄、黄、深黄、金黄、橙、大红、红、桃红、玫瑰红、红紫、枣红、紫、翠蓝、蓝、艳蓝、深蓝、艳绿、绿、深绿、黄棕、棕、深棕、橄榄、橄榄绿、草绿、灰、黑等。颜色的名称前一般可加适当的形容词,如"嫩"、"艳"、"深"三个字。

(3) 字尾。通常以一定的符号和数字来说明染料的色光、牢度、性状、染色性能等,但也有不少符号是国外厂商任意附加的,很难明确其确切意义,并因生产厂家和染料类别的不同,有些尾称的意义还会彼此矛盾。下面列举常用符号的意义:

B—蓝光;C—不溶性偶氮染料色基盐酸盐,适用于染棉,耐氯漂;D—稍暗;E—表示浓,匀染性好,适于竭染法;F—牢度高,鲜艳;FF—甚亮;G—带黄光或绿光;H—热固型活性染料;I—相当于还原染料的牢度;K—热固型活性染料,还原染料的冷染法;KN—乙烯砜型活性染料;L—耐日晒牢度(耐光牢度)高,可溶性;M—含双活性基的活性染料、混合物;N—新型,标准染法;P—适用于印花;R—红光;S—升华牢度好,水溶性,蚕丝用及标准浓度商品;X—普通型活性染料,高浓度等;Y—黄光;V—紫光;W—染羊毛用。

在表示染料色光强弱程度时,常用几个字母或数字加字母表示。例如:BB 或 2B,表示较 B 的色光稍蓝,3B 则表示较 2B 更蓝。

染料强度(力份)是指颜色相近的两个同种类染料,在相同的染色条件下,用量相同,染出颜色的浓淡程度的比较。通常把标准染料的强度定为 100%,强度为 50%的染料如果要达到与标准染料相同的浓淡程度,其用量应比标准染料用量多一倍,而强度为 200%的染料只需标准染料用量的一半。这里的 100%、50%和 200%就是表示染料强度的字尾,并不表示产品中染料的纯度。有时染料强度的字尾可以冠于整个染料名称之首。

命名举例:150%活性艳红 K—2BP:"活性"为冠称,艳红为色称,K 为热固型活性染料,B 表示蓝光,2B 表示偏蓝色的程度,P 表示适用于印花,150%即为染料强度;分散艳蓝 FFR:"分散"为冠称,艳蓝为色称,FF 表示鲜艳的程度,R 表示红光。

11.3.3 《染料索引》简介

《染料索引》(Colour Index,缩写 C. I.),由 SDC 及美国纺织化学和印染工作者协会(AATCC)合编出版的一部国际性的染料、颜料品种汇编,该索引将各主要染料商品分别按其应用性质和化学结构归类、编号,逐一说明它们的应用分类、色调、应用特性、合成方法、化学结构、用途,并附有相同结构的各种商品名称对照表,是供染料专业的研究人员检索查阅的重要工具书。

《染料索引》的前一部分将染料按照应用类别分类,在每一应用分类下,按色称黄、橙、红、紫、蓝、绿、棕、灰、黑循序排列,再在同一色称下对不同染料品种编排序号,称为"染料索引应用类属名称编号",如:C. I. 酸性黄 1(C. I. Acid Yellow1),C. I. 直接红 28(C. I. Direct Red 28)。

《染料索引》的后一部分,对已明确化学结构的染料品种,按化学结构分别另外给以"染料索引化学结构编号",如 C. I. 酸性黄 1 的化学结构编号是 C. I. 10316,C. I. 直接红 28 的化学结构编号是 C. I. 22120。现在各国书刊及技术资料中均广泛采用染料索引号来表示某一染料。国外染料名称非常繁杂,借用《染料索引》的这两种编号,可以帮助研究人员了解某一个染料品种的结构、颜色、性能、使用方法、来源等内容。

11.3.4 染色牢度

各项染色牢度指标是衡量商品染料质量的一项重要指标,所谓染色牢度是指纺织品的颜色在以后的加工处理和使用过程中对各种作用的抵抗力,简称色牢度,容易褪色的染色牢度低,反之,染色牢度高。染料的染色牢度是一个相对概念,是指周围环境或介质在一定条件下对织物上的染料颜色改变情况的一种评价,现实中往往是根据实际需要选择合适染色牢度的染料,例如外衣要经常与日光接触、洗涤和摩擦,因此染料就必须具有较好的耐光、耐洗和耐摩擦牢度;某些室内装饰用织物,因与日光接触较少,又不经常水洗,故印染加工时可选用色泽艳丽、牢度一般的染料。

影响染色牢度的因素是多方面的,除染料分子和纤维的结构、化学性质外,与周围环境和介质以及染料在纤维上的物理状态和结合形式等都有关系。染色牢度基本上可分为染整加工过程中要求的牢度和消费过程中要求的牢度两大类。

1. 染整加工过程中要求的牢度

有时为了染整工艺的需要,染料需经某些工艺加工或化学试剂的处理,以改进或提高印染织物的物理性能、穿着性能或赋予织物某种特殊性能等,例如棉织物染色后通常需要进行树脂整理(防皱整理),以提高织物的穿着性能。在染整加工过程中,涉及的染色牢度主要有以下几种:

(1) 耐漂白牢度。由于染色工艺要求,对有些织物要进行漂白(用过氧化氢或次氯酸钠)处理。织物上的染料色泽经受氧化漂白后的稳定程度评定称之为耐漂白牢度。

(2) 耐酸、耐碱牢度。染色织物在加工过程中常会接触到酸碱性物质,如车间内的酸性气体、碱性去浆、碱性皂洗等,染料色泽对酸、碱作用的稳定程度评定称为耐酸碱牢度。

(3) 耐缩绒牢度。厚羊毛织物染色后有时要在碱和肥皂溶液中进行缩绒处理,织物上的染料色泽对此处理的稳定程度评定称为耐缩绒牢度。

(4) 耐升华牢度。在染色工艺中,常用热空气在高温下对合成纤维及混纺织物(主要是涤纶)进行热熔固色($180 \sim 210\,℃$)处理,使分散染料很好地染色。高温可能会使织物上的部分染料发生升华,这样不仅影响固色效果而且会污染设备。在合成纤维织物上的染料色泽对高温作用的稳定程度评定称之为耐升华牢度。

2. 消费过程中要求的牢度

印染纺织品大部分会做成各种服装或其他用品供人们使用,在使用过程中会遇到各种作用,印染纺织品在使用过程中所要求的染色牢度主要包括:耐光牢度、耐气候牢度、耐洗牢度、耐汗渍牢度、耐摩擦牢度、耐氯浸牢度(洗涤过程中水中氯作用程度的评定)、耐烟褪牢度(空气中 NO_x、SO_x 等酸性污染气体侵蚀程度的评定)等。

§11.4 禁用的化学染料

11.4.1 致癌性染料

德国于 1905 年从染料品红、金胺和萘胺中确认了芳香胺的致癌作用,此后各国相继发现了芳香胺致癌的病例,特别是膀胱癌。染料产生致癌性的原因有多种,一种是在某种条件下分解产生具有致癌作用的化学物质,如某些偶氮染料在还原条件下会分解产生致癌芳香胺;另一种是染料本身直接与人体或动物体长时间接触,引起癌变。一般地,因第一种原因产生致癌性的染料较多,德国化学工业协会报道了 144 种染料即属于这一类;因第二种原因致癌的染料较少,市场上已知的有 11 种,其中分散染料 2 种、直接染料 3 种、碱性染料 1 种、酸性染料 2 种、溶剂性染料 3 种,而在 Eco-Tex Standard 100 中只规定了 7 种致癌性染料。这些致癌性染料具有下列特点:① 偶氮型结构居多;② 分子结构比较简单,均含有氨基、取代氨基、羟基和烷氧基等强给电子取代基;③ 能溶解在乙醇中。

研究表明,芳香胺类物质进入机体后,主要经过氮羟化和酯化两步活化反应,活化的芳香胺与核酸中的碱基作用,导致碱基错配,从而使人体细胞的 DNA 发生结构与功能的改变,产生肿瘤细胞,再发展成为肿瘤。图 11-7 以芴乙酰胺为例简要描述了致癌机理。现已证实具有致癌作用的芳香胺类染料约有 20 多种。

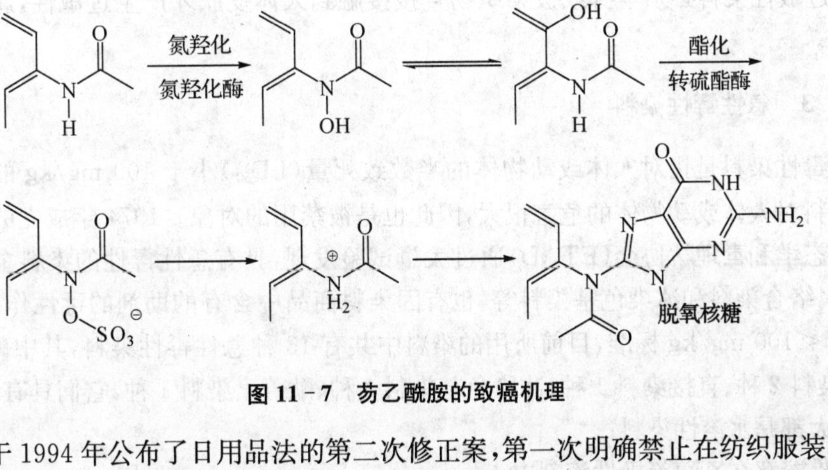

图 11-7　芴乙酰胺的致癌机理

德国于 1994 年公布了日用品法的第二次修正案,第一次明确禁止在纺织服装和鞋上使用某些偶氮染料。由于当时国际市场上 2/3 左右的合成染料都是以偶氮化学为基础制成的,因此德国政府颁布的禁用染料法令对全世界的染料制造业、纺织业和商业等都产生了相当大的影响。欧共体关于禁用部分偶氮染料的立法于 1997 年 10 月 1 日起全面生效;美国以 AATCC 为代表,主张禁用部分偶氮染料,泰国、韩国、印度、土耳其和加拿大等国积极响应,禁止生产、进口和使用禁用的偶氮染料。我国纺织行业也积极响应,在生产源头上严格把关,积极开展环保型染料取代禁用染料的研发工作,已经取得了显著成效。

11.4.2　过敏性染料

染料的过敏性是指某些染料会对人体或动物体的皮肤及呼吸器官等引起过敏作用,当这种作用严重到一定程度会影响人体健康,这类染料称为过敏性染料。目前,按照直接接触人体的过敏性接触皮炎发病率和皮肤接触试验结果,将染料的过敏性分成 7 类:① 强过敏性染料;② 较强过敏性染料;③ 稍强过敏性染料;④ 一般过敏性染料;⑤ 轻微过敏性染料;

⑥ 很轻微过敏性染料;⑦ 无过敏性染料。其中前三类染料由于其过敏性影响人体健康,属于过敏性染料。目前国际纺织品市场上严格规定:纺织品上过敏性染料的含量必须控制在60 mg/kg 以下。目前,初步确认的过敏性染料有 27 种,其中分散染料 26 种,酸性染料 1 种,但在 Eco-Tex Standard 100 中只规定了 20 种过敏性染料,都属于分散染料。这些过敏性染料具有下列特点:

(1) 偶氮型结构的居多,约占一半以上,蒽醌型结构的次之,约占 1/3;

(2) 化学结构比较简单,相对分子质量一般在 230~400 之间,它们容易渗透到人和动物的活表皮层中;

(3) 基本上是不溶于水的分散染料,能溶解在醇和丙酮等有机溶剂中;

(4) 分子中含有羟基、氨基和取代氨基等强供电子取代基;

(5) 过敏性染料必须本身或被染织物直接接触到人体皮肤才产生过敏性,属于直接接触型过敏。

11.4.3　急性毒性染料

急性毒性染料是指对人体或动物体的半数致死量(LD_{50})小于 100 mg/kg 的染料。由于这些染料对人体或动物体的危害很大,因此也是被禁用的对象。1974 年成立的欧洲染料制造业生态学和毒理学协会(ETAD)通过大量试验发现,具有急性毒性的染料主要有碱性染料、金属络合染料和冰染色基染料等,也有因染料商品中含有的助剂的毒性作用所造成。按照 $LD_{50} < 100$ mg/kg 标准,目前所用的染料中共有 13 种急性毒性染料,其中碱性染料 6 种、酸性染料 2 种、直接染料 1 种、冰染色基染料 3 种、酞菁素染料 1 种,它们具有以下特点:

(1) 大都是水溶性染料;

(2) 易溶解在乙醇等极性溶剂中;

(3) 分子结构中含有氨基、取代氨基等强给电子取代基。

§11.5　环保染料

11.5.1　天然染料

整个 20 世纪,合成染料替代了天然染料,成为纺织品染色的主角,但进入 21 世纪以来,环境污染问题日益凸显,随着环保和健康理念深入人心,天然染料再度受到世人关注。

天然染料色泽柔和,无毒、无害,对环境有很好的相容性和较好的生物可降解性,对皮肤不仅无过敏性和致癌性,还具有防虫、杀菌等保健功效。当今社会,天然染料已在食品工业、医药行业、化妆品业、纺织品印染业中获得了广泛应用。在纺织印染业中,天然染料特别适用于高档、健康的绿色产品,如高档真丝、羊绒制品、保健内衣、婴儿服装、家纺产品和装饰用品等。开发天然染料不仅有利于保护生态环境,而且有助于提高纺织品的附加值。

近十年来,韩国政府一直在积极推动天然染料染色领域的研究,开发新型生态染整技术,在天然染料的提取技术、匀染性以及提高耐晒牢度的研究方面取得了很大进步,部分天然染料的提取工艺已实现了产业化。

目前,我国在天然染料的研究和应用方面与国际水平相近,但应用规模和总量还很小,产业化的程度不高。有关天然染料的行业标准引起了许多专家的关注,有学者认为,天然染料不必完全照搬合成染料的标准,其产业化的出路要放在纺织和服装产业上。我国天然染料的研究和产业化基础较好,应加快发展,力争保持国际领先水平。

11.5.2 环保型化学染料

1. 环保型染料的基本要求

环保型染料是指除了具备必要的使用工艺性能、应用性能和牢度性能外,还需满足环保质量的要求。其中,环保质量要求的具体内容有:① 染料本身无致癌性、过敏性或急性毒性;② 不含有德国政府及 Eco-Tex Standard 100 所规定的致癌芳香胺,无论这些致癌芳香胺是游离于染料中或由染料裂解所产生的;③ 可萃取的重金属含量在限制值以下,美国染料制造协会(ADMI)规定的部分染料中重金属平均含量见表 11-3;④ 不含环境激素;⑤ 甲醛含量在规定的限值以下;⑥ 不含变异性化合物和持久性有机污染物;⑦ 不含能产生环境污染的化学物质,如挥发性有机化合物、含氯助剂等;⑧ 不含受限农药品种或其总量在规定的限值以下。

表 11-3　AMDI 规定的部分染料中重金属平均含量　　　单位:mg/kg

重金属名称	酸性染料	碱性染料	分散染料	直接染料	活性染料	还原染料
砷	<1	<1	<1	<1	<1	<1
镉	<1	<1	<1	<1	<1	<1
铬	9.0	2.5	3.0	3.0	2.4	8.3
钴	3.2	<1	<1	<1	<1	<1
铜	79	33	35	45	71	110
铅	37	6	28	37	52	6
汞	<1	<0.5	0.5	<1	0.5	1
锌	<13	<32	8	3	4	4

2. 环保型直接染料和环保型酸性染料

通过对芳香胺的分子结构与致癌性之间关系的深入研究,科研人员发现芳香胺的致癌作用大致存在下列规律:① 氨基位于萘的 2 位和联苯对位的化合物均有较强的致癌活性;② 氨基位于萘的 1 位和联苯间位的化合物有弱的致癌活性;③ 氨基位于联苯邻位的化合物一般无致癌活性;④ 芳香族烃环中氨基的对位或邻位上的氢被甲基、甲氧基、氟或氯等取代,化合物的致癌性增强。在禁用的染料中,直接染料占了大多数。目前,采用新型二氨基化合物取代芳香胺(特别是联苯胺及其衍生物)为原料来开发环保型直接染料和环保型酸性染料成为环保型染料开发的重点。

(1) 新型二氨基化合物制备环保型染料

这类新型二氨基化合物的结构通式为:

$$H_2N \text{—} \bigcirc \text{—} X \text{—} \bigcirc \text{—} NH_2$$

式中 X 为桥基,这类化合物具有两个特点:一是分子基本上呈线性,并与两侧芳香环构成平面结构;二是在两个苯环中间引入桥基 X,X 的 π 电子或 p 电子能全部或部分进入共轭体系中。目前主要有以下 9 种新型二氨基化合物:① 二氨基-N-苯甲酰苯胺及其磺酸衍生物;② 二氨基-N-苯磺酰苯胺及其磺酸衍生物;③ 二氨基二苯乙烯及其磺酸衍生物;④ 二氨基二芳香基脲及其磺酸衍生物;⑤ 二氨基二苯胺及其磺酸衍生物;⑥ 二氨基萘,⑦ 联苯胺-2,2′-双磺酸及其衍生物;⑧ 4,4′-二氨基二苯硫醚的磺酸衍生物;⑨ 4,4′-二氨基偶氮苯及其磺酸衍生物等。现已成功开发的一种环保型直接染料——直接墨绿 N-B,染棉可获得坚牢的绿色,能用来取代联苯胺结构的 C.I. 直接绿 6,分子结构式如下:

直接墨绿N-B

已成功开发的环保型酸性染料酸性黑 NT,其染色牢度优良,可用于丝绸、锦纶及皮革等的染色,对纤维素纤维也有直接性,也可用于棉、黏胶等染色,可取代 C.I. 直接黑 38,结构式为:

酸性黑NT

用 4,4′-二氨基二苯乙烯-2,2′-二磺酸(俗称 DSD 酸),制取的环保型直接染料具有较好的牢度性能,色泽包括绿、棕、橙、黄等,如直接绿 GN,化学结构式如下:

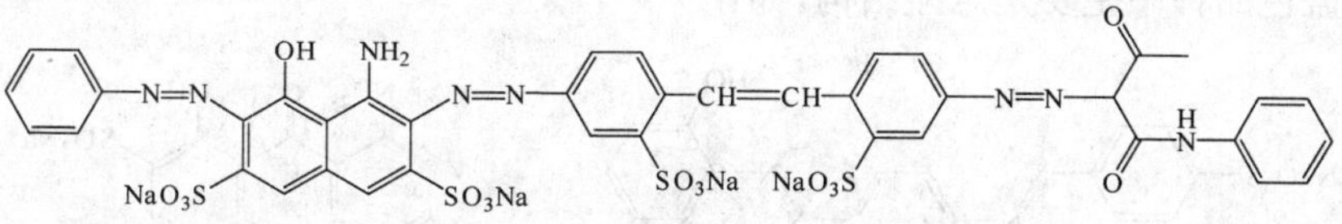

直接绿GN

在新型的二氨基化合物中,以甲酰氨基和磺酰氨基为桥基的二氨基化合物制备的环保型直接染料和环保型酸性染料最受市场欢迎。

(2) 新型直接耐晒染料

有不少直接耐晒染料虽然不属于二氨基类化合物,但也属于环保型染料,比较典型的结构有四种:① 三聚氰酰桥基结构;② 用 K 酸作偶合组分的染料;③ 多偶氮结构;④ 涤/棉混纺织物一浴一步染色工艺用环保型直接染料等。

三聚氰酰桥基结构的直接耐晒染料大多为黄至红色,也有绿色品种,但缺少蓝、棕和黑色等深色品种,它们染色性能优良、光牢度好,耐热性能也好,例如:

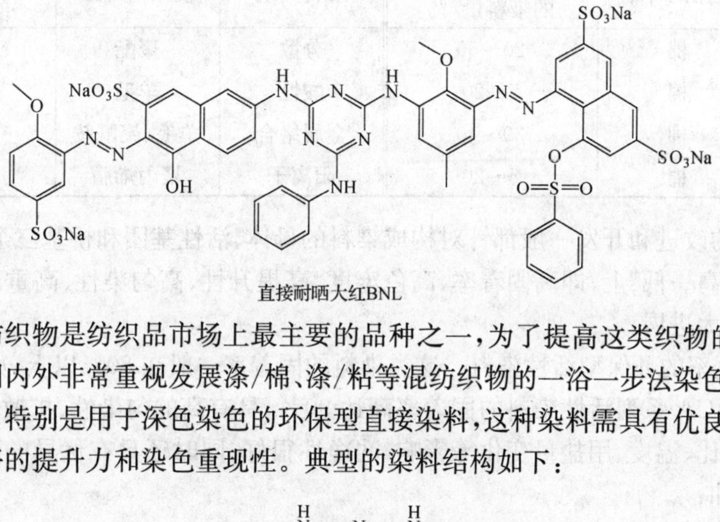

直接耐晒大红BNL

涤/棉混纺织物是纺织品市场上最主要的品种之一,为了提高这类织物的印染效率,减少生产废水,国内外非常重视发展涤/棉、涤/粘等混纺织物的一浴一步法染色工艺及所使用的环保型染料,特别是用于深色染色的环保型直接染料,这种染料需具有优良的高温稳定性和牢度性能、好的提升力和染色重现性。典型的染料结构如下:

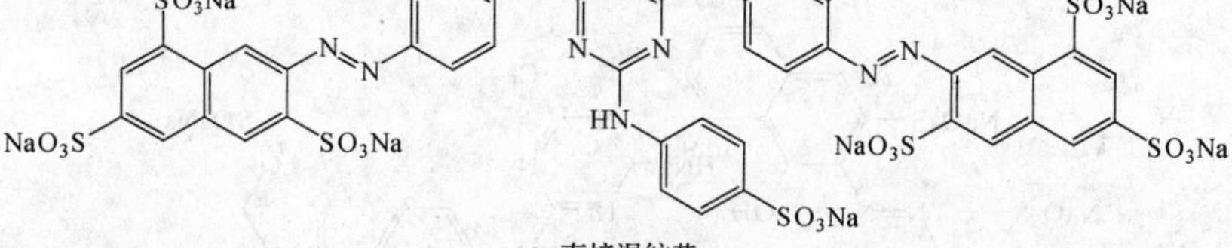

直接混纺黄

(3) 新型酸性染料

近年来,除了采用新型二氨基化合物制备环保型酸性染料外,还研发了一些不含重金属的弱酸性染料,这种弱酸性染料色泽鲜艳,具有良好的各项牢度,其中,红色品种中以偶氮型

结构居多,蓝色品种中主要是蒽醌结构,如:

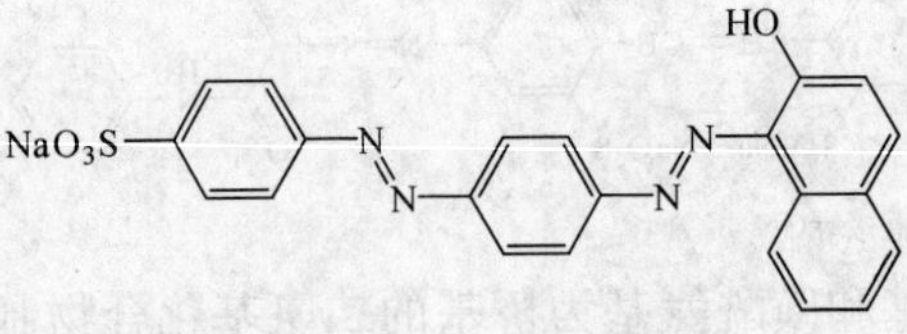

C.I.酸性红151 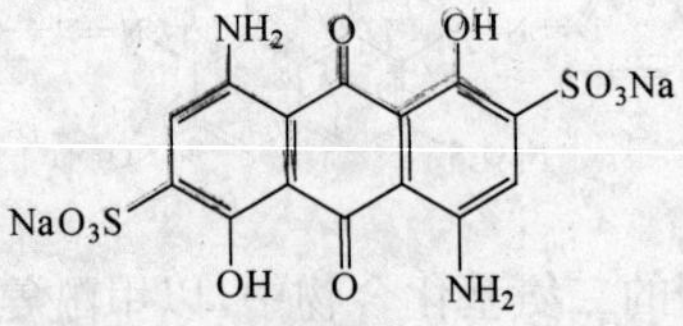   C.I.酸性蓝45

3. 环保型活性染料

活性染料的利用率较低,一般固着率在 $50\%\sim65\%$,最低的仅 40%。据报道,全球每年有 4 万多吨各类染料在印染加工过程中随排水流失,其中以活性染料最为突出,既造成了极大的资源浪费,又造成了环境污染,各类染料在印染过程中流失的情况见表 11-4 所示。

表 11-4　各类染料染色后流出液中损失的染料量

染料类别	使用的纤维	随排水流失的染料量/%	染料类别	使用的纤维	随排水流失的染料量/%
活性	棉	20~50	分散	聚酯	1~20
直接	棉	5~20	酸性	羊毛	7~20
硫化	棉	30~40	金属络合	羊毛、聚酰胺	2~5
还原	棉	5~20	阳离子	聚丙烯腈	2~3

活性染料的改进和开发一般都针对构成染料的母体、活性基团和桥基三个部分的设计,重点集中在"五高一低"上,即高固着率、高色牢度、高提升性、高匀染性、高重现性和低盐染色,已取得了很大进展。

(1)高固色率的环保型活性染料。这类染料的固着率一般在 80% 以上,如 Dystar 公司开发的 Levafix CA 系列活性染料的固着率高达 90%,具有高的匀染性、扩散性和良好的耐碱性,且不受浴比、温度、用盐量变化等影响,洗净性很好,同时还具有优异的耐光牢度和耐汗渍牢度。例如:

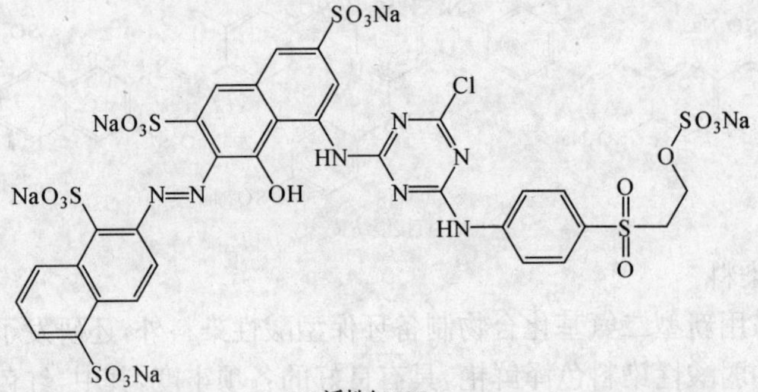

C.I.活性红195

（2）低盐染色的环保型活性染料。在活性染料染色过程中，常用大量的无机盐作为促染剂提高上染率，染色后高含盐量的废水会对农作物生长和人类的生活环境构成严重威胁。为了使活性染料在染色时使用较少量的无机盐却仍能保持较高的染着率和固着率，必须适当提高染料对织物的亲和性，但因此又会产生匀染性、洗净性和润湿牢度降低等问题。研究发现，减少母体染料的磺酸基能在一定程度上实现这个目标。日本住友株式会社、Ciba 公司、日本化药株式会社和 Dystar 公司等染料生产商相继研发出了一系列低盐染色环保型活性染料，这些染料用盐量只有一般活性染料的 $1/3 \sim 1/2$，而且溶解性和匀染性优良。

（3）不含重金属和不含可吸附有机卤化物（AOX）的环保型活性染料。不含金属的新型活性染料中比较突出的是毛用活性染料，用以取代金属络合物酸性染料，有利于环境和生态保护。例如 Ciba 公司开发的 Lanasol CE 型系列活性染料，Dystar 公司的 Realan 型、Realan WN 型系列活性染料，都是不含重金属的环保型毛用活性染料，它们具有色泽鲜艳、牢度优异、使用方便、吸着率和固着率高等优点。

Dystar 公司、Ciba 公司以及日本化药株式会社等近年来也开发了不少用于纤维素纤维染色的不含重金属和 AOX 的新型活性染料，它们一般具有两个不同的活性基，固着率有的高达 90%，适用于低盐中温染色，有良好的各项牢度、洗净性和染色重现性。

（4）提高牢度的环保型活性染料。为了提高活性染料的耐汗渍牢度、耐光牢度，Ciba 公司、Clariant 公司、韩国京仁株式会社等相继开发了一系列新型活性染料，其耐汗渍牢度和耐光牢度都可达 $3 \sim 4$ 级以上，如 Ciba 公司开发的 Cibacron FN 系列活性染料，用 0.5% 浸染，其耐晒牢度可达到 ISO105 - B02 标准的 5 级，它们是一类含有一氟均三嗪活性基团和乙烯砜活性基团的异种双活性基团染料。

（5）高匀染性、高重现性和高提升性的环保型活性染料。Dystar 公司研发的 Procion XL 型、Procion H - EXL 型、Levafix CA 型系列活性染料的固着率都在 80% 以上，匀染性、重现性和扩散性很好，提升性高，不受浴比、温度、盐量变化的影响，洗净性也好，它们是当今世界各国纺织印染行业大力开发的 RFT（一次吸尽率）染色技术选择的最佳活性染料。

3. 环保型分散染料

为了提高分散染料的应用性能及安全性，世界各国相继开展了许多研发工作，主要侧重以下几个方面：

（1）开发符合 Eco-Tex Standard 100 要求的新型分散染料。目前开发工作的内容主要包括两个方面：① 改进生产工艺，使现有分散染料的质量指标符合 Eco-Tex Standard 100 的要求；② 开发满足 Eco-Tex Standard 100 要求的新染料，如 Ciba 公司开发的 Cibacet EL 系列染料，BASF 公司开发的 Dispersol C-VS 系列染料，Yorkshire 公司开发的 Serisol ECF 系列染料等，都具有优良的染色性能，优异的光牢度、升华牢度、后加工牢度和染色重现性，有利于生态环境保护。

（2）开发取代过敏性分散染料的新型分散染料。目前市场上已开发出了 C.I. 分散橙

29、C. I. 分散橙 30、C. I. 分散橙 61 等,以取代过敏性分散染料 C. I. 分散橙 76 和 C. I. 分散橙 37。

C.I.分散橙29　　　　　　　　　C.I.分散橙30　　　　　　　　　C.I.分散橙61

（3）开发不含有 AOX 的新型分散染料。目前,分散染料中有 10% 的品种是由有机卤化物组成的,其中以橙色、红色和蓝色的分散染料居多,分别占 15%、11% 和 12%,它们中有相当一部分属于 AOX,既有毒性,又难以降解,因此,各国已开始注意开发不含 AOX 的新型分散染料。例如 Ciba 公司推出的 Terasil Blue W - BLS,BASF 公司开发的 Palanil Cyanine B 200%、Palanil Luminous Yellow GN、Dispersol Deep Red SF 等都属于新一代不含有 AOX 的高性能分散染料。

（4）开发具有优异洗涤牢度的分散染料。分散染料在牢度性能上存在的主要问题之一是热迁移牢度较差,升华牢度愈好的分散染料所呈现的热迁移牢度愈差,因此,其染色物经后整理后的湿牢度不令人满意,也带来了环境污染。所以,开发具有优异湿牢度的新型分散染料成为纺织市场的迫切需要。Ciba 公司的 Terasil W 系列染料、Dystar 公司的 Dianix HF 染料、BASF 公司的 Dispersol XF 染料等都具有优良洗涤牢度,同时对生态环境无害。

（5）开发用可生化降解分散剂组成的环保型分散染料。分散染料商品中的分散剂也是一个影响环境的因素,由可生化降解的分散剂组成的环保型分散染料也成为当今分散染料的一个重要研究内容。BASF 公司和 Dystar 公司都开发出了可生化降解的新型分散剂,并用于新型分散染料。

1994 年以后,新开发的染料基本上都属于环保型染料,这已成为未来染料发展的主要方向。

参考文献

1. 张红鸣,徐捷. 实用着色与配色技术[M]. 北京:化学工业出版社,2001.
2. 王越平. 回归自然——植物染料染色设计与工艺[M]. 北京:中国纺织出版社,2013.
3. 何瑾馨. 染料化学[M]. 北京:中国纺织出版社,2004.
4. 赵涛. 染整工艺与原理(下册)[M]. 北京:中国纺织出版社,2009.
5. 董川,马琦,马骏. 可降解及新型功能色料[M]. 北京:化学工业出版社,2012.
6. 董川,双少敏,卫艳丽. 环保色料与应用[M]. 北京:化学工业出版社,2009.

思考题

1. 列举几种你所知道的天然植物染料并写出它们所含色素的主要组成成分。
2. 什么是合成染料？合成染料分为哪几类？举例说明。
3. 我国对合成染料是如何命名的？
4. 什么是禁用染料？为什么要开发环保型染料？
5. 开发天然染料对染料行业的发展有什么意义？

图书在版编目(CIP)数据

化学与社会/陈景文,唐亚文主编. —南京:南京大学
出版社,2014.12

高等院校化学化工教学改革规划教材

ISBN 978 - 7 - 305 - 14624 - 4

Ⅰ. ①化… Ⅱ. ①陈… ②唐… Ⅲ. ①化学—关系—
社会生活—高等学校—教材 Ⅳ. ①O6 - 05

中国版本图书馆 CIP 数据核字(2014)第 310296 号

出版发行 南京大学出版社
社　　址　南京市汉口路 22 号　　邮　编　210093
出 版 人　金鑫荣
丛 书 名　高等院校化学化工教学改革规划教材
书　　名　化学与社会
总 主 编　姚天扬　孙尔康
主　　编　陈景文　唐亚文
责任编辑　贾 辉 吴 汀　　编辑热线　025 - 83686531
照　　排　江苏南大印刷厂
印　　刷　丹阳市兴华印刷厂
开　　本　787×960　1/16　印张 17.5　字数 382 千
版　　次　2014 年 12 月第 1 版　2014 年 12 月第 1 次印刷
ISBN 978 - 7 - 305 - 14624 - 4
定　　价　35.00 元

网　　址:http://www.njupco.com
官方微博:http://weibo.com/njupco
官方微信号:njupress
销售咨询热线:(025)83594756